Ihre Arbeitshilfen zum Download:

Die folgenden Arbeitshilfen stehen für Sie zum Download bereit:

– Große Checklisten zur Anhangerstellung
– Gesetze
– Textbausteine und Musterformulierungen
– Originalbeispiele aus der Berichtspraxis

Den Link sowie Ihren Zugangscode finden Sie am Buchende.

Der Anhang nach HGB

Professor Dr. Ulrike Eidel, Dr. Michael Strickmann

Der Anhang nach HGB

Rechtssicher erstellen und formulieren

2. Auflage

Haufe Gruppe
Freiburg · München · Stuttgart

Bibliografische Information der Deutschen Nationalbibliothek

Die Deutsche Nationalbibliothek verzeichnet diese Publikation in der Deutschen Nationalbibliografie; detaillierte bibliografische Daten sind im Internet über http://dnb.dnb.de abrufbar.

Print: ISBN 978-3-648-09470-9 Bestell-Nr. 01198-0002
ePub: ISBN 978-3-648-09471-6 Bestell-Nr. 01198-0101
ePDF: ISBN 978-3-648-09472-3 Bestell-Nr. 01198-0151

Professor Dr. Ulrike Eidel, Dr. Michael Strickmann
Der Anhang nach HGB
2. Auflage 2017

© 2017 Haufe-Lexware GmbH & Co. KG, Freiburg
www.haufe.de
info@haufe.de
Produktmanagement: Dipl.-Kfm. Kathrin Menzel-Salpietro

Lektorat: Hans-Jörg Knabel, Willstätt
Satz: kühn & weyh Software GmbH, Satz und Medien, Freiburg
Umschlag: RED GmbH, Krailling
Druck: C.H.Beck, Nördlingen

Inhaltsverzeichnis

Einleitung

Damit Außenstehende die Zahlenteile des Jahresabschlusses, die in der Regel aus der Bilanz und der Gewinn- und Verlustrechnung bestehen, richtig verstehen können, sind aussagekräftige Erläuterungen hilfreich, in bestimmten Fällen sogar unverzichtbar. Die Kenntnis der Regeln und Überlegungen, die der Bilanzierung tatsächlich zugrunde gelegt wurden, sowie ergänzende Detailinformationen zu den Inhalten der hoch aggregierten Abschlussposten erlauben es, einen Blick hinter die »bilanzielle Fassade« eines Unternehmens zu werfen. Und auf diese Weise den ersten Eindruck bzw. die »nackten Zahlen« bei der Beurteilung der wirtschaftlichen Lage des Unternehmens gegebenenfalls relativieren zu können.

Wer mag es dem bilanzierenden Unternehmen vor diesem Hintergrund verdenken, dass sich sein eigenes Interesse an einer zu großen oder überflüssigen Transparenz hinsichtlich des Zustandekommens und der Zusammensetzung der Zahlen in Grenzen hält? Der Gesetzgeber hat daher das Mindestmaß an notwendigen Erläuterungen zu den Zahlenteilen gegenüber externen Abschlussadressaten durch entsprechende gesetzliche Vorgaben in einem gesonderten Element des Jahresabschlusses standardisiert: dem Anhang.

Wie alle Gesetzesnormen lassen aber auch die Vorschriften zum Anhang einigen Raum für Interpretationen. Darüber hinaus wird der Informationsgehalt des Anhangs gerade in mittelständischen Unternehmen häufig nicht sehr wichtig genommen, teilweise auch bewusst, um die Einblicke hinter die Kulissen auf ein Minimum zu beschränken. In den meisten Fällen setzt sich die Bilanzierungspraxis jedoch gar nicht erst intensiv mit dem eigentlich erforderlichen Inhalt des Anhangs auseinander. Etwas provokativ könnte man sagen, dass der Anhang im Mittelstand oft eher ein *Anhängsel* ist bzw. als ein solches betrachtet wird.

Vor diesem Hintergrund soll das vorliegende Buch eine Arbeitshilfe für die Praxis sein. Es richtet sich konkret an diejenigen Personen, die mit der Erstellung oder Prüfung des Anhangs betraut sind. Das primäre Ziel ist es, eine Anleitung zu geben, wie ein gesetzeskonformer Anhang ausgestaltet sein sollte. Die Struktur und der Inhalt des Buches sollen aber zugleich auch der Effizienz bei der Abarbeitung der Erstellungs- oder Prüfungsaufgabe dienen. Im Zusammenhang mit dieser Zielsetzung stehen auch die Checklisten zur Aufstellung des Anhangs, die über die Arbeitshilfen online abrufbar sind. Ihre Verwendung soll die Vollständigkeit der Berichterstattung sicherstellen und zugleich als Dokumentation der Erstellungs- oder Prüfungstätigkeit dienen.

Der Aufbau der Checklisten und die inhaltliche Struktur des Buchs zu den einzelnen Anhangangaben sind weitestgehend aufeinander abgestimmt; allerdings wurden Angaben, die sich auf mehrere Posten des Jahresabschlusses beziehen können, nicht mehrfach inhaltlich erläutert, sondern in einem übergreifend gültigen Abschnitt zusammengefasst.

Eine Vielzahl an Musterformulierungen und insbesondere auch Textauszügen aus im elektronischen Bundesanzeiger publizierten Jahresabschlüssen sollen dem Leser als Arbeitserleichterung dienen und Anhaltspunkte für die konkrete Ausformulierung »seines eigenen Anhangs« geben. Neben solchen *Best-practice*-Hinweisen enthält das Buch jedoch auch Beispiele aus der Berichtspraxis, von denen wir trotz der bestehenden Auslegungsspielräume bezüglich der gesetzlichen Regelungen überzeugt sind, dass sie dem gesetzlichen Soll nicht genügen und damit quasi *Bad-practice*-Hinweise darstellen.

Das vorliegende Buch ist nicht als Lehrbuch konzipiert und daher auch nicht darauf ausgelegt, an einem Stück »heruntergelesen« zu werden. Vielmehr sind die Struktur und der Inhalt der Erläuterungen zu den einzelnen Anhangangaben so gestaltet, dass sie nach Art eines sachlich geordneten Nachschlagewerks eine abgeschlossene Darstellung zu der jeweiligen Angabe beinhalten.

Der Fokus des Buchs liegt auf der Berichtspraxis mittelständischer Unternehmen. Um aussagekräftige Formulierungsbeispiele und eine empirisch fundierte Einschätzung bestimmter Aspekte des Berichtsverhaltens solcher Unternehmen zu gewinnen, wurden rund 150 im elektronischen Bundesanzeiger veröffentlichte Jahresabschlüsse eingesehen.

Seit der pflichtmäßigen Erstanwendung des Bilanzrechtsmodernisierungsgesetzes (BilMoG) im Jahr 2010 sind mittlerweile einige Jahre vergangen. Aufgrund dessen setzt sich das vorliegende Buch nicht (mehr) mit Anhangangaben auseinander, die sich im Falle der Fortführung von Altposten des Jahresabschlusses aus der Zeit vor dem Inkrafttreten des BilMoG aus den entsprechenden Übergangsregelungen ergeben (z. B. zu einem Sonderposten mit Rücklageanteil, der in der Bilanz abgebildet ist). In den Checklisten zur Anhangaufstellung sind diese Angaben aus Gründen der Vollständigkeit zwar weiterhin enthalten, in Bezug auf die inhaltliche Ausgestaltung solcher noch teilweise anzutreffender »Altangaben« wird jedoch auf die einschlägige Kommentarliteratur verwiesen.

In Anbetracht der ohnehin recht schwergängigen Thematik wurde im Sinne der Lesbarkeit des Buches versucht, die Angabe von Gesetzesparagrafen auf ein »erträgliches Maß« zu reduzieren. Insbesondere wurde auf Mehrfachnennungen in geschlossenen Textabschnitten möglichst verzichtet. Das Wissen des Lesers um den jeweiligen Kontext sollte daraus eventuell resultierende kleinere Einschränkungen bei der Formulierungspräzision erlauben. Bei Uneinigkeit im Schrifttum bezüglich bestimmter Auslegungsfragen wird im Text – soweit nicht anders dargestellt – die herrschende Meinung wiedergegeben.

Die vorliegende Zweitauflage des Buchs basiert auf dem Rechtsstand im Dezember 2016, das heißt, die zahlreichen Neuerungen zu den Anhangvorschriften durch das am 22.07.2015 verkündete Bilanzrichtlinie-Umsetzungsgesetz (BilRUG) sind darin vollumfänglich verarbeitet. Als Erstanwendungszeitraum für die Gesetzesänderungen des BilRUG sind dabei grundsätzlich Geschäftsjahre betroffen, die nach dem 31.12.2015 beginnen.

1 Pflichtmäßige und freiwillige Aufstellung

Unabhängig von ihrer Branche sind Kapitalgesellschaften (AGs, GmbHs und KGaAs) und voll haftungsbeschränkte Personenhandelsgesellschaften (OHGs, KGs) nach den §§ 264 Abs. 1, 264a Abs. 1 Handelsgesetzbuch (HGB) grundsätzlich verpflichtet, ihren Jahresabschluss um einen Anhang zu erweitern. Ausgenommen davon sind lediglich

- sog. Kleinstkapitalgesellschaften i.S.d. § 267a HGB, sofern sie die in § 264 Abs. 1 Satz 5 HGB genannten Einzelangaben unter der Bilanz machen, und
- Gesellschaften, die als Tochterunternehmen eines übergeordneten Unternehmens die Befreiungsvorschriften von § 264 Abs. 3, 4 bzw. § 264b HGB in Anspruch nehmen.

> **Abgrenzung von Unternehmergesellschaften und voll haftungsbeschränkten Personenhandelsgesellschaften** !
>
> Unternehmergesellschaften i.S.d. § 5a GmbH-Gesetz (GmbHG) stellen keine eigenständige Rechtsform, sondern eine besondere Form der GmbH dar und fallen damit unter die Kapitalgesellschaften.
> Voll haftungsbeschränkte Personenhandelsgesellschaften sind nach § 264a Abs. 1 HGB dadurch charakterisiert, dass bei ihnen nicht mindestens eine natürliche Person unmittelbar oder mittelbar über weitere (übergeordnete) Unternehmensebenen hinweg die Stellung eines persönlich haftenden Gesellschafters innehat.

Die vorstehend skizzierten Grundsätze gelten auch für in Deutschland ansässige Unternehmen, die in der Rechtsform einer Europäischen Gesellschaft (SE) geführt werden, da für solche Gesellschaften gem. Art. 61 der EU-Verordnung Nr. 2157/2001 vom 8.10.2001 das für Aktiengesellschaften maßgebende Bilanzrecht gilt[1].

Die Verpflichtung zur Aufstellung eines Anhangs erstreckt sich ferner auf Genossenschaften (vgl. § 336 Abs. 1 HGB) und auf Unternehmen in der Rechtsform eines Vereins, dessen Zweck auf einen wirtschaftlichen Geschäftsbetrieb gerichtet ist, einer gewerblich tätigen rechtsfähigen Stiftung des bürgerlichen Rechts und einer Körperschaft, Stiftung oder Anstalt des öffentlichen Rechts, die Kaufmann i.S.d. § 1 HGB ist oder als Kaufmann im Handelsregister

---

1 Vgl. Abl. EG L 294/1 vom 10.11.2001.

eingetragen ist, sofern das betreffende Unternehmen die Tatbestandsmerkmale des §1 Publizitätsgesetz (PublG) erfüllt (vgl. §§1 Abs. 1, 3 Abs. 1 PublG).

Einzelkaufleute und nicht voll haftungsbeschränkte Personenhandelsgesellschaften (OHGs, KGs) sind dagegen von der Aufstellung eines Anhangs ausgenommen, auch wenn sie die Tatbestandsmerkmale des §1 PublG erfüllen (vgl. §5 Abs. 2 PublG), es sei denn, sie sind kapitalmarktorientiert i.S.d. §264d HGB (vgl. §5 Abs. 2a PublG).

Daneben ergibt sich rechtsform- und größenunabhängig eine entsprechende Verpflichtung zur Erweiterung des Jahresabschlusses um einen Anhang aus den §§340a Abs. 1 und 341a Abs. 1 HGB auch für Unternehmen, die unter den Anwendungsbereich der ergänzenden Vorschriften für Kredit- und Finanzinstitute sowie Versicherungsunternehmen gem. den §§340 ff., 341 ff. HGB fallen. Art. 62 der EU-Verordnung Nr. 2157/2001 vom 8.10.2001 stellt klar, dass dieser Anwendungskreis auch Kredit- und Finanzinstitute sowie Versicherungsunternehmen in der Rechtsform einer SE umfasst[2].

Unternehmen, die keiner gesetzlichen Verpflichtung zur Aufstellung eines Anhangs unterliegen, z.B. nach den §§264 Abs. 3, 4, 264b HGB, können dem Jahresabschluss ein korrespondierendes Berichtsinstrument auch auf freiwilliger Basis beifügen. Soll es jedoch mit der Überschrift »Anhang« versehen werden, sind die handelsrechtlichen Vorgaben über den Mindestinhalt für die entsprechende Größenklasse des Unternehmens einzuhalten[3]. Andernfalls ist eine abweichende Bezeichnung, z.B. »Abschlusserläuterungen«, zu verwenden[4].

Die folgenden Ausführungen beschränken sich auf die Anhangberichterstattung von Unternehmen in der Rechtsform von Kapitalgesellschaften und voll haftungsbeschränkten Personenhandelsgesellschaften, die weder Kredit- oder Finanzinstitute noch Versicherungsunternehmen sind und auf die auch nicht die Sondervorschriften der §§341q ff. HGB für bestimmte Unternehmen des Rohstoffsektors anwendbar sind.

2　Vgl. Abl. EG L 294/1 vom 10.11.2001.
3　Vgl. Andrejewski, in Böcking/Castan/Heymann/Pfitzer/Scheffler, Rechnungslegung, B 40 Rz.26.
4　Vgl. Hoffmann/Lüdenbach, Bilanzierung, 2017, §284 HGB Rz.3.

2 Zweck und Funktionen

Der Anhang ist nach § 264 Abs. 1 Satz 1 HGB ein integraler Bestandteil des Jahresabschlusses der zu seiner Aufstellung verpflichteten Unternehmen. Er soll beim Adressaten das Verständnis für die Zahlenteile (Bilanz, Gewinn- und Verlustrechnung) erhöhen und gemeinsam mit den Zahlenteilen dazu beitragen, dass der Jahresabschluss in seiner Gesamtheit ein den tatsächlichen Verhältnissen entsprechendes Bild der Vermögens-, Finanz- und Ertragslage des Unternehmens vermittelt. Hierzu hat der Anhang primär auf den Inhalt der Abschlussposten und auf die ihnen zugrunde liegenden Abbildungsmethoden einzugehen und bestimmte zusätzliche Angaben zu enthalten, die das Gesamtbild der wirtschaftlichen Lage abrunden.

Nach § 264 Abs. 1 Satz 2 HGB haben nicht konzernabschlusspflichtige kapitalmarktorientierte Unternehmen den Jahresabschluss um eine Kapitalflussrechnung und einen Eigenkapitalspiegel zu erweitern und können außerdem freiwillig eine Segmentberichterstattung in den Jahresabschluss aufnehmen; in diesem Fall bezieht sich die vorstehend dargestellte Zwecksetzung des Anhangs auch auf die zusätzlichen Zahlenteile des Jahresabschlusses.

Im Hinblick auf seine allgemeine Zwecksetzung hat der Anhang zunächst die Funktion, die aggregierten quantitativen Informationen der Bilanz und der Gewinn- und Verlustrechnung zu erläutern und damit für die (externen) Jahresabschlussadressaten verständlich zu machen. Daneben fordern die einschlägigen Gesetzesregelungen einerseits weitergehende, nicht unmittelbar auf die Zahlenteile bezogene Informationen. Andererseits räumen sie Wahlrechte ein, bestimmte Informationen alternativ in die Bilanz bzw. die Gewinn- und Verlustrechnung oder aber in den Anhang aufzunehmen. Insoweit hat der Anhang also teilweise einen ergänzenden und teilweise einen entlastenden Charakter. Schließlich kommt ihm in Ausnahmefällen eine Korrekturfunktion zu, falls infolge besonderer Umstände die Bilanz und die Gewinn- und Verlustrechnung allein die tatsächliche wirtschaftliche Lage des Unternehmens nicht vermitteln würden und deshalb zusätzliche Angaben im Anhang notwendig sind (vgl. § 264 Abs. 2 Satz 2 HGB).

Die folgende Übersicht fasst die Funktionen des Anhangs zusammen:

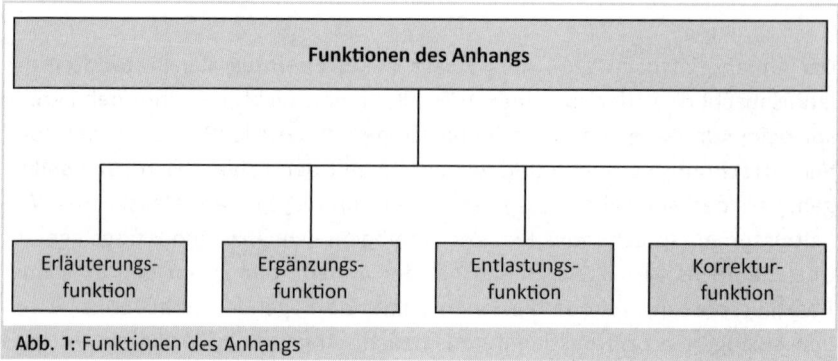

Abb. 1: Funktionen des Anhangs

3 Maßstäbe der inhaltlichen und darstellungstechnischen Ausgestaltung

3.1 Rechtsgrundlagen

Die handelsrechtlichen Jahresabschlussnormen enthalten in den §§284 bis 288 HGB einen gesonderten Abschnitt, der mit dem Titel »Anhang« überschrieben ist. Er bildet den Kern der gesetzlichen Vorschriften in Bezug auf den Inhalt des Anhangs. Die Regelungen dieser Paragrafen werden ergänzt durch eine Vielzahl anhangrelevanter Einzelbestimmungen in den Bilanzierungsvorschriften der §§264 ff. HGB. Weitere Berichtspflichten können sich aus den Vorgaben des Einführungsgesetzes zum Handelsgesetzbuch (EGHGB) und aus den rechtsformspezifischen Vorschriften des Aktiengesetzes (AktG) oder des GmbH-Gesetzes ergeben. Darüber hinaus hängt der inhaltliche Umfang der Berichterstattung davon ab, ob eine Gesellschaft börsennotiert i.S.d. §3 Abs. 2 AktG oder kapitalmarktorientiert i.S.d. §264d HGB ist.

> **Definition börsen- und kapitalmarktorientierter Unternehmen** !
>
> Als börsennotiert definiert §3 Abs. 2 AktG Gesellschaften, von denen Aktien – also Eigenkapitaltitel – zu einem Markt zugelassen sind, der von staatlich anerkannten Stellen geregelt und überwacht wird, regelmäßig stattfindet und für das Publikum mittelbar oder unmittelbar zugänglich ist. Börsennotierte Gesellschaften sind eine Teilmenge der kapitalmarktorientierten Gesellschaften. Letztere umfassen nach §264d HGB Gesellschaften, die einen solchen organisierten Markt i.S.d. §2 Abs. 5 WpHG durch von ihr ausgegebene Wertpapiere i.S.v. §2 Abs. 1 Satz 1 WpHG – das können auch Schuldtitel sein – in Anspruch nehmen oder deren Handelszulassung an einem solchen Markt beantragt wurde.
>
> Alle börsennotierten Gesellschaften sind damit auch kapitalmarktorientiert, aber nicht umgekehrt.

In den seltenen Fällen, in denen der Jahresabschluss einer kapitalmarktorientierten Gesellschaft um eine Kapitalflussrechnung, einen Eigenkapitalspiegel und eventuell eine Segmentberichterstattung erweitert wird (vgl. dazu Kapitel 2), ist davon auszugehen, dass die folgenden vom Bundesministerium der Justiz (BMJ) bekannt gemachten Rechnungslegungsstandards des Deutschen Rechnungslegungs Standards Committee (DRSC) für die Aufstellung dieser zusätzlichen Rechenwerke des Jahresabschlusses grundsätzlich maßgebend sind:

- DRS 21 »Kapitalflussrechnung«;
- DRS 7 »Konzerneigenkapital und Konzerngesamtergebnis« bzw. (spätestens für Geschäftsjahre ab 2017) DRS 22 »Konzerneigenkapital«;
- DRS 3 »Segmentberichterstattung«.

Daraus leitet sich die Frage ab, ob sich die Anwendbarkeit der genannten DRS lediglich auf die Aufstellung der ergänzenden Zahlenteile als solche oder auch auf sämtliche darin vorgesehenen (Anhang-)Berichtspflichten erstreckt. Nach unserer Ansicht kann dies mangels einer eindeutigen gesetzlichen Vorgabe und angesichts der Konzeption der DRS als konzernrechnungslegungsbezogene Normen (§342 Abs. 2 HGB) nicht zwingend gefordert werden[5]. Zugleich ist es in Fällen, in denen insoweit von den angewandten Rechnungslegungsstandards abgewichen wird, mit Blick auf die Verständlichkeit der Darstellung zweckmäßig, zumindest auf diese Tatsache als solche im Anhang hinzuweisen. Ein entsprechender gesetzlicher Zwang besteht u.E. aber nicht.

3.2 Rahmengrundsätze

Als ein integrales Element des Jahresabschlusses unterliegt der Anhang den gleichen allgemeinen Anforderungen wie dessen andere Bestandteile. Der Maßstab der Berichterstattung ist nach §264 Abs. 2 Satz 1 HGB das den tatsächlichen Verhältnissen entsprechende Bild der Vermögens-, Finanz- und Ertragslage. Ihm muss der Jahresabschluss in seiner Gesamtheit, d.h. einschließlich des Anhangs, unter Beachtung der Grundsätze ordnungsmäßiger Buchführung genügen. Aus dem übergeordneten Maßstab lassen sich die folgenden Rahmengrundsätze für den Inhalt und die Darstellungsform des Anhangs ableiten[6].

3.2.1 Vollständigkeit

Nach dem Grundsatz der Vollständigkeit hat der Anhang sämtliche Pflichtangaben zu enthalten, die sich aus den einschlägigen gesetzlichen Regelungen unter Beachtung solcher im Einzelfall anwendbaren Vorschriften ergeben,

---

5 So im Ergebnis auch Oser/Holzwarth, in Küting/Pfitzer/Weber, Rechnungslegung, §§284–288 HGB Rz.5, Stand 07/2016, die zusätzlich einen Hinweis auf etwaige Abweichungen fordern, sofern die DRS als Aufstellungsgrundlage genannt werden.
6 So z.B. Grottel, in Grottel/Schmidt/Schubert/Winkeljohann, Bilanz, 2016, §284 HGB Rz.10, 13, 28; Müller, in Bertram/Brinkmann/Kessler/Müller, HGB Bilanz, 2016, §284 HGB Rz.14, 16; a.A. bez. des Stetigkeitsgebots z.B. Adler/Düring/Schmaltz, Rechnungslegung und Prüfung der Unternehmen, 6.Aufl. 1994 ff., §284 HGB Rz.27; IDW, WP Handbuch, 15.Aufl. 2017, Abschn. F Rz.914.

nach denen Angaben entweder unterlassen werden müssen (vgl. dazu Kapitel 4.3) oder wahlweise entfallen können (vgl. dazu Kapitel 4.4).

Auslegungsspielräume bestehen in diesem Zusammenhang primär bezüglich des gesetzlich nicht abschließend konkretisierten Umfangs der einzelnen Berichtsgegenstände. So lässt die gesetzliche Regelung des §284 Abs. 2 Nr. 1 HGB z.B. offen, welche Detailinformationen zu den von der Gesellschaft angewandten Bilanzierungs- und Bewertungsmethoden anzugeben sind. Aber auch die Anwendbarkeit von Einzelvorschriften kann Raum für Interpretationen lassen, wie etwa bei der Frage, welche Umstände als so besonders einzustufen sind, dass sie eine zusätzliche Angabe im Anhang nach §264 Abs. 2 Satz 2 HGB erforderlich machen, weil der Jahresabschluss andernfalls kein den tatsächlichen Verhältnissen entsprechendes Bild der wirtschaftlichen Lage der Gesellschaft vermitteln würde.

3.2.2   Wesentlichkeit

Nach dem Grundsatz der Wesentlichkeit hat der Jahresabschluss solche Informationen zu umfassen, von denen erwartet wird, dass sie für seine Adressaten von Bedeutung bzw. für deren Entscheidungen nützlich sind[7]. Für die Berichterstattung im Anhang folgt aus diesem Grundsatz, dass sich die Angaben auf bedeutsame Bestandteile und Beträge von Jahresabschlussposten beziehen sollen. Zudem darf der Informationsumfang nicht dazu führen, dass die wichtigen Berichtsgegenstände nicht als solche erkennbar sind[8].

Folglich ist der Grundsatz der Wesentlichkeit mit Blick auf die Vollständigkeit der Anhangberichterstattung als ein begrenzendes Element zu verstehen[9]. Parallel dient er auch dem Grundsatz der Klarheit und Übersichtlichkeit des Anhangs (siehe dazu Kapitel 3.2.4).

Der Grundsatz der Wesentlichkeit reicht allerdings nicht so weit, dass unter Bezugnahme auf die Unwesentlichkeit einer Information bestimmte gesetzlich dem Grunde nach unbedingt geforderte Einzelangaben vollkommen entfallen können. Dies kann nur erfolgen, soweit die jeweilige Gesetzesnorm die Berichtspflicht als solche ausdrücklich an die Bedeutung oder Wesent-

---

7   Vgl. Baetge/Kirsch/Thiele, Bilanzen, 12. Aufl. 2012, S. 124.
8   So im Ergebnis auch Poelzig, in Schmidt/Ebke, HGB, Bd. 4, 2013, §284 HGB Rz. 14.
9   Vgl. IDW, WP Handbuch, 15. Aufl. 2017, Abschn. F Rz. 904.

lichkeit[10] der Angabe knüpft, wie z.B. in §285 Nr. 3, 3a, 12, 31 und 32 HGB (sog. bedingte Angaben)[11].

Nicht erforderlich ist mit Blick auf den Wesentlichkeitsgrundsatz dagegen die Beschreibung von Abbildungsmethoden für unwesentliche Inhalte der Jahresabschlussposten oder anderer unbedeutender Einzelheiten der Bilanzierung, wie z.B. Angaben zur Behandlung von geringwertigen Vermögensgegenständen. Sie sind als freiwillige (Zusatz-)Angaben zu betrachten. Im Schrifttum findet sich darüber hinaus vereinzelt die Auffassung, dass solche Angaben nicht einmal freiwillig in den Anhang aufgenommen werden dürfen, sondern zwingend zu unterlassen sind, weil sie den Blick für das Wesentliche versperren. Die gleiche Meinung wird dabei bezüglich der Beschreibung gesetzlich zwingender Abbildungsregeln vertreten, wie z.B. dem allgemeinen Hinweis, dass Vorräte zu Herstellungskosten nach §255 Abs. 2 HGB zu bewerten sind[12].

In der Tat führt die in der Berichtspraxis übliche Nennung der verpflichtenden gesetzlichen Abbildungsvorgaben effektiv zu keinem Informationsgewinn für einen (fachkundigen) Jahresabschlussadressaten. Vor diesem Hintergrund ist das zuvor dargestellte restriktive Wesentlichkeitsverständnis durchaus nachvollziehbar, zumal erkennbar ist, dass tendenziell an Informationen gespart wird, die zu einer echten Verbesserung der Aussagekraft des Jahresabschlusses führen würden, insb. solche zur Ausübung faktischer Wahlrechte sowie zu Ermessensentscheidungen und Schätzungen (siehe dazu auch Kapitel 7.2.1). Daher liegt die Problematik in der Berichtspraxis weniger in einer zu großen Informationsfülle als vielmehr darin, dass die wirklich informativen Angaben im Anhang nicht enthalten sind. Solange es aber an klaren gesetzlichen Vorgaben mangelt, lässt sich eine Änderung des Informationsverhaltens der Jahresabschlussersteller kaum durchsetzen.

---

10 Zu den bedingten Angaben zählen auch Angabepflichten, die auf die »Erheblichkeit« oder »Notwendigkeit« einer Information abstellen oder eine ähnliche Terminologie verwenden.

11 Vgl. Oser/Holzwarth, in Küting/Pfitzer/Weber, Rechnungslegung, §§284–288 HGB Rz.4, 8, Stand 07/2016, die vertreten, dass der Gesetzgeber mit der Ausgestaltung als unbedingte Angabe die Wesentlichkeitseinstufung bereits selbst vorgenommen hat; a.A. Hoffmann/Lüdenbach, Bilanzierung, 2017, §284 HGB Rz.30, insb. mit Blick auf Angabepflichten in Bezug auf unwesentliche Bilanz- und GuV-Posten.

12 Vgl. Hoffmann/Lüdenbach, Bilanzierung, 2017, §284 HGB Rz.16, 20, denen zufolge überflüssige und aussagelose Anhangangaben sowie die textliche Ausbreitung von Selbstverständlichkeiten ablenkend und einer verständlichen Berichterstattung damit sogar abträglich sind.

3.2.3 Richtigkeit (Wahrheit)

Der Grundsatz der Richtigkeit verlangt eine zutreffende Wiedergabe der Tatsachen, die Gegenstand der jeweiligen Berichtspflicht sind.

3.2.4 Klarheit und Übersichtlichkeit (Verständlichkeit)

Der Grundsatz der Klarheit und Übersichtlichkeit ist in § 243 Abs. 2 HGB allgemein für den Jahresabschluss formuliert und erstreckt sich damit auch auf den Anhang[13]. Er beinhaltet den Anspruch, die im Jahresabschluss enthaltenen Informationen so darzustellen bzw. aufzubereiten, dass sie von einem sachverständigen Dritten in angemessener Zeit nachvollzogen werden können. Hierfür sind insb. eine verständliche Präsentation und eine sinnvolle, sachorientierte Strukturierung der Berichtsinhalte erforderlich[14]. Die Struktur muss sich in einer entsprechenden, mit Überschriften versehenen Kapiteleinteilung widerspiegeln.

Im Sinne der Verständlichkeit der Berichterstattung findet die gesetzlich grundsätzlich uneingeschränkte Möglichkeit, den Anhang um freiwillige Angaben zu erweitern[15], durch den Grundsatz der Klarheit und Übersichtlichkeit – in Kombination mit dem Wesentlichkeitsgrundsatz – dort seine Grenze, wo die Verständlichkeit durch den Informationsumfang (erheblich) beeinträchtigt wird[16]. Der Punkt, von dem an eine übermäßige Anzahl freiwilliger Anhangangaben ein solches Informationsdefizit auslöst, ist jedoch mit Blick auf die aktuelle Gesetzeslage weder allgemeingültig noch objektiv konkretisierbar.

---

13 Vgl. Oser/Holzwarth, in Küting/Pfitzer/Weber, Rechnungslegung, §§ 284–288 HGB Rz. 4, Stand 07/2016.
14 Vgl. Baetge/Fey/Fey/Klönne, in Küting/Pfitzer/Weber, Rechnungslegung, § 243 HGB Rz. 75, 52, Stand 12/2011.
15 So hat der Gesetzgeber bei Erlass der Anhangvorschriften bewusst auf die ursprünglich vorgesehene Regelung zu freiwilligen Erweiterungen und eine inhaltliche Begrenzung des Anhangs verzichtet; vgl. BT-Drucks. 10/4268 S. 109.
16 Vgl. Baetge/Fey/Fey/Klönne, in Küting/Pfitzer/Weber, Rechnungslegung, § 243 HGB Rz. 81, Stand 12/2011; a. A. Thiele/Brötzmann, in Baetge/Kirsch/Thiele, Bilanzrecht, § 243 HGB Rz. 100, die eine Begrenzung von freiwilligen Angaben nicht als zwingend, sondern als lediglich empfehlenswert erachten.

3.2.5 Stetigkeit der Darstellung

Der Grundsatz der Darstellungsstetigkeit im Anhang folgt aus der Regelung des §265 Abs. 1 HGB, der sich auf den gesamten Jahresabschluss bezieht[17]. Er ist des Weiteren auch ein implizites Element des Grundsatzes der Klarheit und Übersichtlichkeit[18]. Allgemein ist danach die Form der Darstellung, die im vorangegangenen Jahresabschluss gewählt wurde, grundsätzlich beizubehalten, soweit kein sachlich begründeter Ausnahmefall vorliegt.

Konkret bezieht sich das Stetigkeitsgebot auf
- die Gliederung des Anhangs,
- die Platzierung von Einzelangaben, insb. Wahlpflichtangaben (zum Begriff siehe Kapitel 4.1), in den einzelnen Bestandteilen der Rechnungslegung,
- die Platzierung der Angaben innerhalb der einzelnen Abschnitte des Anhangs[19].

Eine einheitliche Ausübung des Platzierungswahlrechts für sämtliche Wahlpflichtangaben ist dabei nicht erforderlich[20].

Die Reichweite des Stetigkeitsgrundsatzes erstreckt sich nicht auf gesetzlich eingeräumte Befreiungen in Bezug auf Angabepflichten im Anhang und auch nicht auf die Aufnahme bzw. das Weglassen fakultativer Zusatzangaben. Solange der Grundsatz der Klarheit und Übersichtlichkeit gewahrt ist, kann für jede Berichtsperiode aufs Neue entschieden werden, ob die jeweilige Befreiung in Anspruch genommen werden soll und/oder die freiwilligen Angaben in den Anhang aufgenommen werden sollen.

Sachlich begründete Ausnahmefälle, die eine Durchbrechung des Gebots der stetigen Anhangdarstellung erfordern, liegen vor, falls
- die Darstellung der vorangegangenen Berichtsperiode nicht (mehr) gesetzeskonform ist, weil sich etwa die einschlägigen Rechnungslegungsnormen geändert haben oder Fehler der Vorperioden zu korrigieren sind, oder

---

17 Vgl. Hütten/Lorson, in Küting/Pfitzer/Weber, Rechnungslegung, §265 HGB Rz.7, Stand 08/2010; a.A. z.B. Adler/Düring/Schmaltz, Rechnungslegung und Prüfung der Unternehmen, 6.Aufl. 1994 ff., §284 HGB Rz.27; IDW, WP Handbuch, 15.Aufl. 2017, Abschn. F Rz.914.
18 Vgl. Baetge/Kirsch/Thiele, Bilanzen, 12.Aufl. 2012, S.118.
19 Vgl. Grottel, in Grottel/Schmidt/Schubert/Winkeljohann, Bilanz, 2016, §284 HGB Rz.28. Die grundsätzliche Pflicht zur Beibehaltung der Platzierung von Wahlpflichtangaben wird regelmäßig auch von den Gegnern eines Stetigkeitsgebots für den Anhang vertreten; vgl. z.B. IDW, WP Handbuch, 15.Aufl. 2017, Abschn. F Rz.915.
20 Vgl. Andrejewski, in Böcking/Castan/Heymann/Pfitzer/Scheffler, Rechnungslegung, B 40 Rz.48.

- eine Verbesserung der Aussagekraft mit Blick auf den Grundsatz der Klarheit und Übersichtlichkeit erreicht werden soll oder
- die bisherige Form der Berichterstattung dem Erfordernis einer klaren und übersichtlichen Darstellung nicht länger entspricht[21].

Abweichungen der Anhangberichterstattung gegenüber der Vorperiode, die eine (gesetzeskonforme) Durchbrechung des Stetigkeitsgrundsatzes darstellen und die Vergleichbarkeit der aufeinanderfolgenden Jahresabschlüsse erheblich beeinträchtigen, sind im Anhang zu nennen und zu begründen[22].

Die Aufnahme oder der Wegfall von Gliederungspunkten des Anhangs sowie deren weitere Untergliederung oder Zusammenfassung begründen keine berichtpflichtige Durchbrechung des Stetigkeitsgebots, soweit diese Änderungen auf geänderte tatsächliche Verhältnisse des Jahresabschlusserstellers zurückgehen. Bei unveränderten Verhältnissen sind diese Abweichungen zwar als Stetigkeitsdurchbrechungen einzustufen, aber nur berichtpflichtig, soweit sie die Aussagekraft des Anhangs wesentlich beeinträchtigen, was regelmäßig nicht der Fall sein wird[23].

Die Berichtspflichten im Zusammenhang mit der Erstanwendung der durch das BilRUG geänderten Rechnungslegungsvorschriften werden in Kapitel 7.1 erläutert.

---

21 Vgl. Winkeljohann/Büssow, in Grottel/Schmidt/Schubert/Winkeljohann, Bilanz, 2016, §265 HGB Rz.3; Hütten/Lorson, in Küting/Pfitzer/Weber, Rechnungslegung, §265 HGB Rz.20, Stand 08/2010.
22 So im Ergebnis auch Grottel, in Grottel/Schmidt/Schubert/Winkeljohann, Bilanz, 2016, §284 HGB Rz.28, unter Verweis auf Winkeljohann/Büssow, in Grottel/Schmidt/Schubert/Winkeljohann, Bilanz, 2016, §265 HGB Rz.3.
23 Im Ergebnis wohl gleicher Meinung, jedoch ohne Differenzierung der Ursachen der Darstellungsänderungen Wulf, in Bertram/Brinkmann/Kessler/Müller, HGB Bilanz, 2016, §265 HGB Rz.8; Winkeljohann/Büssow, in Grottel/Schmidt/Schubert/Winkeljohann, Bilanz, 2016, §265 HGB Rz.3.

4 Art und Umfang von Angaben

4.1 Abgrenzung der Kategorien von Angaben

Die einschlägigen gesetzlichen Vorschriften enthalten eine Mindestvorgabe in Bezug auf den Inhalt des Anhangs. Er kann auf freiwilliger Basis erweitert werden, soweit durch die aufgenommenen Zusatzinformationen nicht die Klarheit und Übersichtlichkeit der Berichterstattung eingeschränkt bzw. das den tatsächlichen Verhältnissen entsprechende Bild der wirtschaftlichen Lage verzerrt wird. Im Einzelnen sind die folgenden Kategorien von Anhangangaben zu unterscheiden:

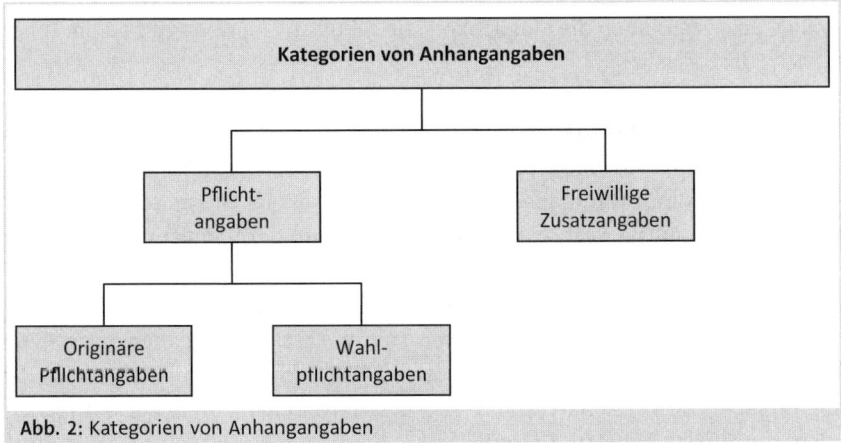

Abb. 2: Kategorien von Anhangangaben

Pflichtangaben sind dadurch gekennzeichnet, dass die geforderte Information nach den Gesetzesvorgaben zwingend im Jahresabschluss enthalten sein muss, sofern ein entsprechender Sachverhalt vorliegt. Nach dem Ort des Ausweises können sie in originäre Pflichtangaben und Wahlpflichtangaben unterteilt werden. Während originäre Pflichtangaben ausdrücklich für den Anhang vorgesehen sind, besteht für Wahlpflichtangaben die Alternative, entweder in den Zahlenteilen des Jahresabschlusses oder aber im Anhang über die entsprechenden Sachverhalte zu berichten.

Diese Wahlmöglichkeit kann unmittelbar gesetzlich geregelt sein (vgl. z.B. §268 Abs. 6 HGB zum aktivierten Disagio). Sie kann sich aber auch mittelbar aus der Anwendung des §265 Abs. 7 Nr. 2 HGB ergeben, demzufolge im Fall einer darstellungsverbessernden Zusammenfassung von Bilanz- und/oder GuV-Posten deren Aufgliederung im Anhang erfolgen muss. Als Wahlpflichtangabe ist somit auch eine auf dieser Rechtsgrundlage vorgenommene Verlagerung von Vermerken zu Bilanz- und GuV-Posten in den Anhang zu sehen, z.B. zu Forderungen mit einer Restlaufzeit von mehr als einem Jahr oder zu Verbindlichkeiten mit einer Restlaufzeit bis zu einem Jahr und von mehr als einem Jahr, die nach §§ 268 Abs. 4 Satz 1, Abs. 5 Satz 1 HGB eigentlich als Bilanzangaben ausgestaltet sind[24].

Über die gerade beschriebenen Regelungsgrundlagen hinaus besteht jedoch kein allgemeines Wahlrecht, die Pflichtangaben entweder in der Bilanz bzw. Gewinn- und Verlustrechnung oder im Anhang zu machen[25]. Ebenfalls dürfen Pflichtangaben, die gesetzlich ausdrücklich für den Anhang vorgesehen sind, weder in die Bilanz oder die Gewinn- und Verlustrechnung noch in den Lagebericht verlagert werden, wie etwa die Angaben zur durchschnittlichen Arbeitnehmerzahl gem. § 285 Nr. 7 HGB[26]. Im Unterschied dazu besteht für freiwillige Zusatzangaben die Möglichkeit, sie fakultativ im Anhang oder im Lagebericht darzustellen[27].

Als freiwillige Zusatzangaben sind alle im Anhang enthaltenen Informationen einzustufen, die das betreffende Unternehmen nicht aufgrund zwingender gesetzlicher Mindestvorgaben macht. Sie müssen in einem sachlichen Zusammenhang mit dem Jahresabschluss stehen und der Vermittlung eines den tatsächlichen Verhältnissen entsprechenden Bildes der Vermögens-, Finanz- und Ertragslage i.S.d. § 264 Abs. 2 HGB dienen[28]. Nicht als freiwillige, sondern als pflichtmäßige Angaben anzusehen sind zusätzliche Angaben nach § 264 Abs. 2 Satz 2 HGB, die erforderlich sind, soweit infolge besonderer Umstände die tatsächliche wirtschaftliche Lage des Unternehmens ohne diese Angaben nicht zutreffend vermittelt würde[29].

Zu den freiwilligen Zusatzangaben gehören:

- Pflichtangaben, von denen die Gesellschaft, insb. aufgrund ihrer Größe, zwar grundsätzlich befreit ist (vgl. dazu Kapitel 4.4), die sie aber trotzdem ganz oder teilweise macht;
- ergänzende Angaben zu wesentlichen, nach § 285 HGB nicht erläuterungspflichtigen Bilanz- und GuV-Posten;

---

24 Vgl. dazu Adler/Düring/Schmaltz, Rechnungslegung und Prüfung der Unternehmen, 6. Aufl. 1994 ff., § 268 HGB, Anm. 103.
25 Vgl. Grottel, in Grottel/Schmidt/Schubert/Winkeljohann, Bilanz, 2016, § 284 HGB Rz. 20.
26 Vgl. Grottel, in Grottel/Schmidt/Schubert/Winkeljohann, Bilanz, 2016, § 284 HGB Rz. 20; IDW, WP Handbuch, 15. Aufl. 2017, Abschn. F Rz. 907; originäre Pflichtangaben des Anhangs können daher auch als »Nur-Anhang-Angaben« bezeichnet werden.
27 Vgl. GEFIU, in DB 1986, S. 2556.
28 Vgl. Wulf, in Baetge/Kirsch/Thiele, Bilanzrecht, § 284 HGB Rz. 38.
29 Vgl. Baetge/Kirsch/Thiele, Bilanzen, 12. Aufl. 2012, S. 716.

- zusätzliche Rechenwerke und Angaben gem. den Empfehlungen des Deutschen Corporate Governance Kodex (DCGK) oder der DRS, insb. Aufnahme einer Kapitalflussrechnung (DRS 21), eines Eigenkapitalspiegels (DRS 7 bzw. DRS 22) oder einer Segmentberichterstattung (DRS 3) bei Gesellschaften außerhalb des Anwendungsbereichs des § 264 Abs. 1 Satz 2 HGB[30];
- andere ergänzende Erläuterungen oder Rechenwerke zur Vermögens-, Finanz- und Ertragslage des Unternehmens, wie z.B. Angaben zur Arbeitnehmerschaft, zur Auftragslage oder zu stillen Reserven sowie Wertschöpfungs- oder Kapitalerhaltungsrechnungen[31].

Der Umfang an erforderlichen Anhangangaben beschränkt sich somit grundsätzlich auf das gesetzlich geforderte Minimum. Nur falls dieses Minimum zu Fehlschlüssen über die wirtschaftliche Lage der berichtenden Gesellschaft führen kann, kommt die Korrekturregelung des § 264 Abs. 2 Satz 2 HGB zum Tragen. Nicht verlangt – wenngleich freiwillig im Rahmen der allgemeinen Berichtsgrundsätze möglich – ist eine generelle Aufgliederung der Abschlussposten oder eine Kurzkommentierung wichtiger Sachverhalte, die in den Abschlussposten enthalten sind[32].

In Bezug auf den Umfang der Berichterstattung zu einzelnen Angabepflichten existieren keine expliziten gesetzlichen Vorgaben. Abbildungsmethoden und Posteninhalte sind so ausreichend zu kommentieren, wie es zu ihrem Verständnis und zum Erkennen der tatsächlichen Verhältnisse notwendig ist[33]. Der Berichtsumfang hängt dabei vor allem von der Größe des Unternehmens und von der Frage ab, ob das Unternehmen kapitalmarktorientiert ist. Die obere Grenze des zulässigen Berichtsumfangs ist mit Blick auf den Grundsatz der Klarheit und Übersichtlichkeit dort erreicht, wo die Informationsfülle die wesentlichen Angaben verschleiert, von ihnen ablenkt oder zu einem verzerrten Gesamtbild der wirtschaftlichen Lage beiträgt. Vor diesem Hintergrund gilt es auch, überflüssige Wiederholungen möglichst zu vermeiden.

---

30 Zur Einordnung der von DRS 21, 7/22 und 3 vorgesehenen Anhangangaben bei Gesellschaften, die als kapitalmarktorientierte, nicht konzernrechnungslegungspflichtige Unternehmen nach § 264 Abs. 1 Satz 2 HGB zur Aufstellung einer Kapitalflussrechnung und eines Eigenkapitalspiegels im Jahresabschluss verpflichtet sind sowie optional eine Segmentberichterstattung aufstellen können, vgl. Kapitel 3.1.

31 Vgl. Grottel, in Grottel/Schmidt/Schubert/Winkeljohann, Bilanz, 2016, § 284 HGB Rz. 90; Wulf, in Baetge/Kirsch/Thiele, Bilanzrecht, § 284 HGB Rz. 38.

32 Vgl. Hoffmann/Lüdenbach, Bilanzierung, 2017, § 284 HGB Rz. 22, und das dort dargestellte Beispiel für solche Berichtsgegenstände.

33 So auch, jedoch beschränkt auf Postenerläuterungen, Grottel, in Grottel/Schmidt/Schubert/Winkeljohann, Bilanz, 2016, § 284 HGB Rz. 12.

4.2 Leerposten und Fehlanzeigen

Ist ein gesetzlich geregelter Berichtstatbestand im konkreten Einzelfall nicht erfüllt, müssen zu ihm keine Angaben im Anhang gemacht werden[34]. Davon ausgenommen ist der Fall, dass (Wert-)Angaben im Vorjahresabschluss enthalten waren, die als Vergleichsbeträge auch im aktuellen Anhang anzugeben sind. Diese Grundsätze ergeben sich mangels einer anderslautenden gesetzlichen Vorschrift in analoger Anwendung der für die Bilanz und die Gewinn- und Verlustrechnung geltenden Regelung des § 265 Abs. 8 HGB. Danach können sog. Leerposten, also Posten, die in beiden im Jahresabschluss abgebildeten Berichtsperioden keine Werte aufweisen, entfallen[35].

Auch Fehlanzeigen bzw. Negativvermerke können im Anhang unterbleiben, wenn gesetzliche Angabepflichten nicht einschlägig sind[36]. Dies gilt insbesondere auch für den sog. Nachtragsbericht, der im Zuge des BilRUG vom Lagebericht (§ 289 Abs. 2 Nr. 1 HGB a. F.) in den Anhang (§ 285 Nr. 33 HGB) verlagert wurde[37]. Schweigen im Anhang ist stets so zu verstehen, dass entsprechende angabepflichtige Sachverhalte nicht vorliegen. Falls solche Hinweise trotzdem gegeben werden, sind sie als freiwillige Zusatzangaben auszulegen.

4.3 Gesetzliches Berichtsverbot

Als eine Ausnahme vom Vollständigkeitsgebot schreibt § 286 Abs. 1 HGB vor, dass die Berichterstattung im Anhang unterbleiben muss, soweit »es für das Wohl der Bundesrepublik Deutschland oder eines ihrer Länder erforderlich ist.« Die allgemeine Schutzklausel soll die Geheimhaltung von Informationen gewährleisten, deren Preisgabe den hoheitlichen bzw. öffentlichen Interessen des Bundes oder der Bundesländer zuwiderlaufen würde. Nicht ausreichend für das Berichtsverbot sind dagegen rein wirtschaftliche Interessen von Bund und Ländern oder Interessen der Kommunen und ihrer Zusammenschlüsse sowie anderer öffentlich-rechtlicher Körperschaften und Anstalten[38].

Die in § 286 Abs. 1 HGB geregelte Pflicht, die Berichterstattung über bestimmte Sachverhalte zu unterlassen, bezieht sich auf alle Arten von Einzelangaben, unabhängig davon, ob es sich um Pflicht-, Wahlpflicht- oder freiwillige Zu-

---

34   Vgl. Andrejewski, in Böcking/Castan/Heymann/Pfitzer/Scheffler, Rechnungslegung, B 40 Rz. 25.
35   Vgl. Grottel, in Grottel/Schmidt/Schubert/Winkeljohann, Bilanz, 2016, § 284 HGB Rz. 22.
36   Vgl. Hoffmann/Lüdenbach, Bilanzierung, 2017, § 284 HGB Rz. 11.
37   Vgl. Grottel, in Grottel/Schmidt/Schubert/Winkeljohann, Bilanz, 2016, § 285 HGB Rz. 947; Kolb/Roß, in WPg 2014, S. 1093.
38   Vgl. Peters, in Scherrer/Claussen, Rechnungslegungsrecht, 2011, § 286 HGB Rz. 12.

satzangaben handelt und auf welcher rechtlichen Regelungsgrundlage diese beruhen[39]. Das Berichtsverbot ist restriktiv auszulegen und auf Sonderfälle beschränkt; wenn möglich, ist eine abstraktere Formulierung dem Weglassen von Informationen vorzuziehen[40]. Die Entscheidung darüber, ob die allgemeine Schutzklausel im Einzelfall zum Tragen kommt, obliegt den für die Aufstellung des Jahresabschlusses verantwortlichen gesetzlichen Vertretern[41]. Es ist nicht erforderlich, eine gerichtliche oder behördliche Stellungnahme einzuholen.

Die Anwendung von §286 Abs. 1 HGB kann sich aus gesetzlichen Vorschriften, z.B. aus den §§93 ff. Strafgesetzbuch (StGB) »Verletzung von Staatsgeheimnissen« oder aus vertraglichen Verpflichtungen gegenüber dem Bund oder den Bundesländern ergeben. Mögliche Anwendungsfälle betreffen insb. Rechtsgeschäfte mit der öffentlichen Hand, die staatspolitische Bedeutung haben oder sich auf Rüstungsgüter beziehen[42].

Mit Blick auf den Zweck der Schutzklausel darf deren Anwendung im Anhang nicht genannt oder durch die Berichterstattung erkennbar werden[43].

4.4　Befreiungen von gesetzlichen Angabepflichten

Die §§274a und 288 HGB erlauben es kleinen und mittelgroßen Gesellschaften i.S.d. 267 HGB, bestimmte Pflichtangaben des Anhangs wegzulassen. Daneben können nach den größenunabhängig formulierten Regelungen des §286 Abs. 2 bis 5 HGB verschiedene Angaben zu den Umsatzerlösen, zum Anteilsbesitz und zu den Bezügen der Mitglieder der Unternehmensorgane unter bestimmten Voraussetzungen unterbleiben. Die bestehenden Befreiungen sind in Kapitel 7 bei den Erläuterungen zu den jeweiligen Einzelangaben dargestellt.

Die Inanspruchnahme der (größenabhängigen) Erleichterungen für den Anhang muss nicht einheitlich erfolgen. Vielmehr kann jede Befreiung unab-

---

39　Vgl. Müller, in Bertram/Brinkmann/Kessler/Müller, HGB Bilanz, 2016, §286 HGB Rz.6; Krawitz, in Hofbauer/Kupsch, Rechnungslegung, §286 HGB Rz.12.
40　Vgl. Adler/Düring/Schmaltz, Rechnungslegung und Prüfung der Unternehmen, 6.Aufl. 1994 ff., §286 HGB, Anm. 12.
41　Vgl. Adler/Düring/Schmaltz, Rechnungslegung und Prüfung der Unternehmen, 6.Aufl. 1994 ff., §286 HGB, Anm. 10.
42　Vgl. Wulf, in Baetge/Kirsch/Thiele, Bilanzrecht, §286 HGB Rz.23; Grottel, in Grottel/Schmidt/Schubert/Winkeljohann, Bilanz, 2016, §286 HGB Rz.12.
43　Vgl. Schülen, in WPg 1987, S.230.

hängig von den anderen wahrgenommen werden[44]. Werden die Wahlrechte nicht oder nicht vollumfänglich ausgeübt, sind die betreffenden Angaben als freiwillige Zusatzangaben einzustufen[45].

Anders als in Bezug auf die Einheitlichkeit der Wahlrechtsausübung ist es herrschende Meinung, dass sich aus §265 Abs. 1 Satz 1 HGB ein Stetigkeitserfordernis ableitet. Danach wird es als unzulässig erachtet, die Entscheidung über die Inanspruchnahme der jeweiligen (größenabhängigen) Befreiung im Anhang aufeinanderfolgender Berichtsperioden ohne sachlichen Grund unterschiedlich zu treffen[46]. Dieser Ansicht wird hier nicht gefolgt (siehe dazu auch Kapitel 3.2.5). Es ist nicht einsichtig, warum der auf die Form der Darstellung bezogene Stetigkeitsgrundsatz des §265 Abs. 1 Satz 1 HGB die expliziten Erleichterungsregelungen in Bezug auf den (inhaltlichen) Umfang der Anhangangaben im Zeitablauf einschränken soll[47].

Über die schon für die Aufstellung des Jahresabschlusses geltenden Befreiungen hinaus sehen die §§326, 327 HGB weitergehende (größenabhängige) Erleichterungen vor, die sich ausschließlich auf die Offenlegung des Jahresabschlusses beziehen. Diese Erleichterungen sind in Kapitel 8 beschrieben. Zusätzlich können sämtliche gesetzlichen »Aufstellungserleichterungen« für Zwecke der Offenlegung nachgeholt bzw. neu ausübt werden[48]. Der Umfang der Offenlegung muss sich damit immer nur am gesetzlichen Mindeststandard orientieren, selbst wenn im aufgestellten Jahresabschluss freiwillig umfassendere Angaben gemacht worden sind[49]. Unseres Erachtens gilt dies auch für sämtliche anderen Berichtsgegenstände, die eindeutig als freiwillige Zusatzangaben des Anhangs zu werten sind[50].

---

44 Vgl. Adler/Düring/Schmaltz, Rechnungslegung und Prüfung der Unternehmen, 6. Aufl. 1994 ff., §288 HGB, Anm. 4; Grottel, in Grottel/Schmidt/Schubert/Winkeljohann, Bilanz, 2016, §288 HGB Rz. 1. Die Frage der Einheitlichkeit wird im Schrifttum explizit nur für die größenabhängigen Erleichterungen diskutiert. Es ist jedoch kein Grund ersichtlich, der eine abweichende Auslegung in Bezug auf die Wahlrechte gem. §286 HGB erfordern würde.
45 Vgl. Grottel, in Grottel/Schmidt/Schubert/Winkeljohann, Bilanz, 2016, §284 HGB Rz. 92.
46 Vgl. z.B. Adler/Düring/Schmaltz, Rechnungslegung und Prüfung der Unternehmen, 6. Aufl. 1994 ff., §288 HGB, Anm. 4; Poelzig, in Schmidt/Ebke, HGB, Bd. 4, 2013, §288 HGB Rz. 3; Müller, in Bertram/Brinkmann/Kessler/Müller, HGB Bilanz, 2016, §286 HGB Rz. 3; Poelzig, in Schmidt/Ebke, HGB, Bd. 4, 2013, §286 Rz. 6.
47 So folgern etwa auch Hütten/Lorson, in Küting/Pfitzer/Weber, Rechnungslegung, §265 HGB Rz. 13, Stand 08/2010, aus §265 Abs. 1 Satz 1 HGB nur die Pflicht, die Einzelangaben im Zeitablauf stetig im gleichen Berichtsabschnitt auszuweisen.
48 Vgl. Grottel, in Grottel/Schmidt/Schubert/Winkeljohann, Bilanz, 2016, §325 HGB Rz. 2.
49 Vgl. Fehrenbacher, in Schmidt/Ebke, HGB, Bd. 4, 2013, §325 Rz. 9.
50 Anderer Auffassung wohl z.B. Grottel, in Grottel/Schmidt/Schubert/Winkeljohann, Bilanz, 2016, §284 HGB Rz. 90 und Müller, in Bertram/Brinkmann/Kessler/Müller, HGB Bilanz, 2016, §284 HGB Rz. 24, die ohne weitere Differenzierung die Ansicht vertreten, dass auch freiwillige Angaben der Offenlegungspflicht unterliegen.

5 Berichtsarten und -umfang

5.1 Arten der Berichterstattung

Die gesetzlichen Regelungen schreiben verschiedene Arten der Berichterstattung für die Informationen des Anhangs vor. Im Einzelnen wird diesbezüglich zwischen Angaben, Aufgliederungen, Ausweisen, Darstellungen, Begründungen und Erläuterungen unterschieden. Diese Berichtsarten sind inhaltlich wie folgt abzugrenzen[51]:

Berichtsart	Inhaltliche Konkretisierung
Angabe	Bloße Nennung einer Tatsache, je nach Art des Sachverhalts verbal oder quantitativ
Aufgliederung	Zerlegung einer i.d.R. quantitativen Größe, insb. eines Bilanz- oder GuV-Postens, in einzelne Teilkomponenten
Ausweis	Quantitative Nennung einer Tatsache
Darstellung	Verbale und/oder quantitative Nennung eines Sachverhalts, verbunden mit einer Aufgliederung, Erläuterung oder Begründung
Erläuterung	Verbale Erklärung, Kommentierung und Interpretation von Sachverhalten, ggf. verbunden mit einer Nennung quantitativer Sachverhaltsinformationen
Begründung	Verbale Nennung der Motive oder ursächlichen Faktoren eines Sachverhalts

Tab. 1: Arten der Anhangberichterstattung

Eine vollkommen trennscharfe Abgrenzung zwischen den dargestellten Berichtsarten ist nicht möglich, vielmehr beinhalten die genannten, im Gesetz verwendeten Begriffe inhaltliche Überschneidungen.

Im Sinne der Verständlichkeit der Anhangberichterstattung genügt eine bloße Wiederholung des Gesetzestextes, etwa zur Beschreibung der angewandten Bilanzierungs- und Bewertungsmethoden nach §284 Abs. 2 Nr. 1 HGB, den gesetzlichen Berichtspflichten nicht[52].

---

51 Vgl. Selchert/Karsten, in BB 1985, S.1890f.; IDW, WP Handbuch, 15.Aufl. 2017, Abschn. F Rz.917; Wulf, in Baetge/Kirsch/Thiele, Bilanzrecht, §284 HGB Rz.22; Adler/Düring/Schmaltz, Rechnungslegung und Prüfung der Unternehmen, 6.Aufl. 1994 ff., §284 HGB Rz.24.
52 Vgl. Grottel, in Grottel/Schmidt/Schubert/Winkeljohann, Bilanz, 2016, §284 HGB Rz.12.

5.2 Vorjahresangaben

Die Verpflichtung zur Angabe von Vergleichswerten des vorangegangenen Geschäftsjahrs gem. § 265 Abs. 2 Satz 1 HGB bezieht sich nach dem expliziten Gesetzeswortlaut ausschließlich auf die Bilanz und die Gewinn- und Verlustrechnung. Hieraus folgt, dass für originäre Pflichtangaben des Anhangs keine Pflicht besteht, die korrespondierenden Beträge der Vorperiode zu nennen. Eine freiwillige Angabe ist jedoch möglich[53]. Das Gleiche gilt in Bezug auf freiwillige Zusatzangaben.

Werden Posten der Bilanz oder der Gewinn- und Verlustrechnung oder Postenvermerke (§§ 266, 275 HGB) in Anwendung des § 265 Abs. 7 Nr. 2 HGB in den Anhang verlagert, besteht die diesbezügliche Pflicht zur Angabe von Vorjahresbeträgen fort[54]. Denn das Darstellungswahlrecht bezieht sich nur auf den Ort des Ausweises, nicht dagegen auch auf den Umfang der Information[55].

Ebenso sind bei (quantitativen) Wahlpflichtangaben, also solchen Angaben und Vermerken, für die in anderen gesetzlichen Regelungen ausdrücklich ein wahlweiser Ausweis in der Bilanz/Gewinn- und Verlustrechnung oder im Anhang vorgesehen ist, grundsätzlich die Vorjahresbeträge anzugeben[56]. Voraussetzung hierfür ist, dass es sich bei den Wahlpflichtangaben um Vermerke handelt, die den Charakter von Einzelposten oder Postenvermerken i.S.d. §§ 266, 275 HGB haben. Eine Angabe der Vorjahresbeträge ist demnach nicht erforderlich, soweit die Entwicklung von Bilanz- oder GuV-Posten im jeweiligen Geschäftsjahr der Gegenstand der Berichterstattung ist. So unterliegen z.B. die Angaben zur Entwicklung der Kapital- und Gewinnrücklagen einer Aktiengesellschaft nach § 152 Abs. 2, 3 AktG keiner Pflicht zur Nennung der Vorjahresbeträge[57].

5.3 Verweise

Soweit entsprechende Sachverhalte vorliegen und keine (größenabhängige) Befreiung zum Tragen kommt, sind die gesetzlich vorgeschriebenen Anhan-

---

53 Vgl. Grottel, in Grottel/Schmidt/Schubert/Winkeljohann, Bilanz, 2016, § 284 HGB Rz. 21.
54 Vgl. IDW RS HFA 39, Tz. 1; IDW, WP Handbuch, 15. Aufl. 2017, Abschn. F Rz. 278.
55 Vgl. Poelzig, in Schmidt/Ebke, HGB, Bd. 4, 2013, § 284 Rz. 19.
56 Vgl. z.B. IDW RS HFA 39, Tz. 1; Grottel, in Grottel/Schmidt/Schubert/Winkeljohann, Bilanz, 2016, § 284 HGB Rz. 21.
57 Anderer Auffassung Hütten/Lorson, in Küting/Pfitzer/Weber, Rechnungslegung, § 265 HGB Rz. 31, Stand 08/2010, die die Pflicht zur Angabe von Vorjahresbeträgen wohl auf alle Wahlpflichtangaben beziehen.

gangaben in jeder Berichtsperiode zu machen. Es ist nicht zulässig, nur auf die Berichterstattung in einem früheren Anhang zu verweisen[58]. Dagegen sind ergänzende Verweise auf eine ausführlichere Berichterstattung in Vorperioden, die über das gesetzlich geforderte Berichtssoll hinausgehen, möglich[59], soweit die Verständlichkeit des Anhangs darunter nicht erheblich leidet.

Ebenso kommen Bezugnahmen auf Gesetzesparagrafen grundsätzlich in Betracht. Unzulässig sind indes reine Paragrafenverweise der Art: »die nach § 285 Nr. 3a HGB anzugebenden Verpflichtungen betragen EUR ...«. Der Inhalt der dargestellten Information darf für den Jahresabschlussadressaten nicht allein unter Rückgriff auf den Gesetzestext nachvollziehbar sein[60].

5.4 Zusammenfassung von Angaben in Anlagen zum Anhang

Umfangreiche Angaben, die sich in Aufstellungen zusammenfassen lassen, wie z.B. die Liste des Anteilsbesitzes der Gesellschaft oder deren Geschäfte mit Nahestehenden, können dem Anhang alternativ zur Darstellung im Fließtext auch als Anlage beigefügt werden[61].

---

58 Vgl. Krawitz, in Hofbauer/Kupsch, Rechnungslegung, § 284 HGB Rz. 29.
59 Vgl. IDW, WP Handbuch, 15. Aufl. 2017, Abschn. F Rz. 906.
60 Vgl. IDW, WP Handbuch, 15. Aufl. 2017, Abschn. F Rz. 905; Grottel, in Grottel/Schmidt/Schubert/ Winkeljohann, Bilanz, 2016, § 284 HGB Rz. 12.
61 Vgl. Grottel, in Grottel/Schmidt/Schubert/Winkeljohann, Bilanz, 2016, § 284 HGB Rz. 32.

6 Darstellung und Strukturierung

6.1 Sprache

Aus der allgemein für den Jahresabschluss geltenden Regelung des § 244 HGB folgt, dass der Anhang in deutscher Sprache aufzustellen ist.

6.2 Währungs- und Betragsangaben

Die Berichtswährung des Anhangs ist EUR (vgl. § 244 HGB). Ergänzende Informationen in Fremdwährung sind zulässig, soweit sie den Einblick in die tatsächlichen Verhältnisse der wirtschaftlichen Lage der Gesellschaft nicht beeinträchtigen. Das Gleiche gilt für Rundungen[62], z.B. auf volle EUR oder volle Tausend EUR. Vorbehaltlich der Nichtbeeinträchtigung des Einblicks kommt sogar eine andere Rundungseinheit als in der Bilanz und der Gewinn- und Verlustrechnung in Betracht, z.B. können die Bilanz und die Gewinn- und Verlustrechnung in EUR und die Angaben im Anhang in Tausend EUR dargestellt werden.

6.3 Darstellungsform

Der Anhang ist als ein gesondertes, in sich geschlossenes Berichtsinstrument aufzustellen und durch eine entsprechende Überschrift zu kennzeichnen[63]. Durch die Darstellung müssen sowohl die Zugehörigkeit zum Jahresabschluss als auch die Abgrenzung von dessen sonstigen Bestandteilen eindeutig erkennbar sein[64]. Aufgrund seiner erläuternden und ergänzenden Funktion ist eine Platzierung des Anhangs hinter der Bilanz und der Gewinn- und Verlustrechnung bzw. nach den Zahlenteilen des Jahresabschlusses zweckmäßig[65].

---

62 Vgl. Grottel, in Grottel/Schmidt/Schubert/Winkeljohann, Bilanz, 2016, § 284 HGB Rz. 30.
63 Vgl. Krawitz, in Hofbauer/Kupsch, Rechnungslegung, § 284 HGB Rz. 20; Wulf, in Baetge/Kirsch/Thiele, Bilanzrecht, § 284 HGB Rz. 24; a. A. betreffend die geschlossene Darstellungsform insb. Biener/Berneke, BiRiLiG, 1986, S. 247.
64 Vgl. Biener/Berneke, BiRiLiG, 1986, S. 247; Grottel, in Grottel/Schmidt/Schubert/Winkeljohann, Bilanz, 2014, § 284 HGB Rz. 29.
65 Vgl. Adler/Düring/Schmaltz, Rechnungslegung und Prüfung der Unternehmen, 6. Aufl. 1994 ff., § 284 HGB Rz. 26; Grottel, in Grottel/Schmidt/Schubert/Winkeljohann, Bilanz, 2016, § 284 HGB Rz. 29.

Es ist zulässig und aus Gründen der Klarheit und Übersichtlichkeit ggf. zweckmäßig, in den Zahlenteilen des Jahresabschlusses die Posten, die Gegenstand von Einzelerläuterungen im Anhang sind, mit Verweiskennzeichen/-ziffern zu versehen und diese bei der Berichterstattung im Anhang aufzugreifen.

6.4 Gliederung

Seit Inkrafttreten des BilRUG beinhalten die gesetzlichen Regelungen erstmals eine unmittelbar auf die Darstellungsstruktur des Anhangs gerichtete Vorschrift, die den allgemeinen Maßstab der Klarheit und Übersichtlichkeit konkretisiert. Nach § 284 Abs. 1 S. 1 HGB sind die erläuternden Angaben zu den einzelnen Posten der Bilanz und der Gewinn- und Verlustrechnung in der Reihenfolge ihrer Postengliederung gemäß den §§ 266 und 275 HGB darzustellen. Übertragen auf die Struktur des Anhangs im Allgemeinen dokumentiert sich hierin der gesetzgeberische Wille, demzufolge sich die Strukturierung des Anhangs an sachlichen Aspekten orientieren muss. Demzufolge kommt ein Aufbau in Anlehnung an die Reihenfolge der Gesetzesparagrafen, aus denen sich die Angabepflichten ergeben, nicht in Betracht.

Zur Gliederung des Anhangs existieren im Schrifttum zahlreiche Vorschläge mit unterschiedlichem Detaillierungsgrad[66]. In der Berichtspraxis werden im Allgemeinen die folgenden Hauptabschnitte mit entsprechender oder ähnlicher Bezeichnung ausgewiesen und dabei oftmals mehr oder weniger detaillierte Untergliederungen der Hauptabschnitte vorgenommen:

I. Allgemeine Angaben (Erläuterungen, Hinweise)

II. Bilanzierungs- und Bewertungsmethoden(-grundsätze), teilweise weiter untergliedert in allgemeine Methodenangaben und Angaben zur Umrechnung von Fremdwährungsposten

III. Erläuterungen zur Bilanz

IV. Erläuterungen zur Gewinn- und Verlustrechnung

V. Sonstige Angaben, teilweise weiter untergliedert in Angaben zu den Gesellschaftsorganen und übrige sonstige Angaben

Tab. 2: Übliche Gliederung des Anhangs

---

66 Vorschläge zur Grobgliederung machen z.B. Grottel, in Grottel/Schmidt/Schubert/Winkeljohann, Bilanz, 2016, § 284 HGB Rz. 31; IDW, WP Handbuch, 15. Aufl. 2017, Abschn. F Rz. 912; Andrejewski, in Böcking/Castan/Heymann/Pfitzer/Scheffler, Rechnungslegung, B 40 Rz. 43. Eine sehr ausführliche Gliederungssystematik findet sich bei Krawitz, in Hofbauer/Kupsch, Rechnungslegung, § 284 HGB Rz. 27.

6.5 Zusammenfassung von Anhang und Konzernanhang

In Anbetracht der weitreichenden inhaltlichen Überschneidungen darf ein konzernrechnungslegungspflichtiges Mutterunternehmen nach §298 Abs. 2 HGB seinen Konzernanhang mit dem Anhang des Jahresabschlusses zusammenfassen. Dabei muss für den Abschlussadressaten klar erkennbar sein, welche Aussagen sich ausschließlich auf das Mutterunternehmen bzw. den Konzern beziehen und welche Angaben beide Berichtssubjekte betreffen[67].

Wird das Wahlrecht der Zusammenfassung von Konzernanhang und Anhang in Anspruch genommen, sind der Konzernabschluss und der Jahresabschluss des betreffenden (Mutter-)Unternehmens nach §298 Abs. 2 Satz 2 HGB gemeinsam offenzulegen.

---

67 Vgl. IDW, WP Handbuch, 15. Aufl. 2017, Abschn. F Rz. 901.

7 Inhalt des aufzustellenden Anhangs

Die Ausführungen in Kapitel 7 beziehen sich ausschließlich auf die Aufstellung des Jahresabschlusses bzw. des Anhangs einschließlich etwaiger gesetzlich eingeräumter Erleichterungen, die von der berichtenden Gesellschaft schon bei der Aufstellung ausgenutzt werden können. Weitere Erleichterungen, die ggf. bei der späteren Offenlegung des Anhangs bestehen, werden gesondert in Kapitel 8 beschrieben.

Auch die Darstellung des notwendigen Inhalts des aufzustellenden Anhangs erfolgt in zwei Stufen: Zunächst werden die für alle Kapitalgesellschaften und alle voll haftungsbeschränkten Personenhandelsgesellschaften i.S.d. §264a HGB geltenden Anforderungen erläutert. Darauf aufbauend wird dann in Kapitel 7.7 auf rechtsformbezogene Besonderheiten eingegangen.

Sämtliche Erläuterungen beziehen sich auf den Gesetzesstand im Herbst 2016, berücksichtigen also die Änderungen durch das BilRUG vom 17.07.2015. Die BilRUG-Änderungen sind nach Art. 75 Abs. 1 EGHGB mit Ausnahme bestimmter größenabhängiger Erleichterungen erstmalig auf die Rechnungslegung für Geschäftsjahre anzuwenden, die nach dem 31.12.2015 beginnen. Ein allgemeines Wahlrecht zu einer vorzeitigen BilRUG-Anwendung wurde vom Gesetzgeber nicht eingeräumt. Anhanginformationen, die ausschließlich aufgrund der Übergangsregelungen des Bilanzrechtsmodernisierungs-Gesetzes (BilMoG) vom 25.5.2009 weiterhin noch zur Anwendung kommen können, werden nicht (mehr) erörtert. Hierzu wird auf die einschlägige (Kommentar-)Literatur verwiesen.

Schließlich ist zu beachten, dass die allgemeine Schutzklausel des §286 Abs. 1 HGB (Berichts*verbot*, soweit es für das Wohl der Bundesrepublik Deutschland oder eines ihrer Länder erforderlich ist) nicht bei jedem einzelnen Berichtstatbestand in Kapitel 7 nochmals gesondert genannt wird. Da diese Ausnahmeregelung übergreifend gilt, wird ihr Inhalt in Kapitel 4.3 allgemein dargestellt.

7.1 Allgemeine Erläuterungen

Obwohl es dafür weitgehend an einer ausdrücklichen gesetzlichen Rechtsgrundlage fehlt, ist es mit Blick auf die Verständlichkeit des Jahresabschlusses angebracht, den konkreten gesetzlichen Berichtspflichten des Anhangs einen einleitenden Abschnitt voranzustellen, in den bestimmte allgemeine Erläuterungen aufgenommen werden. Die gesetzliche Rechtsgrundlage fehlt dabei nur »weitgehend«, da sich zum einen aus §265 Abs. 2 Satz 2, 3 HGB bestimmte Berichtspflichten ergeben, sofern die Bilanz- und/oder GuV-Posten mit den genannten Werten der Vorperiode materiell nicht vergleichbar sind. Zum anderen sieht der durch das BilRUG eingefügte §264 Abs. 1a HGB bestimmte einleitende Angaben des Jahresabschlusses vor, für deren Platzierung sich der Anhang anbietet.

7.1.1 Mangelnde Vergleichbarkeit von Abschlussposten

Berichtsgegenstand und zugrunde liegende Vorschriften

HGB §265 Allgemeine Grundsätze für die Gliederung

...

(2) In der Bilanz sowie in der Gewinn- und Verlustrechnung ist zu jedem Posten der entsprechende Betrag des vorhergehenden Geschäftsjahrs anzugeben. Sind die Beträge nicht vergleichbar, so ist dies im Anhang anzugeben und zu erläutern. Wird der Vorjahresbetrag angepasst, so ist auch dies im Anhang anzugeben und zu erläutern.

Erleichterungen
Es bestehen keine gesetzlich geregelten Erleichterungen.

Inhaltliche Abgrenzung der Berichtspflicht
Dem Wortlaut nach ist die Vorschrift des §265 Abs. 2 HGB zwar (einzel-)postenbezogen ausgestaltet, sie findet jedoch auch Anwendung, wenn sich die Nichtvergleichbarkeit auf die Zahlenteile des Jahresabschlusses in ihrer Gesamtheit oder auf postenübergreifende Sachverhalte bezieht. Während in Fällen, in denen Einzelposten betroffen sind, eine Erläuterung bei den entsprechenden Postenangaben sinnvoll ist, dürfte es im Sinne der Klarheit und Übersichtlichkeit sein, über die Nichtvergleichbarkeit der Zahlenteile im Ganzen im Rahmen der allgemeinen (Vorab-)Erläuterungen zu berichten. Ein solcher Sachverhalt kann sich – wie in den folgenden Musterformulierungen angenommen – z.B. ergeben, wenn ein satzungsmäßiger Geschäftsjahreswechsel in der Berichts- oder der Vorperiode zu einem Rumpfgeschäftsjahr geführt hat oder wenn organisatorische Umstrukturierungen in der Unternehmensgruppe der berichtenden Gesellschaft die Vergleichbarkeit der Abschlusszahlen beeinträchtigen.

Musterformulierungen !

- Die ausgewiesenen Vorjahresangaben beziehen sich auf das Rumpfgeschäftsjahr vom ... bis zum ... Somit ist die Vergleichbarkeit zu den Angaben für das
  volle abgelaufene Geschäftsjahr ... eingeschränkt.
- In der Berichtsperiode ist es zu den folgenden Umstrukturierungen bei der ...
  gekommen: ...
Durch die Umstrukturierungen sind verschiedene Posten der Bilanz und der
Gewinn- und Verlustrechnung nur eingeschränkt mit den Vorjahresangaben vergleichbar.

Die vorstehenden Musterformulierungen weisen, wie in §265 Abs. 2 Satz 2
HGB als Mindeststandard gefordert, lediglich auf die Nichtvergleichbarkeit
hin und erläutern deren Hintergrund. Der folgenden Musterformulierung liegt
dagegen eine Anpassung der Vergleichsangaben der Vorperiode i.S.d. §265
Abs. 2 Satz 3 HGB zugrunde.

Musterformulierung[68] !

Aufgrund des Wechsels der Konzernzugehörigkeit wurde in der Berichtsperiode im
Unterschied zu den Vorjahren für die Darstellung der Gewinn- und Verlustrechnung
das Gesamtkostenverfahren angewendet. Die Vorjahreswerte der Gewinn- und
Verlustrechnung sind entsprechend angepasst worden. Sie betreffen den Zeitraum
des Rumpfgeschäftsjahrs vom ... bis zum ...

7.1.2 Stetigkeitsdurchbrechung aus der BilRUG-Erstanwendung

Berichtsgegenstand und zugrunde liegende Vorschriften

EGHGB Art. 75
*(2) ... Bei der erstmaligen Anwendung der in Satz 1 bezeichneten Vorschrif-
ten ist im Anhang oder Konzernanhang auf die fehlende Vergleichbarkeit
der Umsatzerlöse hinzuweisen und unter nachrichtlicher Darstellung des
Betrags der Umsatzerlöse des Vorjahres, der sich aus der Anwendung von
§277 Absatz 1 in der Fassung des Bilanzrichtlinie-Umsetzungsgesetzes ergeben haben würde, zu erläutern.*

Erleichterungen
Es bestehen keine gesetzlich geregelten Erleichterungen.

---

68 Inhaltlich könnte diese Angabe auch der Berichterstattung über die Ausweismethoden (siehe
dazu Kapitel 7.2.2) zugeordnet werden.

Inhaltliche Abgrenzung der Berichtspflicht

Mit Ausnahme der Vorgabe des Art. 75 Abs. 2 Satz 3 EGHGB (fehlende Vergleichbarkeit der Umsatzerlöse) gehen die Neuregelungen des BilRUG nicht auf die Frage der Erläuterung von geänderten Abbildungsvorschriften und/oder deren Auswirkungen auf die Bilanz- und GuV-Posten ein. Der Maßstab für mögliche Beeinträchtigungen der Vergleichbarkeit durch Stetigkeitsdurchbrechungen ist diesbezüglich die allgemeine gesetzliche Regelung des § 265 Abs. 2 HGB (siehe dazu Kapitel 7.1.1). Ergibt sich aus der Erstanwendung des BilRUG eine mangelnde Vergleichbarkeit von Bilanz- und/oder GuV-Posten, kann diese Tatsache also im Anhang angegeben und erläutert werden oder es kann eine ergänzend erläuterte Anpassung der Vergleichsangaben der Vorperiode erfolgen.

Sind die in der Gewinn- und Verlustrechnung ausgewiesenen Umsatzerlöse infolge der Neudefinition des § 277 Abs. 1 HGB durch das BilRUG inhaltlich nicht vergleichbar mit der Vorperiode, verlangt Art. 75 Abs. 2 Satz 3 EGHGB bei der erstmaligen BilRUG-Anwendung die folgenden Berichtselemente im Anhang:

- einen bloßen Hinweis auf die fehlende Vergleichbarkeit;
- eine Erläuterung der fehlenden Vergleichbarkeit;
- die (»Pro-forma-«)Angabe der Umsatzerlöse der Vorperiode, die sich bei der Anwendung der Neudefinition ergeben hätten.

Die Berichtspflicht besteht nur bei wesentlichen Änderungen in der inhaltlichen Zusammensetzung der Umsatzerlöse gegenüber der Vorperiode.

> **! Musterformulierung**
>
> Der Jahresabschluss zum ... wurde unter erstmaliger Anwendung der Vorschriften des Bilanzrichtlinie-Umsetzungsgesetzes (BilRUG) aufgestellt. Aufgrund der gesetzlichen Neudefinition des § 277 Abs. 1 HGB sind die Umsatzerlöse des Geschäftsjahres ... mit dem Vergleichswert der Vorperiode inhaltlich nicht vergleichbar, da Mieterlöse in Höhe von ... EUR erstmals als Umsatzerlöse statt als sonstige betriebliche Erträge auszuweisen waren. Eine Anpassung der Vorjahresbeträge in der Gewinn- und Verlustrechnung ist nicht erfolgt. Im Fall einer Erstanwendung der BilRUG-Vorschriften schon auf den vorangegangenen Jahresabschluss hätten sich für die Vorperiode Umsatzerlöse in Höhe von ... EUR ergeben.

Die beschriebene (Sonder-)Regelung des Art. 75 Abs. 2 Satz 3 EGHGB zu den Umsatzerlösen geht davon aus, dass in der Gewinn- und Verlustrechnung keine Anpassung der Vergleichsangabe der Vorperiode vorgenommen wird. Alternativ erscheint es ebenfalls zulässig, in Einklang mit der allgemeinen Vorschrift des § 265 Abs. 2 HGB die Vergleichsangabe der Vorperiode anzupassen und diese Tatsache zusätzlich im Anhang anzugeben und zu erläutern[69] (siehe dazu Kapitel 7.1.1).

7.1.3   Identifikation der berichtenden Gesellschaft

Berichtsgegenstand und zugrunde liegende Vorschriften

> **HGB § 264 Allgemeine Grundsätze für die Gliederung**
>
> ...
>
> *(1a) In dem Jahresabschluss sind die Firma, der Sitz, das Registergericht und die Nummer, unter der die Gesellschaft in das Handelsregister einge-tragen ist, anzugeben. Befindet sich die Gesellschaft in Liquidation oder Abwicklung, ist auch diese Tatsache anzugeben.*

Erleichterungen
Es bestehen keine gesetzlich geregelten Erleichterungen.

Ausweisalternativen
§ 264 Abs. 1a HGB regelt nur, dass die vorgeschriebenen Identifikationsangaben im »Jahresabschluss« enthalten sein müssen. An welcher Stelle sie zu platzie-ren sind, wird nicht weiter konkretisiert. Nach der Regierungsbegründung zum BilRUG kann die Angabe »beispielsweise in der Überschrift des Jahresabschlus-ses, auf einem gesonderten Deckblatt oder an anderer herausgehobener Stelle« erfolgen[70]. Neben der Zusammenfassung in einem einleitenden Abschnitt des Anhangs kommt also durchaus auch eine Darstellung in den Überschriften zu den einzelnen Bestandteilen des Jahresabschlusses in Betracht. Es dürfte auch nicht zu beanstanden sein, die Angaben auseinanderzuziehen, solange die Klarheit und Übersichtlichkeit des Jahresabschlusses gewahrt bleibt.

Inhaltliche Abgrenzung der Berichtspflicht
Über die berichtende Gesellschaft sind nach § 264 Abs. 1a HGB mindestens die folgenden einleitenden Angaben darzustellen:

- Firma,
- Sitz der Gesellschaft,
- Registergericht, bei dem die Gesellschaft eingetragen ist,

---

69   Vgl. Hoffmann/Lüdenbach, Bilanzierung, 2017, § 265 HGB Rz. 18a.
70   Vgl. BT-Drucks. 18/4050 S. 57.

- Registernummer,
- ein Hinweis, wenn sich die Gesellschaft in Liquidation oder Abwicklung befindet.

Für die Berichterstattung sind die Verhältnisse zum Abschlussstichtag maßgebend. Eine (zusätzliche) Angabe von Änderungen nach dem Abschlussstichtag erscheint zwar sinnvoll, ist jedoch u. E. kein Muss.

Eine zusammengefasste Berichterstattung der Identifikationsangaben in einem einleitenden Abschnitt des Anhangs kann beispielhaft wie folgt ausgestaltet sein:

! **Musterformulierung**

Die ... mit Sitz in ... ist im Handelsregister des Amtsgerichts ... und der Registernummer HRB ... eingetragen.

Mit Beschluss vom ... hat die Gesellschafterversammlung der ... beschlossen, die Gesellschaft mit Ablauf des ... aufzulösen. Der Liquidationszeitraum begann am ...

7.1.4 Sonstige allgemeine Erläuterungen

Neben den zuvor dargestellten, auf der gesetzlichen Regelung der §§ 265 Abs. 2, § 264 Abs. 1a HGB und Art. 75 Abs. 2 Satz 3 EGHGB beruhenden Angaben, kann in den allgemeinen (Vorab-)Erläuterungen insb. berichtet werden über die

- Rechtsnormen, die der Rechnungslegung zugrunde liegen (HGB, ergänzende Vorschriften von GmbHG oder AktG, DRS etc.),
- Größenklasseneinstufung der berichtspflichtigen Gesellschaft,
- Inanspruchnahme von gesetzlich eingeräumten, vor allem größenabhängigen Erleichterungen in Bezug auf den Jahresabschluss,
- Behandlung von Wahlpflichtangaben,
- wichtigen Sachverhalte der Berichtsperiode und deren Auswirkungen auf die Rechnungslegung (Nichtangabe von Vorperiodenwerten aufgrund der Neugründung des Unternehmens, Beantragung des Insolvenzverfahrens u. Ä.),
- verwendeten Rundungseinheiten.

Mit Blick auf die genannten Aspekte können die allgemeinen (Vorab-)Erläuterungen beispielhaft wie folgt ausgestaltet sein:

Musterformulierungen am Beispiel einer mittelgroßen GmbH   **!**

- Der vorliegende Jahresabschluss der ... GmbH wurde auf der Grundlage der Rechnungslegungsvorschriften des Handelsgesetzbuches (HGB) und unter Beachtung der ergänzenden Vorschriften des GmbHG [sowie der einschlägigen Vorschriften des Gesellschaftsvertrags] aufgestellt.
- In Bezug auf die Rechnungslegung der Gesellschaft für die Berichtsperiode waren die Vorschriften für mittelgroße Kapitalgesellschaft i.S.d. §267 Abs. 2 HGB maßgebend. Die Gesellschaft macht bezüglich der Berichterstattung im Anhang von den Befreiungen der §§276, 288 HGB [grundsätzlich/teilweise] Gebrauch.
- Angaben, die nach den gesetzlichen Regelungen wahlweise in der Bilanz bzw. der Gewinn- und Verlustrechnung oder im Anhang erfolgen können, sind vollumfänglich [grundsätzlich/überwiegend] im Anhang enthalten.
- Aufgrund der Gründung der Gesellschaft in der Berichtsperiode stellt das Geschäftsjahr ... ein Rumpfgeschäftsjahr dar. Somit entfallen Vergleichsangaben zum Vorjahr.
- Am ... hat die Gesellschaft aufgrund drohender Zahlungsunfähigkeit einen Antrag auf Eröffnung des Insolvenzverfahrens über ihr Vermögen mit Anordnung der Eigenverwaltung gem. dem sog. Schutzschirmverfahren des §270b der Insolvenzordnung (InsO) gestellt. Mit Beschluss vom ... hat das Amtsgericht ... das Verfahren antragsgemäß eröffnet.
- Die Wertangaben im Anhang wurden auf volle Euro (EUR) [Tausend Euro (TEUR)] gerundet.

In der Berichtspraxis sind allgemeine Erläuterungen der vorstehend dargestellten Art gängig, wenngleich Unterschiede hinsichtlich des Inhalts und des Umfangs bestehen. Daneben finden sich in diesem Berichtsteil gelegentlich auch Angaben zur Branche oder zur Geschäftstätigkeit des Unternehmens, so z.B. in den folgenden Fällen:

Praxisbeispiel
Der Tätigkeitsbereich der Gesellschaft umfasst im Wesentlichen die Herstellung und den Vertrieb von Stahlerzeugnissen für die Automobilindustrie.

Metaldyne Zell GmbH & Co. KG, Zell am Harmersbach,
Jahresabschluss zum 31.12.2014

Praxisbeispiel

Nach der vorwiegend im Geschäftsjahr 2001/02 erfolgten Ausgliederung der operativen Geschäftsbereiche in die inländischen Tochtergesellschaften der HARTING KGaA besteht der Zweck der Gesellschaft im Wesentlichen in der Verwaltung eigenen Vermögens, dem Halten, dem Erwerb und der Veräußerung von Beteiligungen an Unternehmen sowie in der Erbringung von Dienstleistungen für Beteiligungsunternehmen.

HARTING KGaA, Espelkamp, Jahresabschluss zum 30.9.2014

Nicht selten finden sich in der Berichtspraxis – wie im folgenden Beispiel – auch einleitende Formulierungen im Anhang, die hervorheben, dass sich die angewandten Abbildungsmethoden an die HGB-Normen »anlehnen« oder sich daran »orientieren«. Eine solche Wortwahl ist zumindest unglücklich, ist der handelsrechtliche Jahresabschluss doch eben dadurch gekennzeichnet, dass die HGB-Vorschriften voll zu beachten sind und nicht nur einen »Orientierungsmaßstab« darstellen.

Praxisbeispiel

Die angewandten Bilanzierungs- und Bewertungsmethoden orientieren sich grundsätzlich nach den handelsrechtlichen Bestimmungen.

Streb Getränke Aktiengesellschaft, Gaggenau, Jahresabschluss zum 31.12.2014

7.2 Angaben zu den Abbildungsmethoden

7.2.1 Ansatz- und Bewertungsmethoden

Berichtsgegenstand und zugrunde liegende Vorschriften

HGB §284 Erläuterung der Bilanz und der Gewinn- und Verlustrechnung
(2) Im Anhang müssen
1. *die auf die Posten der Bilanz und der Gewinn- und Verlustrechnung angewandten Bilanzierungs- und Bewertungsmethoden angegeben werden;*
2. *Abweichungen von Bilanzierungs- und Bewertungsmethoden angegeben und begründet werden; deren Einfluss auf die Vermögens-, Finanz- und Ertragslage ist gesondert darzustellen;*
   ...
4. *Angaben über die Einbeziehung von Zinsen für Fremdkapital in die Herstellungskosten gemacht werden.*

HGB § 285 Sonstige Pflichtangaben

Ferner sind im Anhang anzugeben:

...

13. *jeweils eine Erläuterung des Zeitraums, über den ein entgeltlich er-worbener Geschäfts- oder Firmenwert abgeschrieben wird;*

...

24. *zu den Rückstellungen für Pensionen und ähnliche Verpflichtungen das angewandte versicherungsmathematische Berechnungsverfah-ren sowie die grundlegenden Annahmen der Berechnung, wie Zins-satz, erwartete Lohn- und Gehaltssteigerungen und zugrunde ge-legte Sterbetafeln;*

...

Erleichterungen

Die Berichterstattung zu den Bewertungsgrundlagen der Rückstellungen für Pensionen und ähnliche Verpflichtungen gem. § 285 Nr. 24 HGB kann nach § 288 Abs. 1 Nr. 1 HGB bei kleinen Gesellschaften entfallen. Darüber hinaus bestehen keine gesetzlich geregelten Erleichterungen.

Kategorisierung und Vorjahresangabe

Die Berichtstatbestände, die die Bilanzierungs- und Bewertungsmethoden betreffen, sind originäre Pflichtangaben, die ausdrücklich für den Anhang vorgesehen sind. Deshalb sind grundsätzlich keine Angaben zur vorherigen Berichtsperiode erforderlich. Durch die Verpflichtung, über Stetigkeitsdurch-brechungen berichten zu müssen, werden jedoch Abweichungen im Vergleich zur Vorperiode kenntlich gemacht.

Inhaltliche Abgrenzung der Berichtspflicht

Vorbemerkungen

Der gesonderten Nennung der in § 284 Abs. 2 Nr. 4 HGB und § 285 Nr. 13, 24 HGB bezeichneten Einzelaspekte ist nur eine klarstellende, konkretisierende Bedeutung beizumessen, da sie sich auf ausgewählte Berichtsgegenstände der (allgemeinen) Bilanzierungs- und Bewertungsmethoden gem. § 284 Abs. 2 Nr. 1 HGB beziehen.

Somit ergeben sich aus den dargestellten Rechtsgrundlagen zusammenfas-send die folgenden beiden Berichtsgegenstände:

- die Beschreibung der angewandten Bilanzierungs- und Bewertungsme-thoden und

- die Nennung von Durchbrechungen der Methodenstetigkeit und ihrer Auswirkungen auf die Zahlenteile des Jahresabschlusses einschließlich der dafür maßgebenden Gründe.

Eine allgemeine Verpflichtung, sämtliche Posten der Bilanz und der Gewinn- und Verlustrechnung zu erläutern oder zu kommentieren, ergibt sich aus den maßgebenden handelsrechtlichen Vorschriften dagegen nicht[71].

Begriff und Bereiche der berichtspflichtigen Methoden

Die Abbildung der geschäftlichen Sachverhalte von Unternehmen in den Zahlenteilen des Jahresabschlusses untergliedert sich in drei wesentliche Teilbereiche bzw. Fragestellungen:

- Ist der betreffende Sachverhalt in einem Bilanzposten anzusetzen (sog. Bilanzansatz = Bilanzierung dem Grunde nach)?
- Mit welchem Wert ist dieser bilanzrelevante Sachverhalt abzubilden (sog. Bewertung = Bilanzierung der Höhe nach)?
- Welchem in Einklang mit den gesetzlichen Gliederungsvorschriften ausgewiesenen Bilanzposten ist der Sachverhalt zuzuordnen (sog. Ausweis[72])?

Die genannten Teilbereiche werden – da es keine gesetzliche Definition gibt – vielfach umfassend unter dem Oberbegriff der Bilanzierung zusammengefasst[73]. Im engeren Wortsinne bezieht sich der Begriff der Bilanzierung dagegen lediglich auf den Bilanz*ansatz* von Vermögensgegenständen, Schulden und anderen Bilanzposten. Abb. 3 fasst diese begriffliche Abgrenzung zusammen.

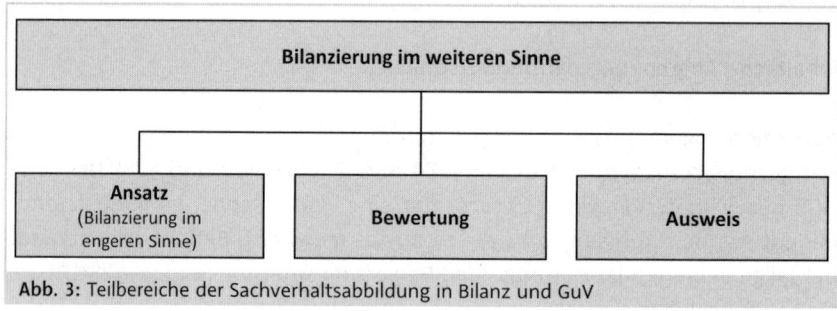

Abb. 3: Teilbereiche der Sachverhaltsabbildung in Bilanz und GuV

---

71 Vgl. Müller, in Bertram/Brinkmann/Kessler/Müller, HGB Bilanz, 2016, §284 HGB Rz.25; Poelzig, in Schmidt/Ebke, HGB, Bd. 4, 2013, §284 Rz.40.

72 Für Zwecke der Jahresabschlussanalyse wird der Bereich des Ausweises oftmals weiter differenziert in Ausweis, Erläuterung und Gliederung, was an dieser Stelle jedoch nicht relevant ist; vgl. dazu z.B. Küting/Weber, Die Bilanzanalyse, 11.Aufl. 2015, S.40, 44.

73 Oftmals wird der Begriff der »Bilanzierung« auch mit der gesamten Jahresabschlusserstellung gleichgesetzt; vgl. Altenburger, in Scherrer/Claussen, Rechnungslegungsrecht, 2011, §284 HGB Rz.27.

Da §284 Abs. 2 Nr. 1 HGB die Begriffe der Bilanzierungs- und Bewertungsmethoden ohne weitere definitorische Abgrenzung nebeneinanderstellt, ist davon auszugehen, dass sich die gesetzliche Anhangsberichtspflicht in Bezug auf die Bilanzierungsmethoden lediglich auf den Bereich des Bilanzansatzes bezieht[74] und somit insb. nicht auch die »Ausweismethoden« umfasst (siehe dazu Kapitel 7.2.2). Abb. 3 fasst die Teilbereiche der Sachverhaltsabbildung in Bilanz und Gewinn- und Verlustrechnung zusammen.

Unter *Methoden* i.S.d. §284 Abs. 2 Nr. 1 HGB sind planmäßige Verfahren bzw. vorgegebene systematische Regeln zur Abbildung der bilanzierungsrelevanten Sachverhalte zu verstehen, die die Teilbereiche des Bilanzansatzes und der Bewertung betreffen[75]. In diesem Zusammenhang sind die folgenden drei Berichtsebenen zu unterscheiden[76]:

- Ebene 1: Eindeutige (zwingende) gesetzliche Ansatz- und Bewertungsvorgaben.
- Ebene 2: Explizite gesetzliche Ansatz- und Bewertungswahlrechte.
- Ebene 3: Implizite (faktische) Ansatz- und Bewertungswahlrechte sowie Ermessensspielräume, die z.B. bei Schätzungen und bei der Subsumtion eines Sachverhalts unter eine bestimmte Rechtsnorm bestehen.

Die Berichtsebenen 2 und 3 beinhalten Gestaltungsspielräume, die der Gesellschaft bei der Abbildung der bilanzierungsrelevanten Sachverhalte zur Beeinflussung der in der Bilanz und der Gewinn- und Verlustrechnung gezeigten Werte materiell zur Verfügung stehen. Die sog. Sachverhalts*abbildung* ist ein Element des bilanzpolitischen Instrumentariums. Das zweite Element stellen sog. Sachverhalts*gestaltungen* dar, bei denen es sich um geschäftliche Transaktionen handelt, die primär oder ausschließlich darauf gerichtet sind, das Jahresabschlussbild zu steuern und meist gegen Ende des Geschäftsjahrs vorgenommen werden. Sachverhaltsgestaltungen fallen dabei nicht unter die Berichtspflicht des §284 Abs. 2 Nr. 1 HGB[77].

---

74 Vgl. Grottel, in Grottel/Schmidt/Schubert/Winkeljohann, Bilanz, 2016, §284 HGB Rz. 105; Wulf, in Baetge/Kirsch/Thiele, Bilanzrecht, §284 HGB Rz. 52.

75 Ähnlich Andrejewski, in Böcking/Castan/Heymann/Pfitzer/Scheffler, Rechnungslegung, B 40 Rz. 53. Zum Begriff der Bilanzierungs- und Bewertungsmethoden vgl. auch Müller, in Bertram/Brinkmann/Kessler/Müller, HGB Bilanz, 2013, §284 HGB Rz. 26, 30; IDW RS HFA 38.7 f.; Grottel, in Grottel/Schmidt/Schubert/Winkeljohann, Bilanz, 2016, §284 HGB Rz. 105, 115.

76 Vgl. Hoffmann/Lüdenbach, Bilanzierung, 2017, §284 HGB Rz. 44. Explizite Wahlrechte werden auch als »echte« oder »förmliche« und implizite/faktische Wahlrechte auch als »unechte« oder »verdeckte« Wahlrechte bezeichnet; vgl. z.B. IDW RS HFA 38, Tz. 9; Küting/Weber, Die Bilanzanalyse, 11. Aufl. 2015, S. 40 f.; Hoffmann/Lüdenbach, Bilanzierung, 2017, §284 HGB Rz. 44.

77 Vgl. Hoffmann/Lüdenbach, Bilanzierung, 2017, §264 HGB Rz. 30. Es kommt insoweit jedoch eine Berichtspflicht nach §264 Abs. 2 Satz 2 HGB in Betracht, falls die Sachverhaltsgestaltungen die Darstellung der tatsächlichen wirtschaftlichen Lage im Jahresabschluss der berichtenden Gesellschaft gravierend verzerren; siehe hierzu Kapitel 7.2.3.

! **Sachverhaltsgestaltende Maßnahmen**[78]

Beispiele für sachverhaltsgestaltende Maßnahmen sind *Sale-and-lease-back-*Geschäfte zur Verbesserung der Eigenkapitalquote, die Einbringung von Vermögensgegenständen in verbundene Unternehmen unter Aufdeckung stiller Reserven zwecks Gewinnrealisierung sowie Forderungsverkäufe zur Liquiditätsstärkung.

Zu berichten ist nur über Ansatz- und Bewertungsmethoden, die im Einflussbereich des Bilanzierenden liegen, mithin die Berichtsebenen 2 und 3. Soweit dagegen in Bezug auf die Abbildung der bilanzierungsrelevanten Sachverhalte eindeutige gesetzliche Vorgaben bestehen (Berichtsebene 1), sind keine entsprechenden Methodenangaben im Anhang erforderlich[79].

! **Beispiel: Redundante Erläuterungen**

Die folgenden ausgewählten, in der Praxis verbreiteten Erläuterungen im Anhang der A GmbH geben lediglich in allgemeiner Form das gesetzliche Regelungsstatut wieder und sind daher an sich überflüssig:

- Die immateriellen Vermögensgegenstände und die Vermögensgegenstände des Sachanlagevermögens werden zu Anschaffungs- oder Herstellungskosten abzüglich planmäßiger Abschreibungen bewertet.
- Die Finanzanlagen werden zu Anschaffungskosten oder dem niedrigeren beizulegenden Wert angesetzt.
- Roh-, Hilfs- und Betriebsstoffe sowie Waren werden zu Anschaffungskosten bzw. zum niedrigeren beizulegenden Wert bewertet.
- Forderungen und sonstige Vermögensgegenstände werden mit dem Nennwert bzw. mit dem am Abschlussstichtag beizulegenden niedrigeren Wert angesetzt.
- Die liquiden Mittel sind zum Nennwert angesetzt.
- Die aktiven Rechnungsabgrenzungsposten enthalten geleistete Vorauszahlungen, die Aufwand für zukünftige Geschäftsjahre darstellen.
- Die sonstigen Rückstellungen sind in Höhe des Betrags gebildet worden, der nach vernünftiger kaufmännischer Beurteilung notwendig ist, um alle bis zum Abschlussstichtag entstandenen Risiken und ungewissen Verpflichtungen zu erfüllen.
- Verbindlichkeiten werden mit ihrem Erfüllungsbetrag angesetzt.

Ungeachtet dessen, dass die Darstellung von gesetzlich eindeutigen Abbildungsregeln überflüssig ist, ist deren freiwillige Nennung grundsätzlich nicht zu beanstanden. Nur soweit durch die Formulierung oder den textlichen Um-

---

78 Zur Definition und Abgrenzung des bilanzpolitischen Instrumentariums vgl. z.B. Küting/Weber, Die Bilanzanalyse, 11. Aufl. 2015, S. 39 ff.
79 So z.B. Wulf, in Baetge/Kirsch/Thiele, Bilanzrecht, § 284 HGB Rz. 53; Biener/Berneke, BiRiLiG, 1986, S. 250.

fang der Blick auf die eigentlich wichtigen Aspekte erheblich leidet, werden Angaben der Berichtsebene 1 unzulässig[80]. Ab welchem Punkt diese »Verschleierungsschwelle« überschritten ist, lässt sich nicht allgemeingültig und hinreichend konkret abgrenzen.

Die vorstehend beschriebenen Grundsätze gelten analog für Bilanzierungs- und Bewertungsinformationen der Berichtsebenen 2 und 3, soweit sie sich lediglich auf unwesentliche Sachverhalte beziehen[81]. Auch sie sind nicht angabepflichtig, können aber grundsätzlich freiwillig in den Anhang aufgenommen werden[82].

Beispiel: Freiwillige Angabe redundanter Erläuterungen !

Die vereinfachende Behandlung von geringwertigen Anlagegegenständen nach Maßgabe der einschlägigen steuerlichen Regelungen wird von der A GmbH aus Wesentlichkeitsgründen auch im handelsrechtlichen Jahresabschluss praktiziert. Die nachfolgenden Erläuterungen im Anhang der Gesellschaft sind daher nicht erforderlich:

Geringwertige Anlagegegenstände i.S.d. §6 Abs. 2 EStG mit Anschaffungskosten bis maximal 150,00 EUR werden im Zugangsjahr voll als Aufwand des Geschäftsjahrs erfasst. Für Investitionen des Geschäftsjahrs ... in geringwertige Vermögensgegenstände mit Anschaffungskosten von mehr als 150,00 EUR bis maximal 1.000,00 EUR ist gem. §6 Abs. 2a EStG ein Sammelposten gebildet worden, der im Jahr der Anschaffung und in den folgenden vier Geschäftsjahren mit jeweils einem Fünftel abgeschrieben und nach Ablauf dieses Zeitraums als Abgang erfasst wird. Ab dem ... angeschaffte geringwertige Anlagegegenstände i.S.d. §6 Abs. 2 EStG mit Anschaffungskosten bis maximal 410,00 EUR werden im Zugangsjahr voll als Aufwand des Geschäftsjahrs erfasst.

Die Pflicht zur Methodenerläuterung nach §284 Abs. 2 Nr. 1 HGB (= Information über die Wahlrechtsausübung) erübrigt sich darüber hinaus, wenn der Ansatz des betreffenden Sachverhalts aufgrund eines gesonderten Ausweises in der Bilanz oder entsprechender postenbezogener Anhangangaben eindeu-

---

80 Im Ergebnis wohl ebenso Hoffmann/Lüdenbach, Bilanzierung, 2017, §284 HGB Rz.16, 20, die allerdings per se davon ausgehen, dass mit den überflüssigen Angaben der Berichtsebene 1 vom eigentlich Wichtigen abgelenkt wird, und die Berichterstattung daher als grundsätzlich unzulässig einstufen.

81 Vgl. z.B. Poelzig, in Schmidt/Ebke, HGB, Bd. 4, 2013, §284 Rz.40; Biener/Berneke, BiRiLiG, 1986, S.250; IDW, WP Handbuch, 15.Aufl. 2017, Abschn. F Rz.935 f.

82 Der offenkundig grundsätzlich ablehnenden Haltung von Hoffmann/Lüdenbach, Bilanzierung, 2017, §284 HGB Rz.20 i.V.m. Rz.30, liegt die gleiche Argumentation wie in Bezug auf die Berichtsebene 1 zugrunde.

tig erkennbar ist, wie z.B. bei der Aktivierung von Disagiobeträgen nach §268 Abs. 6 HGB[83].

Art, Umfang und Darstellungsform der Berichterstattung

Aus der im vorangegangenen Kapitel beschriebenen Abgrenzung der Berichtsebenen ergibt sich, dass sich die Angaben zu den Bilanzierungs- und Bewertungsmethoden nicht allein auf eine bloße Wiedergabe des Wortlauts bzw. des Inhalts der gesetzlichen Bilanzierungs- und Bewertungsregelungen beschränken dürfen[84]. Die Informationen im folgenden Beispiel aus der Berichtspraxis sind deshalb mit Blick auf die gesetzliche Zielsetzung u.E. nicht hinreichend (mit Ausnahme des Hinweises auf den Ansatz der aktivierungs-*pflichtigen* Gemeinkosten, der eine zweckkonforme Erläuterung zu den Bewertungsmethoden darstellt).

> #### Praxisbeispiel
>
> 7. *Die Bewertung der Roh-, Hilfs- und Betriebsstoffe sowie Waren erfolgte grundsätzlich zu Anschaffungskosten unter Beachtung des strengen Niederstwertprinzips.*
>
> 8. *Bei den unfertigen Erzeugnissen, unfertigen Leistungen fand der Fertigstellungsgrad Berücksichtigung. Die Bewertung erfolgt zu Herstellungskosten. Diese umfassen die nach §255 Abs. 2 Satz 2 HGB aktivierungspflichtigen Einzelkosten sowie die aktivierungspflichtigen Gemeinkosten. Ist der beizulegende Wert gemäß §253 Abs. 4 HGB niedriger, wird dieser angesetzt.*
>
> 9. *Die Bewertung der fertigen Erzeugnisse erfolgt ebenfalls zu Herstellungskosten. Umfang und Ansatz des beizulegenden Wertes entsprechen den Ausführungen zu den unfertigen Erzeugnissen und Leistungen.*
>
> *Kronimus AG Betonsteinwerke, Iffezheim, Jahresabschluss zum 31.12.2014*

In gleicher Weise sind auch die im folgenden Beispiel enthaltenen Angaben zu den allgemeinen Bewertungsgrundsätzen i.S.d. §252 HGB nicht zweckkonform.

---

83 Vgl. Grottel, in Grottel/Schmidt/Schubert/Winkeljohann, Bilanz, 2016, §284 HGB Rz. 108.
84 Vgl. Poelzig, in Schmidt/Ebke, HGB, Bd. 4, 2013, §284 Rz. 40.

Praxisbeispiel

1. *Bei der Bewertung wird von der Fortführung der Unternehmenstätigkeit ausgegangen. Dem stehen auch tatsächliche und rechtliche Gegebenheiten nicht entgegen.*

2. *Die Vermögensgegenstände und Verbindlichkeiten sind zum Abschlussstichtag einzeln bewertet worden.*

3. *Es ist vorsichtig bewertet worden, namentlich sind alle vorhersehbaren Risiken und Verluste, die bis zum Abschlussstichtag entstanden sind, berücksichtigt, selbst wenn diese erst zwischen dem Abschlussstichtag und dem Tag der Aufstellung des Jahresabschlusses bekannt geworden sind. Gewinne sind nur berücksichtigt worden, wenn sie am Abschlussstichtag realisiert sind.*

Buff GmbH, Feldkirchen, Jahresabschluss zum 30.4.2015

Die berichtspflichtigen Methodeninformationen müssen hinreichend konkret formuliert sein. Allgemein gehaltene Aussagen der Art »Die Bewertung der ... entspricht den handelsrechtlichen Vorschriften« sind nicht zulässig[85]. Es genügt die Nennung der angewandten Methoden, eine weitergehende Erläuterung oder Begründung für das von der Gesellschaft gewählte Vorgehen ist grundsätzlich nicht erforderlich[86]. Ausnahmen hiervon bedürfen einer entsprechenden expliziten Gesetzesvorgabe, so wie z.B. in §285 Nr. 13 HGB geregelt, der die Erläuterung des Zeitraums verlangt, über den aktivierte Geschäfts- oder Firmenwerte abgeschrieben werden.

Mangels gesetzlicher Vorgaben können die geforderten Angaben zu den Bilanzierungs- und Bewertungsmethoden in einem eigenen Berichtsteil zusammengefasst werden, was die eindeutig dominierende Vorgehensweise in der Berichtspraxis darstellt. Alternativ können sie auch bei den postenbezogenen Bilanzerläuterungen beschrieben werden[87]. Im ersteren Fall kann bei den Angaben zu den Einzelposten auf den gesonderten Berichtsteil verwiesen werden[88].

---

85 Vgl. Oser/Holzwarth, in Küting/Pfitzer/Weber, Rechnungslegung, §§284–288 HGB Rz.89, Stand 07/2016.

86 Vgl. Wulf, in Baetge/Kirsch/Thiele, Bilanzrecht, §284 HGB Rz.54; Grottel, in Grottel/Schmidt/Schubert/Winkeljohann, Bilanz, 2016, §284 HGB Rz.108, die diese Aussage zwar nur in Bezug auf die Bilanzierungsmethoden treffen, deren Gültigkeit auch für die Bewertungsmethoden indes außer Frage stehen dürfte.

87 So im Ergebnis auch Hoffmann/Lüdenbach, Bilanzierung, 2017, §284 HGB Rz.50, die aber die Verbindung mit den Erläuterungen zu den einzelnen Bilanzposten präferieren.

88 Vgl. Adler/Düring/Schmaltz, Rechnungslegung und Prüfung der Unternehmen, 6.Aufl. 1994 ff., §284 HGB Rz.54.

Unabhängig von dieser Frage ist mit Blick auf die Klarheit und Übersichtlichkeit der Berichterstattung eine möglichst zusammengefasste Darstellung gleicher und zusammengehöriger Methodeninformationen geboten. So sind etwa die Angaben zu einer identischen Zusammensetzung der Herstellungskosten nach §255 HGB nicht mehrfach bei allen betroffenen Einzelposten ausführlich zu erläutern und die Angaben zur Aktivierung von Fremdkapitalzinsen i.S.d. §284 Abs. 2 Nr. 4 HGB mit den (sonstigen) Informationen zu den Herstellungskosten zu verbinden[89].

Finden auf bestimmte Bilanzposten (zulässigerweise) unterschiedliche Bewertungsmethoden Anwendung und ist diese Differenzierung als wesentlich zu betrachten, müssen die Erläuterungen nach §284 Abs. 2 Nr. 1 HGB erkennen lassen, welche Methoden sich jeweils auf welche Teile des Bilanzpostens beziehen. Dies ist im folgenden Beispiel aus der Berichtspraxis der Fall, in dem eine länderspezifische Abgrenzung der unterschiedlichen Posteninhalte vorgenommen worden ist.

> **Praxisbeispiel**
> *Forderungen aus Lieferungen und Leistungen*
> *Zur Abdeckung des allgemeinen Kreditrisikos wird eine Pauschalwertberichtigung in Höhe von 3% auf den wertberichtigungsfähigen Bestand der inländischen Forderungen aus Lieferungen und Leistungen gebildet. Für ausländische Forderungen aus Lieferungen und Leistungen werden Pauschalwertberichtigungen in einer Höhe von 4% berücksichtigt.*
> *Forderungen werden nach einem Zeitraster der Fälligkeit gestaffelt oder in konkreten Fällen einzeln abgewertet.*
>
> *JULABO GmbH, Seelbach, Jahresabschluss zum 31.12.2012*

Die Methodenangaben im Detail

Allgemeine Hinweise

Die folgenden Ausführungen setzen sich mit den Methodenangaben zu solchen Bilanzierungs- und Bewertungsfragen auseinander, die nach den aktuellen bilanzrechtlichen Regelungen in der Praxis regelmäßig auftreten (können)[90]. Sie stehen – unabhängig davon, ob sie für den jeweiligen Einzel-

---

89 Vgl. auch Oser/Holzwarth, in Küting/Pfitzer/Weber, Rechnungslegung, §§284–288 HGB Rz.87, Stand 07/2016.
90 Zusätzliche Methodenangaben, die eventuell noch aus den Übergangsvorschriften zum BilMoG (Art. 67 EGHGB) resultieren können, werden an dieser Stelle vernachlässigt.

aspekt ausdrücklich hervorgehoben wurden – generell unter dem Vorbehalt der Wesentlichkeit der zugrunde liegenden bilanzierungsrelevanten Sachverhalte. Die genannten Aspekte sind dabei keinesfalls als eine abschließende Aufzählung zu verstehen; je nach Einzelfall können auch andere Methodenangaben erforderlich sein. Darüber hinaus ist zu beachten, dass mit Blick auf die übliche Praxis, in der Informationen der Berichtsebene 1 das »Grundgerüst« der Angaben zu den angewandten Bilanzierungs- und Bewertungsmethoden bilden, auch in den Musterformulierungen und Praxisbeispielen an sich nicht notwendige Informationen zu den zwingenden gesetzlichen Vorgaben enthalten sind.

Daneben können, wie bereits erläutert wurde, freiwillige Zusatzangaben in den Anhang aufgenommen werden, wie etwa im folgenden Praxisbeispiel. Es geht auf den ursächlichen Hintergrund dafür ein, dass ein bestimmter Bewertungsgrundsatz (die Fortführungsannahme des § 252 Abs. 1 Nr. 2 HGB) im konkreten Einzelfall nicht durchbrochen werden muss.

Praxisbeispiel

Der Jahresabschluss wurde unter Annahme der Unternehmensfortführung (Going-Concern) aufgestellt. Die Bewertung wurde trotz der bestehenden bilanziellen Überschuldung weiterhin unter der Annahme der Fortführung der Unternehmenstätigkeit (§ 252 Abs. 1 Nr. 2 HGB) vorgenommen, da die durch das Mutterunternehmen die Mikron Holding AG, Biel/Schweiz sowie die Gesellschaft getroffenen Maßnahmen zu einer positiven Fortführungsprognose führen.

Mikron GmbH, Rottweil, Jahresabschluss zum 31.12.2013

Anlagevermögen

In Bezug auf das Anlagevermögen kann insb. im Zusammenhang mit dem folgenden Sachverhalt über die Ausübung von (expliziten und impliziten) Ansatzwahlrechten[91] zu berichten sein:

- Bei einer Ausübung des Wahlrechts in Bezug auf den Ansatz selbst geschaffener immaterieller Vermögensgegenstände des Anlagevermögens nach § 248 Abs. 2 HGB sind die Kriterien zur Abgrenzung von Forschungs- und

---

91 Implizite Ansatzwahlrechte resultieren aus Auslegungsspielräumen betreffend die ansatzrelevanten Kriterien, so z.B. in Bezug auf die Festlegung des Zeitpunkts der Aktivierung eines Vermögensgegenstands oder der Passivierung einer Schuld (vgl. Wulf, in Baetge/Kirsch/Thiele, Bilanzrecht, § 284 HGB Rz. 55) oder die Abgrenzung von Forschungs- und Entwicklungskosten (vgl. auch IDW RS HFA 38, Tz. 7).

Entwicklungskosten darzustellen, soweit Entwicklungskosten i.S.d. §255 Abs. 2a HGB vorliegen.

Eine Berichterstattung über die bloße Tatsache der (Nicht-)Ausübung des Ansatzwahlrechts gem. §248 Abs. 2 HGB als solche ist dagegen verzichtbar, da dies für den Abschlussadressaten klar ersichtlich ist. In diesem Fall ist eine Erläuterung der folgenden Art als eine freiwillige Zusatzangabe einzustufen.

Praxisbeispiel

Für selbst geschaffene immaterielle Vermögensgegenstände des Anlagevermögens wird das mit BilMoG neu geschaffene Aktivierungswahlrecht nicht in Anspruch genommen. Entwicklungskosten werden daher sofort in voller Höhe als Aufwand gebucht.

Witzenmann GmbH, Pforzheim, Jahresabschluss zum 31.12.2014

Handelt es sich um eine kleine Gesellschaft, die im Einklang mit §266 Abs. 1 Satz 3 HGB eine verkürzte Bilanzgliederung wählt, die den Betrag an aktivierten selbst erstellten immateriellen Anlagegegenständen nicht gesondert ausweist, ist dagegen u.E. eine Berichterstattung über die Wahlrechtsausübung geboten.

In Bezug auf die Bewertung des Anlagevermögens kann eine Berichterstattung insb. über die Inanspruchnahme folgender Wahlrechte und Ermessensspielräume in Betracht kommen:

- Ansatz von Sachanlagen zu Festwerten gem. §240 Abs. 3 HGB
  Da die gesetzliche Möglichkeit der Festwertbildung ausdrücklich an die Unwesentlichkeit der betreffenden Beträge geknüpft ist, muss darüber nicht zwingend berichtet werden[92].
  Das folgende Beispiel illustriert einen typischen Praxisfall. Obwohl der von der berichtenden Gesellschaft gebildete Festwert gerade einmal rund 1,2 Prozent der Bilanzsumme und 4,1 Prozent des Gesamtbetrags des Bilanzpostens »technische Anlagen und Maschinen« ausmacht, wird darüber im Rahmen der Bilanzierungs- und Bewertungsmethoden gesondert berichtet.

---

92 So z.B. Adler/Düring/Schmaltz, Rechnungslegung und Prüfung der Unternehmen, 6.Aufl. 1994 ff., §284 HGB Rz.78; a.A. Altenburger, in Scherrer/Claussen, Rechnungslegungsrecht, 2011, §284 HGB Rz.31, der eine Berichterstattung zumindest über die Ausübung aller gesetzlichen Ansatz- und Bewertungswahlrechte vorsieht. In sinngemäßer Weise fordert auch das IDW, WP Handbuch, 15.Aufl. 2017, Abschn. F Rz.942, die Berichterstattung über – gleichermaßen unwesentliche – Festwertansätze im Vorratsvermögen.

Praxisbeispiel
Für Werkzeuge besteht ein Festwert gemäß § 240 Abs. 3 HGB in Höhe von
EUR 300.000,00 (Vorjahr: TEUR 300).

> *Klocke Pharma-Service GmbH, Weingarten, Jahresabschluss zum*
> *31.12.2014*

- Behandlung von Investitionszuwendungen durch Dritte.
  Empfängt das bilanzierende Unternehmen im Rahmen von Investitionen in Vermögensgegenstände nicht (unmittelbar) ertragswirksame Zuwendungen von Dritten, insb. von der öffentlichen Hand, können diese
  Beträge entweder von den Anschaffungs- oder Herstellungskosten der
  betreffenden Vermögensgegenstände abgesetzt oder durch die Bildung
  eines sachgerecht bezeichneten Passivpostens, z.B. unter dem Titel »Sonderposten für Investitionszuschüsse zum Anlagevermögen«, abgegrenzt
  werden[93]. Sind die Zuwendungen (unmittelbar) ertragswirksam zu ver-
  einnahmen, ist darüber ebenfalls zu berichten[94].
  Eine hinreichende Berichterstattung kann beispielhaft wie folgt ausgestaltet sein, wobei eine zusätzliche Konkretisierung des Auflösungszeit-
  raums noch zu bevorzugen wäre:

  Praxisbeispiel/Musterformulierung
  Für öffentliche Investitionszuschüsse und Zulagen wurde ein Passivposten
  gebildet, der korrespondierend zu den Abschreibungen, entsprechend der
  Nutzungsdauern der bezuschussten Anlagengegenstände, aufzulösen ist.

  > *Comarch AG, Dresden, Jahresabschluss zum 31.12.2015*

- Bewertungsmaßstab bei Tauschvorgängen und tauschähnlichen Vorgängen
  Bei Tauschvorgängen besteht nach herrschender Meinung ein Wahlrecht,
  die Anschaffungskosten des empfangenen Vermögensgegenstands nach
  dem Zeit- oder Buchwert der erbrachten Leistung (nach oben begrenzt
  durch den Zeitwert der empfangenen Leistung) oder nach dem Buchwert
  der hingegebenen Leistung zuzüglich des durch die Transaktion ausgelösten Ertragssteueraufwands zu bemessen[95]. Entsprechend diesen Tausch-

---

93 Vgl. IDW HFA 1/1984 (redaktionelle Neufassung 1990), in WPg 1984, S. 614; ausführlich zu den
    Anschaffungskosten bei Zuschüssen und Subventionen vgl. auch Schubert/Gadek, in Grottel/
    Schmidt/Schubert/Winkeljohann, Bilanz, 2016, § 255 HGB Rz. 113 ff.
94 Vgl. Wulf, in Baetge/Kirsch/Thiele, Bilanzrecht, § 284 HGB Rz. 60.
95 Vgl. m.w.N. Schubert/Gadek, in Grottel/Schmidt/Schubert/Winkeljohann, Bilanz, 2016, § 255 HGB
    Rz. 40.

grundsätzen kann bei der Erbringung von Sacheinlagen als einem tausch-ähnlichen Vorgang in Bezug auf das Einlageobjekt verfahren werden[96].

- Bemessung der Herstellungskosten von selbst geschaffenen (materiel-len oder immateriellen) Vermögensgegenständen des Anlagevermögens nach §255 HGB
  Soweit bewertungsmethodisch übereinstimmend vorgegangen wird, ge-nügt in Bezug auf das Anlagevermögen ein entsprechender Hinweis auf die Bewertung der unfertigen und fertigen Erzeugnisse[97]. Bezüglich der Angabe der im Geschäftsjahr aktivierten Fremdkapitalzinsen für jeden Posten des Anlagevermögens (§284 Abs. 3 Satz 4 HGB) wird auf Kapitel 7.3.2.2 verwiesen.

- Verfahren, die zur planmäßigen Abschreibung von abnutzbarem Anlage-vermögen gem. §253 Abs. 3 Satz 1 HGB angewendet wurden, also insb. line-are, degressive (mit oder ohne Übergang auf die lineare) und progressive Abschreibung, Abschreibung nach Maßgabe der Inanspruchnahme u.a.

- Anwendung des sog. Komponentenansatzes in Bezug auf die planmäßige Abschreibung von Sachanlagegegenständen
  Beim Komponentenansatz wird ein einheitlicher abnutzbarer Vermögens-gegenstand bilanziell in wesentliche Bestandteile zerlegt, die sich hin-sichtlich der Nutzungsdauer signifikant unterscheiden, um dadurch eine zutreffendere Periodisierung des Abschreibungsaufwands zu erreichen[98].

- Abgrenzung und Behandlung geringwertiger Vermögensgegenstände des Anlagevermögens, soweit diesbezüglich von den allgemeinen planmäßi-gen Abschreibungsmethoden abgewichen wird
  Beruht die Anwendung abweichender Abschreibungsmethoden für ge-ringwertige Anlagegegenstände auf (Un-)Wesentlichkeitsaspekten, sind diesbezügliche Informationen im Anhang nach den allgemeinen Grundsät-zen nicht zwingend geboten. Dies gilt entgegen der wohl herrschenden Meinung auch, wenn die korrespondierenden steuerlichen Methoden des §6 Abs. 2 EStG (Vollabschreibung von Wirtschaftsgütern mit Anschaffungs-oder Herstellungskosten bis 410 EUR im Zugangsjahr) oder §6 Abs. 2a EStG (Bildung und ratierliche Auflösung eines Sammelpostens bei Wirtschafts-gütern mit Anschaffungs- oder Herstellungskosten von mehr als 150 EUR, aber höchstens 1.000 EUR) im handelsrechtlichen Jahresabschluss zur An-wendung kommen[99].

96 Vgl. IDW RS HFA 18, Tz.9.
97 Vgl. Grottel, in Grottel/Schmidt/Schubert/Winkeljohann, Bilanz, 2016, §284 HGB Rz.132.
98 Zur Zulässigkeit des Komponentenansatzes vgl. IDW RH HFA 1.016, Tz.5 ff.
99 Anderer Auffassung – teilweise, ohne auf die Frage der Wesentlichkeit einzugehen – z.B. IDW, WP Handbuch, 15.Aufl. 2017, Abschn. F Rz.939; Wulf, in Baetge/Kirsch/Thiele, Bilanzrecht, §284 HGB Rz.63; Grottel, in Grottel/Schmidt/Schubert/Winkeljohann, Bilanz, 2016, §284 HGB Rz.127; zur

- Ermittlung der planmäßigen Abschreibungen von abnutzbaren Anlagegegenständen im Zugangsjahr, soweit nicht zeitanteilig (pro rata temporis), sondern nach einem anderen im Einzelfall GoB-konformen Verfahren abgeschrieben wird, z.B. nach Maßgabe einer Halbjahresregel
Soweit von der zeitanteiligen Abschreibung aus Vereinfachungsgründen mit Blick auf die Unwesentlichkeit der damit einhergehenden betragsmäßigen Auswirkungen abgesehen wird, ist eine entsprechende Anhangangabe nicht zwingend notwendig.
- Nutzungsdauern, die den einzelnen Vermögensgruppen des abnutzbaren Anlagevermögens zugrunde gelegt wurden
Die Berichterstattung kann – soweit im jeweiligen Fall zutreffend – statt in der Form einer konkreten Nennung der Nutzungsdauern der unterschiedenen Vermögensgruppen bzw. entsprechender Bandbreiten auch lediglich auf die von der Finanzverwaltung veröffentlichten AfA-Tabellen[100] oder auf anerkannte branchenbezogene Richtwerte Bezug nehmen. Allerdings muss in solchen Fällen aus der Berichterstattung ersichtlich werden, inwieweit bei bestehenden Nutzungsdauerbandbreiten die zulässigen Höchst- oder Mindestsätze herangezogen wurden[101].
Als unzureichend sind daher die folgenden Angaben aus der Berichtspraxis einzustufen:

Praxisbeispiel
Die Abschreibungen erfolgen planmäßig entsprechend der betriebsgewöhnlichen Nutzungsdauer nach der linearen und degressiven Methode mit steuerrechtlich zulässigen Sätzen.

ABAG-itm GmbH, Pforzheim, Jahresabschluss zum 31.12.2011

Praxisbeispiel
Die Nutzungsdauer der abnutzbaren Vermögensgegenstände des Anlagevermögens wurde auf der Basis der steuerlichen AfA-Tabellen geschätzt.

Sieger GmbH, Lichtenau, Jahresabschluss zum 31.7.2015

Zulässigkeit der Anwendung der steuerlichen Vereinfachungen in der Handelsbilanz vgl. HFA des IDW, in IDW FN 2007, S.506.
100 Zur Zulässigkeit der Anwendung der steuerlichen AfA-Tabellen in der Handelsbilanz vgl. HFA des IDW, in IDW FN 2001, S.449.
101 Vgl. Grottel, in Grottel/Schmidt/Schubert/Winkeljohann, Bilanz, 2014, §284 HGB Rz.126.

Praxisbeispiel

Bei der Bemessung der Nutzungsdauer stellen wir auf die betrieblichen Er-fahrungen ab.

Friedrich Klocke GmbH & Co. KG, Porta Westfalica, Jahresabschluss zum 31.5.2015

Als gesetzeskonform sind dagegen die folgenden Beispiele aus der Be-richtspraxis anzusehen, wobei die konkrete Nutzungsdauerangabe (teil-weise in Bandbreiten) wie im dritten Fall eine höhere Aussagekraft besitzt (vom redaktionellen Fehler der Angabe der Gesamtbandbreite im Klammer-zusatz abgesehen).

Praxisbeispiel/Musterformulierung

Die Vermögensgegenstände des Sachanlagevermögens werden ana-log der kürzesten steuerlich für zulässig gehaltenen Nutzungsdauer ab-geschrieben. Bewegliche Anlagegüter werden – soweit steuerlich zu-lässig – degressiv abgeschrieben. Die Umstellung von der degressiven Abschreibung auf die lineare Verteilung des Restwertes über die Restnut-zungsdauer erfolgt in dem Jahr, in dem der Übergang zu einer höheren Abschreibung führt.

Poggenpohl Möbelwerke GmbH, Herford, Jahresabschluss zum 31.12.2012

Praxisbeispiel/Musterformulierung

Die Bestimmung der betriebsgewöhnlichen Nutzungsdauer bei den Bau-geräten erfolgt dabei in Anlehnung an die neueste vom Hauptverband der deutschen Bauwirtschaft e. V. herausgegebene Baugeräteliste.

BOLD GmbH & Co. KG, Achern, Jahresabschluss zum 31.12.2015

Praxisbeispiel/Musterformulierung

Die immateriellen Vermögensgegenstände werden zu Anschaffungskos-ten, vermindert um lineare Abschreibungen bei einer betriebsgewöhn-lichen Nutzungsdauer von bis zu fünf Jahren bewertet.
Das Sachanlagevermögen wird zu Anschaffungskosten, vermindert um lineare Abschreibungen (Nutzungsdauer zwischen zwei und zwanzig Jah-ren) angesetzt.

Die tatsächlichen Anschaffung- und Herstellungskosten des Betriebs- und Verwaltungsgebäudes werden seit Bezugsfertigkeit im April 2013 aktiviert und abgeschrieben. Der Bemessung der planmäßigen Abschreibungen liegen folgende Nutzungsdauern zugrunde:

Datacenter und Betriebsgebäude	*33 Jahre*
Außenanlagen	*15 Jahre*
Betriebsvorrichtungen	*7 bis 15 Jahre*
Andere Anlagen, Betriebs- und Geschäftsausstattung	*3 bis 20 Jahre*

Comarch AG, Dresden, Jahresabschluss zum 31.12.2015

- Abschreibungsdauer von aktivierten Geschäfts- oder Firmenwerten
  Nach § 285 Nr. 13 HGB ist der Zeitraum der planmäßigen Abschreibung eines entgeltlich erworbenen Geschäfts- oder Firmenwerts zu erläutern. Diese gesetzlich vorgesehene Erläuterung erfordert die Angabe der Ursachen bzw. Gründe für die dem Abschreibungsplan zugrunde gelegte Nutzungsdauer und darf sich somit nicht auf die reine Nennung des Abschreibungszeitraums beschränken[102].

Ein bloßer Hinweis auf die korrespondierenden steuerlichen Vorgaben des § 7 Abs. 1 Satz 3 EStG ist daher nicht hinreichend, und zwar selbst dann nicht, wenn die handelsbilanzielle Nutzungsdauer dem steuerrechtlichen Abschreibungszeitraum von fünfzehn Jahren entsprechen sollte. Es geht vielmehr um sachliche Aspekte, nach denen sich das mit dem Unternehmen über den Wert der identifizierbaren Einzelgegenstände hinaus erworbene Ertragspotenzial über einen bestimmten Zeitraum verflüchtigt. Anhaltspunkte können daher z. B. der Lebenszyklus der bestehenden Produkte, die Laufzeit wesentlicher Absatz- und Beschaffungsverträge oder die voraussichtliche Tätigkeit von Schlüsselpersonen sein[103].

Nicht gesetzeskonform erscheinen vor diesem Hintergrund die folgenden Beispiele aus der Berichtspraxis:

Praxisbeispiel

Ein unter den immateriellen Vermögensgegenständen aktivierter Firmenwert aus einem Unternehmenskauf wird planmäßig über die voraussichtliche Nutzungsdauer von 10 Jahren linear abgeschrieben. Die Firmenwerte

---

102 Vgl. z. B. Rimmelspacher/Meyer, in DB 2015, Beilage 5, S. 31; Theile, in GmbHR 2015, S. 282.
103 Zu Indizien der Nutzungsdauer von Geschäftswerten vgl. z. B. BT-Drucks. 16/10067, S. 48; Müller, in Bertram/Brinkmann/Kessler/Müller, HGB Bilanz, 2016, § 285 HGB Rz. 98.

aus der Verschmelzung der Comarch Solutions GmbH und der Comarch Schilling GmbH werden planmäßig über die voraussichtliche Nutzungsdauer von 5 Jahren linear abgeschrieben.

Comarch Software und Beratung Aktiengesellschaft, München, Jahresabschluss zum 31.12.2015

Praxisbeispiel
Die Abschreibung des Firmenwerts erfolgte in Anlehnung an die steuerlichen Vorschriften über einen Zeitraum von 15 Jahren.

Wild design GmbH, Lichtenau, Jahresabschluss zum 31.12.2012

Im Sinne der gesetzlichen Vorgaben ist stattdessen eine Berichterstattung der folgenden Art angezeigt:

Praxisbeispiel/Musterformulierung
Der entgeltlich erworbene Geschäfts- oder Firmenwert aus dem Geschäftsjahr 2007/2008 ist aktiviert. Die planmäßige Verteilung des aktivierten Wertes ist auf 15 Jahre festgelegt. Die Annahme der Nutzungsdauerschätzung beruht auf der Beurteilung der hohen Bestands- und Stabilitätsdauer des Unternehmens. Des Weiteren ist der Lebenszyklus der Produkte von raumlufttechnischen Geräten auf unserem Marktsegment als sehr hoch zu bewerten. Die Geschäftsbeziehungen zu unseren wichtigsten Kunden sind größtenteils von langfristiger Dauer.

robatherm GmbH & Co. KG, Burgau, Jahresabschluss zum 30.6.2015

Praxisbeispiel/Musterformulierung
Der im Rahmen des Asset Deals ermittelte Wert für den Kundenstamm wurde über die geplante Nutzungsdauer von 10 Jahren und der Goodwill wird über 15 Jahre linear abgeschrieben. Die betriebliche Nutzungsdauer basiert auf einer Einschätzung der zeitlichen Ertragsrückflüsse auf Basis der identifizierten Komponenten der Geschäfts- und Firmenwerte. Diese repräsentieren insbesondere Kundenstämme, die im Rahmen des Erwerbs der Geschäftsbetriebe übernommen wurden. Die Ertragspotenziale dieser Komponenten werden voraussichtlich über einen Zeitraum von 15 Jahren ausgeschöpft.

Phadia GmbH, Freiburg, Jahresabschluss zum 31.12.2014

Bezieht sich der Bilanzposten »Geschäfts- oder Firmenwert« gem. §266 Abs. 2 A.I.3. HGB auf mehrere entsprechende Erwerbsvorgänge, ist darüber grundsätzlich einzeln zu berichten. Sofern gleiche Gründe für die Festlegung der Nutzungsdauer gelten, ist jedoch eine zusammenfassende Berichterstattung möglich[104].

Soweit die Nutzungsdauer von Geschäfts- oder Firmenwerten nicht verlässlich geschätzt werden kann, sieht der durch das BilRUG neu geschaffene §253 Abs. 3 Satz 3, 4 HGB eine (pauschale) Abschreibungsdauer von zehn Jahren vor. Liegt ein solcher Sachverhalt vor, ist zum einen auf die Tatsache als solche hinzuweisen. Zum anderen sind die wesentlichen Gründe darzulegen, die einer verlässlichen Schätzung der voraussichtlichen Nutzungsdauer entgegenstehen.

- Vornahme außerplanmäßiger Abschreibungen

Wurden außerplanmäßige Abschreibungen nach §253 Abs. 3 Satz 5, 6 HGB vorgenommen, sind die betreffenden Anlagengegenstände ggf. unterteilt nach Gruppen zu nennen. Außerdem ist das Verfahren zur Bestimmung des beizulegenden Werts zu erläutern. Bei Finanzanlagen ist darüber hinaus anzugeben, ob der außerplanmäßigen Abschreibung eine voraussichtlich dauerhafte oder eine vorübergehende Wertminderung zugrunde liegt[105]. Eine Beschreibung der Ermittlung des beizulegenden Werts (am Beispiel von Finanzanlagen) könnte wie folgt dargestellt sein:

Praxisbeispiel

Bei den Finanzanlagen sind die Anteile an verbundenen Unternehmen sowie Beteiligungen zu Anschaffungskosten oder dem niedrigeren beizulegenden Wert angesetzt. Die Bestimmung der beizulegenden Werte der Anteile erfolgt mit Hilfe der Ertragswertmethode auf Basis der Planung. Die tatsächlichen Werte können von den getroffenen Annahmen und Schätzungen abweichen. Zum Zeitpunkt der Aufstellung des Jahresabschlusses sind wesentliche Änderungen der zu Grunde gelegten Annahmen und Schätzungen nicht erkennbar.

Roto Frank AG, Leinfelden-Echterdingen, Jahresabschluss zum 31.12.2014

Werden entsprechende Abschreibungen bei Finanzanlagen aufgrund einer voraussichtlich nur vorübergehenden Wertminderung unterlassen, sind nach §285 Nr. 18 HGB zusätzliche Anhangangaben zu machen (siehe dazu ausführlich Kapitel 7.3.2.2).

---

104 So im Ergebnis auch Grottel, in Grottel/Schmidt/Schubert/Winkeljohann, Bilanz, 2016, §285 HGB Rz.443.

105 Vgl. Wulf, in Baetge/Kirsch/Thiele, Bilanzrecht, §284 HGB Rz.64.

- Zuschreibungen

  Da Zuschreibungen aufgrund von Wertaufholungen gem. §253 Abs. 5 Satz 1 HGB eine zwingende Bewertungsmaßnahme darstellen und die entsprechenden Beträge darüber hinaus nach §284 Abs. 3 HGB im Anlagengitter gesondert auszuweisen sind, erübrigt sich nach den beschriebenen Grundsätzen im Allgemeinen eine Erläuterung im Rahmen der Berichterstattung über die Bilanzierungs- und Bewertungsmethoden[106]. In Ausnahmefällen kann eine Nennung bedeutsamer Zuschreibungen indes in Betracht kommen, z.B. in Fällen, in denen eine kleine Gesellschaft von der Erleichterung des §288 Abs. 1 Nr. 1 HGB (Verzicht auf ein Anlagengitter) Gebrauch macht[107].

- Inanspruchnahme der Wertbeibehaltungswahlrechte in Bezug auf Gegenstände des Anlagevermögens gem. Art. 24 Abs. 1 und/oder Art. 48 Abs. 2 EGHGB im Rahmen der Änderungen des Bilanzrechts durch das sog. Bilanzrichtlinien-Gesetz aus dem Jahr 1985 bzw. das sog. Kapitalgesellschaften- und Co-Richtlinien-Gesetz aus dem Jahr 1999.

Tab. 3 fasst die ausgewählten potenziell berichtspflichtigen Bilanzierungs- und Bewertungsmethoden in Bezug auf das Anlagevermögen zusammen.

Gesetzesnorm	Berichtsgegenstand
§240 Abs. 3 HGB	Ansatz von Sachanlagen zu Festwerten
	Behandlung von Investitionszuwendungen durch Dritte
	Ermittlung der Anschaffungskosten in Fällen des Tauschs oder tauschähnlicher Vorgänge
§255 HGB	Bemessung der Herstellungskosten von selbst geschaffenen Vermögensgegenständen des Anlagevermögens
§253 Abs. 3 Satz 1 HGB	Angewandte planmäßige Abschreibungsverfahren
	Anwendung des Komponentenansatzes bei der Ermittlung der planmäßigen Abschreibungen
	Abgrenzung und Behandlung geringwertiger Anlagegegenstände
	Ermittlung der planmäßigen Abschreibungen im Zugangsjahr
§253 Abs. 3 Satz 1 HGB	Angewandte Nutzungsdauern für die planmäßigen Abschreibungen

---

106 So z.B. auch Wulf, in Baetge/Kirsch/Thiele, Bilanzrecht, §284 HGB Rz. 64.
107 So im Ergebnis wohl auch IDW, WP Handbuch, 15. Aufl. 2017, Abschn. F Rz. 941.

Gesetzesnorm	Berichtsgegenstand
§285 Nr. 13 HGB	Erläuterung der zugrunde gelegten Nutzungsdauern bei aktivierten Geschäfts- oder Firmenwerten
§253 Abs. 3 Satz 5, 6 HGB	Vornahme außerplanmäßiger Abschreibungen (Dauer der Wertminderung, Ermittlung des beizulegenden Werts)
§253 Abs. 5 Satz 1 HGB	Angabe notwendiger Zuschreibungen
Art. 24 Abs. 1, 48 Abs. 2 EGHGB	Inanspruchnahme der gesetzlichen Wertbeibehaltungs-wahlrechte

Tab. 3: Wichtige berichtspflichtige Bilanzierungs- und Bewertungsmethoden zum Anlagevermögen

Vorratsvermögen

Die Anhangangaben zu den auf das Vorratsvermögen angewandten Bilanzierungs- und Bewertungsmethoden können sich insb. auf die folgenden Bewertungswahlrechte beziehen[108]:

- Art der Ermittlung der Anschaffungs- oder Herstellungskosten der ausgewiesenen Roh-, Hilfs- und Betriebsstoffe, Waren und Erzeugnisse (Einzelfeststellung, Anwendung von Durchschnitts-, Gruppenbewertungs-, Festwert- und/oder Verbrauchsfolgeverfahren gem. den §§240 Abs. 3, 256 HGB) wie in folgendem Praxisbeispiel enthalten

  Praxisbeispiel
  Die Bestände an Roh-, Hilfs- und Betriebsstoffen sind mit den gleitenden Durchschnittswerten aus den jeweiligen Einstandspreisen einschließlich Anschaffungsnebenkosten abzüglich Anschaffungspreisminderungen bzw. zu niedrigeren beizulegenden Werten am Bilanzstichtag angesetzt. Die Gängigkeitsabwertungen sind unverändert ermittelt.

  Poggenpohl Möbelwerke GmbH, Herford, Jahresabschluss zum 31.12.2014

- Ermittlung der Herstellungskosten für fertige und unfertige Erzeugnisse/Leistungen
  In Bezug auf die Herstellungskosten sind zumindest die aktivierten Kostenarten zu nennen, für die §255 HGB Wahlrechte einräumt. Dies betrifft konkret die Einbeziehung von allgemeinen Verwaltungskosten, Aufwendungen für soziale Einrichtungen, freiwillige soziale Leistungen und Altersversorgungsleistungen des Betriebs (§255 Abs. 2 Satz 3 HGB) sowie Fremdkapitalzinsen (§255 Abs. 3 Satz 2 HGB) in die Herstellungskosten. Ein

---

108 Vgl. dazu Grottel, in Grottel/Schmidt/Schubert/Winkeljohann, Bilanz, 2016, §284 HGB Rz. 135 ff.

Verweis auf die korrespondierenden steuerlichen Vorgaben ist zulässig, soweit die Wahlrechtsausübung daraus erkennbar ist. Das heißt: Es muss berichtet werden, ob nur die steuerlich aktivierungspflichtigen Bestandteile in die Herstellungskosten eingegangen sind und welche steuerlich aktivierungsfähigen Bestandteile zusätzlich berücksichtigt wurden[109]. Als nicht hinreichend ist daher das folgende Berichtsbeispiel aus der Praxis zu betrachten:

Praxisbeispiel
Die Vorräte werden zu Anschaffungs- bzw. Herstellungskosten angesetzt. Alle erkennbaren Risiken im Vorratsvermögen, die sich aus überdurchschnittlicher Lagerdauer, geminderter Verwendbarkeit usw. ergeben, werden durch angemessene Abwertungen berücksichtigt.

Mestemacher GmbH, Gütersloh, Jahresabschluss zum 31.12.2015

Im Einklang mit dem Gesetz sind dagegen die in den folgenden Praxisbeispielen enthaltenen Herstellungskostenabgrenzungen.

Praxisbeispiel
Die Ermittlung des Wertansatzes der unfertigen und fertigen Erzeugnisse erfolgt retrograd auf der Grundlage der Verkaufspreise unter Berücksichtigung des Fertigstellungsgrades, ausreichender Abschläge für noch anfallende Kosten und eines angemessenen Gewinns. Der so ermittelte Wert enthält grundsätzlich die Kostenbestandteile der direkt zurechenbaren Materialkosten, Fertigungslöhne, Sondereinzelkosten der Fertigung, Fertigungs- und Materialgemeinkosten sowie den auf die Fertigung anfallenden Wertverzehr des Anlagevermögens. Kosten der allgemeinen Verwaltung und Zinsen werden nicht einbezogen.

Poggenpohl Möbelwerke GmbH, Herford, Jahresabschluss zum 31.12.2014

Praxisbeispiel
Die Vorräte wurden zu Anschaffungs- bzw. Herstellkosten bewertet. Auf das Material sind Materialgemeinkosten mit 9,5% (Vorjahr 9,5%), auf Fertigungslöhne Fertigungsgemeinkosten mit 100,0% (Vorjahr 100,0%) verrechnet. Die Gemeinkostenzuschlagsätze sind jeweils auf Basis der Zahlen vom 01. Januar 2014 bis 30. September 2014 ermittelt. Allgemeine

---

109 Vgl. Grottel, in Grottel/Schmidt/Schubert/Winkeljohann, Bilanz, 2016, § 284 HGB Rz. 137.

Verwaltungs- und Vertriebskosten wurden nicht einbezogen, jedoch Verwaltungskosten des Produktionsbereichs.
Freiwillige Sozialaufwendungen sind in den Gemeinkosten enthalten. Zinsen werden nicht in die Herstellungskosten einbezogen.

Börlind Gesellschaft für kosmetische Erzeugnisse mbH, Calw, Jahresabschluss zum 31.12.2015

Darüber hinaus sollten Informationen zur Berücksichtigung des Beschäftigungsgrads bei der Ermittlung der Herstellungskosten ergänzt werden, sofern sie nicht auf der Basis der tatsächlichen Kosten bei Normalbeschäftigung bestimmt worden sind[110]. In den ausgewerteten Anhängen der Berichtspraxis konnten solche Angaben jedoch in keinem Fall festgestellt werden.

Kommt das Umsatzkostenverfahren des § 275 Abs. 3 HGB zur Anwendung, ist auch darüber zu berichten, falls die in der Gewinn- und Verlustrechnung ausgewiesenen »Herstellungskosten der zur Erzielung der Umsatzerlöse erbrachten Leistungen« nicht den gleichen Inhalt haben wie die in der Bilanz aktivierten Herstellungskosten[111].

- Beschreibung der Vorratsgruppen, bei denen Niederstwertabschreibungen gem. § 253 Abs. 4 HGB vorzunehmen waren nebst Beschreibung des Wertmaßstabs, aus dem der niedrigere Stichtagswert abgeleitet wurde (Börsen-/Marktpreis, beizulegender Wert)
- Verfahren, nach dem der (niedrigere) Stichtagswert bestimmt wurde, insb. bei der Anwendung von Pauschalverfahren oder einer retrograden Bewertung vom Verkaufserlös (siehe folgendes Praxisbeispiel[112]):

Praxisbeispiel
Die unfertigen Erzeugnisse sind auf der Basis von Einzelkalkulationen, die auf der aktuellen Betriebsabrechnung beruhen, zu Herstellungskosten bewertet.

...

---

110 Vgl. Adler/Düring/Schmaltz, Rechnungslegung und Prüfung der Unternehmen, 6. Aufl. 1994 ff., § 284 HGB Rz. 68. Zur Eliminierung sog. Leerkosten aufgrund der Unterauslastung der Fertigungskapazitäten vgl. z. B. Schubert/Pastor, in Grottel/Schmidt/Schubert/Winkeljohann, Bilanz, 2016, § 255 HGB Rz. 438.

111 Zu den möglichen Abweichungen dieser Herstellungskostenabgrenzungen vgl. z. B. Wobbe, in Bertram/Brinkmann/Kessler/Müller, HGB Bilanz, 2016, § 275 HGB Rz. 216 ff.

112 Zur (Un-)Zulässigkeit der im vorliegenden Fall erfolgten Berücksichtigung eines Gewinnabschlags bei der retrograden Bestimmung des handelsrechtlichen maßgebenden beizulegenden Werts und zur abweichenden Handhabung für steuerliche Zwecke aufgrund der unterschiedlichen Konzeption des Teilwertbegriffs vgl. z. B. Schubert/Roscher, in Grottel/Schmidt/Schubert/Winkeljohann, Bilanz, 2016, § 253 HGB Rz. 523.

In allen Fällen wurde grundsätzlich verlustfrei bewertet, d. h. es wurden von den voraussichtlichen Verkaufspreisen Abschläge für noch anfallende Kosten (und angemessenen Gewinn) vorgenommen.

Zahoransky Formenbau GmbH, Freiburg, Jahresabschluss zum 31.12.2014

- Erläuterung notwendiger Vorratsabwertungen aufgrund von Lagerrisiken und ihren Hintergründen (verminderte Verwertbarkeit, technische Veralterung, abnehmende Verkaufspreise, geringe Umschlagshäufigkeit) Der Inhalt des folgenden Beispiels ist in der Berichtspraxis weit verbreitet.

Praxisbeispiel
Alle erkennbaren Risiken im Vorratsvermögen, die sich aus überdurchschnittlicher Lagerdauer, geminderter Verwertbarkeit und niedrigeren Wiederbeschaffungskosten ergeben, sind durch angemessene Abwertungen berücksichtigt.

sternplastic Hellstern GmbH & Co. KG, Villingen-Schwenningen,
Jahresabschluss zum 31.12.2014

Deutlich aussagekräftiger ist dagegen die folgende Berichterstattung:

Praxisbeispiel
Der Warenbestand wurde zu Anschaffungs- oder Herstellungskosten abzüglich eines individuellen Abschlags von 40 – 60% für nicht mehr gängige Artikel (Modefarbe, Alter des Lagerbestandes u. a.) bewertet.

Buff GmbH, Feldkirchen, Jahresabschluss zum 30.04.2016

- Zuschreibungen
  Ungeachtet des Pflichtcharakters der Vornahme von Zuschreibungen bei Wertaufholungen gem. §253 Abs. 5 Satz 1 HGB wird in weiten Teilen des Schrifttums eine (betragsmäßige) Nennung bedeutsamer Zuschreibungen gefordert[113]. In Anbetracht der fehlenden ausdrücklichen Gesetzesvorgabe geht diese Auslegung u. E. zu weit.

---

113 So z. B. IDW, WP Handbuch, 15. Aufl. 2017, Abschn. F Rz. 942; Grottel, in Grottel/Schmidt/Schubert/Winkeljohann, Bilanz, 2016, §284 HGB Rz. 142, der darauf verweist, dass bei außergewöhnlicher Größenordnung oder Bedeutung ohnehin eine Berichterstattung nach §285 Nr. 31 HGB gefordert ist.

Tab. 4 beinhaltet eine zusammenfassende Aufstellung der ausgewählten potenziell berichtspflichtigen Bilanzierungs- und Bewertungsmethoden in Bezug auf das Vorratsvermögen.

Gesetzesnorm	Berichtsgegenstand
§§256, 240 Abs. 3 HGB	Art der Ermittlung der Anschaffungs- oder Herstellungs-kosten, insb. Gruppenbewertungs-, Verbrauchsfolge- und Festwertverfahren
§255 HGB	Bemessung der Herstellungskosten der unfertigen und fertigen Erzeugnisse/Leistungen
§253 Abs. 4 HGB	Vornahme außerplanmäßiger Abschreibungen (betrof-fene Vorratsgruppen, Abschreibungsursachen, Wert-maßstab, Ermittlungsverfahren)

Tab. 4: Wichtige berichtspflichtige Bilanzierungs- und Bewertungsmethoden zum Vorrats-vermögen

Forderungen und sonstige Vermögensgegenstände

Die Berichterstattung über die Forderungsbilanzierung muss die Grundsätze der Ertragsrealisation erkennen lassen, soweit die berichtende Gesellschaft diesbezüglich Besonderheiten aufweist. Dies ist vor allem bei langfristigen Auftragsfertigungen der Fall, bei denen zu erläutern ist, ob die Forderungen erst zum Zeitpunkt der abgeschlossenen Gesamtleistung oder bereits bei der Erfüllung von Teilleistungen angesetzt werden und unter welchen Bedingungen eine solche Teilertragsrealisation erfolgt[114]. Ein weiterer Anwendungsfall ist die Bilanzierung von Beteiligungserträgen aus Kapitalgesellschaften. Sie können unter bestimmten Voraussetzungen phasengleich (Zeitpunkt der Gewinnentstehung) statt in Abhängigkeit vom Ergebnisverwendungsbeschluss (Zeitpunkt der Entstehung des Rechtsanspruchs) vereinnahmt werden[115]. Auch ist zu berichten, ob der Ansatz von Zuwendungen der öffentlichen Hand zum Zeitpunkt ihres rechtlichen Entstehens (Bewilligung ohne Auszahlungsvorbehalt) oder bereits bei Erfüllung aller wirtschaftlichen Voraussetzungen für ihre Gewährung vorgenommen wird[116].

---

114 Zur eventuell möglichen Teilertragsrealisation bei langfristiger Auftragsfertigung vgl. z.B. Schubert/Pastor, in Grottel/Schmidt/Schubert/Winkeljohann, Bilanz, 2016, §255 HGB Rz.457 ff.
115 Zur phasengleichen Vereinnahmung von Beteiligungserträgen vgl. z.B. Kreipl/Müller, in Bertram/Brinkmann/Kessler/Müller, HGB Bilanz, 2016, §252 HGB Rz.116 f.
116 Vgl. HFA des IDW, Stellungnahme 1/1984 i. d. f. 1990, S.134.

Die folgenden Beispiele aus der Berichtspraxis bringen zweckgerecht zum Ausdruck, dass bei langfristiger Auftragsfertigung eine Teilertragsrealisierung erfolgt.

Praxisbeispiel

Die Gewinnrealisierung bei langfristigen Aufträgen erfolgt überwiegend für separat abnehmbare Teilleistungen (Meilensteine, Release) nach Abnahme der Teilleistungen.

Comarch AG, Dresden, Jahresabschluss zum 31.12.2015

Praxisbeispiel

Bei Projektaufträgen erfolgt eine Gewinnrealisierung in den Fällen, in denen eine Teilabrechnung mit Lieferung vertraglich vereinbart ist, die Anlage zum Bilanzstichtag komplett geliefert wurde, der aus der langfristigen Fertigung erwartete Gewinn sicher zu ermitteln ist und keine Risiken ersichtlich sind, die das erwartete Ergebnis wesentlich beeinträchtigen können. Für noch zu erbringende Montageleistungen werden entsprechende Rückstellungen gebildet und es erfolgt diesbezüglich keine Gewinnrealisation. Ferner werden für unvorhersehbare Garantieleistungen und Nachbesserungen vorsichtig bemessene Rückstellungen gebildet.

LINCK Holzverarbeitungstechnik GmbH, Oberkirch,
Jahresabschluss zum 31.12.2012

Darzustellen ist des Weiteren, inwieweit unter Abweichung vom Saldierungsverbot des § 246 Abs. 2 Satz 1 HGB eine Verrechnung zivilrechtlich aufrechenbarer Forderungen und Verbindlichkeiten erfolgt ist[117]. Dies ist in folgendem Beispiel der Fall, bei dem allerdings eine ergänzende quantitative Angabe der Größenordnung wünschenswert wäre.

Praxisbeispiel

Gleichartige Forderungen und Verbindlichkeiten gegen verbundene Unternehmen und Unternehmen, mit denen ein Beteiligungsverhältnis besteht, wurden teilweise nach § 387 BGB aufgerechnet.

Vetter Holding GmbH, Kehl, Jahresabschluss zum 31.12.2010

---

117 Zur Bilanzierung von Forderungen und Verbindlichkeiten, die nach § 387 BGB aufrechenbar sind, vgl. z. B. Schmidt/Ries, in Grottel/Schmidt/Schubert/Winkeljohann, Bilanz, 2016, § 246 HGB Rz. 106.

Werden Bewertungseinheiten nach §254 HGB gebildet, ist entsprechend dem nachfolgend dargestellten Praxisbeispiel im Rahmen der allgemeinen Bilanzierungs- und Bewertungsmethoden i.S.d. §284 Abs. 2 Nr. 1 HGB auf die Ausübung des Wahlrechts hinzuweisen. Außerdem ist die Methode der bilanziellen Abbildung der wirksamen Teile der gebildeten Bewertungseinheiten zu beschreiben (Einfrierungs- oder Durchbuchungsmethode, mit oder ohne GuV-Buchung)[118]. Im Zusammenhang mit der Bildung von Bewertungseinheiten sind weitere Einzelangaben nach §285 Nr. 23 HGB gefordert (siehe dazu Kapitel 7.6.5).

Praxisbeispiel

Soweit Bewertungseinheiten gemäß § 254 HGB gebildet werden, kommen folgende Bilanzierungs- und Bewertungsgrundsätze zur Anwendung: Ökonomische Sicherungsbeziehungen werden durch die Bildung von Bewertungseinheiten bilanziell nachvollzogen. In den Fällen, in denen sowohl die ›Einfrierungsmethode‹, bei der die sich ausgleichenden Wertänderungen aus dem abgesicherten Risiko nicht bilanziert werden, als auch die Durchbuchungsmethode, wonach die sich ausgleichenden Wertänderungen aus dem abgesicherten Risiko – sowohl des Grundgeschäfts als auch des Sicherungsinstruments – bilanziert werden, angewandt werden können, wird die Durchbuchungsmethode angewandt. Die sich ausgleichenden positiven und negativen Wertänderungen werden in der Gewinn- und Verlustrechnung brutto erfolgswirksam erfasst.

Progress-Werk Oberkirch AG, Oberkirch, Jahresabschluss zum 31.12.2015

Werden unverzinsliche und/oder niedrig verzinsliche Forderungen im Jahresabschluss abgezinst, ist dies ebenfalls – wie im folgenden Praxisbeispiel – im Anhang anzugeben. Wünschenswert wären jedoch noch ergänzende Angaben zur Ermittlung der maßgebenden Abzinsungssätze.

---

118 Vgl. IDW RS HFA 35, Tz.93.

Praxisbeispiel

Forderungen und sonstige Vermögensgegenstände sind zum Nennwert angesetzt. Allen risikobehafteten Posten ist durch die Bildung angemessener Einzelwertberichtigungen Rechnung getragen; das allgemeine Kreditrisiko ist durch pauschale Abschläge berücksichtigt. Unverzinsliche oder niedrig verzinsliche Forderungen mit einer Laufzeit von mehr als einem Jahr sind abgezinst.

Zahoransky Formenbau GmbH, Freiburg, Jahresabschluss zum 31.12.2014

Soweit wesentliche Beträge betroffen sind, kommt auch eine Beschreibung der Grundsätze und des Umfangs der Bildung von Pauschalwertberichtigungen in Betracht, wie im folgenden Praxisbeispiel:

Praxisbeispiel

Forderungen und sonstige Vermögensgegenstände sind mit dem Nennwert angesetzt. Erkennbare Ausfallrisiken werden durch Einzelwertberichtigungen berücksichtigt. Auf nicht einzelwertberichtigte Forderungen aus Lieferungen und Leistungen ist zur Abdeckung des allgemeinen Kreditrisikos eine Pauschalwertberichtigung in Höhe von 2,9 % gebildet worden.

USM U. Schärer Söhne GmbH, Bühl/Baden,
Jahresabschluss zum 31.12.2014

Tab. 5 stellt die ausgewählten potenziell berichtspflichtigen Bilanzierungs- und Bewertungsmethoden in Bezug auf die Forderungen und sonstigen Vermögensgegenstände zusammenfassend dar.

Gesetzesnorm	Berichtsgegenstand
	Grundsätze der Ertragsrealisation bei langfristiger Auftragsfertigung
	Grundsätze der Realisation von Beteiligungserträgen, insb. bei phasengleicher Gewinnvereinnahmung
	Behandlung von Zuwendungen der öffentlichen Hand
	Verrechnung aufrechenbarer Forderungen und Verbindlichkeiten
§254 HGB	Bildung und Abbildung von Bewertungseinheiten
	Abzinsung unverzinslicher und/oder niedrig verzinslicher Forderungen
	Ermittlung von Pauschalwertberichtigungen

Tab. 5: Wichtige berichtspflichtige Bilanzierungs- und Bewertungsmethoden zu den Forderungen und sonstigen Vermögensgegenständen

Eigenkapital bzw. Ergebnisverwendung

Ein Bestandteil der Bilanzierungsmethoden ist auch die Art der Abschlussaufstellung in Bezug auf die Ergebnisverwendung. Gemäß §268 Abs. 1 HGB kann der Jahresabschluss vor oder nach einer vollständigen oder teilweisen Ergebnisverwendung aufgestellt werden. In Teilen des Schrifttums wird ein Hinweis im Anhang empfohlen, wie das dargestellte Wahlrecht ausgeübt wurde[119], ungeachtet der Tatsache, dass die Wahlrechtsausübung aus der Bilanz und der Gewinn- und Verlustrechnung klar ersichtlich ist und damit eigentlich keiner zusätzlichen Erläuterung bedarf. Aufgrund dessen erscheint die Angabe u.E. auch nicht zwingend erforderlich[120]. Die nachfolgend dargestellte Berichterstattung aus der Praxis ist demzufolge als eine freiwillige Zusatzinformation zu werten.

> ### Praxisbeispiel
> *Die Bilanz zum 31. Dezember 2014 ist vor Verwendung des Jahresergebnisses erstellt worden.*
>
> *Zahoransky Formenbau GmbH, Freiburg, Jahresabschluss zum 31.12.2014*

Pensionsrückstellungen

Mit der Einzelangabe des §285 Nr. 24 HGB wird die aus §284 Abs. 2 Nr. 1 HGB resultierende allgemeine Verpflichtung zur Angabe der im Jahresabschluss angewandten Bilanzierungs- und Bewertungsmethoden in Bezug auf die Pensionsrückstellungen nur klarstellend konkretisiert[121].

Nach dieser Vorschrift sind im Anhang die folgenden Bewertungsgrundlagen zu den Pensionsrückstellungen anzugeben:

- das angewandte versicherungsmathematische Bewertungsverfahren (insb. das Anwartschaftsdeckungsverfahren (Teilwertverfahren) oder das Anwartschaftsbarwertverfahren (*Projected Unit Credit Method*)),
- die grundlegenden Berechnungsannahmen, wie z.B.
  - der Abzinsungssatz einschließlich der zugrunde liegenden Ermittlungsmethodik,
  - die Einbeziehung von (künftigen) Gehalts- und Rentenanpassungen,
  - die verwendeten Sterbetafeln und andere wesentliche biometrische Wahrscheinlichkeiten.

---

119 So z.B. IDW, WP Handbuch, 15.Aufl. 2017, Abschn. F Rz.933; Kupsch, in Schulze-Osterloh/Hennrichs/Wüstemann, Jahresabschluss, Abt. IV/4, 2004 Rz.78.
120 So auch z.B. Grottel, in Grottel/Schmidt/Schubert/Winkeljohann, Bilanz, 2016, §284 HGB Rz.108.
121 Vgl. BT-Drucks. 16/10067 S.73.

Soweit nach Personengruppen differenzierte Berechnungsparameter zur Anwendung kommen, z.B. eine regional unterschiedliche Gehalts- und Rentendynamik, genügt die Angabe von Bewertungsbandbreiten für die Gesamtbelegschaft[122]. Eine sachgerechte Berichterstattung kann wie in den folgenden Praxisbeispielen ausgestaltet sein.

Praxisbeispiel/Musterformulierung

Die Pensionsrückstellungen sind unter Berücksichtigung von künftigen Rententrends nach dem Anwartschaftsbarwertverfahren (Projected Unit Credit Method) ermittelt. Die Bewertung erfolgt auf Basis eines Zinssatzes von 4,53% (i. Vj.: 4,88%) und eines Rententrends von 2,00% (i. Vj.: 2,00%) unter Anwendung der ›Richttafeln 2005 G‹ von Dr. Klaus Heubeck. Annahmen über Lohn- und Gehaltstrends waren nicht erforderlich, da ausschließlich Festzusagen bestehen. Der Zinssatz wird pauschal mit einer Restlaufzeit von 15 Jahren unterstellt und von der Deutschen Bundesbank nach Maßgabe einer Rechtsverordnung ermittelt.

FALKE KGaA, Schmallenberg, Jahresabschluss zum 31.12.2014

Praxisbeispiel/Musterformulierung

Die Pensionsrückstellungen werden nach dem Anwartschaftsbarwertverfahren wie folgt ermittelt:

- *Bewertungsverfahren:* *Projected Unit Credit (PUC)*
- *Rechnungszins:* *4,53%*
- *Biometrie:* *Richttafeln 2005 G von Klaus Heubeck*
- *Rentendynamik:* *1,75%*
- *Einkommensdynamik:* *2,30%*
- *Fluktuation:* *2,40%*

Badische Stahlwerke GmbH, Kehl, Jahresabschluss zum 31.12.2014

---

122 Vgl. IDW RS HFA 30, Tz. 89.

Die folgende Berichterstattung ist dagegen eher etwas zu oberflächlich, da sie nicht auf die zukünftige Gehalts- und Rentendynamik eingeht:

Praxisbeispiel

Die Rückstellungen für Pensionen basieren auf einem versicherungsmathematischen Gutachten. Es werden die ›Richttafeln 2005 G‹ von Prof. Dr. Klaus Heubeck. Dabei wurden die handelsrechtlichen Grundsätze des Bilanzrechtsmodernisierungsgesetzes beachtet und zum Bilanzstichtag ein Rechnungszinssatz von jährlich 4,43 Prozent zugrunde gelegt. Die Berechnung erfolgte mithilfe der ›Projected Unit Credit Method‹ unter Annahme einer Restlaufzeit von 15 Jahren.

WBV Weisenburger Bau + Verwaltung GmbH, Rastatt, Jahresabschluss zum 28.2.2015

Über die zuvor genannten Bewertungsgrundlagen ist auch dann zu berichten, wenn die Bilanz keine Pensionsrückstellungen ausweist, weil diese mit sog. Deckungsvermögen verrechnet wurden. Deckungsvermögen sind gem. §246 Abs. 2 Satz 2 HGB Vermögensgegenstände, die ausschließlich der Erfüllung von Pensionsverpflichtungen dienen und dem Zugriff aller übrigen Gläubiger entzogen sind. Die Angabepflicht resultiert daraus, dass die ausweistechnisch saldierten Beträge nach §285 Nr. 25 HGB aufzugliedern sind (siehe dazu Kapitel 7.3.8); insoweit liegt also eine Erläuterung zu einem im Anhang darzustellenden Posten vor[123]. Das Gleiche gilt, wenn in Bezug auf die bestehenden Pensionsverpflichtungen im Anhang lediglich ein Fehlbetrag (Deckungslücke) nach Art. 28 Abs. 2 bzw. Art. 48 Abs. 6 EGHGB anzugeben ist[124]. Ein solcher Fehlbetrag kann vor allem bei der unzureichenden Dotierung einer Unterstützungskasse i.S.d. §1b Abs. 4 Gesetz zur Verbesserung der betrieblichen Altersversorgung (BetrAVG) auftreten, da aufgrund der rechtlichen Konstruktion dieser spezifischen externen Versorgungseinrichtung eine Subsidiärhaftung des Unternehmens besteht, das seinem Personal eine Pensionszusage erteilt hat.

Um die Ermittlung der Deckungslücke für die Abschlussadressaten transparent zu machen, ist auf die Bewertung des Vermögens der zwischengeschalteten externen Versorgungseinrichtung (Zeitwert, Anschaffungskosten, Buchwert) und auf etwaige Abweichungen des von ihr angewandten Bewertungsverfahrens von dem von der berichtenden Gesellschaft zur Ermittlung der Pensionsverpflichtung angewandten Verfahren einzugehen[125].

---

123 Vgl. Grottel, in Grottel/Schmidt/Schubert/Winkeljohann, Bilanz, 2016, §285 HGB Rz.740.
124 Vgl. IDW RS HFA 30, Tz.92.
125 Vgl. dazu IDW RS HFA 30, Tz.78.

Die Angabe der Bilanzierungs- und Bewertungsmethoden in Bezug auf die Pensionsverpflichtungen entfällt dagegen (ohne dass ein Negativvermerk erforderlich ist), wenn die betriebliche Altersversorgung über einen externen Versorgungsträger bzw. ein Versorgungsmodell mit voller Kapitaldeckung durchgeführt wird, wie z.B. beim Abschluss von Direktversicherungen, und keine (berichtspflichtige) Deckungslücke zum Abschlussstichtag besteht[126].

Kann bei der Zwischenschaltung einer externen Versorgungseinrichtung ein Fehlbetrag nicht zuverlässig quantifiziert werden, sind im Anhang stattdessen qualitative Angaben mit den folgenden Inhalten zu machen:

- Art und Ausgestaltung der Pensionszusagen;
- eingeschaltete externe Versorgungseinrichtung;
- Höhe der derzeitigen Beiträge oder Umlagen sowie deren voraussichtliche Entwicklung;
- Summe der umlagepflichtigen Gehälter;
- Verteilung der Versorgungsverpflichtungen auf anspruchsberechtigte Arbeitnehmer, ehemalige Arbeitnehmer und Rentenbezieher[127].

Darüber hinaus ist über die Inanspruchnahme der folgenden Bewertungswahlrechte aus der Umstellung der Rechnungslegung infolge des BilMoG zu berichten:

- Ansammlung eines durch die Umstellung ausgelösten Fehlbetrags der Pensionsrückstellungen über einen Zeitraum bis spätestens zum 31.12.2014 gem. Art. 67 Abs. 1 Satz 1 EGHGB

In diesem Fall ist auf die Inanspruchnahme des Wahlrechts hinzuweisen, der Ansammlungszeitraum anzugeben und der Zuführungsplan zu beschreiben. Dazu das folgende Beispiel aus der Berichtspraxis:

Praxisbeispiel

Für ungewisse Verbindlichkeiten aus Pensionsverpflichtungen wurden Rückstellungen gebildet. Der Barwert der Pensionsrückstellungen ist nach der versicherungsmathematischen ›Projected-Unit-Credit-Methode‹ auf der Basis eines von der Deutschen Bundesbank bekanntgegebenen Zinsfußes in Höhe von 4,53% gebildet worden. Erwartete Lohn- und Gehaltssteigerungen waren nicht zu berücksichtigen. Durch die Umstellung der Bewertung der Pensionsrückstellungen nach BilMoG ergab sich in 2010 ein zusätzlicher einmaliger Rückstellungsbetrag in Höhe von EUR 41.467.

---

126 Vgl. IDW RS HFA 30, Tz.93.
127 Vgl. IDW RS HFA 30, Tz.94.

Von der Übergangsregelung gem. Art. 67 Abs. 1 EGHGB wurde Gebrauch gemacht. Von diesem Betrag wurde demgemäß 1/15, also EUR 2.765 den Pensionsrückstellungen zugeführt und als außerordentlicher Aufwand ausgewiesen. Die Unterdeckung der Pensionsrückstellung zum 31.12.2014 beträgt somit noch EUR 27.643 (Art. 67 Abs. 2 EGHGB).

Alfred Apelt GmbH, Oberkirch, Jahresabschluss zum 31.12.2014

- Beibehaltung einer aus der Umstellung resultierenden Überdeckung der Pensionsrückstellungen nach Art. 67 Abs. 1 Satz 2 EGHGB
Es ist die Inanspruchnahme des Wahlrechts anzugeben und der Zeitraum darzustellen, in dem sich die Überdeckung voraussichtlich abbaut. Da der letztgenannte Zeitraum nicht genannt ist, sind die Informationen des folgenden Praxisbeispiels zu pensionsähnlichen Jubiläumsverpflichtungen unvollständig.

Praxisbeispiel
Die Jubiläumsrückstellungen wurden unter Anwendung des Wahlrechts des Art. 67 Abs. 1 Satz 2 EGHGB mit ihrem Betrag zum 31. Dezember 2009 beibehalten. Zum 31. Dezember 2012 besteht eine Überdeckung in Höhe von TEUR 76.

LINCK Holzverarbeitungstechnik GmbH, Oberkirch,
Jahresabschluss zum 31.12.2012

Die Bewertungsgrundlagen, die zu der Unter- bzw. Überdeckung geführt haben, sind gem. den allgemeinen Grundsätzen zu beschreiben (siehe dazu das obige Praxisbeispiel zum Fall eines durch das BilMoG ausgelösten Fehlbetrags i.S.d. Art. 67 Abs. 1 Satz 1 EGHGB).

Sind die Pensionsverpflichtungen wertpapiergebunden und greift für die zugehörigen Rückstellungen die Bewertungsvorschrift des §253 Abs. 1 Satz 3 HGB (Ansatz grundsätzlich zum beizulegenden Zeitwert der Wertpapiere), ist auch darauf bei der Beschreibung der Bewertungsgrundlagen einzugehen.

Neben den Bewertungsinformationen ist im Anhang auf die Inanspruchnahme der durch Art. 28 Abs. 1, 48 Abs. 6 EGHGB eingeräumten Ansatzwahlrechte betreffend Rückstellungen für
- sog. unmittelbare Altzusagen aus der Zeit vor dem 1.1.1987,
- mittelbare Pensionsverpflichtungen sowie
- unmittelbare oder mittelbare ähnliche Verpflichtungen
hinzuweisen.

Tab. 6 fasst die wesentlichen Berichtsgegenstände in Bezug auf die Bilanzierungs- und Bewertungsmethoden für bilanzierte oder im Anhang anzugebende Pensionsverpflichtungen zusammen.

Gesetzesnorm	Berichtsgegenstand
Art. 28 Abs. 1, 48 Abs. 6 EGHGB	Inanspruchnahme der Ansatzwahlrechte für unmittelbare Pensionsverpflichtungen aus der Zeit vor dem 1.1.1987, mittelbare Pensionsverpflichtungen sowie pensionsähnliche Verpflichtungen
§ 253 Abs. 2 HGB	Angewandte versicherungsmathematische Bewertungsverfahren
§ 253 Abs. 1 Satz 2, Abs. 2 HGB	Angewandte grundlegende Bewertungsprämissen (insb. Abzinsungssatz, Gehalts- und Rentendynamik, biometrische Wahrscheinlichkeiten)
	Bewertung des Vermögens etwaiger zwischengeschalteter externer Versorgungseinrichtungen (Zeitwert, Anschaffungskosten, Buchwert)
§ 253 Abs. 1 Satz 3 HGB	Angabe wertpapiergebundener Versorgungszusagen
Art. 67 Abs. 1 Satz 1 EGHGB	Ansammlung eines durch die BilMoG-Umstellung ausgelösten Fehlbetrags der Pensionsrückstellungen bis spätestens 31.12.2024
Art. 67 Abs. 1 Satz 2 EGHGB	Beibehaltung einer aus der BilMoG-Umstellung resultierenden Überdeckung der Pensionsrückstellungen

Tab. 6: Berichtsgegenstände zu den Pensionsverpflichtungen

Vergleichbare Angaben wie zur Bewertung von Pensionsrückstellungen können für inhaltlich ähnliche Rückstellungen, z.B. Altersteilzeit- oder Dienstjubiläumsverpflichtungen, in Betracht kommen und wie in den folgenden Praxisbeispielen ausgestaltet sein:

Praxisbeispiel

Die Rückstellung für Jubiläumsleistungen wird auf der Grundlage versicherungsmathematischer Berechnungen nach dem Anwartschaftsbarwertverfahren (Projected Unit Credit Method) unter Berücksichtigung der Richttafeln 2005 G von Prof. Dr. Heubeck und unter Zugrundelegung eines Zinssatzes von 5,05 % bewertet. Der Zinssatz entspricht dem von der Deutschen Bundesbank bekannt gegebenen durchschnittlichen Marktzinssatz der vergangenen sieben Jahre bei einer Restlaufzeit der Pensionsverpflichtungen von 15 Jahren. Bei der Ermittlung der Rückstellung für Jubiläumsleistungen werden jährliche Lohn- und Gehaltssteigerungen/BBG-Trend von jeweils 3 % sowie eine nach Altersgruppen strukturierte Fluktuations-rate in Höhe von durchschnittlich 1,26 % p. a. unterstellt.

Die Rückstellung für Verpflichtungen aus Altersteilzeit wird nach Maß-gabe des Blockmodells gebildet. Bei der Bewertung der Altersteilzeitver-pflichtung wurden die Richttafeln 2005 G von Prof. Dr. Heubeck verwen-det, sofern biometrische Einflussfaktoren zu berücksichtigen waren, ein Rechnungszins von 3,81 % sowie ein Gehaltstrend TV FlexÜ von 3 %. Die Rückstellung für Altersteilzeit wurde für zum Bilanzstichtag bereits abge-schlossene Altersteilzeitvereinbarungen gebildet. Sie enthalten Aufsto-ckungs- und Abfindungsbeträge sowie bis zum Bilanzstichtag aufgelau-fene Erfüllungsverpflichtungen der Gesellschaft.

LINCK Holzverarbeitungstechnik GmbH, Oberkirch, Jahresabschluss zum
31.12.2012

Steuerrückstellungen

Mangels Gestaltungsspielräumen des Bilanzierenden sind im Allgemeinen keine Anhangangaben zu den auf die Steuerrückstellungen angewandten Bi-lanzierungs- und Bewertungsmethoden i. S. d. §284 Abs. 2 Nr. 1 HGB notwen-dig. Demgemäß ist eine Berichterstattung in der Art des folgenden Praxisbei-spiels aussagelos und damit verzichtbar.

Praxisbeispiel

Die Steuerrückstellungen betreffen die noch ausstehenden Steuerzahlun-gen der Gesellschaft.

robatherm GmbH & Co. KG, Burgau, Jahresabschluss zum 30.6.2015

Ausnahmen vom Grundsatz der Irrelevanz des §284 Abs. 2 Nr. 1 HGB für die Steuerrückstellungen können sich im Fall von Rückstellungen für wesentliche Betriebsprüfungsrisiken ergeben. Für solche Rückstellungen kann eine Erläu-terung der Grundlagen von Ansatz und Schätzung in Betracht kommen[128].

Sonstige Rückstellungen

In Bezug auf die sonstigen Rückstellungen kommen insb. Erläuterungen zu den folgenden Bewertungswahlrechten und Ermessensspielräumen in Be-tracht[129]:

---

128 Vgl. Grottel, in Grottel/Schmidt/Schubert/Winkeljohann, Bilanz, 2016, §284 HGB Rz.156.
129 Vgl. Grottel, in Grottel/Schmidt/Schubert/Winkeljohann, Bilanz, 2016, §284 HGB Rz.157 f.; IDW RS HFA 34, Tz.51; Wulf, in Baetge/Kirsch/Thiele, Bilanzrecht, §284 HGB Rz.68.

- Anwendung von Pauschalbewertungsverfahren auf nicht einzeln identifizierbare Risiken (Gruppen-, Durchschnittsbewertung u. Ä.) nebst wesentlichen Bewertungsparametern;
- angewandte Schätzverfahren;
- Berücksichtigung von künftigen Preis- und Kostensteigerungen bei der Bemessung des notwendigen Erfüllungsbetrags;
- Inanspruchnahme des Abzinsungswahlrechts bei Rückstellungssachverhalten mit einer Restlaufzeit von bis zu einem Jahr[130];
- Ermittlung des Abzinsungssatzes für Rückstellungen mit einer Restlaufzeit von mehr als einem Jahr, z.B. laufzeitadäquater Marktzins je Einzelfall, Marktzins nach Maßgabe einer durchschnittlichen Restlaufzeit;
- Annahmen zur Ermittlung des Aufwands, der die Aufzinsung von längerfristigen Rückstellungen betrifft[131];
- Zuordnung von Ertragsposten aus Änderungen des Abzinsungssatzes oder von Zinseffekten aus einer geänderten Schätzung der Restlaufzeit zum Betriebs- oder Finanzergebnis;
- Ermittlung von Drohverlustrückstellungen auf Teilkostenbasis, unter Angabe der einbezogenen Kostenarten[132];
- Bewertungsmethode zur Drohverlustermittlung bei schwebenden Finanzgeschäften, z.B. Anwendung der Ausübungs- oder der Glattstellungsmethode bei Termingeschäften.

Tab. 7 fasst wichtige Berichtsgegenstände in Bezug auf die Bilanzierungs- und Bewertungsmethoden für sonstige Rückstellungen zusammen.

Gesetzesnorm	Berichtsgegenstand
	Anwendung von Pauschalbewertungsverfahren
	Angewandte Schätzverfahren
§253 Abs. 1 Satz 2 HGB	Berücksichtigung von künftigen Preis- und Kostensteigerungen bei der Schätzung des notwendigen Erfüllungsbetrags
§253 Abs. 2 HGB	Durchführung der Ab- und Aufzinsung nebst Ermittlung des zugrunde gelegten Zinssatzes
	Grundsätze der Ermittlung von Drohverlustrückstellungen

Tab. 7: Wichtige Berichtsgegenstände zu den sonstigen Rückstellungen

---

130 Zu diesem (faktischen) Bewertungswahlrecht vgl. IDW RS HFA 34, Tz.44.
131 Vgl. dazu IDW RS HFA 34, Tz.12.
132 Nach herrschender Meinung ist ein Vollkostenansatz geboten; vgl. z.B. IDW RS HFA 4, Tz.35, allerdings fehlt es an einer ausdrücklichen gesetzlichen Vorgabe.

Ein wenig zu allgemein stellt sich die Berichterstattung im folgenden Beispiel aus der Berichtspraxis dar, die allerdings auch übergreifend für alle Arten von sonstigen Rückstellungen (und auch Steuerrückstellungen) formuliert ist:

Praxisbeispiel

Die Steuerrückstellungen und die sonstigen Rückstellungen berücksichtigen alle ungewissen Verbindlichkeiten und erkennbaren Risiken. Sie sind in der Höhe des Erfüllungsbetrages angesetzt, der nach vernünftiger kaufmännischer Beurteilung unter Berücksichtigung von Kosten- und Preissteigerungen notwendig ist. Rückstellungen mit einer Restlaufzeit von mehr als einem Jahr werden mit dem laufzeitadäquaten durchschnittlichen Marktzinssatz der vergangenen sieben Geschäftsjahre, der von der Deutschen Bundesbank ermittelt und bekannt gegeben wird, abgezinst.

Zahoransky Formenbau GmbH, Freiburg, Jahresabschluss zum 31.12.2014

Geeigneter stellt sich dagegen die folgende, jedoch auf nur eine Rückstellungsart bezogene Erläuterung dar:

Praxisbeispiel

Es wurde eine Rückstellung für gewährte Preisnachlässe gebildet. Grundlage der Rückstellung sind die mit den Verbänden bestehenden Vereinbarungen für den Ausgleich der Forderung, die am Jahresende bestanden haben und im Laufe der nächstfolgenden Monate ausgeglichen wurden. Der Rückstellungsbetrag entspricht den in 2015/16 gebuchten Beträgen. Die Provisionen werden erst nach erfolgter Zahlung der Rechnung durch den Kunden ausbezahlt. Der Provisionsanspruch wurde zum 30.04.2016 auf der Grundlage der Forderungsbestände zum 30.04.2016 berechnet. Die Berechnung erfolgte mit einem durchschnittlichen Provisionsanspruch von 4 % bei Einzelunternehmen sowie 3 % bei Konzernen.

Buff GmbH, Feldkirchen, Jahresabschluss zum 30.4.2016

Verbindlichkeiten

In Bezug auf die Verbindlichkeiten kommt eine Berichterstattung über die angewandten Bilanzierungs- und Bewertungsmethoden vor allem im Zusammenhang mit bestehenden Rentenverpflichtungen in Betracht. So ist über die Ausübung des Bewertungswahlrechts des §253 Abs. 2 Satz 3 HGB zu berichten, demzufolge der für die Abzinsung maßgebende durchschnittliche Marktzinssatz entweder auf der Grundlage der individuellen Restlaufzeit der Verpflichtung oder pauschal unter Annahme einer Restlaufzeit von fünfzehn

Jahren bestimmt werden kann (§ 253 Abs. 2 Satz 1, 2 HGB). Die Anhangberichterstattung kann sich an den oben beschriebenen Grundsätzen für langfristige Rückstellungen orientieren.

Werden (andere) unverzinsliche und/oder niedrig verzinsliche Verbindlichkeiten im Jahresabschluss abgezinst, ist dieser Umstand ebenfalls im Anhang
anzugeben.

Zudem kann bei wesentlichen Beträgen schon vor der effektiven Inanspruchnahme über die Kürzung von Lieferantenskonti bei den betreffenden Verbindlichkeiten berichtet werden[133].

Tab. 8 stellt die potenziell berichtspflichtigen Bilanzierungs- und Bewertungsmethoden in Bezug auf die Verbindlichkeiten zusammenfassend dar.

Gesetzesnorm	Berichtsgegenstand
§ 253 Abs. 2 Satz 3 HGB	Ermittlung des Abzinsungssatzes für bestehende Rentenver-pflichtungen
	Abzinsung unverzinslicher/niedrig verzinslicher (sonstiger) Verbindlichkeiten
	Kürzung von Lieferantenskonti bei der Verbindlichkeitserfassung

Tab. 8: Wichtige berichtspflichtige Bilanzierungs- und Bewertungsmethoden zu den
Verbindlichkeiten

Latente Steuern
Die Berichterstattung über die auf die latenten Steuern angewandten Bilan-
zierungs- und Bewertungsmethoden beinhaltet zumindest die folgenden Aspekte:
- Inanspruchnahme des Ansatzwahlrechts betreffend Überhänge aktiver
  über passive Steuerlatenzen nach § 274 Abs. 1 Satz 2 HGB;
- Beschreibung der wesentlichen zugrunde gelegten Bewertungsparameter
  (Steuersatz, Prämissen der voraussichtlichen Nutzbarkeit von Verlustvorträgen in den kommenden fünf Jahren u. Ä.).

Im Zusammenhang mit dem Ansatz von latenten Steuern fordert § 285 Nr. 29,
30 HGB weitere Einzelangaben, die auch mit den allgemeinen Methodenangaben i. S. d. § 284 Abs. 2 Nr. 1 HGB zusammengefasst werden können. Für eine

---

133 Zur Buchung von Verbindlichkeiten unter Skontoabzug vgl. z. B. Schubert, in Grottel/Schmidt/
Schubert/Winkeljohann, Bilanz, 2016, § 253 HGB Rz. 98.

umfassende Erläuterung der Berichtspflichten in Bezug auf die Steuerlatenzen nebst Beispielen und Musterformulierungen wird vor diesem Hintergrund auf Kapitel 7.5.1 verwiesen.

Sonstige Posten

Besitzt die berichtende Gesellschaft Vermögen, das nach den Kriterien des § 246 Abs. 2 Satz 3 HGB als Deckungsvermögen für betriebliche Pensionsverpflichtungen einzustufen ist, ist über die methodischen Grundsätze seiner Bewertung nach § 255 Abs. 4 HGB zu berichten. Dabei ist insb. anzugeben, welcher Wertmaßstab herangezogen wurde (Marktpreis, beizulegender Zeitwert nach anerkannten Bewertungsmethoden, Anschaffungs- oder Herstellungskosten) und welche Ursachen für die Verwendung des konkreten Wertmaßstabs maßgebend waren. Soweit einschlägig, sind darüber hinaus die Grundsätze der anerkannten Bewertungsmethoden zu beschreiben, z.B. der Planungshorizont, der Abzinsungssatz und die Berücksichtigung von Risikofaktoren[134]. Das folgende Beispiel aus der Berichtspraxis ist mit Blick auf die Beschreibung des Sachverhalts als sachgerecht ausgestaltet.

Praxisbeispiel

Kongruent rückgedeckte Altersversorgungszusagen, deren Höhe sich somit ausschließlich nach dem beizulegenden Zeitwert eines Rückdeckungsversicherungsanspruchs bestimmt, sind mit diesem bewertet, soweit er den garantierten Mindestbetrag übersteigt. Eine Rückdeckungsversicherung ist als kongruent zu bezeichnen, wenn die aus ihr resultierenden Zahlungen sowohl hinsichtlich der Höhe als auch hinsichtlich der Zeitpunkte mit den Zahlungen an den Versorgungsberechtigten deckungsgleich sind. Der beizulegende Zeitwert eines Rückdeckungsversicherungsanspruchs besteht aus dem sog. geschäftsplanmäßigen Deckungskapital des Versicherungsunternehmens zzgl. eines etwa vorhandenen Guthabens aus Beitragsrückerstattungen (sog. Überschussbeteiligung).

Die ausschließlich der Erfüllung der Altersversorgungsverpflichtungen dienenden, dem Zugriff aller übrigen Gläubiger entzogenen Vermögensgegenstände (Deckungsvermögen i. S. d. § 246 Abs. 2 Satz 2 HGB) wurden mit ihrem beizulegenden Zeitwert mit den Rückstellungen verrechnet.

LEWA GmbH, Leonberg, Jahresabschluss zum 31.12.2014

---

134 Vgl. Wulf, in Baetge/Kirsch/Thiele, Bilanzrecht § 284 HGB Rz. 61.1.

Auch im Zusammenhang mit der Verrechnung von Pensionsverpflichtungen und Deckungsvermögen sind weitere Einzelangaben nach §285 Nr. 25 HGB gefordert (siehe Kapitel 7.3.8).

Übersteigt der Erfüllungsbetrag einer Verbindlichkeit ihren Ausgabebetrag, darf nach den §§268 Abs. 6, 250 Abs. 3 HGB der Unterschiedsbetrag (sog. Disagio) im aktiven Rechnungsabgrenzungsposten gesondert angesetzt werden. Alternativ ist eine sofortige Aufwandserfassung in der Gewinn- und Verlustrechnung möglich. Über die Grundsätze der Auflösung angesetzter Disagiobeträge ist bei Vorliegen entsprechender Sachverhalte im Rahmen der Angaben gem. §284 Abs. 2 Nr. 1 HGB ähnlich der in folgendem Praxisbeispiel dargestellten Beschreibung zu berichten[135].

Praxisbeispiel
Der für Disagio gebildete aktive Rechnungsabgrenzungsposten wurde linear über die Laufzeit der entsprechenden Darlehen aufgelöst.

Mittelbadische Entsorgungs- und Recyclingbetriebe GmbH, Achern,
Jahresabschluss zum 31.12.2014

Tab. 9 stellt wichtige sonstige Berichtsgegenstände in Bezug auf die Bilanzierungs- und Bewertungsmethoden zusammenfassend dar.

Gesetzesnorm	Berichtsgegenstand
§255 Abs. 4 HGB	Grundsätze der Bewertung von Deckungsvermögen zu den Pensionsverpflichtungen
§250 Abs. 3 HGB	Grundsätze der Auflösung angesetzter Disagiobeträge

Tab. 9: Wichtige sonstige berichtspflichtige Bilanzierungs- und Bewertungsmethoden

Abweichungen von den bisherigen Bilanzierungs- und Bewertungsmethoden
Um die Vergleichbarkeit aufeinanderfolgender Jahresabschlüsse sicherzustellen, beinhaltet §284 Abs. 2 Nr. 2 HGB ergänzend zu den Angaben über die für die aktuelle Berichtsperiode angewandten Bilanzierungs- und Bewertungsmethoden die Pflicht, die folgenden Informationen zu eventuellen wesentlichen Methodenabweichungen gegenüber der Vorperiode in den Anhang aufzunehmen:

---

135 So z. B. IDW, WP Handbuch, 15. Aufl. 2017, Abschn. F Rz. 945; Grottel, in Grottel/Schmidt/Schubert/ Winkeljohann, Bilanz, 2016, §284 HGB Rz. 145.

- die Nennung und Begründung der betreffenden Methodenänderungen;
- eine gesonderte Darstellung des Einflusses der Änderungen auf das durch den Jahresabschluss vermittelte Bild der Vermögens-, Finanz- und Ertragslage der berichtenden Gesellschaft.

Die Berichtspflicht umfasst zunächst eine Beschreibung der Methodenänderungen im Vergleich zur Vorperiode nebst der Nennung der von den Änderungen betroffenen Posten der Zahlenteile des Jahresabschlusses. Die parallel vorgeschriebene Begründung verlangt eine Darlegung der sachlichen Überlegungen und Argumente, die zu der Stetigkeitsdurchbrechung geführt haben und aus denen die Zulässigkeit der Methodenänderung ersichtlich ist[136]. Schon wegen des Fehlens einer Begründung der Methodenänderungen sind die nachstehenden Berichterstattungen aus der Praxis – die Wesentlichkeit der Sachverhalte vorausgesetzt – als nicht vollständig einzustufen:

Praxisbeispiel
Die Rückstellung für Garantieleistungen soll pauschal das allgemeine Gewährleistungsrisiko abdecken. Sie wurde erstmals pauschal in Höhe von 0,5 % der Umsatzerlöse für alle nicht gesondert erfassten Sachverhalte gebildet.

VTN Fritz Düsseldorf GmbH, Freiburg, Jahresabschluss zum 31.12.2012

Praxisbeispiel
Die Bilanzierungs- und Bewertungsmethoden des Vorjahres sind zwar grundsätzlich beibehalten worden, eine Änderung der Bewertungsmethode wurde jedoch bei der Bewertung der ›Fertigen Erzeugnisse‹ vorgenommen.
...
Unfertige und fertige Leistungen wurden zu Herstellungskosten bewertet. In die Herstellungskosten sind neben den unmittelbar zurechenbaren Einzelkosten auch notwendige Gemeinkosten und erstmals auch sämtliche Verwaltungskosten einbezogen worden. Die Auswirkung dieser Bewertungsänderung beträgt rd. TEUR 210.

Alfred Apelt GmbH, Oberkirch, Jahresabschluss zum 31.12.2010

---

136 Vgl. IDW RS HFA 38, Tz. 19. Zur Zulässigkeit von Änderungen der Ansatz- und Bewertungsmethoden (»begründete Ausnahmefälle«) vgl. das einschlägige Schrifttum zu den dafür maßgebenden Regelungen der §§ 246 Abs. 3 Satz 2, 252 Abs. 2 HGB.

Die gesetzlichen Vorschriften lassen zwar offen, wie die (gesonderte) Darstellung des Einflusses von Methodenänderungen auf das Jahresabschlussbild zu erfolgen hat, jedoch dürfte bei wesentlichen Auswirkungen aus Verständlichkeitsaspekten eine quantitative Berichterstattung geboten sein, aus der zumindest die Größenordnung der betreffenden Änderungen abschätzbar wird[137]. Diese Auslegung bedeutet nicht unbedingt die Nennung von absoluten (Unterschieds-)Beträgen, sondern kann eventuell auch durch Angaben in Form von Verhältnis- oder Prozentzahlen bzw. -angaben umgesetzt werden[138]. Eine rein verbale Berichterstattung genügt im Fall wesentlicher Auswirkungen dagegen nicht[139]; lediglich unwesentliche Einflüsse von Methodenänderungen können auf diese Weise (freiwillig) dargestellt werden[140]. Im Schrifttum wird des Weiteren empfohlen, die Auswirkungen der vorgenommenen Methodenänderungen parallel auch für die Vergleichszahlen der Vorperiode anzugeben[141]; eine solche Angabe ist mangels ausdrücklicher gesetzlicher Vorgabe aber nicht zwingend.

Sind in der Berichtsperiode mehrere wesentliche Methodenänderungen erfolgt, ist jede einzelne unter Berücksichtigung der daraus resultierenden, bedeutsamen Folgewirkungen gesondert berichtspflichtig[142]. Eine Darstellung der kumulierten Auswirkungen verschiedener Methodenänderungen, die ggf. zu einer Saldierung gegenläufiger Effekte führen kann, scheidet damit aus. Dagegen ist bezüglich einer einzelnen berichtspflichtigen Methodenänderung lediglich der Saldo aller mit dieser Änderung verbundenen Auswirkungen für jeden der drei Bereiche der wirtschaftlichen Lage (Vermögens-, Finanz- und Ertragslage) darzustellen[143]. Dies beinhaltet die Berichterstattung über die Erhöhung oder Verringerung des Gesamtvermögens oder der Schulden (Vermögenslage), die Änderung des Jahresergebnisses der Berichtsperiode (Ertrags-

---

137 Vgl. IDW RS HFA 38, Tz. 25.
138 Vgl. Altenburger, in Scherrer/Claussen, Rechnungslegungsrecht, 2011, § 284 HGB Rz. 43; Adler/Düring/Schmaltz, Rechnungslegung und Prüfung der Unternehmen, 6. Aufl. 1994 ff., § 284 HGB Rz. 148.
139 Vgl. Müller, in Bertram/Brinkmann/Kessler/Müller, HGB Bilanz, 2016, § 284 HGB Rz. 43; nicht eindeutig z. B. Oser/Holzwarth, in Küting/Pfitzer/Weber, Rechnungslegung, §§ 284–288 HGB Rz. 116, Stand 07/2016.
140 So im Ergebnis auch IDW, WP Handbuch, 15. Aufl. 2017, Abschn. F Rz. 959; Grottel, in Grottel/Schmidt/Schubert/Winkeljohann, Bilanz, 2016, § 284 HGB Rz. 171.
141 Vgl. IDW RS HFA 38, Tz. 25.
142 Vgl. IDW RS HFA 38, Tz. 24; Altenburger, in Scherrer/Claussen, Rechnungslegungsrecht, 2011, § 284 HGB Rz. 43.
143 Ebenso m. w. N. IDW, WP Handbuch, 15. Aufl. 2017, Abschn. F Rz. 959; Grottel, in Grottel/Schmidt/Schubert/Winkeljohann, Bilanz, 2016, § 284 HGB Rz. 195. Heben sich die Auswirkungen einer Methodenänderung in Bezug auf alle drei Bereiche der wirtschaftlichen Lage gegenseitig auf, ist die betreffende Methodenänderung isoliert betrachtet als unwesentlich einzustufen.

lage) und die Auswirkungen auf finanzwirksame Vorgänge, z.B. Steuer- oder Dividendenzahlungen (Finanzlage)[144].

Die folgende exemplarische Musterformulierung bezüglich einer Verlängerung der Nutzungsdauer bestimmter abnutzbarer Anlagegegenstände dürfte den gesetzlichen Vorgaben genügen:

Musterformulierung   !

Die Bilanzierungs- und Bewertungsgrundsätze des Vorjahrs wurden mit Ausnahme der nachfolgend beschriebenen Bewertungsänderungen grundsätzlich beibehalten. Als Folge des Gesellschafterwechsels in der Berichtsperiode wurde zur Vereinheitlichung der Bewertungsmethoden im Konzern die Nutzungsdauer der im Sachanlagevermögen gesondert ausgewiesenen Mietcontainer verlängert. Diese Vermögensgegenstände werden nunmehr über einen Zeitraum von acht bis zehn Jahren statt vormals über sechs bis acht Jahre abgeschrieben. Aus der geänderten Bewertung resultiert in der Berichtsperiode eine den betreffenden Posten des Sachanlagevermögens erhöhende Minderabschreibung von rund … Mio. EUR und unter Berücksichtigung des daraus resultierenden Anstiegs der Steuerbelastung um ca. … Mio. EUR eine Erhöhung des Jahresergebnisses um rund … Mio. EUR. Auf eine Anpassung der Vorjahreswerte wurde verzichtet.

Berichtspflichtige Methodenänderungen i.S.d. §284 Abs. 2 Nr. 2 HGB müssen im Anhang gem. §284 Abs. 2 Nr. 1 HGB erläuterungspflichtige Bilanzierungs- und Bewertungsmethoden betreffen[145]. Eine solche Methodenänderung liegt vor, soweit in Bezug auf gleiche Sachverhalte wie im Vorjahr entweder eine andere Bilanzansatzentscheidung getroffen wird oder einzelne Bestandteile der angewandten Bewertungsverfahren verändert werden und die Abweichung nicht als unwesentlich einzustufen ist[146]. Zur Beurteilung der Wesentlichkeit einer Änderung sind zum einen deren isoliert betrachtete unmittelbare Auswirkungen einschließlich etwaiger daraus resultierender Folgewirkungen zu beachten. Das Kriterium der Wesentlichkeit einer Methodenänderung ist zum anderen erfüllt, soweit die Methodenänderung in der Summe mit den Einflüssen anderer Abweichungen als wesentlich anzusehen ist[147].

---

144 Vgl. Adler/Düring/Schmaltz, Rechnungslegung und Prüfung der Unternehmen, 6.Aufl. 1994 ff., §284 HGB Rz.145.

145 Vgl. Andrejewski, in Böcking/Castan/Heymann/Pfitzer/Scheffler, Rechnungslegung, B 40 Rz.79.

146 Vgl. IDW RS HFA 38, Tz.20; Müller, in Bertram/Brinkmann/Kessler/Müller, HGB Bilanz, 2016, §284 HGB Rz.46 f., die ergänzend klarstellen, dass auch geänderte Einschätzungen bezüglich des Bilanzierungszeitpunkts unter den Begriff der Methodenänderung fallen.

147 Vgl. IDW RS HFA 38, Tz.24.

Geänderte Bilanzierungs- und Bewertungsmethoden i.S.d. §284 Abs. 2 Nr. 2 HGB liegen nicht vor, soweit sich etwaige Verfahrensänderungen aus den gewählten, eventuell sogar unmittelbar gesetzlich vorgegebenen Methoden ergeben, wie etwa bei zwingenden Niederstwertabschreibungen im Anlage- und Umlaufvermögen nach §253 Abs. 3 Satz 5, 6, Abs. 4 HGB oder bei Zuschreibungen aufgrund des Wertaufholungsgebots des §253 Abs. 5 Satz 1 HGB[148]. Aufgrund dessen ist §284 Abs. 2 Nr. 2 HGB ebenfalls nicht anwendbar, wenn die Bewertungsmethode von vornherein einen planmäßigen Methodenwechsel beinhaltet, z.B. bei einem an bestimmte Kriterien geknüpften Wechsel von der degressiven zur linearen Abschreibung[149].

Ebenso führen gegenüber der Vorperiode veränderte Sachverhalte nicht zu berichtpflichtigen Methodenänderungen. So ist z.B. über die (erstmalige) Inanspruchnahme des Ansatzwahlrechts für aktive Steuerlatenzüberhänge (§274 Abs. 1 HGB) nur dann als Methodenänderung zu berichten, wenn der gleiche Sachverhalt (Vorhandensein entsprechender Überhänge) bereits in der Vorperiode gegeben war[150]. Das Gleiche gilt, wenn sich wertbestimmende Parameter in einem methodisch unverändert fortgeführten Verfahren durch geänderte wirtschaftliche Verhältnisse oder sachgerechte Schätzungen ändern. Zwar ändert sich hierdurch das Bewertungs*ergebnis*, nicht aber die Bewertungs*methode*[151]. Abweichend davon stellt der Übergang von einer bisher erfolgten rein subjektiven Schätzung auf eine Verwendung objektiver Sachverhaltsdaten oder auf gesetzliche Vorgaben eine berichtpflichtige Änderung der Bewertungsmethode dar[152].

> **!** **Beispiel: Methodenänderung bei geänderten Verhältnissen**
>
> Die X GmbH, die mit sanierten Immobilien handelt, ist verschiedenen Einzel- und Sammelklagen von Käufern ausgesetzt. Die mit der Abwehr der von den Klägern geltend gemachten Ansprüche betrauten Rechtsanwälte gehen vor dem Hintergrund der nicht eindeutigen Rechtslage davon aus, dass die Inanspruchnahme der X GmbH aus den Klagen zwischen 1,0 und 2,0 Mio. EUR liegen wird. Die X GmbH setzt mit unter Berücksichtigung der Wahrscheinlichkeit der Szenarien einen Rückstellungsbetrag von 1,5 Mio. EUR im Jahresabschluss an. Am folgenden Abschlussstichtag ist der Rechtsstreit weiterhin anhängig. Aufgrund des zwischenzeitlichen Verlaufs der Auseinandersetzung mit den Klägern schätzen die Rechtsanwälte

---

148 Vgl. Adler/Düring/Schmaltz, Rechnungslegung und Prüfung der Unternehmen, 6.Aufl. 1994 ff., §284 HGB Rz.118, 132; Krawitz, in Hofbauer/Kupsch, Rechnungslegung, §284 HGB Rz.81.
149 Vgl. IDW RS HFA 38, Tz.12.
150 Vgl. IDW RS HFA 38, Tz.21.
151 Vgl. IDW RS HFA 38, Tz.10; vgl. dazu auch Oser/Holzwarth, in Küting/Pfitzer/Weber, Rechnungslegung, §§284–288 HGB Rz.109, Stand 07/2016; Grottel, in Grottel/Schmidt/Schubert/Winkeljohann, Bilanz, 2016, §284 HGB Rz.193.
152 Vgl. IDW RS HFA 38, Tz.10.

nunmehr, dass die Bandbreite der Inanspruchnahme nur noch zwischen 0,5 und 1,0 Mio. EUR liegen wird. Aufgrund dessen reduziert die X GmbH den Rückstellungsansatz auf 0,75 Mio. EUR.

Die vorgenommene Rückstellungsauflösung stellt grundsätzlich keine Methodenänderung i.S.d. §284 Abs. 2 Nr. 2 HGB dar.

Etwas anderes würde nach IDW RS HFA 38 gelten, wenn die subjektive Einschätzung, die der erstmaligen Rückstellungsbildung zugrunde lag, methodisch durch eine andere Bemessungsgrundlage ersetzt würde, z.B., wenn die Ergebnisse von zwischenzeitlich bereits im Vergleichswege abgeschlossenen Prozessen als Ausgangspunkt der Bewertung dienen.

Da sie keine angabepflichtigen Bilanzierungs- und Bewertungsmethoden i.S.d. §284 Abs. 2 Nr. 1 HGB darstellen, besteht in Bezug auf sachverhaltsgestaltende Maßnahmen auch keine Berichtspflicht nach §284 Abs. 2 Nr. 2 HGB[153].

Auf welche Weise der Berichtspflicht darstellungstechnisch zu genügen ist, lässt das Gesetz offen. Deshalb ist sowohl eine Berichterstattung in Form eines eigenen Berichtsabschnitts als auch eine Integration in die (allgemeinen) Erläuterungen der Bilanzierungs- und Bewertungsmethoden möglich. Es kommt außerdem auch eine Zusammenfassung mit der Berichterstattung über die Ausweismethoden zu einer geschlossenen Darstellung in Betracht, sofern der Charakter der einzelnen Informationen für sich erkennbar bleibt[154].

Sind in der Berichtsperiode keine berichtspflichtigen Methodenänderungen erfolgt, muss keine Fehlanzeige in den Anhang aufgenommen werden[155]. Demzufolge stellt die folgende Angabe aus der Berichtspraxis aufgrund fehlender Wesentlichkeit lediglich eine freiwillige Zusatzangabe dar:

Praxisbeispiel
Im Geschäftsjahr 2010 wurde hinsichtlich der Sachanlagen erstmals von der degressiven zur linearen Abschreibungsmethode übergegangen. Diese Änderungen der Bewertungsmethoden führen per Saldo zu keiner wesentlichen Veränderung der Darstellung der Vermögens-, Finanz- und Ertragslage.

Birco Baustoffwerk GmbH, Baden-Baden, Jahresabschluss zum 31.12.2010

---

153 Anderer Auffassung Hoffmann/Lüdenbach, Bilanzierung, 2017, §284 HGB Rz.62.
154 Vgl. IDW RS HFA 38, Tz.18.
155 Vgl. Wulf, in Baetge/Kirsch/Thiele, Bilanzrecht, §284 HGB Rz.80.

7.2.2 Ausweismethoden

Berichtsgegenstand und zugrunde liegende Vorschriften

HGB §265 Allgemeine Grundsätze für die Gliederung

(1) Die Form der Darstellung, insbesondere die Gliederung der aufeinanderfolgenden Bilanzen und Gewinn- und Verlustrechnungen, ist beizubehalten, soweit nicht in Ausnahmefällen wegen besonderer Umstände Abweichungen erforderlich sind. Die Abweichungen sind im Anhang anzugeben und zu begründen.

(2) In der Bilanz sowie in der Gewinn- und Verlustrechnung ist zu jedem Posten der entsprechende Betrag des vorhergehenden Geschäftsjahrs anzugeben. Sind die Beträge nicht vergleichbar, so ist dies im Anhang anzugeben und zu erläutern. Wird der Vorjahresbetrag angepasst, so ist auch dies im Anhang anzugeben und zu erläutern.

...

(4) Sind mehrere Geschäftszweige vorhanden und bedingt dies die Gliederung des Jahresabschlusses nach verschiedenen Gliederungsvorschriften, so ist der Jahresabschluss nach der für einen Geschäftszweig vorgeschriebenen Gliederung aufzustellen und nach der für die anderen Geschäftszweige vorgeschriebenen Gliederung zu ergänzen. Die Ergänzung ist im Anhang anzugeben und zu begründen.

...

(7) Die mit arabischen Zahlen versehenen Posten der Bilanz und der Gewinn- und Verlustrechnung können, wenn nicht besondere Formblätter vorgeschrieben sind, zusammengefasst ausgewiesen werden, wenn

...

2. dadurch die Klarheit der Darstellung vergrößert wird; in diesem Falle müssen die zusammengefassten Posten jedoch im Anhang gesondert ausgewiesen werden.

Anders als in Bezug auf die Bilanzierungs- und Bewertungsmethoden sehen die gesetzlichen Vorschriften keine umfassende allgemeine Berichterstattung über die Ausweismethoden vor, die dem jeweiligen Jahresabschluss zugrunde liegen. Vielmehr sind nur punktuelle Berichtspflichten geregelt, die nachfolgend im Einzelnen beschrieben werden. Der Grund hierfür dürfte vor allem darin zu sehen sein, dass die Ausübung bestehender Ausweiswahlrechte eindeutig aus dem Jahresabschluss erkennbar ist. Aufgrund dieser Transparenz erübrigen sich ergänzende Erläuterungen, wie auch bei den offenkundigen Bilanzierungs- und Bewertungsmethoden. In Anbetracht dessen ist eine – wie die anschließenden Beispiele aus der Berichtspraxis illustrieren – durchaus verbreitete verbale Erläuterung der Ausübung der folgenden Wahlrechte zwar nicht zwingend, aber auf freiwilliger Basis auch nicht zu beanstanden:

- Gliederung der Gewinn- und Verlustrechnung nach dem Gesamt- oder dem Umsatzkostenverfahren (§ 275 Abs. 1 HGB);
- offene Absetzung der erhaltenen Anzahlungen von den Vorräten (§ 268 Abs. 5 Satz 2 HGB);
- Zusammenfassung von Bilanz- und/oder GuV-Posten nach § 265 Abs. 7 Nr. 2 HGB, die dann im Anhang gesondert auszuweisen sind;
- Inanspruchnahme von Ausweiserleichterungen, z.B. der für kleine Gesellschaften bestehenden Möglichkeit, eine gliederungsbezogen verkürzte Bilanz nach § 266 Abs. 1 Satz 3 HGB aufzustellen.

Praxisbeispiel
Die erhaltenen Nettoanzahlungen wurden offen von den Vorräten gemäß § 268 Abs. 5 Satz 2 HGB abgesetzt.

KASTO Maschinenbau GmbH & Co. KG, Achern, Jahresabschluss zum 31.12.2014

Praxisbeispiel
Die Bilanz sowie die Gewinn- und Verlustrechnung sind entsprechend den Bestimmungen des HGB gem. §§ 266, 275 HGB gegliedert. Die Darstellung der Gewinn- und Verlustrechnung wurde nach dem Gesamtkostenverfahren gem. § 275 Abs. 2 HGB erstellt.

Zimmer GmbH, Rheinau, Jahresabschluss zum 31.12.2014

Zu Erläuterungspflichten im Falle von Änderungen der Wahlrechtsausübung siehe Kapitel 7.2.1.

Erleichterungen
Es bestehen keine gesetzlich geregelten Erleichterungen.

Kategorisierung und Vorjahresangabe
Die Berichtstatbestände, die die Ausweismethoden betreffen, sind originäre Pflichtangaben, die ausdrücklich für den Anhang vorgesehen sind. Deshalb sind grundsätzlich keine Angaben zur vorherigen Berichtsperiode erforderlich. Durch die Verpflichtung, über Stetigkeitsdurchbrechungen berichten zu müssen, werden jedoch Abweichungen im Vergleich zur Vorperiode kenntlich gemacht.

Inhaltliche Abgrenzung der Berichtspflicht
Abweichungen von der bisherigen Darstellungsform

Auch von der Darstellungsstetigkeit, insb. der Beibehaltung der Gliederung der Zahlenteile des Jahresabschlusses (Bilanz, Gewinn- und Verlustrechnung, ggf. Kapitalflussrechnung, Eigenkapitalspiegel und Segmentberichterstattung[156]) im Vergleich zur Vorperiode, kann nach § 265 Abs. 1 HGB nur in begründeten Ausnahmefällen abgewichen werden. Eine zulässige Stetigkeitsdurchbrechung kann sich dabei z.B. bei einem Wechsel der Konzernzugehörigkeit oder des Hauptgesellschafters ergeben[157]. Sind die vorgenommenen Änderungen wesentlich, sind sie einschließlich der dafür maßgebenden Gründe im Anhang zu nennen.

Mangels einer Angabe der Gründe für die Ausweisänderung und auch der Information, ob parallel die Vergleichswerte der Vorperiode angepasst wurden, ist das nachfolgende Beispiel aus der Berichtspraxis als unzureichend anzusehen.

Praxisbeispiel
Im Berichtsjahr wurde der Ausweis der Energiekosten gegenüber dem Vorjahr geändert. Im Vorjahr waren die Energiekosten unter der Position 8. Sonstige betriebliche Aufwendungen ausgewiesen. Aufgrund des erheblichen Anteils an der Betriebsleistung wurden die Kosten in 5. b) Aufwendungen für bezogene Leistungen umgegliedert (TEUR 1.335; i. V. TEUR 1.171).

Richter Aluminium GmbH, Schutterwald, Jahresabschluss zum 31.12.2011

Das Gleiche gilt für das folgende Praxisbeispiel. Auch hier fehlt die Begründung. Darüber hinaus wurde die durchgeführte Ausweisänderung nicht konkret genug beschrieben.

Praxisbeispiel
Der Ausweis der selbst erstellten immateriellen Vermögensgegenstände wurde im Vergleich zum Vorjahr geändert. Der Vorjahresausweis wurde entsprechend angepasst.

SEAR GmbH, Rostock, Jahresabschluss zum 31.12.2010

---

156 Vgl. Winkeljohann/Büssow, in Grottel/Schmidt/Schubert/Winkeljohann, Bilanz, 2016, § 265 HGB Rz. 2.
157 Zu weiteren begründeten Ausnahmefällen vgl. m.w.N. Ballwieser, in Baetge/Kirsch/Thiele, Bilanzrecht, § 265 HGB Rz. 25 f.

Außer auf etwaige Änderungen der Gliederung im Ganzen bezieht sich die Erläuterungspflicht des § 265 Abs. 1 Satz 2 HGB auch auf Änderungen der Bezeichnung, des Inhalts und/oder der Reihenfolge der Bilanz- und GuV-Posten sowie der Informationsaufteilung auf die einzelnen Bestandteile des Jahresabschlusses[158], wie z. B. die Platzierung von Wahlpflichtangaben im Anhang oder in der Bilanz/Gewinn- und Verlustrechnung[159] (siehe auch Kapitel 3.2.5).

Stützt das bilanzierende Unternehmen eine Darstellungsänderung nur auf die Verbesserung der Aussagekraft des Jahresabschlusses, reicht ein bloßer abstrakter Hinweis auf diese Tatsache nicht aus, um der gesetzlichen Berichtspflicht zu genügen. Stattdessen ist die angestrebte Verbesserung in der Berichterstattung zu konkretisieren[160].

Als hinreichend ist das folgende Praxisbeispiel anzusehen, da sich die Begründung nicht auf die Verbesserung der Klarheit und Übersichtlichkeit beschränkt, wenngleich die Begründung durchaus aussagekräftiger gestaltet werden könnte und eine Nennung der betragsmäßigen Auswirkungen sinnvoll wäre:

Praxisbeispiel
Die Forderungen gegenüber der KEURO KG wurden bis einschließlich dem Geschäftsjahr 2011 unter den ›Forderungen aus Lieferungen und Leistungen‹ ausgewiesen. Ab dem Kalenderjahr 2012 erfolgt der Ausweis unter der Bilanzposition ›sonstige Vermögensgegenstände‹. Die Maßnahme dient zur Verbesserung der Klarheit und Übersichtlichkeit der Darstellung sowie zur Vereinheitlichung verschiedener Einzelabschlüsse.

KASTO Maschinenbau GmbH & Co. KG, Achern,
Jahresabschluss zum 31.12.2012

Auch das folgende Beispiel enthält eine Begründung, die indes sachlich zutreffender als »Fehlerkorrektur in laufender Rechnung« hätte bezeichnet werden sollen[161]:

---

158 Vgl. Andrejewski, in Böcking/Castan/Heymann/Pfitzer/Scheffler, Rechnungslegung, B 40 Rz. 83.
159 Vgl. z. B. Adler/Düring/Schmaltz, Rechnungslegung und Prüfung der Unternehmen, 6. Aufl. 1994 ff., § 265 HGB Rz. 10; a. A. Hoffmann/Lüdenbach, Bilanzierung, 2017, § 265 HGB Rz. 8.
160 Vgl. Winkeljohann/Büssow, in Grottel/Schmidt/Schubert/Winkeljohann, Bilanz, 2016, § 265 HGB Rz. 4.
161 Zur Berichtigung fehlerhafter Jahresabschlüsse vgl. ausführlich IDW RS HFA 6.

Praxisbeispiel

Angabe und Begründung der gegenüber dem Vorjahr abweichenden Form der Darstellung

Die Form des Jahresabschlusses ist gegenüber dem Vorjahr geändert. Für den Darstellungswechsel sind folgende Gründe anzuführen:

- *die Erfordernisse einer klaren und übersichtlichen Gliederung,*
- *die in Zukunft weitgehend im Anhang erfolgende Darstellung der Ausweiswahlrechte*

Die Änderung betrifft folgende Sachverhalte:

Im Vorjahr wurde die stille Beteiligung der Beteiligungsgesellschaft der Sparkasse Freiburg – Nördlicher Breisgau in der Handelsbilanz als separate zusätzlich eingefügte Bilanzposition nach dem Eigenkapital ausgewiesen. Da diese Bilanzposition gemäß Handelsgesetzbuch eindeutig den sonstigen Verbindlichkeiten zuzuordnen ist, wurde der Vorjahreswert (EUR 350.000,00) entgegen der Bilanzstetigkeit unter den sonstigen Verbindlichkeiten ausgewiesen.

Im Vorjahr wurde ein von einer Privatperson gewährtes Darlehen als Genussrechtskapital innerhalb des Eigenkapitals ausgewiesen. Da aufgrund der vertraglichen Regelungen der Darlehensgeber nicht an den Verlusten der Gesellschaft beteiligt war, ist das Darlehen zwingend unter Fremdkapital auszuweisen. Der Vorjahreswert (EUR 200.000,00) wurde entgegen der Bilanzstetigkeit unter den sonstigen Verbindlichkeiten ausgewiesen.

Clover Germany GmbH, Ettenheim, Jahresabschluss zum 31.12.2012

Die Aufnahme weiterer, bisher nicht vorhandener Abschlussposten und Zwischensummen (§ 265 Abs. 5 Satz 2 HGB) und die weitere Untergliederung von Abschlussposten (§ 265 Abs. 5 Satz 1 HGB) sind uneingeschränkt zulässig, ohne dass hierzu – wie im folgenden Beispielsfall – Erläuterungen erforderlich wären.

Praxisbeispiel

Das Gliederungsschema des § 266 HGB wurde im Interesse der Klarheit und Übersichtlichkeit des Jahresabschlusses, sowie einer verbesserten Einschätzung der Vermögens- und Finanzlage der Gesellschaft gemäß § 265 Abs. 5 Satz 2 HGB, um den Posten ›B. Verbindlichkeiten gegenüber Kreditinstituten mit Rangrücktritt‹ erweitert. Unter diesem Posten werden Darlehen von Kreditinstituten ausgewiesen, für die keine Sicherheiten zu stellen sind, und bei denen der Kreditgeber einen unwiderruflichen Rangrücktritt erklärt hat (sog. Nachrangkapital).

Kronimus AG Betonsteinwerke, Iffezheim, Jahresabschluss zum 31.12.2012

Die Rückkehr zur vorangegangenen Gliederung, also der Verzicht auf die vormals neu eingefügten (Unter-)Posten, stellt dagegen eine berichtspflichtige Durchbrechung der Darstellungsstetigkeit dar, die einen begründeten Ausnahmefall voraussetzt. Gleiches gilt für (erstmalige) Postenzusammenfassungen nach § 265 Abs. 7 HGB[162].

Gliederungsänderungen, die durch einen Größenklassenwechsel (§ 267 HGB) verursacht werden, indem damit verbundene Darstellungserleichterungen erstmals oder nicht mehr in Anspruch genommen werden können (je nach Richtung der geänderten Größenklasse), sind generell zulässig[163]. Es ist diesbezüglich aber geboten, die neue Postenzusammenfassung gem. § 265 Abs. 1 Satz 2 HGB im Anhang anzugeben und zu begründen. Als Begründung genügt ein Verweis auf die Größenklassenänderung[164].

Nichtvergleichbarkeit von Postenwerten

Sind die Werte von Abschlussposten, die für die Berichtsperiode ausgewiesen werden, mit den ihnen gegenüberzustellenden Beträgen der Vorperiode (inhaltlich) nicht vergleichbar, ist die Vergleichbarkeit nach § 265 Abs. 2 Satz 2, 3 HGB durch eine Angabe und Erläuterung im Anhang herzustellen.

Die berichtspflichtige Nichtvergleichbarkeit kann insb. in einem geänderten Ausweis von Posteninhalten (Umgliederungen) begründet liegen, ist darauf jedoch nicht beschränkt. Vielmehr können auch besondere Sachverhalte wie z. B.

- das Vorliegen eines Rumpfgeschäftsjahrs oder von Geschäftsvorfällen außerhalb der gewöhnlichen Geschäftstätigkeit (umwandlungsrechtliche Verschmelzungen oder Spaltungen, Unternehmenskäufe) in der Vor- oder der Berichtsperiode sowie
- in der Berichtsperiode erfolgte Berichtigungen von Bilanzierungsfehlern, ein Wechsel zwischen Gesamt- und Umsatzkostenverfahren (§ 275 Abs. 1 HGB) oder Änderungen der Größenklasse des bilanzierenden Unternehmens mit Auswirkungen auf die Inanspruchnahme von Darstellungserleichterungen

zur Anwendbarkeit von § 265 Abs. 2 Satz 2, 3 HGB führen[165].

---

162 Vgl. IDW, WP Handbuch, 15. Aufl. 2017, Abschn. F Rz. 964.
163 Vgl. Winkeljohann/Büssow, in Grottel/Schmidt/Schubert/Winkeljohann, Bilanz, 2016, § 265 HGB Rz. 3.
164 Hoffmann/Lüdenbach, Bilanzierung, 2017, § 265 HGB Rz. 10, fordern eine Erläuterungspflicht für gesetzlich zwingende Darstellungsänderungen.
165 Vgl. Ballwieser, in Baetge/Kirsch/Thiele, Bilanzrecht, § 265 HGB Rz. 33; IDW RS HFA 39, Tz. 5 ff.

Ergeben sich aus der Erstanwendung des BilRUG erhebliche Beeinträchtigungen der Vergleichbarkeit von Bilanz- und/oder GuV-Posten, ist darüber ebenfalls nach §265 Abs. 2 HGB zu berichten, soweit nicht die Sonderregelung zum geänderten Ausweis der Umsatzerlöse gemäß Art. 75 Abs. 2 Satz 3 EGHGB greift. Dies betrifft insb. Umgliederungen von wesentlichen finanziellen Ansprüchen des Unternehmens aus den sonstigen Vermögensgegenständen in die Forderungen aus Lieferungen und Leistungen oder von sonstigen betrieblichen Aufwendungen in den Materialaufwand, die als eine mittelbare Folge der Neudefinition der Umsatzerlöse (§277 Abs. 1 HGB) notwendig werden (zur Berichterstattung über Stetigkeitsdurchbrechungen infolge der BilRUG-Erstanwendung siehe auch Kapitel 7.1.2).

Abweichungen gegenüber den Werten der Vorperiode aufgrund von Änderungen der Bilanzierungs- und Bewertungsmethoden fallen dagegen nicht unter die Berichtspflicht, sondern bei Erfüllen der einschlägigen Voraussetzungen unter die gesonderte Regelung des §284 Abs. 2 Nr. 2 HGB[166].

Keine Beeinträchtigung der Vergleichbarkeit ergibt sich aus etwaigen bloßen Rechtsformänderungen der berichtenden Gesellschaft[167].

Sind die Posteninhalte in berichtspflichtiger Weise nicht vergleichbar, ist zunächst diese Tatsache als solche im Anhang darzulegen. Daneben ist anzugeben, welche Abschlussposten betroffen sind und auf welchen Gründen die mangelnde Vergleichbarkeit beruht[168]. Eine Quantifizierung der Verzerrungen kann aus dem Gesetzeswortlaut nach wohl vorherrschender Ansicht nicht zwingend abgeleitet werden[169], ist aber auf freiwilliger Basis zulässig.

Alternativ ist nach §265 Abs. 2 Satz 3 HGB (freiwillig) eine Anpassung der Vorjahresbeträge möglich, die ebenfalls zu erläutern und zu begründen ist. Dabei werden die Vergleichswerte der Vorperiode so dargestellt, wie sie sich bei einer Anwendung der geänderten Darstellungsform ergeben hätten[170]. Insb. bei Vermögenszugängen/-abgängen aufgrund von Umwandlungsvorgängen oder Unternehmenstransaktionen kann die Berichterstattung in einer sog. Dreispaltenform erfolgen, bei der neben den tatsächlichen Vorjahresbeträgen

---

166 Vgl. IDW RS HFA 39, Tz.5.
167 Vgl. IDW RS HFA 39, Tz.6.
168 Vgl. Andrejewski, in Böcking/Castan/Heymann/Pfitzer/Scheffler, Rechnungslegung, B 40 Rz.86.
169 So z.B. Ballwieser, in Baetge/Kirsch/Thiele, Bilanzrecht, §265 HGB Rz.34; Winkeljohann/Büssow, in Grottel/Schmidt/Schubert/Winkeljohann, Bilanz, 2016, §265 HGB Rz.5; a.A. z.B. IDW RS HFA 39, Tz.9; IDW, WP Handbuch, 15.Aufl. 2017, Abschn. F Rz.965, die eine Darstellung zumindest der wesentlichen quantitativen Abweichungen verlangen.
170 Vgl. Ballwieser, in Baetge/Kirsch/Thiele, Bilanzrecht, §265 HGB Rz.35.

und den aktuellen Werten auch die angepassten (Pro-forma-)Vorjahresbeträge (vollständig) angegeben werden[171].

Das folgende Praxisbeispiel beinhaltet die ausführliche Darstellung eines wesentlichen vergleichsbeeinträchtigenden Sachverhalts der Berichtperiode und der maßgebenden Ursachen hierfür. Zudem werden Pro-forma-Werte für den fiktiven Fall genannt, der Sachverhalt wäre bereits in der vorangegangenen Berichtperiode vollzogen worden.

Praxisbeispiel/Musterformulierung

Mit Vertrag vom 22. Mai 2012 wurde die Carl Leipold Verwaltungs-GmbH im Wege eines Down-Stream-Merger rückwirkend auf die Carl Leipold Metallwarenfabrik GmbH verschmolzen. Die Übernahme des Vermögens der Carl Leipold Verwaltungs-GmbH erfolgte zum 01. Oktober 2011 nach der Buchwertmethode.

In Folge der Verschmelzung und der damit verbundenen Durchbrechung der Darstellungsstetigkeit werden Forderungen bzw. Verbindlichkeiten gegenüber unmittelbar beteiligten Gesellschaftern unter den Forderungen bzw. Verbindlichkeiten gegenüber Gesellschaftern anstatt wie im Vorjahr unter den sonstigen Vermögensgegenständen bzw. Verbindlichkeiten ausgewiesen.

Aufgrund der Verschmelzung sind die Angaben der Gesellschaft für das Geschäftsjahr 2011/12 sowie des Jahresabschlusses zum 30. September 2012 mit den Vorjahreszahlen nur eingeschränkt vergleichbar.

Unter der Annahme, dass die dargestellte Verschmelzung bereits zum 01. Oktober 2010 vollzogen worden wäre, hätten sich folgende Pro-forma-Werte ergeben (Darstellung wesentlicher Positionen):

	Pro-forma Werte Bilanz zum 30. September 2011
	EUR
Immaterielle Vermögensgegenstände	*109.870,05*
Sachanlagen	*4.248.341,23*
Finanzanlagen	*7.634.244,02*
Forderungen gegen verb. Unternehmen	*3.297.203,75*
Sonstige Rückstellungen	*1.840.700,00*
Einlagen stiller Gesellschafter	*5.122.158,02*

---

171 Vgl. IDW RS HFA 39, Tz. 12.

	Pro-forma Werte Bilanz zum 30. September 2011
	EUR
Verbindlichkeiten gegenüber Kreditinstituten	6.403.753,75
Sonstige Verbindlichkeiten	3.037.035,80

	Pro-forma-Werte Gewinn- und Verlustrechnung für die Zeit vom 1. Oktober 2010 bis 30. September 2011
	EUR
Abschreibungen auf immaterielle Vermögensgegenstände des Anlagevermögens und Sachanlagen	1.158.867,32
Sonstige Zinsen und ähnliche Erträge	145.148,95
Zinsaufwand und ähnliche Aufwendungen	1.229.382,65
Jahresüberschuss	1.707.296,02

Diese Pro-forma-Werte dienen lediglich Vergleichszwecken und enthalten bestimmte Anpassungen.

Carl Leipold GmbH, Wolfach, Jahresabschluss zum 30.9.2012

Im Schrifttum wird für bestimmte Sachverhalte, namentlich für die Wechsel zwischen

- Gesamt- und Umsatzkostenverfahren (§ 275 Abs. 1 HGB) und
- unterschiedlichen größenabhängigen Gliederungsschemata,

teilweise eine Pflicht zur Anpassung der Vorjahresbeträge vertreten[172]. Der Hintergrund dieser Ansicht dürfte in den erheblichen darstellungstechnischen Schwierigkeiten bestehen, die beiden unterschiedlichen Gliederungsschemata, die auf die Wertausweise der Berichts- und der Vorperiode anzuwenden wären, in den Zahlenteilen des Jahresabschlusses in verständlicher Weise zu vereinen. Rein gesetzessystematisch erscheint die Anpassung allerdings auch in diesen Fällen nicht verpflichtend[173].

---

172 Vgl. z. B. Ballwieser, in Baetge/Kirsch/Thiele, Bilanzrecht, § 265 HGB Rz. 37 f.
173 So formuliert z. B. auch IDW RS HFA 39, Tz. 10, dass eine Anpassung der Vorjahresbeträge nur »in Betracht kommt«, was sprachlich keinen Anpassungszwang zum Ausdruck bringt; hinsichtlich des Wechsels in eine höhere Größenklasse gehen auch Adler/Düring/Schmaltz, Rechnungslegung und Prüfung der Unternehmen, 6. Aufl. 1994 ff., § 265 HGB Rz. 35, davon aus, dass eine Vorjahresanpassung keinesfalls ein Muss ist.

Beim Vorliegen eines Rumpfgeschäftsjahrs ist eine Anpassung der Vorjahresbeträge generell nicht möglich. In diesem Fall wird es jedoch als zulässig erachtet, neben den gem. § 265 Abs. 2 HGB anzugebenden effektiven Vorjahreszahlen unter sachgerechter Kennzeichnung Vergleichszahlen in den Jahresabschluss aufzunehmen, die die Veränderungen aus der unterschiedlichen Dauer des Geschäftsjahrs erkennbar machen[174].

Ist die Nichtvergleichbarkeit von Posten eine Folge von berichtspflichtigen Durchbrechungen der Darstellungsstetigkeit (siehe auch Kapitel 3.2.5), ist eine Zusammenfassung dieser Angaben mit den Erläuterungen zur inhaltlichen Nichtvergleichbarkeit von Abschlussposten sinnvoll[175].

Zusammenfügen mehrerer Gliederungsschemata

Ist ein Unternehmen in mehreren Geschäftszweigen tätig und sind für die Jahresabschlüsse von Unternehmen dieser Geschäftszweige unterschiedliche Gliederungsschemata vorgegeben, ist der Jahresabschluss gem. § 265 Abs. 4 Satz 1 HGB nach *einem* der anwendbaren Gliederungsschemata aufzustellen (Grundgliederung) und um die notwendigen Posten der anderen Gliederungsschemata zu ergänzen. Als Grundgliederung ist das Gliederungsschema des primären bzw. vorrangigen Geschäftszweigs zu verwenden[176]. Die Gliederungsregelung des § 265 Abs. 4 HGB bezieht sich auf Kreditinstitute, Bausparkassen, Krankenhäuser, Verkehrs-, Versicherungs- und Wohnungsunternehmen, sofern sie mindestens einen weiteren Geschäftszweig betreiben, da für Unternehmen dieser Geschäftszweige spezifische Gliederungen durch Formblätter vorgegeben sind[177].

§ 265 Abs. 4 Satz 2 HGB sieht für den vorstehend beschriebenen Fall, in dem aufgrund der Geschäftstätigkeit mehrere Gliederungsschemata einschlägig sind, die Pflicht zur Angabe und Begründung der erfolgten Ergänzungen im Anhang vor. Im Sinne einer verständlichen Darstellung verlangt dies implizit auch bestimmte Informationen über die Grundgliederung, denn nur so können die Ergänzungen als solche auch kenntlich gemacht werden. Im Einzelnen sind zum einen die verwendete Grundgliederung und die ergänzenden Posten anzugeben. Zum anderen sind in der erforderlichen Begründung die Geschäftszweige, in denen die Gesellschaft tätig ist, zu nennen und die Aspekte dafür darzulegen, worauf die Auswahl der Grundgliederung und der Ergänzungen beruht[178].

---

174 Vgl. IDW RS HFA 39, Tz. 12.
175 Vgl. Andrejewski, in Böcking/Castan/Heymann/Pfitzer/Scheffler, Rechnungslegung, B 40 Rz. 86.
176 Vgl. Winkeljohann/Büssow, in Grottel/Schmidt/Schubert/Winkeljohann, Bilanz, 2016, § 265 HGB Rz. 12.
177 Vgl. Kupsch, in Schulze-Osterloh/Hennrichs/Wüstemann, Jahresabschluss, Abt. IV/4, 2004 Rz. 134.
178 Im Ergebnis ebenso Hütten/Lorson, in Küting/Pfitzer/Weber, Rechnungslegung, § 265 HGB Rz. 64, Stand 08/2010; ähnlich auch IDW, WP Handbuch, 15. Aufl. 2017, Abschn. F Rz. 966.

Zusammenfassung von Gliederungsposten

Soweit es der Verständlichkeit dient, können einzelne Posten der Zahlenteile des Jahresabschlusses nach §265 Abs. 7 Nr. 2 HGB auch zusammengefasst ausgewiesen werden. Diese Möglichkeit setzt indes zwingend voraus, dass der Anhang eine Aufschlüsselung bzw. einen gesonderten Ausweis der zusammengefassten Posten enthält. Zusätzlicher verbaler Erläuterungen des gewählten Vorgehens bedarf es diesbezüglich dagegen nicht.

Tab. 10 fasst wichtige Berichtsgegenstände bezüglich der Ausweismethoden zusammen.

Gesetzesnorm	Berichtsgegenstand
§265 Abs. 1 HGB	Änderungen der Darstellungsform bezüglich Gliederung, Bezeichnung, Reihenfolge und Inhalt der Posten sowie der Platzierung von Angaben
§265 Abs. 2 HGB	Nichtvergleichbarkeit der Postenbeträge im Vergleich zur Vorperiode
§265 Abs. 4 HGB	Anwendung mehrerer unterschiedlicher Gliederungsschemata im Jahresabschluss
§265 Abs. 7 Nr. 2 HGB	Zusammenfassung von Abschlussposten

Tab. 10: Wichtige Berichtsgegenstände zu den Ausweismethoden

7.2.3 Zusatzangaben zur Vermittlung der tatsächlichen Lage

Berichtsgegenstand und zugrunde liegende Vorschriften

HGB §264 Pflicht zur Aufstellung
(2) Der Jahresabschluss der Kapitalgesellschaft hat unter Beachtung der Grundsätze ordnungsmäßiger Buchführung ein den tatsächlichen Verhältnissen entsprechendes Bild der Vermögens-, Finanz- und Ertragslage der Kapitalgesellschaft zu vermitteln. Führen besondere Umstände dazu, dass der Jahresabschluss ein den tatsächlichen Verhältnissen entsprechendes Bild im Sinne des Satzes 1 nicht vermittelt, so sind im Anhang zusätzliche Angaben zu machen.

Erleichterungen
Es bestehen keine gesetzlich geregelten Erleichterungen.

Kategorisierung und Vorjahresangabe

Die Berichtspflicht, die etwaige Zusatzangaben zwecks Sicherstellung eines den tatsächlichen Verhältnissen entsprechenden Bilds der wirtschaftlichen Lage betrifft, ist eine originäre Pflichtangabe, die ausdrücklich für den Anhang vorgesehen ist. Deshalb sind keine Angaben zur vorherigen Berichtsperiode erforderlich.

Inhaltliche Abgrenzung der Berichtspflicht

Die Berichtspflicht des § 264 Abs. 2 Satz 2 HGB kommt nur in Ausnahmefällen (»besondere Umstände«) zum Tragen. Würde der Jahresabschluss aufgrund der verpflichtenden Anwendung der Einzelvorschriften zur Bilanzierung ohne Korrektur ein Bild der wirtschaftlichen Lage der Gesellschaft zeichnen, das den tatsächlichen Verhältnissen erheblich widerspräche[179], sind nach der genannten Norm Zusatzinformationen in den Anhang aufzunehmen, die die Verzerrung beseitigen. Den ergänzenden Anhangangaben kommt damit eine Korrekturfunktion zu, die sich aus der Systemhierarchie der Bilanzierungsregeln ergibt: Nach § 264 Abs. 2 Satz 1 HGB hat der Jahresabschluss zwar ein den tatsächlichen Verhältnissen entsprechendes Bild der Vermögens-, Finanz- und Ertragslage des Unternehmens zu vermitteln, jedoch steht diese sog. Generalnorm nach herrschender Meinung unter dem Vorbehalt der zwingenden Beachtung der konkreten Einzelnormen (einschließlich der Grundsätze ordnungsmäßiger Buchführung) in den Zahlenteilen des Jahresabschlusses. Dadurch ist ein Zielkonflikt der beiden Jahresabschlussmaßstäbe möglich[180].

Die ohne die nach § 264 Abs. 2 Satz 2 HGB geforderten Korrekturangaben vorliegende Verzerrung muss sich auf die Zahlenteile des jeweiligen Jahresabschlusses beziehen, nicht auf Einflüsse, die sich wesentlich auf zukünftige Berichtsperioden auswirken (können). Die Berichterstattung über die letztgenannten Umstände, z. B. die Insolvenz eines Großkunden oder das Auslaufen eines wichtigen selbst geschaffenen Patents, gehört in den Lagebericht und nicht in den Anhang[181]. Gleiches gilt für die Aufgabe der Fortführungsan-

179 Vgl. Winkeljohann/Schellhorn, in Grottel/Schmidt/Schubert/Winkeljohann, Bilanz, 2016, § 264 HGB Rz. 49 f.

180 So z. B. Baetge/Kirsch/Thiele, Bilanzen, 12. Aufl. 2012, S. 136; Müller, in Bertram/Brinkmann/Kessler/Müller, HGB Bilanz, 2016, § 264 HGB Rz. 82; a. A. Hoffmann/Lüdenbach, Bilanzierung, 2017, § 264 HGB Rz. 16 ff., die in solchen Fällen ein Abweichen von den Einzelvorschriften auch in den Zahlenteilen des Jahresabschlusses vertreten. Zur Diskussion, inwieweit bilanzpolitische Spielräume (Wahlrechte, Ermessensspielräume) i. S. d. Generalnorm auszuüben sind und damit korrigierende Angaben nach § 264 Abs. 2 Satz 2 HGB insoweit nicht auftreten können, vgl. Hoffmann/Lüdenbach, Bilanzierung, 2017, § 264 HGB Rz. 23 ff.; Baetge/Commandeur/Hippel, in Küting/Pfitzer/Weber, Rechnungslegung, § 264 HGB Rz. 46, Stand 12/2013.

181 Vgl. Winkeljohann/Schellhorn, in Grottel/Schmidt/Schubert/Winkeljohann, Bilanz, 2016, § 264 HGB Rz. 50.

nahme des §252 Abs. 1 Nr. 2 HGB nach dem Abschlussstichtag, z.B. aufgrund eines Liquidationsbeschlusses[182].

Im Schrifttum werden exemplarisch insb. die folgenden Sachverhalte als Anwendungsfälle der beschriebenen Regelung genannt, sofern sie einen wesentlichen Einfluss auf das Abschlussbild haben[183]:

- sachverhaltsgestaltende Maßnahmen wie z.B. *Sale-and-lease-back*-Transaktionen (zur Abgrenzung des bilanzpolitischen Instrumentariums siehe Kapitel 7.2.1);
- aperiodische Gewinnrealisierungen z.B. aus der Abrechnung langfristiger Auftragsfertigungsprojekte;
- gravierende Auswirkungen aus der Bildung oder Auflösung stiller Rücklagen;
- Beeinflussung des Gewerbesteueraufwands voll haftungsbeschränkter Personenhandelsgesellschaften durch Ergänzungs- und/oder Sonderbilanzen;
- erhebliche Beeinflussung des Unternehmensergebnisses durch (Schein-) Gewinne aus Niederlassungen oder Betriebsstätten in Hochinflationsländern.

Die Art und der Umfang der ergänzenden Angaben hängen von den Umständen des konkreten Einzelfalls ab. Zwar werden meist quantitative Informationen notwendig sein, je nach Sachverhalt können aber auch rein verbale Ausführungen genügen. Nicht ausreichend wäre dagegen ein bloßer Hinweis darauf, dass der Jahresabschluss in bestimmten Punkten oder im Ganzen kein den tatsächlichen Verhältnissen entsprechendes Bild der wirtschaftlichen Lage der berichtenden Gesellschaft darstellt[184].

In der Praxis sind Anhangangaben nach §264 Abs. 2 Satz 2 HGB mangels entsprechender Kennzeichnung nicht immer unmittelbar als solche erkennbar. Die nachfolgenden Beispiele aus der Berichtspraxis lassen sich dieser Korrekturvorschrift jedoch zuordnen.

---

182 Vgl. IDW RS HFA 17, Tz.41; a.A. Andrejewski, in Böcking/Castan/Heymann/Pfitzer/Scheffler, Rechnungslegung, B 40 Rz.29. Die Aufgabe der Fortführungsannahme vor dem Abschlussstichtag führt zu einer Anhangangabe über Änderungen der Bilanzierungs- und Bewertungsmethoden.

183 Vgl. z.B. Adler/Düring/Schmaltz, Rechnungslegung und Prüfung der Unternehmen, 6.Aufl. 1994 ff., §264 HGB Rz.117 ff.; Müller, in Bertram/Brinkmann/Kessler/Müller, HGB Bilanz, 2016, §264 HGB Rz.83; Biener, in BFuP 1979, S.5.

184 Vgl. Winkeljohann/Schellhorn, in Grottel/Schmidt/Schubert/Winkeljohann, Bilanz, 2016, §264 HGB Rz.54.

Praxisbeispiel

Angaben zur Vermittlung eines besseren Einblicks in die VFE-Lage

Die nachfolgenden, zusätzlichen Angaben sind bei der Beurteilung der wirtschaftlichen Lage zu beachten:

In den sonstigen Vermögensgegenständen ist der Ankauf eines bebauten Grundstücks mit Anschaffungskosten von 12.806.902,44 EUR enthalten. Korrespondierend erfolgt der Ausweis der Kaufpreisverbindlichkeit unter den Verbindlichkeiten aus Lieferungen und Leistungen in Höhe von 12.206.902,44 EUR sowie in Höhe der Grunderwerbsteuer mit 600.000,00 EUR unter den sonstigen Verbindlichkeiten. Der Ausweis erfolgte unter den sonstigen Vermögensgegenständen, da das bebaute Grundstück zu Beginn des Geschäftsjahrs 2012/2013 in ein Tochterunternehmen übertragen wurde.

ESTAVIS AG, Berlin, Jahresabschluss zum 30.6.2012

Praxisbeispiel

Die sonstigen Vermögensgegenstände enthalten unentgeltlich zugeteilte Schadstoffemissionsrechte, die mit dem Erinnerungswert von EUR 1,00 ausgewiesen werden. In korrespondierender Höhe ist ein Sonderposten für unentgeltlich ausgegebene Schadstoffemissionsrechte gebildet. Der Zeitwert der zum Bilanzstichtag noch vorhandenen Emissionsrechte für 366.802 Stück beläuft sich auf EUR 7,20/Stück, d.h. auf insgesamt 2.640.974,40 EUR.

Badische Stahlwerke GmbH, Kehl, Jahresabschluss zum 31.12.2014

Praxisbeispiel

Die in Ausführung befindlichen Bauaufträge werden mittels Zuschlagskalkulation mit ihren Herstellkosten angesetzt ...

In Höhe der nicht aktivierten Kosten und der Gewinnanteile aus der bereits erbrachten Leistung bestehen stille Reserven, die sich über die Bauzeit hinweg erhöhen und erst bei der Schlussabrechnung der Bauaufträge realisiert werden. Diese betragen zum Bilanzstichtag 494.028 EUR.

BOLD GmbH & Co. KG, Achern, Jahresabschluss zum 31.12.2015

7.3 Angaben zur Bilanz

7.3.1 Postenübergreifende Angabepflichten

7.3.1.1 Mitzugehörigkeitsangaben

Berichtsgegenstand und zugrunde liegende Vorschriften

> **HGB § 265 Allgemeine Grundsätze für die Gliederung**
> *(3) Fällt ein Vermögensgegenstand oder eine Schuld unter mehrere Posten der Bilanz, so ist die Mitzugehörigkeit zu anderen Posten bei dem Posten, unter dem der Ausweis erfolgt ist, zu vermerken oder im Anhang anzugeben, wenn dies zur Aufstellung eines klaren und übersichtlichen Jahresabschlusses erforderlich ist.*

Erleichterungen
Es bestehen keine gesetzlich geregelten Erleichterungen.

Kategorisierung und Vorjahresangabe
Der Berichtstatbestand, der die Zugehörigkeit von Vermögensposten und Schulden zu mehreren Bilanzposten betrifft, ist eine Wahlpflichtangabe, die alternativ durch
- einen Davon-Vermerk in der Bilanz oder
- eine Anhangangabe

erfüllt werden kann. Die Ausübung dieses Darstellungswahlrechts unterliegt dabei dem Stetigkeitsgrundsatz des § 265 Abs. 1 HGB, weshalb z.B. ein Wechsel vom Bilanzvermerk zur Anhangangabe einen besonderen Grund erfordert[185] (siehe dazu auch Kapitel 7.2.2).

Aufgrund der Einordnung als Wahlpflichtangabe sind bei den Mitzugehörigkeitsangaben auch die Vergleichswerte der Vorperiode anzugeben.

Anwendungsbereich
Die Regelung des § 265 Abs. 3 HGB bezieht sich nach ihrem ausdrücklichen Wortlaut allein auf Vermögens- und Schuldposten der Bilanz. Somit fallen zum einen das Eigenkapital, die Rechnungsabgrenzungsposten, die latenten Steuern und andere Sonderposten, wie z.B. solche für Investitionszuschüsse,

---

[185] Vgl. Winkeljohann/Büssow, in Grottel/Schmidt/Schubert/Winkeljohann, Bilanz, 2016, § 265 HGB Rz. 7.

nicht unter den Anwendungsbereich dieser Vorschrift[186]. Zum anderen gilt die Pflicht zur Angabe der Mitzugehörigkeit von Posten nicht für die Gewinn- und Verlustrechnung[187].

Inhaltliche Abgrenzung der Berichtspflicht

Die im gesetzlichen Bilanzgliederungsschema des §266 HGB vorgegebenen Posten sind inhaltlich nicht vollständig überschneidungsfrei. Es kann daher vorkommen, dass Vermögensgegenstände und Schulden mehreren Bilanzposten zuzuordnen sind. In solchen Fällen ist neben dem primären Bilanzausweis die Mitzugehörigkeit des jeweiligen Betrags zu anderen Bilanzposten berichtspflichtig, soweit diese Information mit Blick auf die Verständlichkeit des Jahresabschlusses erforderlich ist. Letzteres hängt wiederum davon ab, ob die Mitzugehörigkeitsangabe zur Vermittlung eines den tatsächlichen Verhältnissen entsprechenden Bilds der wirtschaftlichen Lage des Unternehmens als quantitativ oder qualitativ wesentlich anzusehen ist[188].

In Fällen der Mehrfachzugehörigkeit soll sich die Festlegung des primären Bilanzausweises insb. nach der qualitativen Vorrangigkeit richten und damit nach der Frage, welcher Gliederungsaspekt im jeweiligen Sachverhalt stärker zum Ausdruck kommt[189]. Da der Maßstab der qualitativen Vorrangigkeit jedoch kaum operationalisierbar ist, beinhaltet die Ausweisentscheidung in praxi – abgesehen von Stetigkeitsaspekten – regelmäßig ein faktisches Wahlrecht[190]. In Bezug auf den wichtigsten praktischen Anwendungsfall der Mehrfachzugehörigkeit, die Leistungsforderungen und -verbindlichkeiten gegenüber verbundenen Unternehmen sowie Unternehmen, mit denen ein Beteiligungsverhältnis besteht, präferiert die herrschende Meinung den primären Ausweis unter den letztgenannten Posten[191]. Gleiches gilt für den Ausweis von Leistungsforderungen und -verbindlichkeiten gegenüber den Gesellschaftern einer GmbH oder einer voll haftungsbeschränkten Personenhandelsgesellschaft, die nach den §§42 Abs. 3 GmbHG, 264c Abs. 1 HGB die Forderungen

---

186 So wohl auch Wulf, in Bertram/Brinkmann/Kessler/Müller, HGB Bilanz, 2016, §265 HGB Rz.14; Ballwieser, in Baetge/Kirsch/Thiele, Bilanzrecht, §265 HGB Rz.43.

187 Vgl. Glade, Praxishandbuch der Rechnungslegung und Prüfung, 2.Aufl. 1995, §265 HGB Rz.27.

188 Vgl. Hoffmann/Lüdenbach, Bilanzierung, 2017, §265 HGB Rz.52, die auch ein Beispiel zur qualitativen Wesentlichkeit darstellen.

189 Vgl. Adler/Düring/Schmaltz, Rechnungslegung und Prüfung der Unternehmen, 6.Aufl. 1994 ff., §265 HGB Rz.44.

190 Vgl. Hoffmann/Lüdenbach, Bilanzierung, 2017, §265 HGB Rz.53.

191 So z.B. Marx/Dallmann, in Baetge/Kirsch/Thiele, Bilanzrecht, §266 HGB Rz.81.1; Wulf/Sackbrook, in Bertram/Brinkmann/Kessler/Müller, HGB Bilanz, 2016, §266 HGB Rz.79. Ein Wahlrecht – ohne Präferenz – nehmen dagegen wohl z.B. Winkeljohann/Büssow, in Grottel/Schmidt/Schubert/Winkeljohann, Bilanz, 2016, §265 HGB Rz.8, an.

und Verbindlichkeiten gegenüber Gesellschaftern gesondert ausweisen oder angeben müssen.

! **Beispiel: Mitzugehörigkeit von Leistungsforderungen**

Die A GmbH besitzt zum Abschlussstichtag die folgenden Forderungen:

	TEUR
Lieferforderungen gegenüber verbundenen Unternehmen	800
Darlehensforderungen gegenüber verbundenen Unternehmen	200
Sonstige Lieferforderungen (gegenüber Dritten)	1.200
Summe Forderungen	2.200

Es kommen insb. die folgenden Ausweisalternativen in Betracht (in Klammern die Mitzugehörigkeitsangabe, die in der Bilanz oder im Anhang erfolgen kann):
a)

	TEUR
Forderungen aus Lieferungen und Leistungen	1.200
Forderungen gegen verbundene Unternehmen	1.000
(davon Forderungen aus Lieferungen und Leistungen 800)	

b)

	TEUR
Forderungen aus Lieferungen und Leistungen	2.000
(davon Forderungen gegen verbundene Unternehmen 800)	
Forderungen gegen verbundene Unternehmen	200

c)

	TEUR
Forderungen aus Lieferungen und Leistungen	2.000
(davon Forderungen gegen verbundene Unternehmen 800)	
Sonstige Vermögensgegenstände	200
(davon Forderungen gegen verbundene Unternehmen 200)	

Von einer Angabe von Vergleichswerten der Vorperiode wird aus Gründen der Übersichtlichkeit abgesehen.

Die Variante a) stellt, wie bereits beschrieben, die im Schrifttum bevorzugte und im Allgemeinen auch aussagekräftigste Ausweisform dar.

Die Literatur beschäftigt sich dagegen nicht ausdrücklich mit der Frage, ob in den Fällen a) und b) nicht auch ergänzend eine Mitzugehörigkeitsangabe in Bezug auf die sonstigen Vermögensgegenstände erfolgen muss (im vorliegenden Fall also: »*davon sonstige Vermögensgegenstände bzw. Forderungen 200 TEUR*«). Nach dem Gesetzeswortlaut ist bei Wesentlichkeit der Information davon auszugehen, dass eine solche Angabe erforderlich ist. Ungeachtet dessen finden sich in der Berichtspraxis oftmals keine entsprechenden Mitzugehörigkeitsangaben zu den sonstigen Vermögensgegenständen.

Eine sachgerechte Berichterstattung (einschließlich der Angabe der Mitzugehörigkeit zu den sonstigen Forderungen/Verbindlichkeiten und den Forderungen/Verbindlichkeiten gegenüber Gesellschaftern) enthält das folgende Praxisbeispiel.

Praxisbeispiel/Musterformulierung
Forderungen und sonstige Vermögensgegenstände

...

In den Forderungen gegen verbundene Unternehmen sind mit TEUR 2.576 (i. Vj. TEUR 493) sonstige Forderungen enthalten. In Höhe von TEUR 16.504 (i. Vj. TEUR 16.927) bestehen Forderungen gegen die Alleingesellschafterin Nestlé Unternehmungen Deutschland GmbH, Frankfurt am Main. Diese betreffen das Cash Pooling und die aus dem Ergebnisabführungsvertrag resultierende Verlustübernahme. Im Übrigen betreffen die Forderungen gegen verbundene Unternehmen den Lieferungs- und Leistungsverkehr.

...

Verbindlichkeiten

...

Die Verbindlichkeiten gegenüber verbundenen Unternehmen betreffen den Lieferungs- und Leistungsverkehr. Im Vorjahr waren darüber hinaus noch sonstige Verbindlichkeiten in Höhe von TEUR 9.021 enthalten, die vollständig gegenüber der Alleingesellschafterin Nestlé Unternehmungen Deutschland GmbH bestanden und größtenteils aus der Ergebnisabführungsverpflichtung resultierten.

Nestlé Waters Deutschland GmbH, Mainz-Weisenau,
Jahresabschluss zum 31.12.2012

Im folgenden Praxisbeispiel fehlt zwar ein expliziter Hinweis auf die Mitzugehörigkeit zu den sonstigen Forderungen und Verbindlichkeiten. Durch die
aussagekräftige inhaltliche Abgrenzung zu den lieferungs- und leistungsbezogenen Sachverhalten geht diese Zuordnung aber in hinreichender Weise
aus der Berichterstattung hervor.

Praxisbeispiel/Musterformulierung

*Die Forderungen gegen verbundene Unternehmen setzen sich wie folgt
zusammen:*

	30.09.2015 TEUR	30.09.2014 TEUR
Forderungen gegen verbundene Unternehmen aus Gewinnanteilen	72.178	75.442
Lieferungen und Leistungen	3.088	4.093
Cash-Pooling und sonstige Finanzforderungen	28.690	25.244
	103.956	104.779

...

*Die Verbindlichkeiten gegenüber verbundenen Unternehmen setzen sich
wie folgt zusammen:*

	30.09.2015 TEUR	30.09.2014 TEUR
Verbindlichkeiten gegenüber verbundenen Unternehmen aus Cash-Pooling und sonstigen Finanzverbindlichkeiten	86.296	71.482
Lieferungen und Leistungen	43	0
	86.339	71.482

HARTING KGaA, Espelkamp, Jahresabschluss zum 30.9.2015

7.3.1.2 Aufgliederung zusammengefasster Posten

Berichtsgegenstand und zugrunde liegende Vorschriften

HGB §265 Allgemeine Grundsätze für die Gliederung

(7) Die mit arabischen Zahlen versehenen Posten der Bilanz und der Gewinn- und Verlustrechnung können, wenn nicht besondere Formblätter vorgeschrieben sind, zusammengefasst ausgewiesen werden, wenn

...

2. *dadurch die Klarheit der Darstellung vergrößert wird; in diesem Falle müssen die zusammengefassten Posten jedoch im Anhang gesondert ausgewiesen werden.*

Erleichterungen

Es bestehen keine gesetzlich geregelten Erleichterungen.

Kategorisierung und Vorjahresangabe

Die Verpflichtung zur Aufschlüsselung zusammengefasster Bilanzposten im Anhang ist eine Wahlpflichtangabe. Deshalb müssen auch bei der Verlagerung von Bilanzpostenausweisen in den Anhang die betreffenden Vergleichswerte der Vorperiode angegeben werden.

Die Ausübung des Darstellungswahlrechts unterliegt dem Stetigkeitsgrundsatz des §265 Abs. 1 HGB, weshalb ein Wechsel vom Bilanzausweis zur Anhangangabe einen besonderen Grund erfordert (siehe dazu auch Kapitel 3.2.5).

Anwendungsbereich

Die Möglichkeit der Zusammenfassung von Bilanzposten zur Verbesserung der Klarheit und Übersichtlichkeit nach §265 Abs. 7 Nr. 2 HGB ist auf die mit arabischen Ziffern versehenen Posten des Gliederungsschemas des §266 HGB beschränkt.

Im Schrifttum wird ganz prinzipiell diskutiert, welcher Maßstab der Beurteilung der Verbesserung der Klarheit und Übersichtlichkeit zugrunde zu legen ist. Denn durch die Verlagerung von Postendetails aus der Bilanz in den Anhang wird die Bilanz zwar entlastet und damit übersichtlicher, der Anhang jedoch zugleich unübersichtlicher[192]. Die sich daraus ableitende Fragestellung lautet: Was geht vor? Die Verständlichkeit der Bilanz oder des Jahresabschlusses als Einheit? Nach dem Gesetzeswortlaut ist wohl ersteres anzunehmen,

---

192 Vgl. Hoffmann/Lüdenbach, Bilanzierung, 2017, §265 HGB Rz. 50.

wobei der Diskussion ohnehin nur akademischer Wert beizumessen ist. Denn das Kriterium der *Verbesserung von Klarheit und Übersichtlichkeit* ist viel zu abstrakt und subjektiv, um als eindeutige »Messlatte« fungieren zu können. Im Ergebnis besitzt die berichtende Gesellschaft – von Stetigkeitsaspekten abgesehen – daher ein faktisches Wahlrecht, welche arabisch nummerierten Posten es in der Bilanz und welche im Anhang zeigen will.

Inhaltliche Abgrenzung der Berichtspflicht

Die Zusammenfassung von Bilanzposten setzt zwingend einen gesonderten Ausweis der zusammengefassten Posten im Anhang voraus. Zusätzlicher verbaler Erläuterungen des gewählten Vorgehens bedarf es dagegen nicht.

In der deutschen Berichtspraxis wird von der Möglichkeit der Postenzusammenfassung eher selten Gebrauch gemacht. Wenn doch, handelt es sich wie im folgenden Beispielsfall meist um Unternehmen, die ihren Konzernabschluss nach internationalen Rechnungslegungsstandards (IFRS) aufstellen, bei deren Anwendung eine Aufgliederung von Posten der Zahlenteile des Abschlusses in den sog. *Notes* die Regel darstellt.

Praxisbeispiel/Musterformulierung
Vorräte

(in Mio. EUR)	2015	30. Sep. 2014
Roh-, Hilfs- und Betriebsstoffe	814	933
Unfertige Erzeugnisse	1.469	1.442
Fertige Erzeugnisse und Waren	579	521
Unverrechnete Lieferungen und Leistungen	9.293	9.565
Geleistete Anzahlungen	987	1.091
Vorräte	13.142	13.551

Siemens AG, Berlin und München, Jahresabschluss zum 30.9.2015

Restlaufzeitenvermerke

Nach dem Gesetzeswortlaut des §268 Abs. 4 Satz 1, Abs. 5 Satz 1 HGB ist der Betrag der Forderungen mit einer Restlaufzeit von mehr als einem Jahr bzw. der Verbindlichkeiten mit einer Restlaufzeit von bis zu einem Jahr und von mehr als einem Jahr bei jedem Forderungs-/Verbindlichkeitsposten der Bilanz zu vermerken. Eine alternative Angabe dieser Beträge im Anhang ist also eigentlich nicht vorgesehen. Allerdings fallen auch Davon-Vermerke zu Bilanzposten unter den Anwendungsbereich des §265 Abs. 7 Nr. 2 HGB[193].

Das heißt: Soweit es der Klarheit und Übersichtlichkeit dient, kommt auf dieser Rechtsgrundlage eine Verlagerung in den Anhang in Betracht. Dabei ist es insb. in Bezug auf die *Verbindlichkeiten* herrschende Meinung, dass die Zusammenfassung der Fristigkeitsangaben nach §268 Abs. 5 Satz 1 HGB mit denen des §285 Nr. 1, 2 HGB generell die Klarheit der Darstellung erhöht[194]. Aufgrund dessen ist es in der Berichtspraxis auch üblich, alle verbindlichkeitsbezogenen Fristigkeitsangaben einheitlich im Anhang darzustellen.

Klarheitsdienlich ist die Verlagerung der Restlaufzeitenangaben zu den *Forderungen* in den Anhang zumindest dann, wenn auch die einzelnen Forderungsposten des Bilanzgliederungsschemas (§266 Abs. 2 B. II HGB) nur im Anhang aufgegliedert werden[195]. Die Anwendung des §265 Abs. 7 Nr. 2 HGB auf die Restlaufzeitangabe des §268 Abs. 4 Satz 1 HGB ist u.E. aber nicht auf diesen Fall beschränkt.

Auch in Bezug auf die Fristigkeitsangaben zu den Forderungen hat sich in der Berichtspraxis die Angabe im Anhang durchgesetzt; nur noch vereinzelt finden sich entsprechende Vermerke bei den einzelnen Forderungsposten in der Bilanz[196].

Es sind keine direkten oder indirekten Negativangaben hinsichtlich längerfristiger Forderungsbeträge erforderlich. Sie sind allerdings freiwillig – wie in den beiden folgenden Beispielen aus der Berichtspraxis – durchaus zulässig.

Praxisbeispiel

Forderungen und sonstige Vermögensgegenstände mit einer Restlaufzeit von mehr als einem Jahr liegen nicht vor (Vorjahr: EUR 0).

M.C.P.L. Mosolf Carproject und -logistic GmbH, Kippenheim,
Jahresabschluss zum 31.12.2012

---

193 Vgl. Reiner/Haußer, in Schmidt/Ebke, HGB, Bd. 4, 2013, §265 Rz. 20; Hütten/Lorson, in Küting/Pfitzer/Weber, Rechnungslegung, §265 HGB Rz. 110 f., Stand 08/2010.
194 Vgl. Grottel, in Grottel/Schmidt/Schubert/Winkeljohann, Bilanz, 2016, §285 HGB Rz. 38; IDW, WP Handbuch, 15. Aufl. 2017, Abschn. F Rz. 667.
195 Vgl. Adler/Düring/Schmaltz, Rechnungslegung und Prüfung der Unternehmen, 6. Aufl. 1994 ff., §268 HGB Rz. 103.
196 Vgl. z.B. Comarch AG, Dresden, Jahresabschluss zum 31.12.2015.

Praxisbeispiel

Die Forderungen und sonstigen Vermögensgegenstände weisen (wie im Vorjahr) eine Restlaufzeit von bis zu einem Jahr auf.

Metaldyne Zell GmbH & Co. KG, Zell am Harmersbach,
Jahresabschluss zum 31.12.2014

Da Negativangaben verzichtbar sind, kann sich eine sachgerechte Berichterstattung – wie im folgenden Praxisbeispiel – lediglich auf solche Posten beziehen, die tatsächlich Forderungen mit einer Restlaufzeit von mehr als einem Jahr enthalten.

Praxisbeispiel/Musterformulierung

Die sonstigen Vermögensgegenstände haben in Höhe von 17.810,10 EUR eine Restlaufzeit von über einem Jahr (im Vorjahr 154.184,42 EUR).

Richard Neumayer Gesellschaft für Umformtechnik mbH, Hausach,
Jahresabschluss zum 31.12.2014

Teilweise werden in der Praxis auch Forderungsspiegel der in folgendem Beispiel dargestellten Art im Anhang gezeigt, im vorliegenden Fall mit Negativangaben für einzelne Posten.

Praxisbeispiel/Musterformulierung
Forderungen und sonstige Vermögensgegenstände

	31.12.2015	
		davon mit einer Restlaufzeit von über einem Jahr
	Gesamt	*EUR*
Forderungen aus Lieferungen und Leistungen	9.065.844,57	–
Forderungen gegen verbundene Unternehmen*	835.160,84	–
Sonstige Vermögensgegenstände	4.711.301,98	780.716,12
Gesamt	14.711.301,98	780.716,12
* davon aus Lieferungen und Leistungen	417.699,63	–

| | 31.12.2014 | |
| | | davon mit einer Rest- laufzeit von über einem Jahr |
	Gesamt	EUR
Forderungen aus Lieferungen und Leistungen	13.865.285,04	–
Forderungen gegen verbundene Unternehmen*	2.150.495,91	–
Sonstige Vermögensgegenstände	4.280.247,84	858.991,51
Gesamt	20.296.028,79	858.991,51
* davon aus Lieferungen und Leistungen	373.830,92	–

Gabor Shoes Aktiengesellschaft, Rosenheim,
Jahresabschluss zum 31.12.2015

Wie oben bereits dargestellt wurde, müssen die Vergleichswerte der Vorperiode aus der Berichterstattung hervorgehen. Daher ist eine Berichterstattung wie im folgenden Praxisbeispiel unzureichend.

Praxisbeispiel

In den Forderungen aus Lieferungen und Leistungen sind Forderungen mit einer Restlaufzeit von mehr als einem Jahr in Höhe von EUR 11.710,75 und in den sonstigen Vermögensgegenständen in Höhe von EUR 28.716,90 enthalten.

Bär GmbH, Bietigheim-Bissingen, Jahresabschluss zum 31.03.2013

7.3.1.3 Unterschiedsbetrag aus der Anwendung der Gruppen- oder Verbrauchsfolgebewertung

Berichtsgegenstand und zugrunde liegende Vorschriften

> **HGB § 284 Erläuterung der Bilanz und der Gewinn- und Verlustrechnung**
>
> *(2) Im Anhang müssen*
>
> *...*
>
> 3. *bei Anwendung einer Bewertungsmethode nach § 240 Abs. 4, § 256 Satz 1 die Unterschiedsbeträge pauschal für die jeweilige Gruppe ausgewiesen werden, wenn die Bewertung im Vergleich zu einer Bewertung auf der Grundlage des letzten vor dem Abschlussstichtag bekannten Börsenkurses oder Marktpreises einen erheblichen Unterschied aufweist;*

Erleichterungen

Kleine Gesellschaften sind von der Angabepflicht gem. § 288 Abs. 1 Nr. 1 HGB befreit.

Kategorisierung und Vorjahresangabe

Die Berichterstattung über etwaige Unterschiedsbeträge aus der Anwendung von Gruppen- oder Verbrauchsfolgebewertungsverfahren ist eine originäre Pflichtangabe, die ausdrücklich für den Anhang vorgesehen ist. Deshalb sind keine Vergleichswerte der Vorperiode anzugeben.

Anwendungsbereich

Die Berichtspflicht des § 284 Abs. 2 Nr. 3 HGB ist auf die Anwendung der Gruppenbewertung nach § 240 Abs. 4 HGB und auf die Anwendung von Verbrauchsfolgeverfahren nach § 256 Satz 1 HGB (LIFO, FIFO usw.) beschränkt. Sie findet aufgrund des Gesetzeswortlauts keine Anwendung auf die Festbewertung gem. § 240 Abs. 3 HGB.

Nach den Tatbestandsmerkmalen der einschlägigen Gesetzesvorschriften sind die Gruppen- und die Verbrauchsfolgebewertung insb. auf gleichartige *Vorrats*gegenstände anwendbar. Das Kriterium der Gleichartigkeit ist erfüllt, wenn die jeweiligen Vermögensgegenstände zur gleichen Warengattung gehören oder funktionsgleich sind und des Weiteren keine wesentlichen Qualitätsunterschiede aufweisen[197]. Nach diesem Verständnis sind also in Fällen gleichartiger Vorratsgegenstände mit unterschiedlichem Fertigungsgrad die Voraussetzungen für eine Gruppenbewertung nicht erfüllt[198].

Die Gruppenbewertung ist jedoch nicht auf das Vorratsvermögen beschränkt, sondern nach § 240 Abs. 4 HGB ebenfalls für andere gleichartige oder annähernd gleichwertige bewegliche Vermögensgegenstände und Schulden zulässig. In Bezug auf Schulden ist noch nicht abschließend geklärt, wie das Kriterium der Gleichartigkeit inhaltlich auszulegen ist. Zu seiner Beurteilung kann insb. auf die Aspekte gleiches Risiko, gleiche Fristigkeit und gleicher Gläubiger abgestellt werden[199]. Eine annähernde Gleichwertigkeit wird im Allgemeinen damit gleichgesetzt, dass die Preise zusammengefasster Vermögensgegenstände nicht wesentlich voneinander abweichen, wobei ein Preisunterschied zwischen dem höchsten und dem niedrigsten Einzelwert der Gruppe von maximal 20 Prozent noch unter der maßgebenden Wesentlichkeitsschwelle liegen soll[200].

> **Differenzierung der Wesentlichkeitsschwelle** !
>
> Im Schrifttum wird in Bezug auf die maßgebende Preisbandbreite teilweise eine Differenzierung nach der Wertigkeit der betreffenden Vermögensgegenstände vorgenommen; während danach bei geringwertigen Vermögensgegenständen die genannte Preisbandbreite von 20 Prozent die Obergrenze bildet, wird für höherwertige Vermögensgegenstände ein Preisunterschied von maximal 5 Prozent vertreten[201].

Soweit die zuvor beschriebenen Kriterien erfüllt sind, kann der Berichtstatbestand des § 284 Abs. 2 Nr. 3 HGB somit nicht nur bei Vorräten, sondern auch bei anderen beweglichen Gegenständen des Anlage- und Umlaufvermögens sowie bei Schulden anwendbar sein. Die Ermittlung der berichtspflichtigen Unterschiedsbeträge setzt aber außerdem zwingend die Existenz eines Börsen- oder Marktpreises voraus. Somit scheidet die Berichtspflicht in Fällen der Gruppenbewertung von Rückstellungen, z.B. für Urlaubs- oder Gewährleistungsverpflichtungen, aus[202]. Als Hauptanwendungsfälle der Gruppenbewertung außerhalb des Vorratsvermögens sind (bewegliche) Massenbestände des

---

197 Vgl. Knop, in Küting/Pfitzer/Weber, Rechnungslegung, § 240 HGB Rz. 75 f., Stand 07/2011; Winkeljohann/Philipps, in Grottel/Schmidt/Schubert/Winkeljohann, Bilanz, 2016, § 240 HGB Rz. 136.

198 Vgl. Quick/Wolz, in Baetge/Kirsch/Thiele, Bilanzrecht, § 240 HGB Rz. 95.

199 Vgl. Quick/Wolz, in Baetge/Kirsch/Thiele, Bilanzrecht, § 240 HGB Rz. 97.

200 Vgl. Winkeljohann/Philipps, in Grottel/Schmidt/Schubert/Winkeljohann, Bilanz, 2016, § 240 HGB Rz. 137.

201 Vgl. m.w.N. Kihm, in Bertram/Brinkmann/Kessler/Müller, HGB Bilanz, 2016, § 256 HGB Rz. 12.

202 Vgl. Grottel, in Grottel/Schmidt/Schubert/Winkeljohann, Bilanz, 2016, § 284 HGB Rz. 201.

Sachanlagevermögens und Wertpapiere zu betrachten[203]. Sie werden aber im Folgenden vernachlässigt; die für das Vorratsvermögen maßgebenden Grundsätze gelten sinngemäß.

Die Anhangangabe nach §284 Abs. 2 Nr. 3 HGB kommt darüber hinaus nur in Betracht, soweit die auf Basis des Börsen- oder Marktpreises ermittelten Stichtags- bzw. Zeitwerte der betreffenden Vorratsbestände höher sind als deren unter Anwendung der genannten Vereinfachungsverfahren ermittelten Anschaffungskosten. Denn im umgekehrten Fall verlangt das auf Vorräte anwendbare strenge Niederstwertprinzip des §253 Abs. 4 HGB eine Abschreibung auf den (niedrigeren) Stichtagswert. Diese Abschreibung hat zur Folge, dass ein (positiver) Unterschiedsbetrag überhaupt nicht auftreten kann.

Ein Bewertungsunterschied muss schließlich erheblich sein, um die Berichtspflicht auszulösen. Inwieweit grundsätzlich angabepflichtige Unterschiedsbeträge als wesentlich einzustufen sind, richtet sich nach ihrem Verhältnis zum Wert der »vereinfacht« bewerteten Vorräte und nach der Bedeutung der jeweiligen Gruppe am betreffenden Bilanzposten[204]. Als wesentlich wird dabei im Allgemeinen ein Anteil von mehr als 10 Prozent erachtet[205].

Inhaltliche Abgrenzung der Berichtspflicht

Die Angabe des §284 Abs. 2 Nr. 3 HGB dient dazu, mögliche Bewertungsreserven darzustellen, die sich aus der Anwendung der Gruppen- oder Verbrauchsfolgebewertung im Vergleich zur gesetzlich grundsätzlich geforderten Einzelbewertung ergeben[206]. Bei der Berichtspflicht geht es folglich darum, den Effekt verschiedener Verfahren zur Ermittlung der Anschaffungs- oder Herstellungskosten sichtbar zu machen, und nicht allgemein um die Aufdeckung von über die Anschaffungs- oder Herstellungskosten hinausgehenden stillen Reserven in den jeweiligen Vermögensposten. Denn letzteres würde auf eine Anhangangabe von erwarteten, unrealisierten Gewinnen hinauslaufen[207]. Eine solche selektive Information, die sich auf Vermögensgegenstände beschränkt,

---

203 Vgl. Quick/Wolz, in Baetge/Kirsch/Thiele, Bilanzrecht, §240 HGB Rz.93; zur Abgrenzung beweglichen Vermögens vgl. auch Braun, in Scherrer/Claussen, Rechnungslegungsrecht, 2011, §240 HGB Rz.35; Graf, in Bertram/Brinkmann/Kessler/Müller, HGB Bilanz, 2016, §240 HGB Rz.70.

204 Vgl. IDW, WP Handbuch, 15.Aufl. 2017, Abschn. F Rz.985; Adler/Düring/Schmaltz, Rechnungslegung und Prüfung der Unternehmen, 6.Aufl. 1994 ff., §284 HGB Rz.155. Nach Ansicht von Grottel, in Grottel/Schmidt/Schubert/Winkeljohann, Bilanz, 2016, §284 HGB Rz.203, kann alternativ auf *einen* der beiden genannten Wesentlichkeitsmaßstäbe zurückgegriffen werden.

205 Vgl. Poelzig, in Schmidt/Ebke, HGB, Bd. 4, 2013, §284 Rz.92.

206 Vgl. Altenburger, in Scherrer/Claussen, Rechnungslegungsrecht, 2011, §284 HGB Rz.38.

207 So im Ergebnis auch z.B. Grottel, in Grottel/Schmidt/Schubert/Winkeljohann, Bilanz, 2016, §284 HGB Rz.205; Wulf, in Baetge/Kirsch/Thiele, Bilanzrecht, §284 HGB Rz.93.

deren Anschaffungs- oder Herstellungskosten mithilfe von Bewertungsvereinfachungsverfahren bestimmt wurden, würde keinen Sinn ergeben.

Um den eventuell angabepflichtigen Unterschiedsbetrag zu approximieren, sind die effektiv nach den Vereinfachungsverfahren der §§ 240 Abs. 4, 256 Satz 1 HGB bewerteten Vorräte einer (Einzel-)Bewertung mit den letzten vor dem Abschlussstichtag bekannten Börsenkursen oder Marktpreisen gegenüberzustellen. Indem auf stichtagsbezogene Preismaßstäbe abgestellt wird, kann der so ermittelte Wert über die sich im Fall einer Einzelbewertung ergebenden Anschaffungs- oder Herstellungskosten hinausgehen[208]. Parallel wird dadurch gewährleistet, dass der Vereinfachungseffekt der §§ 240 Abs. 4, 256 Satz 1 HGB, der das Erfordernis einer einzelbewertungsorientierten Berechnung der *Anschaffungs- oder Herstellungskosten* gerade vermeiden will, nicht unterlaufen wird.

Für Zwecke der Anhangangabe sind die zum Vergleich benötigten Stichtagswerte nach den folgenden Grundsätzen zu ermitteln[209]:

- Indem der Gesetzeswortlaut ausdrücklich auf den letzten *vor* dem Abschlussstichtag bekannten Börsen- oder Marktpreis abstellt, sind Erkenntnisse und Preisbewegungen nach dem Abschlussstichtag irrelevant. Endet das Geschäftsjahr am Tag der letzten Börsennotiz, ist regelmäßig der *am* Abschlussstichtag geltende Börsenkurs heranzuziehen. Die Kenntnis der zugrunde gelegten Börsen- und Marktpreise kann auch durch tatsächliche Ein- oder Verkäufe, durch Angebote oder auf andere Weise erlangt werden.
- Im Unterschied zur Ermittlung des niedrigeren börsen- oder marktpreisbezogenen Werts des Vorratsvermögens für bilanzielle Zwecke entsprechend dem Niederstwertprinzip des § 253 Abs. 4 HGB ist nach § 284 Abs. 2 Nr. 3 HGB nicht auf den aus dem Börsen- oder Marktpreis *abgeleiteten* (Stichtags-)Wert abzustellen, sondern auf den sich bei Anwendung des unangepassten Preises ergebenden Wert. Der für die Anwendung des § 253 Abs. 4 HGB maßgebende Stichtagswert, der aus dem Börsen- oder Marktpreis abgeleitet wird, beinhaltet insb. die Berücksichtigung der üblicherweise anfallenden Anschaffungsnebenkosten (bei beschaffungsmarktorientier-

---

208 Vgl. IDW, WP Handbuch, 15. Aufl. 2017, Abschn. F Rz. 984.

209 Vgl. Grottel, in Grottel/Schmidt/Schubert/Winkeljohann, Bilanz, 2016, § 284 HGB Rz. 205 ff.; Wulf, in Baetge/Kirsch/Thiele, Bilanzrecht, § 284 HGB Rz. 93; IDW, WP Handbuch, 15. Aufl. 2017, Abschn. F Rz. 984.

tem Bewertungsmaßstab) oder der Vertriebskosten (bei absatzmarktorientiertem Bewertungsmaßstab)[210].

- Zur Eliminierung von Bewertungsreserven aus einer (voraussichtlichen) Überschreitung der im Wege der Einzelbewertung ermittelten Anschaffungs- oder Herstellungskosten durch den Stichtagswert dürften vorsichtig bemessene pauschale Preisabschläge zulässig sein.
- Hat die Stichtagsbewertung unter Zugrundelegung absatzmarktorientierter Börsen- oder Marktpreise zu erfolgen, was insb. bei unfertigen und fertigen Erzeugnissen der Fall ist, sind die maßgebenden Preise um die darin enthaltenen kalkulatorischen Gewinnzuschläge und die noch anfallenden Aufwendungen zu kürzen. Dadurch soll verhindert werden, dass der ausgewiesene Unterschiedsbetrag unrealisierte Gewinne zeigt[211].

> **! Beschaffungs- und absatzmarktorientierte Stichtagsbewertung**
>
> Roh-, Hilfs- und Betriebsstoffe sind grundsätzlich beschaffungsmarktorientiert zu bewerten. Für Waren gilt die sog. doppelte Maßgeblichkeit, wonach der Ansatz zum niedrigeren Wert einer beschaffungs- und absatzmarktorientierten Bewertung zu erfolgen hat[212].

> **! Beispiel: Ermittlung des Unterschiedsbetrags aus der Gruppenbewertung**
>
> Die A GmbH hat die Anschaffungskosten für den Rohstoff X im Wege der Gruppenbewertung nach §240 Abs. 4 HGB ermittelt. Für diesen Rohstoff liegen zum Abschlussstichtag die folgenden Preis- bzw. Wertinformationen vor:

	EUR
Letzter tatsächlich bezahlter Anschaffungspreis	100
Übliche Anschaffungsnebenkosten	5
Letzter bekannter Marktpreis	120
Buchwert aufgrund der Gruppenbewertung	80

---

210 Vgl. dazu ausführlich z.B. Schubert/Andrejewski/Roscher, in Grottel/Schmidt/Schubert/Winkeljohann, Bilanz, 2016, §253 HGB Rz.308 f.

211 Nach Ansicht von Oser/Holzwarth, in Küting/Pfitzer/Weber, Rechnungslegung, §§284–288 HGB Rz.128, Stand 07/2016, fallen nur beschaffungsmarktorientiert zu bewertende Vorräte unter den Anwendungsbereich des §284 Abs. 2 Nr. 3 HGB; unfertige und fertige Erzeugnisse sind davon ausgeschlossen.

212 Vgl. dazu ausführlich Brösel/Olbrich, in Küting/Pfitzer/Weber, Rechnungslegung, §253 HGB Rz.638 ff., Stand 06/2010.

> Sowohl der letzte tatsächlich bezahlte Anschaffungspreis als auch der letzte bekannte Marktpreis sind nicht als »Zufallspreise« anzusehen, was sie als Bewertungsmaßstab ausschließen würde[213].
>
> Zur Ermittlung des Unterschiedsbetrags i. S. d. § 284 Abs. 2 Nr. 3 HGB sind die Anschaffungsnebenkosten unbeachtlich. Aus dem Wortlaut der gesetzlichen Berichtspflicht leitet sich ein Unterschiedsbetrag von 40 EUR ab. Allerdings liegt der letzte bekannte Marktpreis erheblich über den letzten tatsächlichen Anschaffungskosten, was dem Sinn und Zweck der Regelung, keine über die sich mittels Einzelbewertung ergebenden Anschaffungs- oder Herstellungskosten hinausgehenden stillen Reserven darzustellen, zuwiderläuft. Es bietet sich daher ein vorsichtig bemessener Abschlag an, der sich an den jüngsten effektiven Anschaffungen orientieren kann. Legt man den letzten tatsächlichen Anschaffungspreis als Vergleichspreis zugrunde, ergibt sich im vorliegenden Fall also ein Unterschiedsbetrag von nur 20 EUR.
>
> Mit Blick auf die beschriebenen Überlegungen können u. E. beide Betragsangaben gerechtfertigt werden.

Die Berichterstattung nach § 284 Abs. 2 Nr. 3 HGB hat für jede »Gruppe« den berichtpflichtigen Unterschiedsbetrag jeweils in einem Gesamtbetrag anzugeben[214]. Da aus dem Gesetzeswortlaut nicht eindeutig hervorgeht, welche Gruppenabgrenzung hierfür maßgebend ist, wird in der Literatur die Differenzierung der folgenden Gruppen diskutiert:

- Gruppen aller nach § 240 Abs. 4 HGB (Gruppenbewertung) und aller nach § 256 Satz 1 HGB (Verbrauchsfolgeverfahren) bewerteten Posten[215];
- Gruppenbildung nach dem jeweiligen Bewertungsvereinfachungsverfahren[216], was zu einer unterschiedlichen Darstellung im Vergleich zur erstgenannten Abgrenzung insb. in den Fällen führen kann, in denen mehrere Verbrauchsfolgeverfahren i. S. d. § 256 Satz 1 HGB zur Anwendung kommen;
- Angabe für jede der für Zwecke der Anwendung der §§ 240 Abs. 4, 256 Satz 1 HGB sachlich abgegrenzten Vorratsgruppen[217], wobei in diesem Fall aus der Berichterstattung auch hervorgehen sollte, für welche Vorratsgruppen welche Bewertungsvereinfachung angewandt wurde[218].

Es ist davon auszugehen, dass mangels einer eindeutigen gesetzlichen Festlegung insoweit ein faktisches Berichtswahlrecht besteht. Die im Schrifttum

---

213 Vgl. Grottel, in Grottel/Schmidt/Schubert/Winkeljohann, Bilanz, 2016, § 284 HGB Rz. 205; zum Begriff der Börsen- und Marktpreise unter Bezugnahme auf die zivilrechtliche Abgrenzung vgl. auch Oser/Holzwarth, in Küting/Pfitzer/Weber, Rechnungslegung, §§ 284–288 HGB Rz. 125, Stand 07/2016.

214 Vgl. Grottel, in Grottel/Schmidt/Schubert/Winkeljohann, Bilanz, 2016, § 284 HGB Rz. 204.

215 Vgl. Poelzig, in Schmidt/Ebke, HGB, Bd. 4, 2013, § 284 Rz. 93.

216 Vgl. Krawitz, in Hofbauer/Kupsch, Rechnungslegung, § 284 HGB Rz. 99.

217 Vgl. Altenburger, in Scherrer/Claussen, Rechnungslegungsrecht, 2011, § 284 HGB Rz. 36.

218 So wohl auch Grottel, in Grottel/Schmidt/Schubert/Winkeljohann, Bilanz, 2016, § 284 HGB Rz. 204.

vertretene Ansicht, wonach alternativ auch eine Angabe des Unterschiedsbe-
trags ausschließlich für die betroffenen Bilanzposten erfolgen kann[219], ist u.E.
mit Blick auf den Gesetzeswortlaut abzulehnen. Zulässig und am aussagekräf-
tigsten ist es dagegen, die Unterschiedsbeträge getrennt nach den gebildeten
Gruppen zu den davon betroffenen Bilanzposten anzugeben[220].

Zu etwaigen Unterschiedsbeträgen sind keine präzisen Betragsangaben gefordert. Aufgrund der gesetzlichen Forderung nach einer »pauschalen Angabe« können vielmehr großzügige Auf- und Abrundungen erfolgen[221].

In der Literatur wird für den Fall, dass eine Angabe i.S.d. §284 Abs. 2 Nr. 3
HGB schon deshalb ausscheidet, weil sich kein Börsen- oder Marktpreis ermitteln lässt, zum Teil die Ansicht vertreten, es wäre dann ersatzweise ein bloßer Hinweis auf diese Tatsache im Anhang anzugeben[222]. Unseres Erachtens
kann ein solcher »Negativvermerk« mit Blick auf den Gesetzeswortlaut nicht
gefordert werden, zumal das Fehlen der maßgebenden Stichtagspreise auch
gar keinen verlässlichen Schluss erlaubt, ob überhaupt eine angabepflichtige
Bewertungsreserve besteht.

7.3.2 Anlagevermögen

7.3.2.1 Anlagengitter

Berichtsgegenstand und zugrunde liegende Vorschriften

> **HGB §284 Erläuterung der Bilanz und der Gewinn- und
> Verlustrechnung**
> *(3) Im Anhang ist die Entwicklung der einzelnen Posten des Anlagevermö-
> gens in einer gesonderten Aufgliederung darzustellen. Dabei sind, ausge-
> hend von den gesamten Anschaffungs- und Herstellungskosten, die Zu-
> gänge, Abgänge, Umbuchungen und Zuschreibungen des Geschäftsjahrs
> sowie die Abschreibungen gesondert aufzuführen. Zu den Abschreibun-
> gen sind gesondert folgende Angaben zu machen:*

---

219 So z.B. Adler/Düring/Schmaltz, Rechnungslegung und Prüfung der Unternehmen, 6.Aufl. 1994 ff.,
  §284 HGB Rz.152.
220 Diese Art der Berichterstattung vertreten z.B. Oser/Holzwarth, in Küting/Pfitzer/Weber, Rechnungslegung, §§284–288 HGB Rz.123, Stand 07/2016, die als Gruppenabgrenzung die Kategorien
  »Gruppenbewertung« und »Verbrauchsfolgeverfahren« vorschlagen.
221 Vgl. IDW, WP Handbuch, 15.Aufl. 2017, Abschn. F Rz.985; Oser/Holzwarth, in Küting/Pfitzer/Weber,
  Rechnungslegung, §§284–288 HGB Rz.132, Stand 07/2016.
222 So z.B. Müller, in Bertram/Brinkmann/Kessler/Müller, HGB Bilanz, 2016, §284 HGB Rz.50.

1. *die Abschreibungen in ihrer gesamten Höhe zu Beginn und Ende des Geschäftsjahrs,*
2. *die im Laufe des Geschäftsjahrs vorgenommenen Abschreibungen und*
3. *Änderungen in den Abschreibungen in ihrer gesamten Höhe im Zusammenhang mit Zu- und Abgängen sowie Umbuchungen im Laufe des Geschäftsjahrs.*

   ...

Erleichterungen

Nach § 288 Abs. 1 Nr. 1 HGB sind kleine Gesellschaften von den Angabepflichten des § 284 Abs. 3 Satz 1 bis 3 HGB befreit.

Kategorisierung und Vorjahresangabe

Die Angabe des Anlagengitters stellt eine originäre Pflichtangabe dar, die nach der Neuregelung des BilRUG ausdrücklich für den Anhang vorgesehen ist. Deshalb sind keine Vergleichsangaben zur vorherigen Berichtsperiode erforderlich, auch nicht in Bezug auf die Endbestände der betreffenden Bilanzposten[223].

Darstellungsform

Die gesetzliche Vorgabe des § 284 Abs. 3 HGB lässt die Darstellungsform der Informationen zur Entwicklung des Anlagevermögens in der Berichtsperiode offen. Die in der Praxis übliche und mit Blick auf die Klarheit und Übersichtlichkeit zweckmäßige tabellarische Darstellung ist nicht gesetzlich geregelt und kann insb. bei einem betragsmäßig und funktionell unwesentlichen Anlagevermögen auch durch einen (reinen) Fließtext ersetzt werden[224].

In der tabellarischen Darstellung des Anlagengitters werden in den Zeilen die Bilanzposten dargestellt, und zwar gem. der Gliederungsvorgabe des § 266 HGB. In den Spalten werden die in § 284 Abs. 3 HGB geforderten Rechenkomponenten und die (Rest-)Buchwertangabe für die aktuelle Berichtsperiode aufgeführt; eine ergänzende Angabe der (Rest-)Buchwerte der vorangegangenen Berichtsperiode ist freiwillig möglich. Diese Darstellung wird als »horizontale Entwicklung« des Anlagevermögens bezeichnet. Sie ist gesetzlich nicht zwingend vorgeschrieben. Es kommt auch eine sog. »vertikale Entwicklung« in Betracht. Bei ihr werden die oben genannten Zeilen- und Spalteninhalte gerade umgekehrt angeordnet[225].

---

223 Vgl. Hoffmann/Lüdenbach, Bilanzierung, 2017, § 284 HGB Rz. 68.

224 Vgl. Hoffmann/Lüdenbach, Bilanzierung, 2017, § 284 HGB Rz. 68a.

225 Vgl. Hoffmann/Lüdenbach, Bilanzierung, 2017, § 284 HGB Rz. 68a, die in Rz. 81 auch ein Muster für eine vertikale Anlagenentwicklung darstellen, die in der internationalen Rechnungslegung üblich ist.

Die vorstehend beschriebenen Darstellungswahlrechte sind durch den Stetigkeitsgrundsatz des § 265 Abs. 1 HGB eingeschränkt (siehe dazu Kapitel 3.2.5).

Zum (typischen) Aufbau des Anlagengitters siehe Abb. 4 und 5.

Das Anlagengitter kann – unter dem Vorbehalt des Stetigkeitsprinzips (siehe dazu auch Kapitel 3.2.5) – direkt im Anhang oder als Anlage zum Anhang dargestellt werden. Im Falle einer Verlagerung in eine Anlage zum Anhang sollte darauf in den Erläuterungen wie im folgenden Formulierungsbeispiel verwiesen werden:

! Musterformulierung

Die Entwicklung der einzelnen Posten des Anlagevermögens im Geschäftsjahr ... (Anlagengitter) ist in einer Anlage zum Anhang dargestellt.

Inhalt

Nach § 284 Abs. 3 HGB muss das Anlagengitter zumindest die folgenden (betragsmäßigen) Informationen enthalten[226]:

- kumulierte (historische) Anschaffungs- oder Herstellungskosten zu Beginn der Berichtsperiode;
- Zugänge der Berichtsperiode (Anschaffungs- oder Herstellungskosten);
- Abgänge der Berichtsperiode (Anschaffungs- oder Herstellungskosten);
- Umbuchungen während der Berichtsperiode (Anschaffungs- oder Herstellungskosten);
- Zuschreibungen der Berichtsperiode;
- kumulierte Abschreibungen zum Beginn und zum Ende der Berichtsperiode;
- Abschreibungen der Berichtsperiode laut Gewinn- und Verlustrechnung;
- Änderungen der kumulierten Abschreibungen im Zusammenhang mit Zu- und Abgängen sowie Umbuchungen der Berichtsperiode.

Unter Berücksichtigung nur der Angaben zu den (Rest-)Buchwerten für das Ende der betreffenden Berichtsperiode ergibt sich die in Abb. 4 und 5 enthaltene Darstellung.

---

226 Vgl. IDW, WP Handbuch, 15. Aufl. 2017, Abschn. F Rz. 988.

	Kumulierte Anschaffungs- oder Herstellungskosten				
	Beginn GJ (EUR)	Zugänge (EUR)	Abgänge (EUR)	Umbu- chungen (EUR)	Ende GJ (EUR)
Gesonderte Darstellung für die einzelnen Posten des Anlagevermö- gens	...	...	...	...	...
	...	...	...	...	...
	...	...	...	...	...
Summe	...	...	...	...	...

Abb. 4: Aufbau des Anlagengitters – Teil 1 (linke Seite)

Kumulierte Abschreibungen							RBW
Beginn GJ (EUR)	Abschrei- bungen GJ (EUR)	Zuschrei- bungen (EUR)	Zugänge (EUR)	Abgänge (EUR)	Umbu- chungen (EUR)	Ende GJ (EUR)	Ende Vorjahr (EUR)
		...	...	...	...	...	...
...	...	...	...	...	...	...	...
...	...	...	...	...	...	...	...
		...	...	...	...	...	...

Abb. 5: Aufbau des Anlagengitters – Teil 2 (rechte Seite)

Zu Einzelfragen in Bezug auf den Inhalt der Spalten des Anlagengitters wird auf das einschlägige Schrifttum verwiesen[227].

---

227 Vgl. z. B. Hoffmann/Lüdenbach, Bilanzierung, 2017, § 284 HGB Rz. 71 ff.; Grottel, in Grottel/Schmidt/ Schubert/Winkeljohann, Bilanz, 2016, § 268 HGB Rz. 227 ff.; IDW, WP Handbuch, 15. Aufl. 2017, Ab- schn. F Rz. 990 ff.

Weder die Reihenfolge noch die Anzahl der Spalten des Anlagengitters ist gesetzlich festgelegt. So können insb. freiwillig weitere Spalten ergänzt werden, wie etwa eine Angabe des Restbuchwerts der Vorperiode. Auf der anderen Seite können bei einer entsprechenden Kennzeichnung die Umbuchungen je nach Vorzeichen auch in der Zugangs- oder Abgangsspalte oder die Zuschreibungen in der Zugangsspalte abgebildet werden. Erforderlich ist aber eine gesonderte vertikale Addition, damit die Summe jeder (Rechen-)Komponente unmittelbar aus dem Anlagengitter ablesbar ist[228].

7.3.2.2 Aktivierte Fremdkapitalzinsen

Berichtsgegenstand und zugrunde liegende Vorschriften

> **HGB § 284 Erläuterung der Bilanz und der Gewinn- und Verlustrechnung**
> *(3) Im Anhang ist die Entwicklung der einzelnen Posten des Anlagevermögens in einer gesonderten Aufgliederung darzustellen.*
> *...*
> *Sind in die Herstellungskosten Zinsen für Fremdkapital einbezogen worden, ist für jeden Posten des Anlagevermögens anzugeben, welcher Betrag an Zinsen im Geschäftsjahr aktiviert worden ist.*

Erleichterungen
Nach § 288 Abs. 1 Nr. 1 HGB sind kleine Gesellschaften von den Angabepflichten des § 284 Abs. 3 Satz 4 HGB befreit.

Kategorisierung und Vorjahresangabe
Die Angabe des Betrags der im Geschäftsjahr im Anlagevermögen aktivierten Fremdkapitalzinsen stellt eine originäre Pflichtangabe dar, die ausdrücklich für den Anhang vorgesehen ist. Deshalb sind keine Vergleichsangaben zur vorherigen Berichtsperiode erforderlich.

Inhalt und Darstellungsform
Wird das Wahlrecht des § 255 Abs. 3 Satz 2 HGB zur Einbeziehung von Fremdkapitalzinsen in die Herstellungskosten in Bezug auf Anlagegenstände ausgeübt, sind nach § 284 Abs. 3 Satz 4 HGB die in der Berichtsperiode aktivierten Beträge für jeden ausgewiesenen Bilanzposten des Anlagevermögens betrags-

---

228 Vgl. Adler/Düring/Schmaltz, Rechnungslegung und Prüfung der Unternehmen, 6. Aufl. 1994 ff., § 268 HGB Rz. 46.

mäßig anzugeben. Es ist nicht darzustellen, wie sich die einmal aktivierten Beträge im Zeitablauf weiterentwickeln. Ebenfalls kein Berichtsgegenstand sind Fremdkapitalzinsen, die im Umlaufvermögen aktiviert wurden.

Darstellungstechnisch kann eine Integration der geforderten Betragsangaben in das Anlagengitter – insb. in Form von Davon-Vermerken – erfolgen (siehe dazu Kapitel 7.3.2.1), dies ist jedoch kein Muss. Alternativ erscheint es ebenso zulässig, die Angaben unter den (sonstigen) Erläuterungen zum Anlagevermögen zu platzieren[229], etwa in Form einer gesonderten Aufstellung direkt unterhalb des Anlagengitters[230].

7.3.2.3 Unterbliebene Abschreibungen auf Finanzanlagen

Berichtsgegenstand und zugrunde liegende Vorschriften

> **HGB § 285 Sonstige Pflichtangaben**
> *Ferner sind im Anhang anzugeben:*
> ...
> 18. *für zu den Finanzanlagen (§ 266 Abs. 2 A. III.) gehörende Finanzinstrumente, die über ihrem beizulegenden Zeitwert ausgewiesen werden, da eine außerplanmäßige Abschreibung nach § 253 Absatz 3 Satz 6 unterblieben ist,*
>   a) *der Buchwert und der beizulegende Zeitwert der einzelnen Vermögensgegenstände oder angemessener Gruppierungen sowie*
>   b) *die Gründe für das Unterlassen der Abschreibung einschließlich der Anhaltspunkte, die darauf hindeuten, dass die Wertminderung voraussichtlich nicht von Dauer ist;*

Erleichterungen
Kleine Gesellschaften sind von der Berichtspflicht des § 285 Nr. 18 HGB gem. § 288 Abs. 1 Nr. 1 HGB befreit.

Kategorisierung und Vorjahresangabe
Die Berichtspflicht, die die unterbliebenen Abschreibungen auf Finanzanlagen betrifft, ist eine originäre Pflichtangabe, die ausdrücklich für den Anhang vorgesehen ist. Deshalb sind keine Angaben zur vorherigen Berichtsperiode erforderlich.

---

229 Vgl. z. B. Oser/Orth/Wirtz, in DB 2015, S. 200; Fink/Theile, in DB 2015, S. 757.
230 Vgl. Wulf, in Baetge/Kirsch/Thiele, Bilanzrecht, § 284 HGB Rz. 124.

Anwendungsbereich

Unter die Berichtspflicht des §285 Nr. 18 HGB fallen alle in §266 Abs. 2 A. III. HGB genannten Vermögensgegenstände des Finanzanlagevermögens, da sie zugleich als Finanzinstrumente einzustufen sind[231].

> **! Definition von Finanzinstrumenten**
>
> IDW RH HFA 1.005 (Tz.3) definiert Finanzinstrumente als Vermögensgegenstände oder Schulden, die auf einer vertraglichen Basis zu Geldzahlungen oder zum Zugang bzw. Abgang von anderen Finanzinstrumenten führen.

Weitere Voraussetzung für die Anwendung der gesetzlichen Regelung ist, dass der beizulegende Zeitwert i.S.d. §255 Abs. 4 HGB unter dem bilanziell ausgewiesenen Buchwert der betreffenden Finanzanlage liegt. Schließlich muss von der außerplanmäßigen Abschreibung auf den Zeitwert unter Inanspruchnahme des Bewertungswahlrechts des §253 Abs. 3 Satz 6 HGB abgesehen worden sein, weil die festgestellte Wertminderung als voraussichtlich nicht von Dauer eingestuft wurde.

Trotz der sprachlichen Nähe der Bezeichnung der beiden Wertmaßstäbe sind der *beizulegende Wert* und der *beizulegende Zeitwert* nicht in allen Fällen identisch[232]. Die Berichtspflicht des §285 Nr. 18 HGB wird dabei nur ausgelöst, wenn der für mögliche Abschreibungszwecke ermittelte beizulegende Wert geringer ist als der Buchwert der Finanzanlage; liegt dagegen nur der beizulegende Zeitwert nach §255 Abs. 4 HGB unter dem Buchwert, ist die betreffende Anhangberichterstattung nicht zwingend[233].

> **! Beizulegender Wert und beizulegender *Zeit*wert von Finanzanlagen**
>
> Der beizulegende Wert von Unternehmensanteilen ermittelt sich grundsätzlich nach Unternehmensbewertungsgrundsätzen, insb. dem Ertragswertverfahren[234]. Bei Ausleihungen ist der beizulegende Wert wie für Forderungen zu ermitteln. Das heißt: Bei unverzinslichen oder niedrigverzinslichen Ausleihungen hat eine Abzinsung mit dem marktüblichen Zinssatz gleichartiger Ausleihungen zu erfolgen. Daneben ist das Ausfallrisiko nach den allgemeinen Grundsätzen zu berücksichtigen[235].

---

231 Vgl. IDW RH HFA 1.005, Tz.3.
232 Vgl. IDW, WP Handbuch, 15.Aufl. 2017, Abschn. F Rz.1125; IDW RH HFA 1.005, Tz.11.
233 Vgl. IDW RH HFA 1.005, Tz.14.
234 Siehe dazu IDW RS HFA 10 i.V.m. IDW S 1 i.d.F. 2008.
235 Zur Ermittlung des beizulegenden Werts von Gegenständen des Anlagevermögens im Allgemeinen vgl. z.B. Schubert/Andrejewski/Roscher, in Grottel/Schmidt/Schubert/Winkeljohann, Bilanz, 2016, §253 HGB Rz.306 ff., sowie Thiele/Breithaupt/Kahling/Prigge, in Baetge/Kirsch/Thiele, Bilanzrecht, §253 HGB Rz.305 ff.

> Der beizulegende Zeitwert entspricht nach § 255 Abs. 4 Satz 1 HGB primär (bei Existenz eines aktiven Markts) dem Marktpreis, andernfalls hat eine Bestimmung anhand allgemein anerkannter Bewertungsmethoden, z.B. dem Ertragswertverfahren, zu erfolgen[236].

§ 285 Nr. 18 HGB ist gem. § 285 Nr. 26 HGB des Weiteren auch insoweit nicht anzuwenden, als es sich bei den Finanzanlagen um Anteile an Sondervermögen i.S.v. § 1 Abs. 10 KAGB, Anlageaktien an Investmentaktiengesellschaften mit variablem Kapital (§§ 108 – 123 KAGB) oder vergleichbaren EU-/Auslands-Investmentvermögen von mehr als 10 Prozent handelt, da diese (Spezial-)Regelung eine inhaltlich vergleichbare eigene Berichtspflicht vorsieht (siehe dazu auch Kapitel 7.6.1.2).

Inhaltliche Abgrenzung der Berichtspflicht

Die Angabe der Buchwerte und der beizulegenden Zeitwerte nach § 285 Nr. 18 a) HGB muss nicht für den einzelnen Vermögensgegenstand erfolgen. Sie kann sich auch auf *angemessene Gruppierungen* von Finanzanlagen beziehen. Bei der Gruppenbildung darf es nicht zu einer Saldierung der bestehenden stillen Lasten (Buchwert größer Zeitwert) mit stillen Reserven (Zeitwert größer Buchwert) anderer Vermögensgegenstände kommen; in der Gruppe dürfen also nur Finanzanlagen enthalten sein, deren Buchwert den Zeitwert übersteigt[237]. Kriterien für die Zusammenfassung zu Gruppen sind etwaige (gleichartige) Gründe und Indizien dafür, dass die außerplanmäßigen Abschreibungen unterbleiben konnten[238].

Nach dem Gesetzeswortlaut des § 285 Nr. 18 b) HGB ist über die Gründe der Nichtvornahme einer Abschreibung *und* über die Indizien für die Einstufung der zum Abschlussstichtag bestehenden Wertminderung als nicht dauerhaft zu berichten[239]. Es ist also auf die bloße Tatsache hinzuweisen, dass die Wertminderung als vorübergehend eingeschätzt wird. Außerdem sind die Faktoren, die für diese Beurteilung sprechen, darzulegen. Dabei sind neue Erkenntnisse bis zum Ende des Aufstellungszeitraums des Jahresabschlusses mit zu

---

236 Zur Ermittlung des beizulegenden Zeitwerts vgl. IDW RH HFA 1.005, Tz.7 ff.
237 Vgl. IDW, WP Handbuch, 15. Aufl. 2017, Abschn. F Rz.1128.
238 Vgl. IDW RH HFA 1.005, Tz.16.
239 Zur Beurteilung der Dauerhaftigkeit der Wertminderung von verschiedenen Arten von Finanzanlagen vgl. z.B. Grottel/Kreher, in Grottel/Schmidt/Schubert/Winkeljohann, Bilanz, 2016, § 253 HGB Rz.352.

berücksichtigen[240]. Ein bloßer Hinweis, dass die gesetzlichen Bedingungen des §253 Abs. 3 Satz 6 HGB erfüllt sind, genügt der Berichtspflicht nicht[241].

Stützt sich die Einschätzung darauf, dass der beizulegende Zeitwert zukünftig wieder steigen wird, oder auf eingeleitete oder geplante unternehmerische Maßnahmen, z.B. Restrukturierungs- oder Kostenoptimierungsmaßnahmen, sind diese Maßnahmen hinreichend zu erläutern. Dies beinhaltet auch Informationen zum vorgesehenen Zeithorizont der Durchführung der Maßnahmen und der daraus erwarteten Werteinflüsse[242]. Das folgende Beispiel aus der Berichtspraxis ist mit Blick auf diese beiden Aspekte verbesserungsfähig, stellt aber ansonsten eine angemessene Berichterstattung dar.

> ### Praxisbeispiel
> #### Vorübergehende Wertminderung Finanzanlagen
> *Bei zwei Beteiligungen liegt der beizulegende Wert zum 31. Dezember 2012 um TEUR 4.500 unter den entsprechenden Buchwerten von TEUR 2.160 bzw. TEUR 13.175.*
>
> *Der beizulegende Wert wird auf der Grundlage interner Bewertungsverfahren ermittelt. Aufgrund der Planungen der Unternehmen und der darauf aufbauenden Erwartungen wird davon ausgegangen, dass es sich um vorübergehende Wertminderungen handelt. Die Gesellschaft hat verschiedene Maßnahmen, z.B. Kostensenkungsmaßnahmen und -management, Optimierung von Strategien und Prozessen, geplant, sodass zu erwarten ist, dass der beizulegende Wert zukünftig wieder den Buchwert erreichen wird.*
>
> *Dirk Rossmann GmbH, Burgwedel, Jahresabschluss zum 31.12.2012*

---

240 Vgl. IDW RH HFA 1.005, Tz. 20. Auch hier ist zwischen Wertaufhellung und Wertbegründung zu differenzieren, das heißt, wenn der beizulegende Zeitwert den Buchwert zum Ende des Aufstellungszeitraums wieder erreicht oder überschreitet, muss das nicht zwangsläufig – wenn auch sehr häufig – bedeuten, dass von einer nur vorübergehenden Wertminderung auszugehen war. Vielmehr hängt die Beurteilung von den Ursachen der eingetretenen Wertaufholung ab.

241 Vgl. IDW RH HFA 1.005, Tz. 18.

242 So wohl auch IDW, WP Handbuch, 15. Aufl. 2017, Abschn. F Rz. 1129, unter Hinweis auf IDW RH HFA 1.005, Tz. 19.

7.3.3   Antizipative Forderungen

Berichtsgegenstand und zugrunde liegende Vorschriften

> **HGB § 268 Vorschriften zu einzelnen Posten**
> **der Bilanz Bilanzvermerke**
> *(4) ... Werden unter dem Posten ›sonstige Vermögensgegenstände‹*
> *Beträge für Vermögensgegenstände ausgewiesen, die erst nach dem*
> *Abschlussstichtag rechtlich entstehen, so müssen Beträge, die einen*
> *größeren Umfang haben, im Anhang erläutert werden.*

Erleichterungen
Nach § 274a Nr. 1 HGB sind kleine Gesellschaften von der Angabepflicht des
§ 268 Abs. 4 Satz 2 HGB befreit.

Kategorisierung und Vorjahresangabe
Die Berichtspflicht, die die antizipativen Forderungen betrifft, ist eine originäre Pflichtangabe, die ausdrücklich für den Anhang vorgesehen ist. Deshalb
sind keine Angaben zur vorherigen Berichtsperiode erforderlich.

Anwendungsbereich und inhaltliche Abgrenzung der Berichtspflicht
Die Berichtspflicht ist ausdrücklich auf die im Bilanzposten »sonstige Vermögensgegenstände« (§ 266 Abs. 2 B. II. 4 HGB) enthaltenen antizipativen
Forderungen beschränkt; andere Posten des Umlaufvermögens sind davon
nicht betroffen[243]. Zu erläutern sind Forderungen, die zum Abschlussstichtag
wirtschaftlich entstanden sind, deren (formal-)rechtliche Entstehung jedoch
in der Zukunft (nach dem Abschlussstichtag) liegt[244]. Hierzu gehören insb. die
folgenden Sachverhalte:

- Steuererstattungsansprüche wie z.B. für die Körperschaft- oder Gewerbesteuer, die erst mit oder nach Ablauf der betreffenden Berichtsperiode
abgabenrechtlich entstehen, deren Besteuerungsmerkmale am Abschlussstichtag aber schon verwirklicht waren;
- Vorsteueransprüche, für die am Abschlussstichtag noch keine ordnungs-
mäßigen Rechnungen vorliegen;
- Forderungen aus eingereichten Anträgen auf Investitionszulagen, deren
wirtschaftliche Voraussetzungen erfüllt sind, ohne dass am Abschlussstichtag bereits eine Bewilligung erfolgt ist;

---

243 Vgl. Marx/Dallmann, in Baetge/Kirsch/Thiele, Bilanzrecht, § 268 HGB Rz. 78.
244 Vgl. Korth, in Scherrer/Claussen, Rechnungslegungsrecht, 2011, § 268 HGB Rz. 49.

- am Abschlussstichtag zu erwartende (sog. faktische) Umsatzprämien ohne Rechtsanspruch;
- Dividendenansprüche, für die der maßgebende Ausschüttungsbeschluss der Gesellschafter am Abschlussstichtag noch aussteht[245].

Nicht unter die Erläuterungspflicht des § 268 Abs. 4 Satz 2 HGB fällt bei strenger wortgetreuer Auslegung der Norm die in der Praxis überwiegende Mehrheit an antizipativen Forderungen, also an solchen Forderungen, die am Abschlussstichtag zwar rechtlich entstanden, aber noch nicht fällig waren, wie z. B. abgegrenzte Zinserträge oder anteilige Ansprüche aus Miet- oder Versorgungsverträgen (Strom, Gas, Wasser)[246]. Bei einem weiter gefassten Verständnis betrifft die gesetzliche Regelung indes auch solche Sachverhalte[247].

In der Praxis wird – wie in den folgenden Beispielen – teilweise allgemein die Zusammensetzung der sonstigen Vermögensgegenstände dargestellt, ohne konkret darauf einzugehen, ob bzw. inwieweit die genannten Posteninhalte nach § 268 Abs. 4 Satz 2 HGB berichtpflichtig sind. Diese Form der Berichterstattung dürfte mit Blick auf den Informationszweck der Regelung aber nicht zu beanstanden sein.

Praxisbeispiel
Die sonstigen Vermögensgegenstände enthalten wie im Vorjahr keine Posten mit einer Restlaufzeit von über einem Jahr. Hauptbestandteil ist die Forderung aus aktivierten Investitionszuschüssen in Höhe von TEUR 120 (Vorjahr: Forderung in Höhe von TEUR 475).

Geberit Lichtenstein GmbH, Lichtenstein, Jahresabschluss zum 31.12.2013

Praxisbeispiel
Die sonstigen Vermögensgegenstände bestehen im Wesentlichen aus der Erstattungsforderung Energiesteuer in Höhe von TEUR 83 und einer Mietvorauszahlung an den Gesellschafter-Geschäftsführer in Höhe von TEUR 72 auf unbestimmte Zeit.

Richter Aluminium GmbH, Schutterwald, Jahresabschluss zum 31.12.2011

---

245 Vgl. Grottel/Waubke, in Grottel/Schmidt/Schubert/Winkeljohann, Bilanz, 2016, § 268 HGB Rz. 32; einschränkend Adler/Düring/Schmaltz, Rechnungslegung und Prüfung der Unternehmen, 6. Aufl. 1994 ff., § 268 HGB Rz. 106, die nur solche Steuererstattungsansprüche für erläuterungspflichtig halten, die mit Ablauf eines von der Berichtsperiode abweichenden Wirtschaftsjahrs entstehen.
246 So z. B. Grottel/Waubke, in Grottel/Schmidt/Schubert/Winkeljohann, Bilanz, 2016, § 268 HGB Rz. 31.
247 So z. B. Adler/Düring/Schmaltz, Rechnungslegung und Prüfung der Unternehmen, 6. Aufl. 1994 ff., § 268 HGB Rz. 106; Korth, in Scherrer/Claussen, Rechnungslegungsrecht, 2011, § 268 HGB Rz. 49.

Nach dem Gesetzeswortlaut müssen wesentliche antizipative Forderungen, soweit sie im vorstehenden Sinne berichtspflichtig sind, *erläutert* werden. Die wohl herrschende Meinung folgert daraus ohne weitere Differenzierung, dass keine Verpflichtung zur Angabe von Forderungs*beträgen* besteht; vielmehr soll es genügen, die Art der antizipativen Posten zu bezeichnen[248].

Unseres Erachtens muss indes aus einer sachgerechten Berichterstattung über den Bilanzposten »sonstige Vermögensgegenstände« zumindest die Dimension des Berichtsgegenstands hervorgehen, was grundsätzlich die Angabe des Gesamtbetrags der ausgewiesenen antizipativen Forderungen verlangt. Eine Nennung von Einzelbeträgen ist dagegen – wie in der folgenden Musterformulierung umgesetzt – verzichtbar.

Musterformulierung   !

Die sonstigen Vermögensgegenstände beinhalten Forderungen i.H.v. ... EUR, die erst nach dem Abschlussstichtag rechtlich entstehen. Sie betreffen im Wesentlichen Ansprüche der Gesellschaft auf die Erstattung von Ertragssteuern sowie anzurechnende Vorsteuerbeträge.

Da §268 Abs. 4 Satz 2 HGB bei strenger, in der Berichtspraxis überwiegend praktizierter Auslegung jedoch – wie in den folgenden Beispielen – zumeist ohnehin nur Einzelsachverhalte betrifft, folgt daraus regelmäßig eine Angabe der einzelnen Beträge.

Praxisbeispiel
In den sonstigen Vermögensgegenständen sind umsatzabhängige Boni in Höhe von Euro 458.575,72 enthalten, die rechtlich erst nach dem Abschlussstichtag entstehen.

Rendler Bauzentrum GmbH, Oberkirch, Jahresabschluss zum 31.12.2014

Praxisbeispiel
Unter den Forderungen sind TEUR 16 Forderungen enthalten, die rechtlich erst nach dem Abschlussstichtag entstehen. Es handelt sich um noch nicht verrechenbare Vorsteuer.

BIRCO GmbH, Baden-Baden, Jahresabschluss zum 31.12.2012

---

248 Vgl. IDW, WP Handbuch, 15.Aufl. 2017, Abschn. F Rz.968; so auch z.B. Oser/Holzwarth, in Küting/Pfitzer/Weber, Rechnungslegung, §§284–288 HGB Rz.78, Stand 07/2016; a.A. Kupsch, in Schulze-Osterloh/Hennrichs/Wüstemann, Jahresabschluss, Abt. IV/4, 2004 Rz.141.

Eine umfassendere Berichterstattung über den Inhalt der sonstigen Vermögensgegenstände und die darin enthaltenen Sachverhalte i.S.v. §268 Abs. 4 Satz 2 HGB zeigt das folgende Praxisbeispiel.

> **Praxisbeispiel**
> *Sonstige Vermögensgegenstände §268 Abs. 4 Satz 2 HGB*
> ...
> *Weiterhin enthalten die Sonstigen Vermögensgegenstände eine Strom- u. Energiesteuerrückerstattung in Höhe von 125 Tsd. Euro.*
> *Die Sonstigen Vermögensgegenstände enthalten Beträge aus Vorsteuern in Höhe von 65 Tsd. Euro, die erst nach dem Abschlussstichtag rechtlich entstehen.*
>
> *B & K Offsetdruck GmbH, Ottersweier, Jahresabschluss zum 31.12.2015*

Bei der Beurteilung der (quantitativen) Wesentlichkeit ist auf den Gesamtbetrag der antizipativen Forderungen abzustellen, der zum Gesamtbetrag des Bilanzpostens »sonstige Vermögensgegenstände« in Relation zu setzen ist[249]. Dabei ist in der Regel davon auszugehen, dass Beträge, die mindestens 10 Prozent des Bilanzpostens ausmachen, das Wesentlichkeitskriterium erfüllen[250].

7.3.4 Aktivierte Disagiobeträge

Berichtsgegenstand und zugrunde liegende Vorschriften

> **HGB §268 Vorschriften zu einzelnen Posten der Bilanz**
> **Bilanzvermerke**
> *(6) Ein nach §250 Abs. 3 in den Rechnungsabgrenzungsposten auf der Aktivseite aufgenommener Unterschiedsbetrag ist in der Bilanz gesondert auszuweisen oder im Anhang anzugeben.*

Erleichterungen
Nach §274a Nr. 3 HGB sind kleine Gesellschaften von der Angabepflicht des §268 Abs. 6 HGB befreit.

---

249 Vgl. Korth, in Scherrer/Claussen, Rechnungslegungsrecht, 2011, §268 HGB Rz.50.
250 Vgl. Oser/Holzwarth, in Küting/Pfitzer/Weber, Rechnungslegung, §§284–288 HGB Rz.77, Stand 07/2016; zu anderen Größenkriterien vgl. Matschke/Schellhorn, in Hofbauer/Kupsch, Rechnungslegung, §268 HGB Rz.115.

Kategorisierung und Vorjahresangabe

Die Berichtpflicht, die etwaige aktivierte Disagiobeträge betrifft, ist eine Wahlpflichtangabe. Deshalb müssen auch die Vergleichswerte der Vorperiode mit angegeben werden. Das folgende Beispiel aus der Berichtspraxis ist daher als nicht vollständig einzustufen.

Praxisbeispiel
Der aktive Rechnungsabgrenzungsposten enthält Disagien in Höhe von TEUR 3.

Kratzer GmbH & Co. KG, Offenburg, Jahresabschluss zum 31.12.2014

Nimmt die berichtende Gesellschaft das Aktivierungswahlrecht des § 250 Abs. 3 HGB für Disagien in Anspruch, kann es die betreffenden Beträge alternativ durch

- einen Ausweis in einem gesonderten Unterposten der in der Bilanz ausgewiesenen aktiven Rechnungsabgrenzungsposten oder
- einen Davon-Vermerk zu den aktiven Rechnungsabgrenzungsposten oder
- eine Anhangangabe

darstellen.

Die Ausübung des Darstellungswahlrechts unterliegt dem Stetigkeitsgrundsatz des § 265 Abs. 1 HGB, weshalb z. B. ein Wechsel von einem separaten Bilanzposten zu einer Anhangangabe einen besonderen Grund erfordert (siehe dazu auch Kapitel 3.2.5).

Inhaltliche Abgrenzung der Berichtspflicht

Wurde das Ansatzwahlrecht des § 250 Abs. 3 HGB für mehrere Disagien aus verschiedenen Sachverhalten in Anspruch genommen, können diese zusammengefasst ausgewiesen werden; es ist nicht erforderlich, jeden Betrag einzeln darzustellen[251]. Nach § 268 Abs. 6 HGB genügt eine bloße Nennung der (kumulierten) Disagiobeträge, ohne dass weitergehende Erläuterungen zu den zugrunde liegenden Kreditsachverhalten erforderlich sind.

In dem folgenden Beispiel aus der Berichtspraxis hätten somit die bloßen Betragsangaben zum aktiven Rechnungsabgrenzungsposten genügt. Die weitergehende Erläuterung der Ursache des Disagios und der aufwandsmäßigen

---

251 Vgl. Adler/Düring/Schmaltz, Rechnungslegung und Prüfung der Unternehmen, 6. Aufl. 1994 ff., § 268 HGB Rz. 123.

Verteilung im Zeitablauf als Bestandteil der »Rechnungslegungsgrundsätze« ist als freiwillige Zusatzinformation einzustufen.

Praxisbeispiel/Musterformulierung
A. Rechnungslegungsgrundsätze

...

Das in den Rechnungsabgrenzungsposten enthaltene Disagio und der Zins- und Kostenanteil einer Finanzierungsleasingverbindlichkeit werden planmäßig unter Zugrundelegung der Zinsstaffelmethode über den Zeitraum des entsprechenden Darlehens bzw. der Grundmietzeit abgeschrieben.

...

4. Rechnungsabgrenzungsposten
In dem Posten ist ein Disagio in Höhe von EUR 1.636,36 (i. V. EUR 3.054,54) enthalten.

A 2000 Industrie-Elektronik GmbH, Friesenheim,
Jahresabschluss zum 31.12.2014

7.3.5 Genuss-, Options- und Besserungsrechte, Schuldverschreibungen und vergleichbare Rechte

Berichtsgegenstand und zugrunde liegende Vorschriften

HGB § 285 Sonstige Pflichtangaben
Ferner sind im Anhang anzugeben:
...

15a. das Bestehen von Genussscheinen, Genussrechten, Wandelschuldverschreibungen, Optionsscheinen, Optionen, Besserungsscheinen oder vergleichbaren Wertpapieren oder Rechten, unter Angabe der Anzahl und der Rechte, die sie verbriefen;

Erleichterungen
Die Berichterstattung gemäß § 285 Nr. 15a HGB kann nach § 288 Abs. 1 Nr. 1 HGB bei kleinen Gesellschaften entfallen.

Kategorisierung und Vorjahresangabe
Die Berichtspflicht, die etwaige Genuss-, Options- und Besserungsrechte, Schuldverschreibungen sowie vergleichbare Rechte betrifft, ist eine originäre

Pflichtangabe, die ausdrücklich für den Anhang vorgesehen ist. Deshalb sind keine Vergleichsinformationen für die vorangegangene Berichtsperiode anzugeben.

Inhaltliche Abgrenzung der Berichtspflicht

Die Berichterstattung bezieht sich auf Genussrechte, Genussscheine, Wandelschuldverschreibungen i.S.d. §221 Abs. 1 AktG, Optionsscheine, Optionen sowie Besserungsscheine und vergleichbare Rechte oder solche Rechte gewährende Wertpapiere, die zum Abschlussstichtag an der berichtenden Gesellschaft bestehen. Als vergleichbare Rechte sind Gläubigerrechte anzusehen, die die berichtende Gesellschaft zu Zahlungen aus dem Gewinn oder dem Liquidationserlös oder zu Zahlungen *nach Maßgabe* des Gewinns oder des Liquidationserlöses verpflichten oder eine Wandlung der jeweiligen Finanzinstrumente in Eigenkapital verbriefen, wie z.B. gewinnabhängig bedingt rückzahlbare Zuwendungen oder Gewinnschuldverschreibungen i.S.d. §221 Abs. 1 AktG[252].

Im Anhang anzugeben sind im Einzelnen[253]:

- die Art, die Zahl und eventuell der Nennbetrag der am Abschlussstichtag bestehenden Rechte;
- die Entstehung, der Inhalt (z.B. Laufzeit, Tilgung) und der Zweck der bestehenden Rechte.

Da das folgende Praxisbeispiel nur über die Art, den Nennbetrag, die Entstehung und die Laufzeit des Genussrechts, insb. aber nicht über seine (anderen) wesentlichen Inhalte informiert, sollte die Berichterstattung um diese Aspekte ergänzt werden.

> **Praxisbeispiel**
> *Aufgrund der Nachrangigkeit, längerfristigen Verfügbarkeit, Teilnahme am Verlust bis zur vollen Höhe und Erfolgsabhängigkeit der Vergütung wurde das Genussrechtskapital in Höhe von nominell DM 100.000,00 (EUR 51.129,20) dem Eigenkapital zugeordnet. Das Genussrecht wurde mit notariellem Vertrag vom 27. Dezember 1995 an der seinerzeit als Harting Elektronik GmbH firmierenden Gesellschaft begründet und im Rahmen der späteren Umwandlungen auf die HARTING KGaA übertragen. Das zu-*

---

252 Vgl. Grottel, in Grottel/Schmidt/Schubert/Winkeljohann, Bilanz, 2016, §285 HGB Rz.486; Poll, in Küting/Pfitzer/Weber, Rechnungslegung, §160 AktG a.F., Rz.18, Stand 10/2013.

253 Vgl. Adler/Düring/Schmaltz, Rechnungslegung und Prüfung der Unternehmen, 6.Aufl. 1994 ff., §160 AktG Rz.58 ff.; Grottel, in Grottel/Schmidt/Schubert/Winkeljohann, Bilanz, 2016, §285 HGB Rz.488.

nächst einem Inhaber zustehende Genussrecht wurde aufgrund notariel-len Vertrages vom 30. Dezember 1999 mit Wirkung zum 31. Dezember 1999 an zwei weitere Genussrechtsinhaber in Höhe von je 25% abgetreten. Es besteht auf unbestimmte Zeit.

HARTING KGaA, Espelkamp, Jahresabschluss zum 30.09.2012

Über Wandelschuldverschreibungen und vergleichbare Wertpapiere, die nach §160 Abs. 1 Nr. 5 AktG angabepflichtige Bezugsrechte für Arbeitnehmer und Geschäftsführungsmitglieder (siehe dazu Kapitel 7.7.3.1.8) verbriefen, ist eben-falls nach §285 Nr. 15a HGB zu berichten. Anders als nach §160 Abs. 1 Nr. 5 AktG a.F. beschränkt sich die Angabepflicht durch die BilRUG-Änderungen nicht mehr auf Unternehmen in der Rechtsform der AG oder KGaA[254].

7.3.6   Gewinn- oder Verlustvortrag bei Ergebnisverwendung

Berichtsgegenstand und zugrunde liegende Vorschriften

HGB §268 Vorschriften zu einzelnen Posten der Bilanz
Bilanzvermerke
(1) Die Bilanz darf auch unter Berücksichtigung der vollständigen oder teilweisen Verwendung des Jahresergebnisses aufgestellt werden. Wird die Bilanz unter Berücksichtigung der teilweisen Verwendung des Jah-resergebnisses aufgestellt, so tritt an die Stelle der Posten ›Jahresüber-schuss/Jahresfehlbetrag‹ und ›Gewinnvortrag/Verlustvortrag‹ der Posten ›Bilanzgewinn/Bilanzverlust‹; ein vorhandener Gewinn- oder Verlustvor-trag ist in den Posten ›Bilanzgewinn/Bilanzverlust‹ einzubeziehen und in der Bilanz gesondert anzugeben. Die Angabe kann auch im Anhang gemacht werden.

Erleichterungen
Es bestehen keine gesetzlich geregelten Erleichterungen.

Kategorisierung und Vorjahresangabe
Die Berichtsalternative des §268 Abs. 1 Satz 3 HGB, die den Gewinn- oder Ver-lustvortrag bei Aufstellung des Jahresabschlusses unter teilweiser oder voll-ständiger Ergebnisverwendung betrifft, ist eine Wahlpflichtangabe. Deshalb müssen auch die Werte der Vorperiode bei den Angaben zum Gewinn- oder

---

254 Vgl. BT-Drucks. 18/4050 S. 89.

Verlustvortrag angegeben werden. Die Anhangangaben der beiden folgenden Praxisbeispiele sind aus diesem Grund unvollständig.

Praxisbeispiel

Im Bilanzgewinn ist ein Gewinnvortrag aus dem Vorjahr in Höhe von Euro 3.294.900,95 enthalten.

LEKI Lenhart GmbH, Kirchheim unter Teck, Jahresabschluss zum 31.12.2013

Praxisbeispiel
Bilanzgewinn

	31.12.2014
	TEUR
Stand am 01.01.2014	*69.545*
Ausschüttung in 2014	*–*
Jahresergebnis 2014	*4.316*
Stand am 31.12.2014	*73.861*

Dr. Theiss Naturwaren GmbH, Homburg, Jahresabschluss zum 31.12.2014

Inhaltliche Abgrenzung der Berichtspflicht und Ausweisalternativen
§ 268 Abs. 1 HGB räumt das grundsätzliche Wahlrecht ein, die *Bilanz*[255]

- entweder vor Verwendung oder
- abhängig von dessen Umfang nach teilweiser oder vollständiger Verwendung des Jahresergebnisses aufzustellen[256].

Diese Möglichkeit wird ausweistechnisch dadurch umgesetzt, dass die gesetzlichen Grundschemata zur Eigenkapitalgliederung der §§ 266 Abs. 3 A., 264c Abs. 2 HGB, die von einer Aufstellung *vor* Ergebnisverwendung ausgehen, bei teilweiser oder vollständiger Ergebnisverwendung abgeändert werden, indem die beiden Bilanzposten »Jahresüberschuss/Jahresfehlbetrag« und »Gewinn-/

---

255 Etwaige anwendbare Vorschriften zur Darstellung der Ergebnisverwendung in der Gewinn- und Verlustrechnung (vgl. dazu §§ 275 Abs. 4 HGB, 158 Abs. 1 AktG; siehe dazu Kapitel 7.7.3.2) bleiben durch die Regelung des § 268 Abs. 1 HGB unberührt; vgl. Grottel/Waubke, in Grottel/Schmidt/Schubert/Winkeljohann, Bilanz, 2016, § 268 HGB Rz. 1. Für GmbHs ist eine Ergebnisverwendung in der Gewinn- und Verlustrechnung oder im Anhang nicht zwingend vorgeschrieben.
256 Zur Abgrenzung der berücksichtigungsfähigen Maßnahmen der Ergebnisverwendung allgemein vgl. z. B. Grottel/Waubke, in Grottel/Schmidt/Schubert/Winkeljohann, Bilanz, 2016, § 268 HGB Rz. 2.

Verlustvortrag« durch den Posten »Bilanzgewinn/Bilanzverlust« ersetzt werden.

Für den Fall, dass bestimmte Verwendungen des Jahresergebnisses bei der Aufstellung des Jahresabschlusses zwingend feststehen, wie z. B. bei entsprechenden gesetzlichen oder gesellschaftsvertraglichen Vorgaben oder einer in der Berichtsperiode bereits vollzogenen Vorabgewinnausschüttung, kommt das allgemein formulierte Ausweis*wahlrecht* des §268 Abs. 1 HGB nicht zum Tragen. Vielmehr ist in solchen Fällen die Ergebnisverwendung zwingend zu berücksichtigen (wahlrechtsausschließender Verwendungssachverhalt)[257].

Nimmt die berichtende Gesellschaft das in §268 Abs. 1 HGB geregelte Wahlrecht in Anspruch oder liegt ein wahlrechtsausschließender Verwendungssachverhalt vor, hat der vorstehend beschriebene Bilanzausweis zu erfolgen. In diesem Fall ist der Betrag des entfallenden Bilanzpostens »Gewinn-/Verlustvortrag« im Jahresabschluss alternativ in Form

- eines Davon-Vermerks beim Posten »Bilanzgewinn/-verlust« oder
- einer Anhangangabe

zu nennen. Die durch die sprachliche Neufassung des §268 Abs. 1 Satz 2, 3 HGB im Rahmen des BilRUG zum Ausdruck kommende Ausweispräferenz des Gesetzgebers (Bilanzvermerk) hat dabei materiell keine einschränkende Wirkung in Bezug auf das Darstellungswahlrecht.

Eine sachgerechte Berichterstattung kann wie in dem folgenden Praxisbeispiel ausgestaltet sein.

Praxisbeispiel/Musterformulierung
Im Bilanzgewinn ist ein Gewinnvortrag von TEUR 4.225 (Vorjahr: TEUR 3.466) enthalten.

Kronimus AG Betonsteinwerke, Iffezheim, Jahresabschluss zum 31.12.2014

Liegen in zwei aufeinanderfolgenden Berichtsperioden vergleichbare Ergebnisverwendungssachverhalte vor, unterliegt auch die Ausübung dieses Darstellungswahlrechts dem Stetigkeitsgrundsatz des §265 Abs. 1 HGB (siehe dazu auch Kapitel 3.2.5).

---

257 So z. B. Knop/Zander, in Küting/Pfitzer/Weber, Rechnungslegung, §268 HGB Rz. 33, Stand 10/2010; Adler/Düring/Schmaltz, Rechnungslegung und Prüfung der Unternehmen, 6. Aufl. 1994 ff., §268 HGB Rz. 21. Zur Beurteilung einzelner Sachverhalte als berücksichtigungspflichtige Ergebnisverwendungsmaßnahmen vgl. z. B. Grottel/Waubke, in Grottel/Schmidt/Schubert/Winkeljohann, Bilanz, 2016, §268 HGB Rz. 4 ff.

7.3.7 Rückstellungen

7.3.7.1 Unter- und Überdeckung von Pensionsrückstellungen

Berichtsgegenstand und zugrunde liegende Vorschriften

EGHGB Art. 28

(1) Für eine laufende Pension oder eine Anwartschaft auf eine Pension auf Grund einer unmittelbaren Zusage braucht eine Rückstellung nach § 249 Abs. 1 Satz 1 des Handelsgesetzbuchs nicht gebildet zu werden, wenn der Pensionsberechtigte seinen Rechtsanspruch vor dem 1. Januar 1987 erworben hat oder sich ein vor diesem Zeitpunkt erworbener Rechtsanspruch nach dem 31. Dezember 1986 erhöht. Für eine mittelbare Verpflichtung aus einer Zusage für eine laufende Pension oder eine Anwartschaft auf eine Pension sowie für eine ähnliche unmittelbare oder mittelbare Verpflichtung braucht eine Rückstellung in keinem Fall gebildet zu werden.

(2) Bei Anwendung des Absatzes 1 müssen Kapitalgesellschaften die in der Bilanz nicht ausgewiesenen Rückstellungen für laufende Pensionen, Anwartschaften auf Pensionen und ähnliche Verpflichtungen jeweils im Anhang und im Konzernanhang in einem Betrag angeben.

EGHGB Art. 67

(1) Soweit auf Grund der geänderten Bewertung der laufenden Pensionen oder Anwartschaften auf Pensionen eine Zuführung zu den Rückstellungen erforderlich ist, ist dieser Betrag bis spätestens zum 31. Dezember 2024 in jedem Geschäftsjahr zu mindestens einem Fünfzehntel anzusammeln. Ist auf Grund der geänderten Bewertung von Verpflichtungen, die die Bildung einer Rückstellung erfordern, eine Auflösung der Rückstellungen erforderlich, dürfen diese beibehalten werden, soweit der aufzulösende Betrag bis spätestens zum 31. Dezember 2024 wieder zugeführt werden müsste. Wird von dem Wahlrecht nach Satz 2 kein Gebrauch gemacht, sind die aus der Auflösung resultierenden Beträge unmittelbar in die Gewinnrücklagen einzustellen. Wird von dem Wahlrecht nach Satz 2 Gebrauch gemacht, ist der Betrag der Überdeckung jeweils im Anhang und im Konzernanhang anzugeben.

(2) Bei Anwendung des Absatzes 1 müssen Kapitalgesellschaften, Kreditinstitute und Finanzdienstleistungsinstitute im Sinn des § 340 des Handelsgesetzbuchs, Versicherungsunternehmen und Pensionsfonds im Sinn des § 341 des Handelsgesetzbuchs, eingetragene Genossenschaften und Personenhandelsgesellschaften im Sinn des § 264a des Handelsgesetzbuchs die in der Bilanz nicht ausgewiesenen Rückstellungen für laufende Pensio-

nen, Anwartschaften auf Pensionen und ähnliche Verpflichtungen jeweils im Anhang und im Konzernanhang angeben.

Erleichterungen

Es bestehen keine gesetzlich geregelten Erleichterungen.

Kategorisierung und Vorjahresangabe

Die Berichtstatbestände des EGHGB, die die Unter- und/oder Überdeckung von Pensionsrückstellungen betreffen, sind originäre Pflichtangaben, die ausdrücklich für den Anhang vorgesehen sind. Deshalb sind keine Vergleichswerte der Vorperiode anzugeben.

Inhaltliche Abgrenzung der Berichtspflicht

Sind in Bezug auf bestehende Pensionsverpflichtungen aufgrund der in Art. 28 Abs. 1 HGB geregelten Ansatzwahlrechte und/oder der zeitlichen Übergangsvorschriften für die durch das BilMoG geänderten Bewertungsvorschriften gem. Art. 67 Abs. 1 EGHGB zu niedrige oder zu hohe Pensionsrückstellungen in der Bilanz ausgewiesen, müssen die betreffenden Differenzbeträge im Anhang genannt werden[258].

Die Angaben haben gesondert, für jede Rechtsgrundlage getrennt in jeweils einem Betrag zu erfolgen. Das heißt insb., dass der Fehlbetrag (= Unterdeckung) nach Art. 28 Abs. 2 EGHGB nicht mit dem Fehlbetrag gem. Art. 67 Abs. 2 i.V.m. 67 Abs. 1 Satz 1 EGHGB zusammengefasst werden darf. Außerdem darf keine Verrechnung der einzelnen Fehlbeträge mit einer angabepflichtigen Überdeckung nach Art. 67 Abs. 1 Satz 4 EGHGB erfolgen[259]. Auch eine Einbeziehung in den Gesamtbetrag der sonstigen finanziellen Verpflichtungen i.S.v. § 285 Nr. 3a HGB ist nicht möglich[260]. Eine Aufgliederung der Beträge in einzelne gesetzlich genannte Kategorien (laufende Pensionen, Anwartschaften und ähnliche Verpflichtungen) ist dagegen nicht erforderlich[261].

---

258 Zur Entstehung und Ermittlung der Über- oder Unterdeckung vgl. z.B. IDW, WP Handbuch, 14. Aufl. 2012, Bd. I, Abschn. F Rz. 759 ff.

259 Vgl. Schubert, in Grottel/Schmidt/Schubert/Winkeljohann, Bilanz, 2016, § 249 HGB Rz. 274, Art. 67 EGHGB Rz. 13.

260 Vgl. SABI, Stellungnahme 3/1986, Nr. 8, mit Bezug auf die damals noch in § 285 Nr. 3 HGB a.F. geregelte Berichtspflicht.

261 Vgl. Adler/Düring/Schmaltz, Rechnungslegung und Prüfung der Unternehmen, 6. Aufl. 1994 ff., § 284 HGB Rz. 172.

Kann im Fall einer mittelbaren Durchführung der betrieblichen Altersversorgung über externe Versorgungseinrichtungen (insb. beim Zwischenschalten einer Unterstützungskasse) eine bestehende Unterdeckung nicht verlässlich quantifiziert werden, sind stattdessen qualitative Erläuterungen mit den folgenden Inhalten in den Anhang aufzunehmen:

- Art und Ausgestaltung der Versorgungszusagen;
- Bezeichnung der eingeschalteten Versorgungseinrichtung;
- Höhe der derzeitigen Beiträge oder Umlagen sowie deren voraussichtliche künftige Entwicklung;
- Summe der umlagepflichtigen Gehälter;
- Schätzung der Verteilung der Versorgungsverpflichtungen auf anspruchsberechtigte Arbeitnehmer, ehemalige Arbeitnehmer und Rentenbezieher (soweit ermittelbar)[262].

Die Angabepflichten erstrecken sich ausschließlich auf die Nennung der jeweiligen Beträge; eine Begründung der Unter-/Überdeckung bzw. eine Erläuterung ihrer Ursache ist nicht erforderlich[263]. Somit enthält das folgende Praxisbeispiel eine hinreichende Berichterstattung.

> **Praxisbeispiel**
> *Berichterstattung gemäß Artikel 28 Abs. 2 EGHGB*
> *Gegenüber einem ausgeschiedenen Gesellschafter-Geschäftsführer und Beiratsmitglied bestehen nicht passivierte Pensionsverpflichtungen. Der Barwert dieser Verpflichtungen beträgt Euro 117.729.*
>
> *Börlind Gesellschaft für kosmetische Erzeugnisse mbH, Calw,*
> *Jahresabschluss zum 31.12.2015*

In den beiden folgenden Beispielen aus der Berichtspraxis ist dagegen zu bemängeln, dass in Bezug auf die mittelbaren Verpflichtungen aus Unterstützungskassen nicht eindeutig herausgestellt wird, ob es sich insoweit um eine Deckungslücke i.S.d. Art. 28 EGHGB handelt. Parallel schränkt das Auseinanderziehen der inhaltlich zusammengehörigen Informationen bzw. die Platzierung der Verpflichtungsangaben im Bereich der GuV-Erläuterungen die Klarheit und Übersichtlichkeit der Berichterstattung nicht unerheblich ein.

---

262 Vgl. IDW RS HFA 30, Tz. 94.
263 So auch z.B. Schubert, in Grottel/Schmidt/S chubert/Winkeljohann, Bilanz, 2016, §249 HGB Rz.274, in Bezug auf die Angabepflicht des Art. 28 Abs. 2 EGHGB.

Praxisbeispiel

III. Erläuterungen zur Bilanz

...

Für das fehlende Deckungskapital der Unterstützungskassen wurde eine Rückstellung von TEuro 76 gebildet.

Es bestehen weitere Pensionsverpflichtungen, für die gem. Art. 28 Abs. 1 Satz 1 EGHGB ein Passivierungswahlrecht besteht, da die Rechtsansprüche vor dem 1. Januar 1987 erworben wurden. Das Wahlrecht wird dahingehend ausgeübt, dass die Altzusagen nicht passiviert werden. Der Kapitalwert dieser laufenden Pensionen beträgt zum Stichtag insgesamt TEuro 1.467 (i. Vj. TEuro 1.559).

...

V. Sonstige Angaben

Für Unterstützungskassen besteht eine mittelbare Verpflichtung in Höhe der Differenz zwischen bilanziertem Zeitwert des Kassenvermögens und dem Erfüllungsbetrag lt. versicherungsmathematischem Gutachten. Die Differenz beträgt TEuro 1.049 (i. Vj.: TEuro 1.036).

FALKE KGaA, Schmallenberg, Jahresabschluss zum 31.12.2014

Praxisbeispiel

4. Vermerke zur Gewinn- und Verlustrechnung

...

Die Aufwendungen für Altersversorgung beinhalten Versorgungszusagen an unsere Mitarbeiter, die durch eine Unterstützungskasse abgesichert sind, wobei eine Dotierung nicht regelmäßig erfolgt. Zum 30. Juni 2015 betrug der Fehlbetrag des Kassenvermögens TEUR 203.

Ristic AG, Oberferrieden, Jahresabschluss zum 30.6.2015

Neben den zuvor beschriebenen Berichtspflichten sind nach § 285 Nr. 9 b) HGB zusätzlich Fehlbeträge aus Pensionsverpflichtungen der berichtenden Gesellschaft gegenüber ehemaligen Mitgliedern der Gesellschaftsorgane und deren Hinterbliebenen anzugeben. Für Einzelheiten dieser Berichtspflicht wird auf Kapitel 7.6.2.2 verwiesen.

7.3.7.2 Wesentliche sonstige Rückstellungen

Berichtsgegenstand und zugrunde liegende Vorschriften

> **HGB § 285 Sonstige Pflichtangaben**
> *Ferner sind im Anhang anzugeben:*
> *...*
>
> *12. Rückstellungen, die in der Bilanz unter dem Posten ›sonstige Rückstellungen‹ nicht gesondert ausgewiesen werden, sind zu erläutern, wenn sie einen nicht unerheblichen Umfang haben;*

Erleichterungen
Kleine Gesellschaften sind von der Angabepflicht gem. § 288 Abs. 1 Nr. 1 HGB befreit.

Kategorisierung und Vorjahresangabe
Der Berichtstatbestand des § 285 Nr. 12 HGB, der die sonstigen Rückstellungen betrifft, ist eine originäre Pflichtangabe, die ausdrücklich für den Anhang vorgesehen ist. Deshalb sind korrespondierende Erläuterungen für die vorangegangene Berichtsperiode erforderlich.

Anwendungsbereich
Die Berichtspflicht betrifft ausschließlich den »Sammelposten« gem. § 266 Abs. 3 B. 3 HGB (»sonstige Rückstellungen«), und dies auch nur insoweit, als nicht bereits in der Bilanz eine nach § 265 Abs. 5 HGB mögliche (weitergehende) Untergliederung des Postens erfolgt ist. Im Fall eines gesonderten Bilanzausweises kann die Erläuterung im Anhang entfallen[264]. Vor diesem Hintergrund unterliegen die Bilanzposten »Rückstellungen für Pensionen und ähnliche Verpflichtungen« (§ 266 Abs. 3 B. 1 HGB) und »Steuerrückstellungen« (§ 266 Abs. 3 B. 2 HGB) nicht der Erläuterungspflicht des § 285 Nr. 12 HGB, stellen sie doch bereits gesondert ausgewiesene Rückstellungsposten dar.

Inhaltliche Abgrenzung der Berichtspflicht
Die Erläuterungen im Anhang müssen die inhaltliche Zusammensetzung der sonstigen Rückstellungen ersichtlich machen. Dies erfordert zumindest die Angabe von Art und Größenordnung der (wesentlichen) Rückstellungssachverhalte[265]. Sie können dabei unter Berücksichtigung des Grundsatzes der Verständlichkeit nach eigenem Ermessen der berichtenden Gesellschaft zu

---

264 Vgl. Peters, in Scherrer/Claussen, Rechnungslegungsrecht, 2011, § 285 HGB Rz. 166; Grottel, in Grottel/Schmidt/Schubert/Winkeljohann, Bilanz, 2016, § 285 HGB Rz. 430.
265 Vgl. Wulf, in Baetge/Kirsch/Thiele, Bilanzrecht, § 285 HGB Rz. 214.

Rückstellungsarten bzw. -kategorien zusammengefasst werden. Eine weitere Darstellung der Gründe für die Rückstellungsbildung ist grundsätzlich nicht notwendig. Ergibt sich der Grund für die Rückstellungsbildung allerdings nicht schon aus der Bezeichnung der Rückstellungsart, sind insoweit zusätzliche Informationen geboten[266].

Eine vollständige Aufgliederung des Bilanzpostens nach einzelnen Rückstellungsarten unter Angabe des jeweiligen Einzelbetrags, z.B. in Form einer tabellarischen Darstellung (Rückstellungsspiegel), ist nach dem Gesetzeswortlaut nicht gefordert. Der Aufbau und der Inhalt eines Rückstellungsspiegels sind in Abb. 6 beispielhaft dargestellt.

	Stand Beginn GJ (EUR)	Inanspruchnahme (EUR)	Auflösung (EUR)	Zuführung (EUR)	Ab-/Aufzinsung (EUR)	Stand Ende GJ (EUR)
Gesonderte Darstellung für die einzelnen Arten von (sonstigen) Rückstellungen	...	...	...	...	...	...
	...	...	...	...	...	...
	...	...	...	...	...	...
Summe	...	...	...	...	...	...

Abb. 6: Aufbau eines Rückstellungsspiegels

Es genügt, wenn die wesentlichen einzelnen Rückstellungsarten entweder in absoluten Beträgen oder – wie im folgenden Beispiel – in Prozentsätzen angegeben werden[267]. Inwieweit die Einzelangaben den Gesamtbetrag der sonstigen Rückstellungen abdecken, ist unbeachtlich[268].

---

266 So sind wohl auch Wulf, in Baetge/Kirsch/Thiele, Bilanzrecht, §285 HGB Rz.214, und IDW, WP Handbuch, 15.Aufl. 2017, Abschn. F Rz.1094, zu verstehen; a.A. Poelzig, in Schmidt/Ebke, HGB, Bd. 4, 2013, §285 Rz.279, der eine Angabe des Rückstellungsgrunds ohne weitere Differenzierung generell ablehnt.

267 Vgl. Hoffmann/Lüdenbach, Bilanzierung, 2017, §285 HGB Rz.103 f.; Krawitz, in Hofbauer/Kupsch, Rechnungslegung, §285 HGB Rz.219.

268 Die explizit genannte oder sich implizit aus der Berichterstattung ergebende Kategorie »andere sonstige Rückstellungen« umfasst somit alle isoliert betrachtet unwesentlichen Einzelposten. Sie ist – auch wenn insgesamt wesentlich – nicht weiter zu erläutern.

> **Beispiel: Quantitative Rückstellungserläuterungen anhand von Prozentangaben** **!**
>
> Von den sonstigen Rückstellungen i. H. v. 1,0 Mio. EUR entfallen ca. 45 Prozent auf den Personalbereich, 10 Prozent auf Gewährleistungen und 40 Prozent auf Risiken aus einem Schadensersatzprozess.

Angesichts der fehlenden Angabe von Größenordnungen in Bezug auf die genannten einzelnen Rückstellungsarten ist die Gesetzeskonformität des folgenden Beispiels aus der Berichtspraxis zumindest infrage zu stellen:

Praxisbeispiel
Die sonstigen Rückstellungen wurden im Wesentlichen für Urlaubsansprüche, Abschluss- und Prüfungskosten sowie Berufsgenossenschaftsbeiträge gebildet.

ADA Cosmetics International GmbH, Kehl, Jahresabschluss zum 31.12.2014

Dagegen lassen sich die Größenordnungen der wichtigen Einzelrückstellungen im folgenden Beispielsfall aus den, wenn auch recht umständlich formulierten Erläuterungen durchaus ableiten:

Praxisbeispiel
Die sonstigen Rückstellungen beinhalten im Wesentlichen Rückstellungen für ausstehende Rechnungen, Personalaufwendungen und Gewährleistungen. Ihr Anteil an den sonstigen Rückstellungen beträgt 90%. Die Rückstellungen für ausstehende Rechnungen und Gewährleistungen machen dabei etwa ein Drittel der drei Positionen aus, wobei ungefähr 30% auf die Rückstellungen für ausstehende Rechnungen entfallen.

Ernst Umformtechnik GmbH, Oberkirch, Jahresabschluss zum 31.12.2014

Rein verbale Aussagen sind nur dann hinreichend, wenn die sonstigen Rückstellungen lediglich eine wesentliche Rückstellungsart beinhalten. Die in weiten Teilen des Schrifttums vertretene Ansicht, wonach quantitative Angaben allgemein nicht erforderlich sind und eine rein verbale Umschreibung der Größenordnung genügt[269], erscheint dagegen für den Fall, dass mehrere wesentliche Rückstellungskategorien vorliegen, nicht praktikabel.

> **Beispiel: Beschränkung der Rückstellungserläuterungen auf verbale Aussagen** **!**
>
> Die sonstigen Rückstellungen betreffen im Wesentlichen den Personalbereich.

---

269 Vgl. z. B. Grottel, in Grottel/Schmidt/Schubert/Winkeljohann, Bilanz, 2016, § 285 HGB Rz. 431; Oser/Holzwarth, in Küting/Pfitzer/Weber, Rechnungslegung, §§ 284–288 HGB Rz. 538, Stand 07/2016.

Das folgende Beispiel aus der Berichtspraxis ist wahrscheinlich nur unpräzise formuliert. Indem der Begriff »überwiegend« verwendet wird, bleibt nämlich offen, ob im restlichen Betrag der sonstigen Rückstellungen noch weitere wesentliche Einzelrückstellungen enthalten sind.

Praxisbeispiel
Die sonstigen Rückstellungen betreffen mit TEUR 620 (Vj TEUR 575) über-
wiegend den Personalbereich.

DITTER PLASTIC GmbH + Co KG, Haslach i. K.,
Jahresabschluss zum 31.12.2011

Der Maßstab für den »nicht unerheblichen Umfang«, also die Wesentlichkeit der jeweiligen Rückstellungsart, ist deren relative (quantitative) Bedeutung im Vergleich zum Gesamtbetrag der sonstigen Rückstellungen und die mit der Rückstellungsbildung verbundene Belastung des Jahresergebnisses[270]. Allgemeingültige quantitative Wesentlichkeitskriterien wurden bislang nicht entwickelt. Im Schrifttum wird teilweise die Ansicht vertreten, dass Einzelbeträge, die sich in einer Bandbreite von 1 Prozent bis 5 Prozent des Gesamtbetrags der sonstigen Rückstellungen bewegen, als unwesentlich einzuschätzen sind[271].

Eine aussagekräftige Berichterstattung gem. §285 Nr. 12 HGB kann z.B. wie folgt aufgebaut sein:

Praxisbeispiel/Musterformulierung
Die sonstigen Rückstellungen setzen sich wie folgt zusammen:

	TEUR
Personalkosten	*1.090*
Garantieleistungen	*303*
Genehmigungsverfahren	*100*
Prozesskosten/-risiken	*51*
Ausstehende Rechnungen	*7*
Andere	*102*

Richter Aluminium GmbH, Schutterwald, Jahresabschluss zum 31.12.2012

---

270 Vgl. Grottel, in Grottel/Schmidt/Schubert/Winkeljohann, Bilanz, 2016, §285 HGB Rz.431; zu anderen Wesentlichkeitsmaßstäben vgl. IDW, WP Handbuch, 15.Aufl. 2017, Abschn. F Rz.1093.
271 Vgl. Peters, in Scherrer/Claussen, Rechnungslegungsrecht, 2011, §285 HGB Rz.168.

Nach den Betragsangaben in diesem Praxisbeispiel sind die Rückstellungen für ausstehende Rechnungen mit rund 0,4 Prozent des Gesamtbetrags der sonstigen Rückstellungen aber ebenfalls unerheblich. Zudem suggeriert die gesonderte Angabe des geringen Betrags, dass die »anderen« Rückstellungsarten (noch) geringere Einzelbeträge aufweisen, da sie zusammengefasst ausgewiesen werden. Sollte dies nicht der Fall sein, wäre die Berichterstattung irreführend, wenngleich in Bezug auf unwesentliche Aspekte.

Mit Blick auf die Verständlichkeit der Darstellung ist es u. E. allgemein sachgerecht, (lediglich) alle Rückstellungsarten einzeln zu nennen, die die Wesentlichkeitsschwelle überschreiten.

7.3.8 Verbindlichkeiten

7.3.8.1 Restlaufzeiten und Sicherheiten

Berichtsgegenstand und zugrunde liegende Vorschriften

> **HGB § 285 Sonstige Pflichtangaben**
> *Ferner sind im Anhang anzugeben:*
> 1. *zu den in der Bilanz ausgewiesenen Verbindlichkeiten:*
>   a) *der Gesamtbetrag der Verbindlichkeiten mit einer Restlaufzeit von mehr als fünf Jahren,*
>   b) *der Gesamtbetrag der Verbindlichkeiten, die durch Pfandrechte oder ähnliche Rechte gesichert sind, unter Angabe von Art und Form der Sicherheiten;*
> 2. *die Aufgliederung der in Nummer 1 verlangten Angaben für jeden Posten der Verbindlichkeiten nach dem vorgeschriebenen Gliederungsschema;*

Erleichterungen
Die Verpflichtung zur Aufgliederung der Verbindlichkeiten gem. § 285 Nr. 2 HGB gilt gem. § 288 Abs. 1 Nr. 1 HGB nicht für kleine Gesellschaften. Sie sind von den Detailinformationen zu den Restlaufzeiten und den gewährten Sicherheiten der einzelnen Verbindlichkeitsposten der Bilanz befreit, sodass sie die beiden Angaben ausschließlich für den Gesamtbetrag der Verbindlichkeiten machen müssen.

Die Erleichterung des § 288 Abs. 1 Nr. 1 HGB gilt unabhängig davon, ob die kleine Gesellschaft parallel auch von der Möglichkeit der verkürzten Bilanzgliederung gem. § 266 Abs. 1 Satz 3 HGB Gebrauch macht, wonach nur der

Gesamtbetrag der Verbindlichkeiten in der Bilanz ausgewiesen werden kann. Das heißt: Selbst wenn die berichtende Gesellschaft die mögliche Zusammenfassung der Bilanzposten (freiwillig) nicht vornimmt, beschränkt sich die Anhangangabepflicht auf den Gesamtbetrag der Verbindlichkeiten, ohne dass eine Aufgliederung auf die tatsächlich ausgewiesenen Einzelposten erfolgen muss[272].

Kategorisierung und Vorjahresangabe

Die Berichtspflichten des §285 HGB, die die Restlaufzeiten und Sicherheiten von Verbindlichkeiten betreffen, sind originäre Pflichtangaben, die ausdrücklich für den Anhang vorgesehen sind. Deshalb sind keine Angaben zur vorangegangenen Berichtsperiode erforderlich. Erfolgt eine Zusammenfassung mit den Restlaufzeitangaben nach §268 Abs. 5 Satz 1 HGB ist aber daran zu denken, dass für letztere eine Pflicht zur Vorjahresangabe besteht (siehe Kapitel 7.3.1.2).

Anwendungsbereich

Die Berichtspflicht des §285 Nr. 1, 2 HGB bezieht sich auf sämtliche in der Bilanz ausgewiesenen Verbindlichkeitsposten gem. §266 Abs. 3 C HGB. Im Schrifttum werden zwar Zweifel geäußert, ob auch erhaltene Anzahlungen – unabhängig davon, ob sie unter den Verbindlichkeiten ausgewiesen oder nach §268 Abs. 5 Satz 2 HGB offen von den Vorräten abgesetzt werden – darunter fallen, da deren Charakter als Verbindlichkeit im bilanzrechtlichen Sinne nicht eindeutig ist[273]. Mangels anderslautender gesetzlicher Vorgabe ist u.E. aber davon auszugehen, dass auch dieser Verbindlichkeitsposten der Berichtspflicht unterliegt[274]. Ausgenommen ist vor dem Hintergrund des Gesetzeswortlauts der Fall, in dem aufgrund der offenen Absetzung von den Vorräten nach §268 Abs. 5 Satz 2 HGB keine erhaltenen Anzahlungen auf der Passivseite der Bilanz ausgewiesen werden[275].

---

272 Vgl. Hoffmann/Lüdenbach, Bilanzierung, 2017, §285 HGB Rz.9.

273 Vgl. Hoffmann/Lüdenbach, Bilanzierung, 2017, §285 HGB Rz.3. Aus wirtschaftlicher Sicht ist eine *Rückzahlung* von erhaltenen Anzahlungen in der Regel nicht zu erwarten; dies kommt nur in Betracht, wenn der betreffende Auftrag nicht abgewickelt werden kann oder soll; vgl. Wulf, in Baetge/Kirsch/Thiele, Bilanzrecht, §285 HGB Rz.24.

274 So im Ergebnis auch z.B. Wulf, in Baetge/Kirsch/Thiele, Bilanzrecht, §285 HGB Rz.21; a.A. z.B. Grottel, in Grottel/Schmidt/Schubert/Winkeljohann, Bilanz, 2016, §285 HGB Rz.12.

275 So auch z.B. Grottel, in Grottel/Schmidt/Schubert/Winkeljohann, Bilanz, 2016, §285 HGB Rz.12, der eine Anwendung von §285 Nr. 2 HGB auf erhaltene Anzahlungen allerdings unabhängig von der Ausübung des Ausweiswahlrechts verneint.

Inhaltliche Abgrenzung der Berichtspflicht

Die Angabe der Restlaufzeiten von mehr als fünf Jahren wird inhaltlich ergänzt durch den Ausweis der Beträge mit Restlaufzeiten von bis zu einem Jahr und von mehr als einem Jahr. Diese Beträge sind nach dem Wortlaut des § 268 Abs. 5 Satz 1 HGB grundsätzlich zwingend bei den Bilanzposten zu vermerken. Allerdings erhöht die Zusammenfassung aller Fristigkeitsangaben im Anhang in Einklang mit § 265 Abs. 7 Nr. 2 HGB die Klarheit der Darstellung (siehe dazu auch Kapitel 7.3.1.2). In Anlehnung an die gängige Berichtspraxis empfiehlt auch der Gesetzgeber, einen entsprechenden Verbindlichkeitenspiegel in den Anhang aufzunehmen[276], der im Allgemeinen den in Abb. 7 dargestellten Aufbau hat.

	Restlaufzeit			Summe	davon gesichert	Art und Form der Sicherheiten
	bis zu 1 Jahr (EUR)	zw. 1 und 5 Jahre (EUR)	mehr als 5 Jahre (EUR)	(EUR)	(EUR)	
Gesonderte Darstellung für die einzelnen Verbindlichkeitsposten	...	...	...	...	...	...
	...	...	...	...	...	...
	...	...	...	...	...	...
Summe	...	...	...	...	...	...

Abb. 7: Aufbau eines Verbindlichkeitenspiegels

Die Spiegeldarstellung von Einzelbeträgen ist kein Zwang. Vor allem in Fällen, in denen alle Verbindlichkeiten der gleichen Fristigkeitskategorie angehören, kann eine übergreifende verbale Formulierung der folgenden Art genügen:

Musterformulierung   !

Alle Verbindlichkeiten besitzen wie im Vorjahr eine Restlaufzeit von bis zu einem Jahr.

---

276 Vgl. BT-Drucks. 16/10067 S. 68 f.

Die für den Jahresabschluss maßgebende Restlaufzeit einer Verbindlichkeit bestimmt sich grundsätzlich unabhängig von der Zahlungsbereitschaft oder -fähigkeit des Schuldners nach der Zeitspanne zwischen dem Abschlussstichtag und dem vertraglich *vereinbarten Fälligkeitstermin*. Liegen allerdings objektive Zahlungsschwierigkeiten vor, z.B. bei der Eröffnung eines Insolvenzverfahrens mit Anordnung der Eigenverwaltung gem. dem sog. Schutzschirmverfahren des §270b InsO, sollte diese Tatsache berücksichtigt werden[277].

Indem das Gesetz ausdrücklich *Rest*laufzeitenangaben fordert, ist die Verbindlichkeitsstruktur zu jedem Abschlussstichtag (neu) zu bestimmen und die *ursprüngliche Gesamtlaufzeit* der Verpflichtung unbeachtlich.

Sieht die jeweilige Vereinbarung ratierliche Tilgungsleistungen vor, wie z.B. bei einem Annuitätendarlehen, hat eine rechnerisch zutreffende Aufteilung auf die für die Anhangberichtspflicht unterschiedenen Restlaufzeitenkategorien zu erfolgen. Zukünftig entstehende Zinsverpflichtungen, die in den bilanziell ausgewiesenen Verbindlichkeiten nicht enthalten sind, sind auch nicht Gegenstand der Restlaufzeitenangaben des Anhangs[278].

Soweit die berichtende Gesellschaft ein Kündigungsrecht vor dem vertraglich vereinbarten Fälligkeitstermin besitzt, ist die *erwartete Restlaufzeit* für die Anhangberichterstattung entscheidend, das heißt, dass die Anhangberichterstattung davon abhängt, ob von der Verkürzung tatsächlich Gebrauch gemacht werden soll[279]. Das Gleiche gilt bei einer Option der berichtenden Gesellschaft auf eine Verlängerung der Verbindlichkeit über den ursprünglich vereinbarten Fälligkeitstermin hinaus; auch in diesem Fall ist nicht die mögliche Mindestrestlaufzeit, sondern die erwartete Restlaufzeit zugrunde zu legen[280]. Im Fall einer (vorzeitigen) Kündigungsmöglichkeit des Gläubigers sollte dagegen vom nächstzulässigen Tilgungstermin und damit von der Mindestrestlaufzeit bei einer fiktiven Ausübung des Kündigungsrechts ausgegangen werden, sofern die Voraussetzungen dafür erfüllt sind[281].

---

277 Vgl. Poelzig, in Schmidt/Ebke, HGB, Bd. 4, 2013, §285 Rz.13.
278 Vgl. Hoffmann/Lüdenbach, Bilanzierung, 2017, §285 HGB Rz.4.
279 Vgl. z.B. Grottel, in Grottel/Schmidt/Schubert/Winkeljohann, Bilanz, 2016, §285 HGB Rz.15.
280 So z.B. Hoffmann/Lüdenbach, Bilanzierung, 2017, §285 HGB Rz.4; a.A. z.B. Grottel, in Grottel/Schmidt/Schubert/Winkeljohann, Bilanz, 2016, §285 HGB Rz.15, wonach die Verlängerung nur dann zu berücksichtigen ist, wenn sie bis zum Abschlussstichtag bereits wirksam erklärt worden ist.
281 So auch z.B. Poelzig, in Schmidt/Ebke, HGB, Bd. 4, 2013, §285 Rz.13; Hoffmann/Lüdenbach, Bilanzierung, 2017, §285 HGB Rz.4, die dies am Beispiel einer Verletzung von sog. *Covenants* eines Darlehens illustrieren und auch darauf eingehen, wie sich ein etwaiger Verzicht auf eine daraus entstehende Kündigungsmöglichkeit auf die Restlaufzeitenangaben nach §§268 Abs. 5 Satz 1, 285 Nr. 1, 2 HGB auswirkt.

Der voraussichtliche Rückzahlungszeitpunkt bzw. die erwartete Restlaufzeit ist auch maßgebend, wenn – z.B. bei einem Darlehen zwischen verbundenen Unternehmen – keine vertragliche Laufzeitvereinbarung getroffen wurde[282].

Die gem. §285 Nr. 1, 2 HGB für die *eigenen Verbindlichkeiten* anzugebenden Sicherheiten betreffen nur die von der berichtenden Gesellschaft selbst eingeräumten dinglichen Sicherheiten an Vermögensgegenständen und dabei insb. die folgenden Arten von Sicherheiten[283]:

- Pfandrechte nach zivilrechtlichen Vorschriften, z.B. Grundschulden, Hypotheken, Pfandrechte an beweglichen Sachen oder Rechten;
- Sicherungsübereignung;
- Sicherungsabtretung von Forderungen;
- Nießbrauch an Immobilien;
- Eigentumsvorbehalt.

Die Berichtspflicht umfasst lediglich rechtsgeschäftlich begründete Besicherungen (selbst wenn dieser Bestellung eine gesetzliche Pflicht zugrunde liegt), nicht dagegen den Fall, dass Besicherungen kraft Gesetzes entstehen, wie z.B. bei einem gesetzlichen Vermieterpfandrecht[284].

Obwohl der Gesetzeswortlaut keine entsprechende Einschränkung vorsieht, geht die wohl herrschende Meinung davon aus, dass nur solche Besicherungen berichtspflichtig sind, die im geschäftlichen Verkehr nicht ohnehin selbstverständlich bzw. branchenüblich sind[285]. Die diesbezügliche Diskussion betrifft vorwiegend gängige Eigentumsvorbehalte, die nur dann anzugeben sein sollen, soweit mit ihnen nicht zu rechnen ist. Anderer Ansicht zufolge lässt der Gesetzeswortlaut für eine solche Einschränkung keinen Raum, woraus eine grundsätzliche Angabepflicht auch für solche Eigentumsvorbehalte abgeleitet wird. Aber selbst die Befürworter dieser ablehnenden Ansicht halten es aus Praktikabilitätsaspekten für vertretbar, bei branchenüblichen Eigentumsvorbehalten, die das Vorratsvermögen betreffen, im Anhang bloß verbal auf deren Bestehen hinzuweisen, ohne eine konkrete Betragszuord-

---

282 Vgl. Grottel, in Grottel/Schmidt/Schubert/Winkeljohann, Bilanz, 2016, §285 HGB Rz. 15.

283 Vgl. Grottel, in Grottel/Schmidt/Schubert/Winkeljohann, Bilanz, 2016, §285 HGB Rz. 21 f.; Poelzig, in Schmidt/Ebke, HGB, Bd. 4, 2013, §285 Rz. 16 ff.

284 So z.B. Grottel, in Grottel/Schmidt/Schubert/Winkeljohann, Bilanz, 2016, §285 HGB Rz. 23; Poelzig, in Schmidt/Ebke, HGB, Bd. 4, 2013, §285 Rz. 19.

285 So z.B. Oser/Holzwarth, in Küting/Pfitzer/Weber, Rechnungslegung, §§284–288 HGB Rz. 295, Stand 07/2016; Kupsch, in Schulze-Osterloh/Hennrichs/Wüstemann, Jahresabschluss, Abt. IV/4, 2004 Rz. 156; Grottel, in Grottel/Schmidt/Schubert/Winkeljohann, Bilanz, 2016, §285 HGB Rz. 23; a.A. z.B. Adler/Düring/Schmaltz, Rechnungslegung und Prüfung der Unternehmen, 6. Aufl. 1994 ff., §285 HGB Rz. 17; IDW, WP Handbuch, 15. Aufl. 2017, Abschn. F Rz. 1007, die keine gesetzliche Grundlage für eine solche Einschränkung sehen.

nung vorzunehmen[286]. Im Ergebnis bedeutet dies wiederum keinen Unterschied zur herrschenden Meinung, die ebenfalls nicht davon ausgeht, dass die Information über solche Eigentumsvorbehalte vollständig entfallen kann, sondern einen vereinfachenden Hinweis nach vorstehend beschriebener Art vorschlägt[287]. Die Berichterstattung kann insoweit also einfach wie in folgenden Praxisbeispielen ausgestaltet sein.

Praxisbeispiel

Der Gesamtbetrag der bilanzierten Verbindlichkeiten, die durch Pfandrechte oder ähnliche Rechte gesichert sind, ergibt sich aus dem nachfolgenden Verbindlichkeitenspiegel.

...

*Verbindlichkeiten gegenüber Kreditinstituten**	...
*Verbindlichkeiten aus Lieferungen und Leistungen***	...

* *als Sicherheiten wurden Grundschulden über EUR 1.338.879,91 bestellt sowie Gegenstände der Betriebs- und Geschäftsausstattung (Buchwert am 31.12.2012 in Höhe von EUR 76.354,11) sicherungshalber übereignet.*
** *gesichert durch branchenübliche Eigentumsvorbehalte*

Alfred Apelt GmbH, Oberkirch, Jahresabschluss zum 31.12.2012

Praxisbeispiel

Bei den Verbindlichkeiten aus Lieferungen und Leistungen bestehen die üblichen Eigentumsvorbehalte aus der Lieferung von Roh-, Hilfs- und Betriebsstoffen.
Die Aufgliederung der Verbindlichkeiten hinsichtlich Laufzeit und Art/Form der Sicherheit ist gesondert dargestellt (Anlage 3 Blatt 8).

STOPA Anlagenbau GmbH, Achern, Jahresabschluss zum 31.12.2012

---

286 So z.B. Poelzig, in Schmidt/Ebke, HGB, Bd. 4, 2013, §285 Rz.19. Noch restriktiver als die herrschende Meinung sind Hoffmann/Lüdenbach, Bilanzierung, 2017, §285 HGB Rz.6, die die auch aus ihrer Sicht freiwillige Angabe branchenüblicher Eigentumsvorbehalte als Selbstverständlichkeit einstufen, die den Blick auf das Wesentliche einschränkt und damit generell abzulehnen sei; vgl. dazu auch Kapitel 3.2.2.

287 So z.B. Grottel, in Grottel/Schmidt/Schubert/Winkeljohann, Bilanz, 2016, §285 HGB Rz.24; Adler/Düring/Schmaltz, Rechnungslegung und Prüfung der Unternehmen, 6.Aufl. 1994 ff., §285 HGB Rz.18; IDW, WP Handbuch, 15.Aufl. 2017, Abschn. F Rz.1007.

In Bezug auf die bestehenden Sicherheiten ist neben dem Betrag der gesicherten Verbindlichkeiten die Art und Form der gewährten Sicherheiten anzugeben. Eine bloße Bezugnahme auf das gesetzliche Tatbestandsmerkmal der »Pfandrechte und ähnlichen Rechte« wie im folgenden Beispiel aus der Berichtspraxis ist daher nicht hinreichend.

Praxisbeispiel
Des Weiteren sind von den Verbindlichkeiten EUR 3.987.500,00 durch Pfandrechte und ähnliche Rechte besichert.

Friedrich Klocke GmbH & Co. KG, Porta Westfalica,
Jahresabschluss zum 31.5.2015

Unter der *Sicherungsart* ist die Gattung des Rechts, z.B. Grundschuld, Hypothek, Sicherungsübereignung, zu verstehen. Die *Sicherungsform* betrifft die Art der Verbriefung der Sicherheit[288]. Eine sachgerechte Darstellung beider Aspekte enthält z.B. das folgende Praxisbeispiel.

Praxisbeispiel/Musterformulierung
Die Verbindlichkeiten gegenüber Kreditinstituten sind besichert durch Buchgrundschulden.

Ch. Dahlinger GmbH & Co. KG, Lahr, Jahresabschluss zum 30.6.2015

Da sich die beiden Tatbestandsbegriffe *Art* und *Form* jedoch inhaltlich überschneiden und sich die Frage der Verbriefung nur bei ausgewählten Sicherungsinstrumenten stellt, wird in der Berichtspraxis in den meisten Fällen – wie in den folgenden Beispielen – nur die Art der Sicherung genannt.

---

288 Vgl. Grottel, in Grottel/Schmidt/Schubert/Winkeljohann, Bilanz, 2016, § 285 HGB Rz. 209.

Praxisbeispiel
Verbindlichkeiten

...

		Summe EUR
1. Verbindlichkeiten gegenüber Kreditinstituten	...	32.312.163,83

...

Die Bankverbindlichkeiten sind durch Sicherungsübereignungen, -abtretungen und Grundschulden über EUR 25,0 Mio. besichert.

Dr. Theiss Naturwaren GmbH, Homburg, Jahresabschluss zum 31.12.2014

Praxisbeispiel
Von den Verbindlichkeiten gegenüber Kreditinstituten sind TEUR 7.635 (Darlehen von der DZ Bank AG, Frankfurt am Main sowie der Commerzbank AG, Frankfurt am Main) durch Grundpfandrechte gesichert. Als weitere Sicherheiten dienen die Abtretung sämtlicher Forderungen, die Übereignung aller beweglichen Vermögensgegenstände, die Verpfändung aller Konten, gewerblichen Schutzrechte sowie Geschäftsanteile an Gruppengesellschaften.

ADA Cosmetics International GmbH, Kehl, Jahresabschluss zum 31.12.2014

Nicht erforderlich ist die Angabe von Verbindlichkeitsbeträgen, die jeweils auf die einzelnen Sicherungsarten entfallen[289]. Das Gleiche gilt für die Gesamtsumme an Sicherheiten. Die Betragsangaben in den beiden vorstehenden Praxisbeispielen sind insoweit als freiwillige Zusatzangaben anzusehen. Sind keine Sicherheiten für die ausgewiesenen Verbindlichkeiten bestellt, bedarf es keiner Fehlanzeige und keines Negativvermerks der Art »Die Verbindlichkeiten sind nicht besichert«[290].

Sicherheiten, die von Dritten, z.B. von verbundenen Unternehmen i.S.d. §271 Abs. 2 HGB, für die Verbindlichkeiten der berichtenden Gesellschaft gestellt worden sind, fallen nicht unter die Berichtspflicht des §285 Nr. 1, 2 HGB. Das

---

289 Vgl. Poelzig, in Schmidt/Ebke, HGB, Bd. 4, 2013, §285 Rz.21.
290 Vgl. Müller, in Bertram/Brinkmann/Kessler/Müller, HGB Bilanz, 2016, §285 HGB Rz.10.

Gleiche gilt umgekehrt für Sicherheiten, die die berichtende Gesellschaft für fremde Verbindlichkeiten gestellt hat, z.B. Bürgschaften; sie sind im Anhang als Haftungsverhältnisse nach §268 Abs. 7 i.V.m. §251 HGB zu zeigen (siehe dazu auch Kapitel 7.3.9).

7.3.8.2 Antizipative Verbindlichkeiten

Berichtsgegenstand und zugrunde liegende Vorschriften

> **HGB §268 Vorschriften zu einzelnen Posten der Bilanz**
> **Bilanzvermerke**
> *(5) ... Sind unter dem Posten ›Verbindlichkeiten‹ Beträge für Verbindlichkeiten ausgewiesen, die erst nach dem Abschlussstichtag rechtlich entstehen, so müssen Beträge, die einen größeren Umfang haben, im Anhang erläutert werden.*

Erleichterungen
Nach §274a Nr. 2 HGB sind kleine Gesellschaften von der Angabepflicht des §268 Abs. 5 Satz 3 HGB befreit.

Kategorisierung und Vorjahresangabe
Die Berichtspflicht, die die antizipativen Verbindlichkeiten betrifft, ist eine originäre Pflichtangabe, die ausdrücklich für den Anhang vorgesehen ist. Deshalb sind keine Angaben zur vorangegangenen Berichtsperiode erforderlich.

Anwendungsbereich und inhaltliche Abgrenzung der Berichtspflicht
Die Berichtspflicht zu den antizipativen Verbindlichkeiten korrespondiert mit der Vorschrift des §268 Abs. 4 Satz 2 HGB zu den antizipativen Forderungen. Bezüglich der Art der Berichterstattung wird an dieser Stelle deshalb auf die Ausführungen in Kapitel 7.3.3 verwiesen.

Auch §268 Abs. 5 Satz 3 HGB beinhaltet nach dem strengen Gesetzeswortlaut nur eine Berichterstattung über solche im Bilanzposten »sonstige Verbindlichkeiten« (§266 Abs. 3 C. 8 HGB) enthaltenen Verbindlichkeiten, deren (formal-)rechtliche Entstehung in der Zukunft liegt. Da aber Verbindlichkeiten ex definitione gerade dadurch gekennzeichnet sind, dass sie zum Ende der Berichtsperiode rechtlich bestehen[291] – andernfalls wäre die Verpflichtung regelmäßig als Rückstellung einzustufen –, beschränkt sich der inhaltliche

---

[291] Vgl. Wulf, in Bertram/Brinkmann/Kessler/Müller, HGB Bilanz, 2016, §268 HGB Rz. 37.

Anwendungsbereich bei einer wortgetreuen Normauslegung auf seltene Ausnahmefälle. Dazu gehören insb. betragsmäßig feststehende, rein faktische Verbindlichkeiten, z.B. eine nicht auf vertraglichen Vereinbarungen beruhende faktische Pflicht zur Verlustübernahme[292].

Auf der Grundlage der Entstehungsgeschichte der Regelung des §268 Abs. 5 Satz 3 HGB ist erkennbar, dass der Gesetzgeber eine Berichterstattung über alle antizipativen Verbindlichkeiten regeln wollte[293]. Unter diesen Begriff sind jedoch rechtlich entstandene Schulden zu subsumieren, die lediglich noch nicht fällig sind[294], mithin solche Verbindlichkeiten, die nach dem Wortlaut der Norm eben nicht berichtspflichtig sind[295].

Folgt man nicht dem Wortlaut der Vorschrift, sondern der Intention des Gesetzesgebers, fallen also auch die eigentlichen antizipativen Verbindlichkeiten unter die Berichtspflicht des §268 Abs. 5 Satz 3 HGB.

In der Berichtspraxis wird offenkundig fast durchgängig die strenge Auslegung der gesetzlichen Regelung praktiziert. Teilweise wird – wie im folgenden Beispiel[296] – allgemein auf die Zusammensetzung der sonstigen Verbindlichkeiten eingegangen, ohne konkret herauszustellen, ob bzw. inwieweit die genannten Verbindlichkeitsarten berichtspflichtig sind. Diese Form der Berichterstattung dürfte mit Blick auf den Informationszweck der Regelung aber nicht zu beanstanden sein.

Praxisbeispiel
Die sonstigen Verbindlichkeiten enthalten Steuerverbindlichkeiten in Höhe von TEUR 393 (Vj TEUR 314).

DITTER PLASTIC GmbH + Co KG, Haslach i. K.,
Jahresabschluss zum 31.12.2015

---

292 Vgl. Schubert, in Grottel/Schmidt/Schubert/Winkeljohann, Bilanz, 2016, §268 HGB Rz.42.
293 Vgl. BT-Drucks. 10/317 S.79.
294 Vgl. Schubert, in Grottel/Schmidt/Schubert/Winkeljohann, Bilanz, 2016, §268 HGB Rz.42.
295 Vgl. Adler/Düring/Schmaltz, Rechnungslegung und Prüfung der Unternehmen, 6.Aufl. 1994 ff., §268 HGB Rz.118.
296 Die im vorliegenden Praxisbeispiel genannten Steuerverbindlichkeiten fallen jedoch voraussichtlich weder unter die strenge noch unter die weite Auslegung des §268 Abs. 5 Satz 3 HGB.

7.3.9 Saldierung von pensionsbezogenen Vermögensgegenständen und Schulden

Berichtsgegenstand und zugrunde liegende Vorschriften

> **HGB § 285 Sonstige Pflichtangaben**
> *Ferner sind im Anhang anzugeben:*
>
> ...
>
> *25. im Fall der Verrechnung von Vermögensgegenständen und Schulden nach § 246 Abs. 2 Satz 2 die Anschaffungskosten und der beizulegende Zeitwert der verrechneten Vermögensgegenstände, der Erfüllungsbetrag der verrechneten Schulden sowie die verrechneten Aufwendungen und Erträge; Nummer 20 Buchstabe a ist entsprechend anzuwenden;*

Erleichterungen
Es bestehen keine gesetzlich geregelten Erleichterungen.

Kategorisierung und Vorjahresangabe
Der Berichtstatbestand, der die Verrechnung von Altersversorgungsverpflichtungen und ihrem Deckungsvermögen betrifft, ist eine originäre Pflichtangabe, die ausdrücklich für den Anhang vorgesehen ist. Deshalb sind keine korrespondierenden Beträge der vorangegangenen Berichtsperiode anzugeben.

Inhaltliche Abgrenzung der Berichtspflicht
Unter bestimmten Bedingungen sieht § 246 Abs. 2 Satz 2 HGB als eine Ausnahme vom Saldierungsverbot des § 246 Abs. 2 Satz 1 HGB die Verrechnung von Vermögensgegenständen und Schulden aus Altersversorgungsverpflichtungen oder vergleichbaren langfristigen Verpflichtungen[297], insb. gegenüber Arbeitnehmern, vor. Die miteinander verrechneten Beträge sind allerdings im Anhang transparent zu machen.

---

297 Vergleichbare langfristige Verpflichtungen können z.B. aus Jubiläumsgeldzusagen, Zeitwertkonten- und Altersteilzeitvereinbarungen sowie Vorruhestandsregelungen erwachsen; vgl. Höfer/ Hagemann, in DStR 2008, S. 1750.

Entsprechend den allgemeinen Berichtsgrundsätzen (siehe dazu Kapitel 4.2) sind keine Negativangaben bezüglich der Verrechnung erforderlich, jedoch freiwillig – wie im folgenden Beispiel aus der Berichtspraxis – durchaus zulässig.

Praxisbeispiel

Die Saldierung von Schulden aus Altersvorsorgeverpflichtungen mit verrechnungsfähigen Vermögenswerten war nicht vorzunehmen, da die Rückdeckungsversicherungen nicht verpfändet sind.

Stahlbau Wendeler GmbH + Co KG, Donzdorf,
Jahresabschluss zum 31.12.2015

Ist eine Verrechnung nach §246 Abs. 2 Satz 2 HGB in der Bilanz und der Gewinn- und Verlustrechnung erfolgt, verlangt die Berichtspflicht des §285 Nr. 25 HGB die gesonderte Angabe

- der historischen, nicht der fortgeführten Anschaffungskosten[298] und des beizulegenden Zeitwerts der verrechneten Vermögensgegenstände,
- des (abgezinsten[299]) Erfüllungsbetrags der verrechneten Schulden und
- der verrechneten Aufwendungen und Erträge aus der Auf- und Abzinsung der Verpflichtungen sowie den Wertänderungen des Deckungsvermögens, die aus der Saldierung nach §246 Abs. 2 Satz 2 HGB resultieren.

Als nicht hinreichend ist daher die Berichterstattung in den beiden folgenden Praxisbeispielen einzustufen.

Praxisbeispiel

Es erfolgt eine Verrechnung der Rückstellungen mit den Aktivwerten der Rückdeckungsversicherungen in Höhe von 225.103,12 EUR.

Stegherr Kunststofftechnik GmbH, Jettingen-Scheppach,
Jahresabschluss zum 31.12.2014

Praxisbeispiel

Die Pensionsrückstellungen werden mit den Vermögensgegenständen, die dem Zugriff aller übrigen Gläubiger entzogen sind und ausschließlich der Erfüllung von Altersversorgungsansprüchen dienen, saldiert. Folgende Beträge werden verrechnet:

---

298 Vgl. BT-Drucks. 16/12407 S. 87.
299 Vgl. Gelhausen/Fey/Kämpfer, Rechnungslegung und Prüfung nach dem Bilanzrechtsmodernisierungsgesetz, 2009, Kap. O Rz. 224; IDW, WP Handbuch, 15. Aufl. 2017, Abschn. F Rz. 1193.

	31.12.2014	31.12.2013
	EUR	EUR
Rückstellungen für Pensionen	924.995,00	908.363,00
Verrechnetes Deckungsvermögen	–414.874,00	–380.819,00
	510.121,00	527.544,00

Die Anschaffungskosten des Deckungsvermögens entsprechen dem Zeitwert.

Peterstaler Mineralquellen GmbH, Bad Peterstal-Griesbach,
Jahresabschluss zum 31.12.2014

Der Inhalt der Berichterstattung hat sich daran zu orientieren, wie die Postenwerte des Jahresabschlusses im Falle eines unsaldierten Ausweises abzubilden gewesen wären[300]. Aus der Angabe muss insb. erkennbar werden, welche Posten in welcher Höhe miteinander verrechnet wurden. Eine weitergehende Aufschlüsselung der betreffenden Posten, z.B. nach der Art der Verpflichtung, ist nicht erforderlich[301]. Die geforderte Aufschlüsselung kann wie im folgenden Beispiel aus der Berichtspraxis als Fließtext oder in Form einer tabellarischen Darstellung (siehe dazu das nachfolgende Praxisbeispiel) erfolgen.

Praxisbeispiel/Musterformulierung
Rückstellungen für Pensionen
Die Verpflichtungen aus Pensionszusagen sind teilweise durch Rückdeckungsversicherungen gesichert. Die Rückdeckungsversicherungen dienen ausschließlich der Erfüllung der Pensionsverpflichtungen und sind dem Zugriff übriger Gläubiger entzogen. Der Zeitwert der Rückdeckungsversicherungen entspricht dem versicherungsmathematisch ermittelten Aktivwert sowie den Anschaffungskosten und beträgt EUR 220.291,10. Der Erfüllungsbetrag der verrechneten Pensionsrückstellungen beläuft sich auf EUR 1.152.495,00. Zinserträge aus der Rückdeckungsversicherung in Höhe von EUR 10.752,16 wurden mit dem Aufwand aus der Aufzinsung der Pensionsrückstellungen in Höhe von EUR 52.349,00 verrechnet. Der verbleibende Zinsaufwand in Höhe von EUR 43.896,84 ist in dem Gesamtbetrag der Zinsen und ähnlichen Aufwendungen enthalten.

---

300 Vgl. Gelhausen/Fey/Kämpfer, Rechnungslegung und Prüfung nach dem Bilanzrechtsmodernisierungsgesetz, 2009, Kap. O Rz. 223, 225.
301 Vgl. Poelzig, in Schmidt/Ebke, HGB, Bd. 4, 2013, § 285 Rz. 432; Grottel, in Grottel/Schmidt/Schubert/Winkeljohann, Bilanz, 2016, § 285 HGB Rz. 753.

In Höhe des verpfändeten Anteils von EUR 220.291,10 wurden sie nach § 246
Abs. 2 S. 2 HGB mit den zugrunde liegenden Verpflichtungen verrechnet.

USM U. Schärer Söhne GmbH, Bühl/Baden,
Jahresabschluss zum 31.12.2014

Nicht Gegenstand der Berichtspflicht sind Altersversorgungssachverhalte, die sich auch ohne die Saldierungsregelung des § 246 Abs. 2 Satz 2 HGB nicht in der Bilanz niedergeschlagen hätten, insb. beitragsorientierte Pensionszusagen in Form eines versicherungsförmigen Tarifs mit voller Kapitaldeckung[302]. Für nach Art. 28 Abs. 2 EGHGB angabepflichtige Unterdeckungsbeträge aus betrieblichen Altersversorgungszusagen unter Zwischenschaltung eines externen Versorgungsträgers (siehe dazu Kapitel 7.3.6.1) ist u. E. folglich keine mit § 285 Nr. 25 korrespondierende Aufschlüsselung erforderlich.

Durch den Verweis der Vorschrift auf § 285 Nr. 20 a) HGB wird über die Betragsangaben hinaus eine Angabe zur Ermittlung des beizulegenden Zeitwerts der verrechneten Vermögensgegenstände gefordert. Konnte zur Ermittlung des beizulegenden Zeitwerts der verrechneten Vermögensgegenstände auf den Marktpreis eines aktiven Markts (§ 255 Abs. 4 Satz 1 HGB) zurückgegriffen werden, genügt ein entsprechender, kurzer Hinweis. War dies nicht möglich und wurde der beizulegende Zeitwert stattdessen mithilfe allgemein anerkannter Bewertungsmethoden (§ 255 Abs. 4 Satz 2 HGB) bestimmt, sind die Parameter darzustellen, auf deren Grundlage er ermittelt wurde. Beruht die Ermittlung des beizulegenden Zeitwerts weder auf einem Marktpreis noch auf allgemein anerkannten Bewertungsmethoden, sind gem. § 253 Abs. 4 HGB die fortgeführten Anschaffungs- oder Herstellungskosten unter Nennung der entsprechenden Bewertungsmethode anzugeben[303].

Im folgenden, um die Vorjahresbeträge freiwillig ergänzten Beispiel aus der Berichtspraxis wurde die tabellarische Darstellung gewählt. Sie ist sehr übersichtlich und im Sinne der Verständlichkeit einem Fließtext zu bevorzugen. Das Praxisbeispiel stellt die erforderlichen Angaben weitgehend sachgerecht dar, allerdings fehlen – wie in der mittelständischen Berichtspraxis verbreitet – die Angaben zur Bestimmung des beizulegenden Zeitwerts bzw. zur Bewertungsmethode.

---

302 Vgl. IDW RS HFA 30, Tz. 93.
303 Vgl. Grottel, in Grottel/Schmidt/Schubert/Winkeljohann, Bilanz, 2016, § 285 HGB Rz. 754.

Praxisbeispiel

Verrechnung von Vermögensgegenständen und Schulden

Für die Saldierung von Schulden aus Altersvorsorgeverpflichtungen mit verrechnungsfähigen Vermögenswerten wurden folgende Werte ermittelt:

Erfüllungsbetrag der Schulden	*TEuro*	*1.400*	*(Vorjahr 1.310)*
Anschaffungskosten der verrechneten Vermögenswerte	*TEuro*	*1.301*	*(Vorjahr 1.197)*
Zeitwert der verrechneten Vermögenswerte	*TEuro*	*1.262*	*(Vorjahr 1.180)*
verrechnete Aufwendungen	*TEuro*	*58*	*(Vorjahr 61)*
verrechnete Erträge	*TEuro*	*25*	*(Vorjahr 78)*

Ernst Möschle Behälterbau GmbH, Ortenberg,
Jahresabschluss zum 31.12.2015

7.3.10   Haftungsverhältnisse

Berichtsgegenstand und zugrunde liegende Vorschriften

HGB § 268 Vorschriften zu einzelnen Posten der Bilanz Bilanzvermerke

(7) Für die in § 251 bezeichneten Haftungsverhältnisse sind

1. *die Angaben zu nicht auf der Passivseite auszuweisenden Verbindlichkeiten und Haftungsverhältnissen im Anhang zu machen,*
2. *dabei die Haftungsverhältnisse jeweils gesondert unter Angabe der gewährten Pfandrechte und sonstigen Sicherheiten anzugeben und*
3. *dabei Verpflichtungen betreffend die Altersversorgung und Verpflichtungen gegenüber verbundenen oder assoziierten Unternehmen jeweils gesondert zu vermerken.*

HGB § 285 Sonstige Pflichtangaben

Ferner sind im Anhang anzugeben:

...

27. *für nach § 268 Abs. 7 im Anhang ausgewiesene Verbindlichkeiten und Haftungsverhältnisse die Gründe der Einschätzung des Risikos der Inanspruchnahme;*

Erleichterungen

Kleine Gesellschaften können die Angaben gemäß §285 Nr. 27 HGB betreffend die Einschätzung des Risikos der Inanspruchnahme nach §288 Abs. 1 Nr. 1 HGB weglassen. Die Angabe der Haftungsverhältnisse selbst kann dagegen nicht unterbleiben.

Kategorisierung und Vorjahresangabe

Die in den §§268 Abs. 7, 285 Nr. 27 HGB geregelten Berichtspflichten sind originäre Pflichtangaben, die ausdrücklich für den Anhang vorgesehen sind. Daher sind keine Vorjahresangaben erforderlich.

Inhaltliche Abgrenzung der Berichtspflicht

§268 Abs. 7 HGB bezieht sich auf die in §251 HGB im Einzelnen bezeichneten Haftungsverhältnisse, namentlich bestehende

- Verbindlichkeiten aus der Begebung und Übertragung von Wechseln,
- Verbindlichkeiten aus Bürgschaften, Wechsel- und Scheckbürgschaften,
- Verbindlichkeiten aus Gewährleistungsverträgen und
- Haftungsverhältnisse aus der Bestellung von Sicherheiten für fremde Verbindlichkeiten.

Diese gesetzlich ab gegrenzten Kategorien nicht passivierungspflichtiger Eventualverbindlichkeiten sind mit ihren jeweiligen zum Abschlussstichtag bestehenden Beträgen gesondert unter der Bilanz oder im Anhang anzugeben. Dabei sind die Haftungsverhältnisse,

- die gegenüber verbundenen Unternehmen oder assoziierten Unternehmen bestehen,
- die Altersversorgungsverpflichtungen betreffen, sowie
- die Pfandrechte und sonstigen Sicherheiten, die für die jeweilige Kategorie der genannten Haftungsverhältnisse gewährt wurden,

gesondert zu nennen. Aufgrund des durch das BilRUG geänderten Gesetzeswortlauts des §268 Abs. 7 Nr. 3 HGB können die gegenüber verbundenen und assoziierten Unternehmen bestehenden Haftungsverhältnisse u.E. in einer Angabe zusammengefasst werden.

Eine Aufteilung des Betrags der anzugebenden Haftungsverhältnisse nach den einzelnen gewährten Pfandrechten oder sonstigen Sicherheiten ist nicht erforderlich, aber freiwillig möglich. Ist kein Pfandrecht oder keine sonstige Sicherheit gewährt worden, ist kein Negativvermerk zu machen[304]. Die betragsmäßigen Informationen sind nach §285 Nr. 27 HGB um qualitative An-

---

304 Vgl. Grottel/Haußer, in Grottel/Schmidt/Schubert/Winkeljohann, Bilanz, 2016, §268 HGB Rz.54.

hangangaben zu ergänzen, die sich auf die Verhältnisse am Abschlussstichtag beziehen[305]. Danach sind für die vermerkpflichtigen Haftungsverhältnisse die Gründe anzugeben, die der Einschätzung des Risikos einer tatsächlichen Inanspruchnahme aus der betreffenden Verpflichtung zugrunde liegen. Haftungsverhältnisse sind anders als passivierungspflichtige Verpflichtungen dadurch charakterisiert, dass eine Inanspruchnahme aus ihnen nur unter bestimmten Umständen erfolgt, mit deren Eintritt aber nicht gerechnet wird[306]. Es sind daher die Überlegungen darzulegen, aufgrund derer von einer geringen Wahrscheinlichkeit der Inanspruchnahme ausgegangen wird.

Eine bloße allgemeine Bezugnahme auf das gesetzliche Tatbestandsmerkmal für Haftungsverhältnisse (»unwahrscheinliche Inanspruchnahme« u. Ä.), wie es in den folgenden Praxisbeispielen enthalten ist, reicht zur Erfüllung der Angabepflicht nicht aus[307].

Praxisbeispiel
Die Gesellschaft hat gegenüber der Banque Populaire de Lorraine, Sarreguemines eine Patronatserklärung für das Unternehmen robatherm SARL, 7, Place de la Gare, 57200 Sarreguemines, FRANKREICH abgegeben. Zum Bilanzstichtag und nach jetziger Einschätzung ist mit einer Inanspruchnahme nicht zu rechnen.

robatherm GmbH & Co. KG, Burgau, Jahresabschluss zum 30.06.2015

Praxisbeispiel
Haftungsverhältnisse
Die Gesellschaft bürgt für Kreditkartenumsätze i. H. v. TEuro 110. Es handelt sich lediglich um allgemeine Sicherheiten, eine Inanspruchnahme droht nicht.

Börlind Gesellschaft für kosmetische Erzeugnisse mbH, Calw,
Jahresabschluss zum 31.12.2015

Es ist vielmehr ergänzend darzulegen, *warum* die Wahrscheinlichkeit als gering eingeschätzt wird. In diesem Zusammenhang kann z.B. auf die Erfahrungen der Vergangenheit Bezug genommen werden (Nichtrealisation von Haftungsrisiken) oder es kann auch zukunftsgerichtet auf risikobegrenzende

---

305 Vgl. Peters, in Scherrer/Claussen, Rechnungslegungsrecht, 2011, § 285 HGB Rz. 290.
306 Vgl. Adler/Düring/Schmaltz, Rechnungslegung und Prüfung der Unternehmen, 6. Aufl. 1994 ff., § 251 HGB Rz. 1.
307 Vgl. Grottel, in Grottel/Schmidt/Schubert/Winkeljohann, Bilanz, 2016, § 285 HGB Rz. 791.

Maßstäbe, die der Entscheidung über das Eingehen von Haftungsverhältnissen zugrunde liegen (aktuelle Bonitätsdaten, Rückgriffsrechte, dingliche Sicherheiten u. Ä.[308]), verwiesen werden. Die folgenden Beispiele aus der Berichtspraxis beinhalten eine sachgerechte Erläuterung.

Praxisbeispiel

Für fremde Verbindlichkeiten sind Sicherheiten in Höhe von TEUR 28 (Vorjahr TEUR 74) bestellt worden. Mit einer Inanspruchnahme wird aufgrund der Bonitätseinschätzung des Schuldners nicht gerechnet.

LUGATO GmbH & Co. KG, Barsbüttel, Jahresabschluss zum 31.12.2014

Praxisbeispiel

Haftungsverhältnisse i. H. v. TEuro 7.147 (i. Vj. TEuro 6.673) resultieren aus Bürgschaften, davon entfallen TEuro 2.778 (i. Vj. TEuro 2.684) auf potenzielle zukünftige Verbindlichkeiten verbundener Unternehmen.

Das Risiko einer Inanspruchnahme aus den Bürgschaften wird aufgrund der Vermögens-, Finanz- und Ertragslage der Bürgschaftsnehmer als gering eingeschätzt.

FALKE KGaA, Schmallenberg, Jahresabschluss zum 31.12.2014

Praxisbeispiel

Neben den in der Bilanz aufgeführten Verbindlichkeiten sind die folgenden Haftungsverhältnisse zu vermerken:

- *Gewährleistungsverträge in Höhe von Euro 500.000,00 (VJ Euro 536.000,00)*
- *Bürgschaften über Euro 1.460.800,00 (VJ Euro 660.800,00)*

Zum 31.12.2010 betrugen die den Bürgschaften zugrunde liegenden Verbindlichkeiten Euro 1.299.248,46 (VJ Euro 515.648,32).

Das Risiko einer Inanspruchnahme aus den Haftungsverhältnissen schätzen wir aufgrund der bisherigen Schuldentilgungsfähigkeit des Begünstigten als gering ein.

MEBI GmbH, Biberach, Jahresabschluss zum 31.12.2010

---

308 Vgl. Hoffmann/Lüdenbach, Bilanzierung, 2017, § 285 HGB Rz. 182.

Die Erläuterungen zur Risikoeinschätzung können in verbaler Form erfolgen, eine Quantifizierung der Eintrittswahrscheinlichkeiten ist nicht erforderlich[309].

Allgemein kommt für die Berichterstattung nach den §§ 268 Abs. 7, 285 Nr. 27 HGB z. B. die folgende Musterformulierung in Betracht[310].

Musterformulierung   !

Haftungsverhältnisse i. S. v. § 251 HGB

Neben den in der Bilanz enthaltenen Verpflichtungen sind zum Abschlussstichtag die folgenden Haftungsverhältnisse i. S. v. § 251 HGB zu vermerken:

Haftungsverhältnisse	Gesamt-betrag EUR	Gesicherte Verpflichtungen Sicherungsarten	EUR
Wechselverpflichtungen • davon Verpflichtungen betreffend die Altersversorgung • davon gegenüber verbundenen oder assoziierten Unternehmen	…	…	…
Bürgschaftsverpflichtungen • davon Verpflichtungen betreffend die Altersversorgung • davon gegenüber verbundenen oder assoziierten Unternehmen	…	…	…
Gewährleistungsverpflichtungen • davon Verpflichtungen betreffend die Altersversorgung • davon gegenüber verbundenen oder assoziierten Unternehmen	…	…	…
Verpflichtungen aus Sicherheiten für fremde Verbindlichkeiten • davon Verpflichtungen betreffend die Altersversorgung • davon gegenüber verbundenen oder assoziierten Unternehmen	…	…	…
Summe • davon Verpflichtungen betreffend die Altersversorgung • davon gegenüber verbundenen oder assoziierten Unternehmen	…	…	…

Abb. 8: Aufstellung der Haftungsverhältnisse nach BilRUG

Den Gewährleistungsverpflichtungen liegt eine Patronatserklärung für ein Tochterunternehmen zugrunde. Die von der … eingegangenen Bürgschaftsverpflichtungen und Verpflichtungen aus Sicherheiten für fremde Verbindlichkeiten (Verpfändung eines Kontenguthabens) dienen der Absicherung bestehender Darlehensverbindlichkeiten von Tochterunternehmen gegenüber Kreditinstituten. In Anbetracht der positiven Ertrags- und Liquiditätslage aller betreffenden Tochterunternehmen wird das Risiko der Inanspruchnahme der … aus diesen Eventualverbindlichkeiten zum Abschlussstichtag als gering eingestuft.

Ausweisort

Nach der Gesetzesänderung durch das BilRUG sind die Angaben der §§ 268 Abs. 7, 285 Nr. 27 HGB vollumfänglich zwingend im Anhang zu machen.

---

309 Vgl. Gelhausen/Fey/Kämpfer, Rechnungslegung und Prüfung nach dem Bilanzrechtsmodernisierungsgesetz, 2009, Kap. O Rz. 243.

310 Die Musterformulierung zur Wahrscheinlichkeit der Inanspruchnahme geht davon aus, dass keine Wechselverpflichtungen vorliegen.

In der Berichtspraxis werden die Angaben zu den Haftungsverhältnissen in jeweils etwa der Hälfte der Fälle entweder im Abschnitt »Sonstige Angaben« oder im Rahmen der Bilanzerläuterungen im Zusammenhang mit den Verbindlichkeiten platziert[311].

7.3.11 Außerbilanzielle Geschäfte

Berichtsgegenstand und zugrunde liegende Vorschriften

HGB §285 Sonstige Pflichtangaben
Ferner sind im Anhang anzugeben:
...
3. *Art und Zweck sowie Risiken, Vorteile und finanzielle Auswirkungen von nicht in der Bilanz enthaltenen Geschäften, soweit die Risiken und Vorteile wesentlich sind und die Offenlegung für die Beurteilung der Finanzlage des Unternehmens erforderlich ist;*

Erleichterungen
Nach §288 Abs. 1 Nr. 1 HGB können die Angaben des §285 Nr. 3 HGB bei kleinen Gesellschaften unterbleiben.

Kategorisierung und Vorjahresangabe
Der Berichtstatbestand, der die außerbilanziellen Geschäfte betrifft, ist eine originäre Pflichtangabe, die ausdrücklich für den Anhang vorgesehen ist. Deshalb sind keine korrespondierenden Erläuterungen für die vorangegangene Berichtsperiode erforderlich.

Wesentlichkeitsvorbehalt
Die Berichtspflicht des §285 Nr. 3 HGB kommt nur insoweit zum Tragen, als
- die (möglichen) finanziellen Auswirkungen der angabepflichtigen Geschäfte und
- die Vorteile und Risiken aus diesen Geschäften
eine wesentliche Bedeutung für das Unternehmen besitzen. Eine Berichterstattung über unwesentliche Sachverhalte oder Aspekte der betreffenden Geschäfte kann somit unterbleiben.

---

311 Zur typischen Gliederung des Anhangs vgl. Kapitel 6.4.

Inhaltliche Abgrenzung der Berichtspflicht

Wichtigstes und dabei vergleichsweise unscharf abgegrenztes Tatbestandsmerkmal ist der Begriff des »nicht in der Bilanz enthaltenen Geschäfts«, mit dem der Gesetzgeber versucht hat, den im angelsächsischen Raum verbreiteten Terminus »*off-balance sheet transaction*« auch im deutschen Bilanzrecht zu etablieren[312]. Der Gesetzgeber versteht hierunter alle Transaktionen, die aufgrund ihrer Ausgestaltung entweder von vornherein dauerhaft nicht in der Handelsbilanz abzubilden sind oder mit einem dauerhaft angelegten Abgang von Vermögensgegenständen oder Schulden aus der Handelsbilanz einhergehen. Dabei wird ausdrücklich herausgestellt, dass die infrage stehenden außerbilanziellen Geschäfte zwar schwebende Rechtsgeschäfte im bilanzrechtlichen Sinne sein können, diesbezüglich jedoch keine Zwangsläufigkeit besteht. Denn keinesfalls sei mit der Angabepflicht eine vollumfängliche Angabe aller schwebenden Geschäfte des gewöhnlichen Liefer- und Leistungsverkehrs des Unternehmens beabsichtigt[313].

Vor diesem Hintergrund lassen sich sämtliche Transaktionen rechtlicher und wirtschaftlicher Art, bei denen die berichtende Gesellschaft Vorteile oder Risiken übernimmt, ohne dass dies zum Ansatz von Vermögensgegenständen oder Schulden in der Bilanz führt, unter den Begriff des »außerbilanziellen Geschäfts« subsumieren[314]. Ausgenommen davon sind nur die (zum Abschlussstichtag ggf. schwebenden) Rechtsgeschäfte des gewöhnlichen Liefer- und Leistungsverkehrs, die übliche Beschaffung von Sachanlagen und Vorräten, laufende Instandhaltungsmaßnahmen sowie übliche Finanzierungstransaktionen[315].

Mit Blick auf diese Begriffsabgrenzung fallen regelmäßig solche Finanzierungsmaßnahmen eines Unternehmens unter den sachlichen Anwendungsbereich der Regelung, von denen ein wesentlicher, für den (externen) Jahresabschlussadressaten ansonsten nicht erkennbarer Einfluss auf die Finanzlage ausgeht. Der Gesetzgeber nennt beispielhaft u.a. die folgenden Arten von außerbilanziellen Geschäften[316]:

- Factoringgeschäfte;
- Leasingverträge;
- Forderungsverbriefungen unter Zwischenschaltung von Zweckgesellschaften (ABS-Transaktionen);

---

312 Vgl. Oser/Roß/Wader/Drögemüller, in WPg 2008, S.60.
313 Vgl. BT-Drucks. 16/10067 S.69.
314 Vgl. IDW RS HFA 32, Tz.5.
315 Vgl. Grottel, in Grottel/Schmidt/Schubert/Winkeljohann, Bilanz, 2016, §285 HGB Rz.53.
316 Vgl. BT-Drucks. 16/10067 S.69.

- *Sale-and-lease-back*-Geschäfte;
- Verpfändungen von Aktiva;
- Pensionsgeschäfte;
- Konsignationslagervereinbarungen;
- Auslagerungen von Unternehmensaktivitäten.

Die Berichterstattung nach § 285 Nr. 3 HGB hat die Art und den Zweck des Geschäfts zu umfassen, wobei die einzelnen Geschäfte nach Maßgabe ihrer Art sachgerecht zu Gruppen zusammengefasst werden können.

Für die Angabe der Geschäftsart bietet sich eine Kategorisierung nach dem Vertragstyp an, z.B. Factoring- und Leasingfinanzierung, Forderungsverbriefungen im Rahmen von Zweckgesellschaften, Wertpapierpensionsgeschäfte u. Ä. Alternativ kann die Kategorisierung auch nach der Art der mit den Geschäften und Maßnahmen verbundenen Risiken oder Vorteilen erfolgen[317]. Als Zweck sind die hauptsächlichen Gründe für das außerbilanzielle Geschäft anzugeben, z.B. die Beschaffung liquider Mittel zur Realisierung geplanter Investitionen, die Bilanzverkürzung zur Verbesserung der Bilanzstruktur bzw. der Eigenkapitalquote oder die Vermeidung der Konsolidierung ausgelagerter Forderungsportfolios[318].

Außerdem verlangt der Gesetzeswortlaut eine Angabe der Risiken, Vorteile und (möglichen) finanziellen Auswirkungen der außerbilanziellen Geschäfte. Die finanziellen Auswirkungen beziehen sich auf die Liquiditätssituation des Unternehmens und damit auf dessen Fähigkeit, den bestehenden Verpflichtungen in angemessener Zeit nachkommen zu können (potenzielle finanzielle Zuflüsse oder Abflüsse). Über die Risiken und die Vorteile ist getrennt zu berichten; eine zusammenfassende, kompensatorische Betrachtung ist nicht zulässig[319]. Als Vorteile und Risiken können z.B. bei einem *Sale-and-lease-back*-Geschäft der Finanzmittelzufluss aus dem Verkauf und die Höhe und Dauer der künftigen Leasingzahlungsverpflichtungen genannt werden. Die folgenden Beispiele aus der Berichtspraxis sind als unvollständig zu beurteilen, da sie nicht ausdrücklich auf die Risiken und/oder Vorteile der geschäftlichen Maßnahmen eingehen.

---

317 Vgl. IDW RS HFA 32, Tz.16.
318 Vgl. Grottel, in Grottel/Schmidt/Schubert/Winkeljohann, Bilanz, 2016, § 285 HGB Rz.61; Hoffmann/Lüdenbach, Bilanzierung, 2017, § 285 HGB Rz.13.
319 Vgl. BT-Drucks. 16/10067 S.69.

Praxisbeispiel
Nicht in der Bilanz enthaltene Geschäfte gemäß § 285 Nr. 3 HGB

Leasingverträge
Es bestehen verschiedene Leasingverträge. Zweck und Vorteil dieser Leasingverträge ist die Nutzung der Vermögensgegenstände ohne Eigentumserwerb unter Abwälzung der mit dem Eigentum verbundenen Risiken.
Aus den Leasingverträgen resultierende zukünftige Zahlungsverpflichtungen sind in den sonstigen finanziellen Verpflichtungen bereits enthalten.

Poggenpohl Möbelwerke GmbH, Herford, Jahresabschluss zum 31.12.2014

Praxisbeispiel
Außerbilanzielle Geschäfte
Im Rahmen der operativen Geschäftstätigkeit wurden zum Stichtag diverse Bankbürgschaften bei mehreren Kreditinstituten und einem Kreditversicherungsunternehmen in Anspruch genommen. Diese stellen schwebende Geschäfte dar und gliedern sich wie folgt:

Avale für erhaltene Anzahlungen:	TEUR	11.357
Avale für die Erfüllung von Verträgen:	TEUR	11.718
Avale für Gewährleistungen:	TEUR	5.043
sonstige Avale:	TEUR	344

Risiken könnten sich dann ergeben, wenn Rückgriffsansprüche seitens der Avalgeber entstehen sollten. Dies würde bei entsprechender Sachverhaltslage zu einer entsprechenden Zahlungsverpflichtung der Gesellschaft führen. Auf Basis einer kontinuierlichen Evaluierung der Risikosituation der eingegangenen Rechtsgeschäfte und unter Berücksichtigung der bis zum Aufstellungszeitpunkt gewonnenen Erkenntnisse sieht die Geschäftsführung eine Zahlungsverpflichtung als nicht wahrscheinlich ein.
Weitere außerbilanzielle Geschäfte wurden nicht getätigt.

LEWA GmbH, Leonberg, Jahresabschluss zum 31.12.2014

Eine vollumfängliche Berichterstattung beinhaltet das folgende Praxisbeispiel, das sich einem besonders wesentlichen Sachverhalt widmet.

Praxisbeispiel
Nicht in der Bilanz enthaltene Geschäfte (§ 285 Ziffer 3 HGB)
...

Es besteht eine Mietverpflichtung für das Gebäude Biotechnikum II, welches für die Produktion und Entwicklung der Autoimmunitätsproduktlinie verwendet wird. Der Leasingvertrag läuft bis zum 30.11.2016. Hieraus resultieren zukünftige finanzielle Verpflichtungen in Höhe von TEUR 3.243. Investitionen in Immobilien sind nicht im Fokus der Unternehmensstrategie, sodass ein operating lease Vertrag abgeschlossen wurde. Über die Laufzeitlänge des Leasingvertrages wurde das Risiko zukünftiger finanzieller Verpflichtungen auf ein vertretbares Maß beschränkt. Die Produktion und Entwicklung kann alternativ auch in einem anderen für den Laborbetrieb ausgelegten Gebäude durchgeführt werden. Die durch den Leasing-Vertrag nicht benötigten Mittel gegenüber einer Kauf-Alternative stehen für andere strategische Investitionen zur Verfügung.

Phadia GmbH, Freiburg, Jahresabschluss zum 31.12.2012

Die Angabepflicht des § 285 Nr. 3 HGB umfasst keine weitergehende Angabe der (sonstigen) wesentlichen Transaktionsbedingungen der berichtspflichtigen Geschäfte, die keine erheblichen Risiken oder Vorteile bergen[320].

Neben den vorstehend genannten Aspekten sind betragsmäßige Angaben zu den künftigen finanziellen Auswirkungen zu machen. Dabei empfiehlt sich eine Aufgliederung nach Fristigkeiten, z.B. in Anlehnung an die Fristengliederung für Verbindlichkeiten gem. den §§ 268 Abs. 5 Satz 1, 285 Nr. 1 a) HGB (bis ein Jahr, mehr als ein Jahr, mehr als 5 Jahre)[321], sie ist aber nicht verpflichtend. Die Verpflichtungen können auch ähnlich wie bei der Regelung des § 285 Nr. 3a HGB als Gesamtbetrag (siehe dazu Kapitel 7.3.11) angegeben werden, allerdings als Gesamtbetrag je Verpflichtungsart.

Maßgebend für die Berichterstattung über außerbilanzielle Geschäfte sind die Verhältnisse des jeweiligen Abschlussstichtags. Die zuvor beschriebenen Angaben sind somit nur erforderlich, soweit sich der berichtspflichtige Sachverhalt nicht in der Bilanz niedergeschlagen hat. Die Beurteilung eines Sach-

---

320 So im Ergebnis auch Oser/Roß/Wader/Drögemüller, in WPg 2008, S.60.
321 Vgl. IDW RS HFA 32, Tz.21.

verhalts in Bezug auf die Anhangberichtspflicht kann sich bei geänderten Verhältnissen im Zeitablauf ändern, wenn sich etwa die Wahrscheinlichkeit der Inanspruchnahme geändert hat oder zwischenzeitlich eine aufschiebende Bedingung für die Leistungspflicht eingetreten ist[322].

Verhältnis zu anderen Berichtspflichten

Die weite Definition außerbilanzieller Geschäfte führt unweigerlich zu Überschneidungen mit anderen Anhangangaben, u.a. der Berichterstattung über Haftungsverhältnisse i.S.v. §251 HGB und über derivative Finanzinstrumente gem. §285 Nr. 19 HGB. Soweit die Berichterstattung nach einer der genannten Sondervorschriften die Angaben nach §285 Nr. 3 HGB bereits umfasst, müssen keine Doppelangaben (an verschiedenen Stellen des Anhangs) erfolgen. Beinhaltet die Berichterstattung nach der Sondervorschrift allerdings nicht alle Elemente der Angabe nach §285 Nr. 3 HGB, sind die fehlenden Elemente zu ergänzen. So sind z.B., wenn Haftungsverhältnisse i.S.v. §251 HGB davon betroffen sind, ergänzende Angaben zu ihrem Zweck sowie zu ihren Risiken und Vorteilen geboten. Dagegen wird in Bezug auf die gem. §285 Nr. 19 HGB geforderten Angaben zu derivativen Finanzinstrumenten die Ansicht vertreten, dass die Berichterstattung nach §285 Nr. 3 HGB mit diesen Angaben bereits abgedeckt ist und zusätzliche Angaben demnach verzichtbar sind[323].

Eine besondere Abgrenzungsproblematik des §285 Nr. 3 HGB besteht in Anbetracht der großen inhaltlichen Überschneidungen in Bezug auf die parallel geforderte Angabe der sonstigen finanziellen Verpflichtungen i.S.d. §285 Nr. 3a HGB. Diese Problematik ist deshalb von Bedeutung, weil §285 Nr. 3 HGB weitergehende Rechtsfolgen vorsieht, indem insb. eine Erläuterung des Zwecks sowie der Risiken und Vorteile gefordert wird. Gesetzlich ausdrücklich festgelegt ist diesbezüglich aber ausschließlich der Vorrang der Berichterstattung von außerbilanziellen Geschäften. Inhaltliche Abgrenzungsmerkmale zeigt das Gesetz nicht auf. Daraus folgt unweigerlich eine im Einzelfall sehr ermessensbehaftete Zuordnung zu einer der beiden Rechtsgrundlagen[324], die sich letztendlich zunächst stark an der Kasuistik der Gesetzesbegründung orientieren muss.

Mit Blick auf die fallbezogene Darstellung in der Gesetzesbegründung stehen vor allem Leasinggeschäfte (inklusive *Sale-and-lease-back*-Transaktionen) im »Abgrenzungsfokus«, da sie »traditionell« auch unter den Anwendungsbereich des §285 Nr. 3a HGB (sonstige finanzielle Verpflichtungen) subsumiert

---

322 Vgl. IDW RS HFA 32, Tz.6.
323 Vgl. IDW RS HFA 32, Tz.25.
324 Vgl. Hoffmann/Lüdenbach, Bilanzierung, 2017, §285 HGB Rz.12.

werden. Wenngleich auch diese Kriterien der berichtenden Gesellschaft nicht unerhebliche Auslegungsspielräume belassen, sollte eine Zuordnung zu den außerbilanziellen Geschäften erfolgen, soweit die zu beurteilenden Sachverhalte eine mehrjährige Liquiditätsbelastung mit sich bringen und in erheblichem Umfang bilanzpolitisch mitveranlasst sind[325].

In der mittelständischen Berichtspraxis werden bestehende Leasingverhältnisse oftmals nicht weiter differenziert und – wie im folgenden Praxisbeispiel – den außerbilanziellen Geschäften zugeordnet. In Bezug auf den Beispielsfall ist zu beachten, dass es sich um die Berichterstattung einer mittelgroßen Gesellschaft handelt, bei der bis zum Inkrafttreten des BilRUG noch Angaben zu den Risiken und Vorteilen der Geschäfte entfallen konnten.

Praxisbeispiel
Außerbilanzielle Geschäfte

Miet-, Pacht- und Leasingverträge
Die Gesellschaft hat als Mieter bzw. Leasingnehmer Verträge über die Nutzung von Betriebsgrundstücken und -gebäuden sowie von beweglichem Anlagevermögen abgeschlossen. Zweck der Geschäfte ist die Nutzung der betreffenden Vermögensgegenstände bei Vermeidung einer langfristigen Kapitalbindung.

Aus den Verträgen resultieren folgende finanzielle Verpflichtungen:

	31.12.2014 TEUR	31.12.2013 TEUR
fällig innerhalb eines Jahres	1.282	1.164
fällig nach mehr als einem Jahr	2.682	2.369
	3.964	3.533
davon gegenüber Gesellschaftern, die gleichzeitig verbundene Unternehmen sind	3.030	2.520

RUCH NOVAPLAST GmbH + Co. KG, Oberkirch,
Jahresabschluss zum 31.12.2014

---

325 Vgl. Hoffmann/Lüdenbach, Bilanzierung, 2017, § 285 HGB Rz. 12.

7.3.12 Sonstige finanzielle Verpflichtungen

Berichtsgegenstand und zugrunde liegende Vorschriften

HGB § 285 Sonstige Pflichtangaben
Ferner sind im Anhang anzugeben:

...

3a. der Gesamtbetrag der sonstigen finanziellen Verpflichtungen, die nicht in der Bilanz enthalten sind und die nicht nach § 268 Absatz 7 oder Nummer 3 anzugeben sind, sofern diese Angabe für die Beurteilung der Finanzlage von Bedeutung ist; davon sind Verpflichtungen betreffend die Altersversorgung und Verpflichtungen gegenüber verbundenen oder assoziierten Unternehmen jeweils gesondert anzugeben;

Erleichterungen

Nach den Änderungen durch das BilRUG bestehen keine gesetzlich geregelten Erleichterungen mehr.

Kategorisierung und Vorjahresangabe

Die Berichtspflicht zu den sonstigen finanziellen Verpflichtungen ist eine originäre Pflichtangabe, die ausdrücklich für den Anhang vorgesehen ist. Deshalb sind keine Vergleichswerte der Vorperiode anzugeben.

Anwendungsbereich und inhaltliche Abgrenzung der Berichtspflicht

Welche Arten von Verpflichtungen zu den sonstigen finanziellen Verpflichtungen i.S.d. § 285 Nr. 3a HGB gehören, ist gesetzlich nicht konkretisiert. Im Schrifttum werden darunter in weiter Abgrenzung regelmäßig rechtlich verfestigte Zahlungsverpflichtungen verstanden, denen sich die berichtende Gesellschaft nicht einseitig entziehen kann und die weder als Verbindlichkeit oder Rückstellung in der Bilanz angesetzt noch an anderer Stelle des Jahresabschlusses anzugeben sind[326]. Sach- und Dienstleistungsverpflichtungen gehören deshalb nicht zum Berichtsgegenstand[327]. Auf den Rechtsgrund der Verpflichtung kommt es nicht an, somit können die angabepflichtigen Sachverhalte insb. auf vertraglichen Verpflichtungen, gesetzlichen Schuldverhält-

---

326 Vgl. Adler/Düring/Schmaltz, Rechnungslegung und Prüfung der Unternehmen, 6. Aufl. 1994 ff., § 285 HGB Rz. 33; Kessler, in Schmidt/Ebke, HGB, Bd. 4, 2013, § 285 HGB Rz. 35; BT-Drucks. 16/10067 S. 69.

327 Vgl. z. B. Grottel, in Grottel/Schmidt/Schubert/Winkeljohann, Bilanz, 2016, § 285 HGB Rz. 95; Selchert, in DB 1987, S. 546; Krawitz, in Hofbauer/Kupsch, Rechnungslegung, § 285 HGB Rz. 35.

nissen, öffentlich-rechtlichen Rechtsverhältnissen, gesellschaftsrechtlichen Verhältnissen oder auch faktischen Leistungszwängen beruhen[328].

Zu den berichtspflichtigen Sachverhalten i.S.d. §285 Nr. 3a HGB können generell nur eigene Verpflichtungen der berichtenden Gesellschaft gehören. Verpflichtungen, die ein Dritter zugunsten der berichtenden Gesellschaft eingeht, fallen nicht unter den Anwendungsbereich dieser Vorschrift[329].

Darüber hinaus sind kurzfristige Verpflichtungen, die kontinuierlich im Rahmen des laufenden Geschäftsbetriebs abgedeckt werden, von der Anwendung des §285 Nr. 3a HGB regelmäßig ausgenommen. Beispiele dafür sind die laufenden Verpflichtungen aus Lohn-, Gehalts-, Zins-, Miet- und Pachtzahlungen sowie aus Materialbeschaffungen, Energiekosten und Instandhaltungen[330]. Solche Sachverhalte sind jedoch insb. dann anzugeben – in diesem Fall einschließlich der kurzfristig anfallenden Beträge – wenn sie an eine längere Vertragslaufzeit gebunden sind[331]. Eine Berichtspflicht besteht mit Blick auf die Bedeutung für die Finanzlage außerdem, wenn die durch kurzfristige Verträge begründeten Verpflichtungen einen ungewöhnlichen Umfang besitzen und/oder wenn sie den finanziellen Spielraum des Unternehmens für die Zukunft einschränken. Dies kann z.B. bei Unternehmen, die sich in einer Krise befinden, der Fall sein[332].

Für Sachverhalte, die zu sonstigen finanziellen Verpflichtungen i.S.d. §285 Nr. 3a HGB führen können, werden im Schrifttum unter anderem die folgenden Anwendungsfälle genannt[333]:
- bestehende langfristige bzw. mehrjährige Miet-, Leasing- und Pachtverträge und andere Dauerschuldverhältnisse (Lizenz-, Wartungs-, Versicherungs-, Erbbaurechts-, Beratungsverträge etc.), wobei Leasingverträge regelmäßig nach §285 Nr. 3 HGB berichtspflichtig sind;
- langfristige Abnahmeverpflichtungen für Vorratsgegenstände, z.B. Rohstofflieferungen;
- unwiderrufliche, noch nicht erfüllte Darlehenszusagen;

---

328 Vgl. Selchert, in DB 1987, S.546.
329 Vgl. Poelzig, in Schmidt/Ebke, HGB, Bd. 4, 2013, §285 Rz.54.
330 Vgl. Grottel, in Grottel/Schmidt/Schubert/Winkeljohann, Bilanz, 2016, §285 HGB Rz.100; Karrenbrock, in Baetge/Kirsch/Thiele, Bilanzrecht, §285 HGB Rz.49.
331 Vgl. Poelzig, in Schmidt/Ebke, HGB, Bd. 4, 2013, §285 Rz.58.
332 Vgl. Poelzig, in Schmidt/Ebke, HGB, Bd. 4, 2013, §285 Rz.58; Grottel, in Grottel/Schmidt/Schubert/Winkeljohann, Bilanz, 2016, §285 HGB Rz.101.
333 Vgl. z.B. Grottel, in Grottel/Schmidt/Schubert/Winkeljohann, Bilanz, 2016, §285 HGB Rz.125 ff.; Poelzig, in Schmidt/Ebke, HGB, Bd. 4, 2013, §285 Rz.64 ff.; Karrenbrock, in Baetge/Kirsch/Thiele, Bilanzrecht, §285 HGB Rz.47 ff.

- zukünftige Zinsverpflichtungen aus bestehenden längerfristigen Darlehensvereinbarungen;
- vertraglich beauftragte, noch nicht durchgeführte Investitionen in Gegenstände des Anlagevermögens (sog. Bestellobligo) und zwangsläufige, vertraglich noch nicht vereinbarte Folgeinvestitionen bereits begonnener Investitionsprojekte;
- unabwendbare zukünftige Instandhaltungs- und Instandsetzungsmaßnahmen am eigenen Anlagevermögen, die routinemäßig oder auf der Grundlage eines Wartungsplans erfolgen (sog. Großreparaturen, Generalüberholungen), unabhängig davon, ob die betreffenden Aufwendungen zu aktivieren sind;
- rechtlich verpflichtende zukünftige Umweltschutzmaßnahmen (Maßnahmen zur Verhinderung und Entsorgung von Abfall, Abluft, Abwasser usw.), die zum Abschlussstichtag weder rechtlich entstanden noch wirtschaftlich verursacht sind, weshalb sie in der Bilanz nicht zu passivieren sind;
- Haftungsverpflichtungen für eigene oder fremde Verbindlichkeiten, die nicht unter §251 HGB zu subsumieren sind, wie z.B. noch nicht eingeforderte Einlagen auf GmbH-Geschäftsanteile oder Kommanditanteile, Haftungen für Schulden des Organträgers der berichtenden Gesellschaft i.S.d. §73 Abgabenordnung (AO);
- aufschiebend bedingte Verbindlichkeiten, bei denen der Eintritt der Bedingung noch offen bzw. ungewiss ist;
- auflösend bedingte Verbindlichkeiten, bei denen der Eintritt der auflösenden Bedingung wahrscheinlich ist.

Die Berichtspflicht wird begründet, wenn die (künftigen) Verpflichtungen am Abschlussstichtag bereits bestehen oder vor dem Hintergrund der Tatsache, dass der ihnen zugrunde liegende Sachverhalt zum Abschlussstichtag verwirklicht ist, mit hoher Wahrscheinlichkeit entstehen werden[334]. Ist der verpflichtungsbegründende Sachverhalt zum Abschlussstichtag noch nicht verwirklicht, kommt eine Berichterstattung nicht in Betracht. Verpflichtungen, die der berichtenden Gesellschaft zukünftig nur möglicherweise erwachsen, sind also nicht angabepflichtig[335].

Da sich die entsprechenden Anwendungsbereiche inhaltlich überschneiden können, hat der Gesetzgeber zur Vermeidung von Doppelangaben vorgegeben, dass nach §285 Nr. 3a HGB im Sinne eines Auffangtatbestands nur solche Verpflichtungen anzugeben sind, die nicht bereits

---

334 Vgl. Poelzig, in Schmidt/Ebke, HGB, Bd. 4, 2013, §285 Rz.61.
335 So auch Hoffmann/Lüdenbach, Bilanzierung, 2017, §285 HGB Rz.22.

- in der Bilanz als Verbindlichkeiten oder Rückstellungen ihren Niederschlag gefunden haben,
- als Haftungsverhältnis i.S.d. §251 HGB nach §268 Abs. 7 HGB berichtspflichtig sind (siehe dazu auch Kapitel 7.3.9) oder
- unter den Anwendungsbereich des §285 Nr. 3 HGB (außerbilanzielle Geschäfte) fallen (siehe dazu Kapitel 7.3.10).

Auf finanzielle Verpflichtungen, die zwar die Ansatzkriterien einer Verbindlichkeit oder Rückstellung erfüllen, aufgrund eines Bilanzierungswahlrechts aber nicht passiviert werden, findet die Berichtspflicht des §285 Nr. 3a HGB ebenfalls grundsätzlich Anwendung[336]. Allerdings gibt es dafür nach derzeitigem Bilanzrecht keine Anwendungsfälle mehr[337]. Denn für etwaige optional nicht passivierte Pensionsverpflichtungen sehen die Art. 28 Abs. 2, 67 Abs. 2 EGHGB eigene Anhangberichtspflichten vor (siehe dazu Kapitel 7.3.6.1), die der Angabe nach §285 Nr. 3a HGB vorgehen[338].

Die Angabe des Gesamtbetrags der sonstigen finanziellen Verpflichtungen steht unter einem Wesentlichkeitsvorbehalt. Dabei stellt der Gesetzeswortlaut lediglich auf die Wesentlichkeit für die *Finanzlage* ab. Die Auswirkungen auf die *Ertrags- und/oder Vermögenslage* der berichtenden Gesellschaft sind damit unbeachtlich. Der Maßstab der Wesentlichkeitsbeurteilung ist im Schrifttum umstritten. Während teilweise die Ansicht vertreten wird, es komme darauf an, ob der berichtspflichtige Gesamtbetrag als wesentlich einzustufen ist[339], geht die abweichende Auffassung davon aus, dass die Bedeutung der einzelnen Verpflichtung für die Wesentlichkeitsbeurteilung maßgebend ist[340]. Unseres Erachtens lassen sich beide Auslegungen vertreten, sodass praxisbezogen von einem faktischen Wahlrecht auszugehen ist.

---

336 Vgl. Peters, in Scherrer/Claussen, Rechnungslegungsrecht, 2011, §285 HGB Rz.43.
337 Vgl. Karrenbrock, in Baetge/Kirsch/Thiele, Bilanzrecht, §285 HGB Rz.55.
338 Vgl. Adler/Düring/Schmaltz, Rechnungslegung und Prüfung der Unternehmen, 6.Aufl. 1994 ff., §285 HGB Rz.28.
339 So z.B. Adler/Düring/Schmaltz, Rechnungslegung und Prüfung der Unternehmen, 6.Aufl. 1994 ff., §285 HGB Rz.74; Selchert, in DB 1987, S.547f.
340 So z.B. Poelzig, in Schmidt/Ebke, HGB, Bd. 4, 2013, §285 Rz.57; Peters, in Scherrer/Claussen, Rechnungslegungsrecht, 2011, §285 HGB Rz.44. Unter einzelner Verpflichtung ist wohl die einzelne Verpflichtungs*art* zu verstehen; entsprechend diesem Verständnis stellt Grottel, in Grottel/Schmidt/Schubert/Winkeljohann, Bilanz, 2016, §285 HGB Rz.125, z.B. heraus, dass bei der Beurteilung der Wesentlichkeit von Dauerschuldverhältnissen nicht auf den Einzelvertrag, sondern auf deren aggregierte Gesamtheit abzustellen ist.

Art und Umfang der Berichtspflicht

Nach dem insoweit eindeutigen Gesetzeswortlaut kann der Berichtspflicht des § 285 Nr. 3a HGB durch die Angabe eines zahlenmäßigen Gesamtbetrags entsprochen werden. Eine weitergehende Aufgliederung, insb. nach Art der Verpflichtungen oder ihrer Fristigkeit, ist nicht erforderlich[341]. Das heißt: Die folgende Musterformulierung ist bei Nichtvorliegen entsprechender Verpflichtungen gegenüber verbundenen oder assoziierten Unternehmen sowie betreffend die Altersversorgung zwar nicht zu beanstanden, aber von beschränktem Aussagegehalt[342].

Musterformulierung   **!**

Der Gesamtbetrag der sonstigen finanziellen Verpflichtungen i.S.d. § 285 Nr. 3a HGB beläuft sich auf … EUR.

In der Praxis wird jedoch regelmäßig, selbst wenn diese kürzest mögliche Darstellungsform gewählt wird, wie im folgenden Beispiel (das freiwillig auch den Vorperiodenwert angibt) zumindest die Art der finanziellen Verpflichtung mit genannt.

Praxisbeispiel

Zum Bilanzstichtag bestanden sonstige finanzielle Verpflichtungen aus Miet- und Leasingverträgen in Höhe von TEuro 255 (VJ TEuro 384).

heimatec GmbH, Renchen, Jahresabschluss zum 31.12.2014

Wie in den folgenden Beispielen wird in der Praxis – auf freiwilliger Basis – oftmals auch ein »Verpflichtungsspiegel« in den Anhang aufgenommen, aus dem die Verpflichtungsarten und/oder ihre zeitliche Struktur hervorgehen. Die Fristigkeitsaufgliederung kann sich an den gesetzlichen Gliederungskriterien der §§ 268 Abs. 5 Satz 1, 285 Nr. 1 a) HGB (bis 1 Jahr, mehr als 1 Jahr, mehr als 5 Jahre) orientieren, dies ist aber kein Zwang[343].

---

341 Vgl. Poelzig, in Schmidt/Ebke, HGB, Bd. 4, 2013, § 285 Rz. 60.
342 Hoffmann/Lüdenbach, Bilanzierung, 2017, § 285 HGB Rz. 26, schlagen daher einen »Verpflichtungs-spiegel« vor, der die Verpflichtungsarten und deren Fristigkeiten unterscheidet.
343 So für die vergleichbare Berichtspflicht über außerbilanzielle Verpflichtungen auch IDW RS HFA 32, Tz. 21.

Praxisbeispiel

Neben den in der Bilanz ausgewiesenen Verbindlichkeiten bestehen folgende sonstige finanzielle Verpflichtungen:

Euro	bis 1 Jahr	1 bis 5 Jahre	über 5 Jahre	Gesamt
Leasing Kfz	106.445	72.642	0	179.087
Leasing Jobrad	71.077	101.094	0	172.171
Gesamt	177.522	173.736	0	351.258

Bis längstens Juli 2020 fest abgeschlossene Mietverträge mit einem während der Laufzeit voraussichtlichen Gesamtmietaufwand von TEuro 122.

Euro	bis 1 Jahr	1 bis 5 Jahre	über 5 Jahre	Gesamt
Miete Drucker	24.453	87.625	0	112.078
Gesamt	24.453	87.625	0	112.078

Das Bestellobligo bezüglich Sachanlageinvestitionen beträgt TEuro 1.390.

Neoperl GmbH, Müllheim, Jahresabschluss zum 31.12.2015

Praxisbeispiel
Sonstige finanzielle Verpflichtungen
Aus Miet- und Leasingverträgen gegenüber fremden Dritten ergeben sich im Zeitraum Oktober 2015 bis September 2016 Verpflichtungen in Höhe von TEUR 1.744; in den Geschäftsjahren 2016/17 bis 2019/20 werden Verpflichtungen von TEUR 4.492 fällig.
Die Verpflichtungen aus wesentlichen Wartungsverträgen belaufen sich auf TEUR 164 für das Geschäftsjahr 2015/16 und TEUR 661 für die Geschäftsjahre 2016/17 bis 2019/20.
Ein weiterer Kreditrahmen besteht gegenüber einer ausländischen Tochtergesellschaft in Höhe von TUSD 750. Zum Bilanzstichtag erfolgte keine Inanspruchnahme.
Für Architekten- u. Gutachterleistungen im Rahmen eines geplanten Bauprojektes stehen für in Anspruch genommene Teilleistungen noch Rechnungen im Wert von rund 400 TEUR aus.

Carl Leipold GmbH, Wolfach, Jahresabschluss zum 30.9.2015

Bei der Berechnung der Höhe des Gesamtbetrags der berichtspflichtigen finanziellen Verpflichtungen sind diese jeweils in vollem Umfang anzusetzen. Eine Verrechnung mit etwaigen, ihnen gegenüberstehenden Ansprüchen, z.B. Regressansprüchen gegenüber Dritten oder Leistungsansprüchen bei schwebenden Geschäften, ist nicht zulässig[344].

> **Beispiele: Saldierungsverbot bei sonstigen finanziellen Verpflichtungen**   **!**
>
> Die X AG ist im Bereich der Vermietung von gehaltenen Bestandsimmobilien an Privatpersonen und gewerbliche Mieter tätig. Sie besitzt einen längerfristigen Wartungsvertrag mit der W GmbH über Hausmeister- und Instandhaltungstätigkeiten, der mit jährlichen Ausgaben von 75 TEUR einhergeht. Die der X AG daraus anfallenden Aufwendungen können den Mietern nach den vertraglichen Vereinbarungen überwiegend weiterbelastet werden.
> Der vertragliche Anspruch der X AG gegenüber ihren Mietern auf Ersatz der Wartungsaufwendungen kann bei der Ermittlung der sonstigen finanziellen Verpflichtungen der Gesellschaft nicht kürzend berücksichtigt werden.

Die Bewertung der Verpflichtungen richtet sich nach den für bilanziell ausgewiesene Schulden geltenden Maßstäben (§ 253 Abs. 1 Satz 2 HGB). Soweit die Verpflichtungen bezüglich ihrer Höhe und Fälligkeit feststehen, sind deren nominelle Erfüllungsbeträge anzusetzen; eine Abzinsung ist nicht zulässig. Müssen die Höhe und/oder die Fälligkeit geschätzt werden, kann die Bewertung nach den für Rückstellungen geltenden Grundsätzen des § 253 Abs. 2 HGB erfolgen. Das heißt: Es sind künftige Preis- und Kostensteigerungen bis zum Erfüllungszeitpunkt einzubeziehen und die Erfüllungsbeträge mit fristadäquaten Zinssätzen auf den Abschlussstichtag abzuzinsen[345].

Bestehen Verpflichtungen in fremder Währung, sind sie in Einklang mit § 256a HGB mit dem Devisenkassamittelkurs am Abschlussstichtag umzurechnen[346].

Problematisch ist die Ermittlung des Verpflichtungsbetrags regelmäßig bei Dauerschuldverhältnissen mit einer unbestimmten Vertragslaufzeit. In diesem Fall genügt – wie im folgenden Praxisbeispiel erfolgt – die Angabe eines Jahresbetrags nicht[347], vielmehr ist die Höhe der Gesamtverpflichtung zu schätzen. Dabei sollte möglichst die voraussichtliche Restlaufzeit der Vereinbarung zugrunde gelegt werden. Alternativ kann auch auf den Zeitraum bis

---

344 Vgl. Glade, Praxishandbuch der Rechnungslegung und Prüfung, 2. Aufl., 1995, § 285 HGB Rz. 31.
345 Vgl. Grottel, in Grottel/Schmidt/Schubert/Winkeljohann, Bilanz, 2016, § 285 HGB Rz. 105.
346 Vgl. Oser/Holzwarth, in Küting/Pfitzer/Weber, Rechnungslegung, §§ 284–288 HGB Rz. 338, Stand 07/2016.
347 So auch Grottel, in Grottel/Schmidt/Schubert/Winkeljohann, Bilanz, 2016, § 285 HGB Rz. 107.

zur frühestmöglichen Kündigung abgestellt werden[348]. Alternativ ist es u. E. auch hinreichend, wenn die jährlich zu zahlenden Beträge und darüber hinaus die Laufzeit angegeben werden, da sich der Gesamtbetrag der Verpflichtung aus diesen Informationen einfach ableiten lässt.

> **Praxisbeispiel**
> *Nicht bilanzierte sonstige finanzielle Verpflichtungen, Gesamtbetrag der sonstigen finanziellen Verpflichtungen*
> *Mindestmiete in Höhe von TEUR 106 p. a.*
>
> *Alfred Linck Automobile GmbH, Offenburg,*
> *Jahresabschluss zum 31.12.2012*

Ist eine sachgerechte Schätzung einer wesentlichen Verpflichtung nicht möglich, muss zumindest eine verbale Erläuterung des Sachverhalts erfolgen[349]. Dabei ist auch auf die Gründe der mangelnden Schätzbarkeit einzugehen.

Bestehen berichtspflichtige Verpflichtungen i. S. d. § 285 Nr. 3a HGB gegenüber verbundenen (§ 271 Abs. 2 HGB) oder assoziierten Unternehmen (§ 311 HGB) oder betreffen sie Sachverhalte der Altersversorgung, sind sie nach dem Gesetzeswortlaut ebenfalls jeweils in einem Gesamtbetrag gesondert anzugeben. Aufgrund des Gesetzeswortlauts können die gegenüber verbundenen und assoziierten Unternehmen bestehenden Verpflichtungen dabei u. E. in einer Angabe zusammengefasst werden. Die Frage, ob ein korrespondierender Sonderausweis gem. den §§ 264c Abs. 1 HGB, 42 Abs. 3 GmbHG auch in Bezug auf Verpflichtungen von voll haftungsbeschränkten Personenhandelsgesellschaften und GmbHs gegenüber ihren Gesellschaftern gilt, wird im Schrifttum nicht einheitlich beantwortet. Mangels eindeutiger gesetzlicher Festlegung kann diese Ausdehnung des Anwendungsbereichs der gesonderten Angaben aber zumindest nicht verlangt werden (siehe dazu die Kapitel 7.7.1.1 und 7.7.2.1).

Der Vorgabe einer gesonderten Nennung kann darstellungstechnisch im Wege von entsprechenden Davon-Vermerken – siehe dazu das folgende Praxisbeispiel – oder durch eine Aufgliederung des Gesamtbetrags in Teilbeträge entsprochen werden[350]. Bestehen keine Verpflichtungen gegenüber verbundenen

---

348 Vgl. Grottel, in Grottel/Schmidt/Schubert/Winkeljohann, Bilanz, 2016, § 285 HGB Rz. 105 f.
349 Vgl. Poelzig, in Schmidt/Ebke, HGB, Bd. 4, 2013, § 285 Rz. 61; Grottel, in Grottel/Schmidt/Schubert/Winkeljohann, Bilanz, 2016, § 285 HGB Rz. 107.
350 Vgl. Kessler, in Hennrichs/Kleindiek/Watrin, Bilanzrecht, Bd. 2 2013, § 285 HGB Rz. 44.

oder assoziierten Unternehmen oder aus Altersversorgungssachverhalten, ist eine Fehlanzeige nicht erforderlich[351].

Praxisbeispiel
Sonstige finanzielle Verpflichtungen
Aus Miet- und Leasingverträgen bestehen folgende finanzielle Verpflichtungen:

	Gesamtverpflichtung	
	31.12.2014	*31.12.2013*
	TEUR	*TEUR*
aus einem Erbbaurechtsvertrag	*1.840*	*1.869*
aus Mietverpflichtungen	*2.259*	*1.872*
(davon verbundene Unternehmen)	*(1.759)*	*(1.301)*
aus Leasing	*288*	*333*
aus sonstigen Verpflichtungen	*0*	*2*
	4.387	*4.076*

Poggenpohl Möbelwerke GmbH, Herford, Jahresabschluss zum 31.12.2014

7.4 Angaben zur Gewinn- und Verlustrechnung

7.4.1 Aufgliederung zusammengefasster Posten

Berichtsgegenstand und zugrunde liegende Vorschriften

HGB § 265 Allgemeine Grundsätze für die Gliederung
(7) Die mit arabischen Zahlen versehenen Posten der Bilanz und der Gewinn- und Verlustrechnung können, wenn nicht besondere Formblätter vorgeschrieben sind, zusammengefasst ausgewiesen werden, wenn
…
2. dadurch die Klarheit der Darstellung vergrößert wird; in diesem Falle müssen die zusammengefassten Posten jedoch im Anhang gesondert ausgewiesen werden.

Erleichterungen
Es bestehen keine gesetzlich geregelten Erleichterungen.

---

351 Vgl. Poelzig, in Schmidt/Ebke, HGB, Bd. 4, 2013, § 285 Rz. 62.

Kategorisierung und Vorjahresangabe

Die Verpflichtung zur Aufschlüsselung zusammengefasster GuV-Posten im Anhang ist eine Wahlpflichtangabe. Deshalb sind auch bei einer Verlagerung der Angabe von GuV-Posten in den Anhang die Vergleichswerte der Vorperiode anzugeben.

Anwendungsbereich und inhaltliche Abgrenzung der Berichtspflicht

Die Möglichkeit der Zusammenfassung von GuV-Posten zur Verbesserung der Klarheit und Übersichtlichkeit ist auf die mit arabischen Ziffern versehenen Posten des Gliederungsschemas des §275 HGB beschränkt. Da die GuV-Gliederung ohnehin nur arabische Ziffern (Gliederungsebene 1) und Buchstaben (Gliederungsebene 2) umfasst, ist §265 Abs. 7 Nr. 2 HGB grundsätzlich auf alle Posten und auf die Buchstabenebene anwendbar.

Nach den in Kapitel 7.3.1.2 für die Zusammenfassung von Bilanzposten aufgezeigten Grundsätzen ist davon auszugehen, dass die berichtende Gesellschaft – von Stetigkeitsaspekten abgesehen – in der Regel ein faktisches Wahlrecht besitzt, welche (Unter-)Posten sie in der Gewinn- und Verlustrechnung selbst und welche im Anhang darstellen will.

Der Anwendungsbereich des §265 Abs. 7 Nr. 2 HGB erstreckt sich auch auf die Davon-Vermerke[352], sodass die vorstehend beschriebenen Grundsätze auch für sie gelten. Somit kommt eine Verlagerung in den Anhang z.B. für die folgenden, nach den §§277 Abs. 5, 274 Abs. 2 Satz 3 HGB grundsätzlich in der Gewinn- und Verlustrechnung gesondert auszuweisenden Beträge in Betracht:

- Erträge/Aufwendungen aus der Abzinsung von Vermögens- und Schuldposten als Bestandteile der GuV-Posten »Sonstige Zinsen und ähnliche Erträge« bzw. »Zinsen und ähnliche Aufwendungen«;
- Währungsumrechnungsgewinne/-verluste, die in den GuV-Posten »Sonstige betriebliche Erträge« bzw. »Sonstige betriebliche Aufwendungen« enthalten sind;
- Erträge/Aufwendungen aus Veränderungen der in der Bilanz angesetzten latenten Steuern, die im GuV-Posten »Steuern vom Einkommen und vom Ertrag« auszuweisen sind.

Eine Zusammenfassung von GuV-Posten setzt deren gesonderte Angabe im Anhang zwingend voraus. Zusätzlicher verbaler Erläuterungen bedarf es nicht.

---

352 Vgl. Reiner/Haußer, in Schmidt/Ebke, HGB, Bd. 4, 2013, §265 Rz. 20; Hütten/Lorson, in Küting/Pfitzer/Weber, Rechnungslegung, §265 HGB Rz. 110 f., Stand 08/2010.

In der mittelständischen Berichtspraxis machen mindestens 50 Prozent der Unternehmen die zuvor beschriebenen Angaben – entgegen dem eigentlichen Gesetzeswortlaut – im Anhang, so auch in den folgenden Praxisbeispielen.

Praxisbeispiel
Sonstige betriebliche Erträge

…

Die Erträge aus der Währungsumrechnung belaufen sich auf TEUR 16 (Vj TEUR 1).

…

Sonstige betriebliche Aufwendungen

…

Aufwendungen aus der Währungsumrechnung sind mit TEUR 2 (Vj TEUR 9) enthalten.

…

Zinsen und ähnliche Aufwendungen

…

Die Aufwendungen aus der Aufzinsung von Rückstellungen betragen TEUR 32 (Vj TEUR 40).

Zahoransky AG, Todtnau, Jahresabschluss zum 31.12.2014

Praxisbeispiel
Steuern vom Einkommen und vom Ertrag
Der Posten enthält ausschließlich die Veränderung latenter Steuern und resultiert aus der veränderten Einschätzung über die Nutzung der bestehenden steuerlichen Verlustvorträge.

Mikron GmbH, Rottweil, Jahresabschluss zum 31.12.2015

7.4.2 Aufgliederung der Umsatzerlöse

Berichtsgegenstand und zugrunde liegende Vorschriften

HGB §285 Sonstige Pflichtangaben
Ferner sind im Anhang anzugeben:

...

4. *die Aufgliederung der Umsatzerlöse nach Tätigkeitsbereichen sowie nach geografisch bestimmten Märkten, soweit sich unter Berücksichtigung der Organisation des Verkaufs, der Vermietung und Verpachtung von Produkten und der Erbringung von Dienstleistungen der Kapitalgesellschaft die Tätigkeitsbereiche und geografisch bestimmten Märkte untereinander erheblich unterscheiden;*

Erleichterungen

Kleine und mittelgroße Gesellschaften sind gem. §288 Abs. 1 Nr. 1, Abs. 2 HGB von der Angabepflicht des §285 Nr. 4 HGB befreit.

Die Aufgliederung der Umsatzerlöse kann nach §286 Abs. 2 HGB außerdem wegfallen, soweit der berichtenden Gesellschaft nach vernünftiger kaufmännischer Beurteilung dadurch ein erheblicher Nachteil entstehen kann. Derartige Nachteile können z.B. voraussichtliche Absatzeinbußen, verschlechterte Einkaufskonditionen oder eine (stark) umsatzbeeinträchtigende Schädigung des öffentlichen Ansehens sein[353]. Kommt die Ausnahmevorschrift zur Anwendung, ist diese Tatsache als solche angabepflichtig[354].

Erweitert die berichtende Gesellschaft ihren Jahresabschluss um eine Segmentberichterstattung, z.B. aufgrund von §264 Abs. 1 Satz 1 Halbsatz 2 HGB, geht die herrschende Meinung davon aus, dass in analoger Anwendung der für den Konzernabschluss geltenden Regelung des §314 Abs. 2 Satz 1 HGB auch für den Jahresabschluss eine Befreiung von der Angabepflicht des §285 Nr. 4 HGB gilt[355].

Kategorisierung und Vorjahresangabe

Die Verpflichtung zur Aufgliederung der Umsatzerlöse ist eine originäre Pflichtangabe, die ausdrücklich für den Anhang vorgesehen ist. Deshalb sind keine Vergleichswerte der vorangegangenen Berichtsperiode zu nennen.

---

353 Vgl. Peters, in Scherrer/Claussen, Rechnungslegungsrecht, 2011, §285 HGB Rz.51, und §286 HGB Rz.18.
354 Vgl. Peters, in Scherrer/Claussen, Rechnungslegungsrecht, 2011, §285 HGB Rz.51.
355 Vgl. Grottel, in Grottel/Schmidt/Schubert/Winkeljohann, Bilanz, 2016, §285 HGB Rz.171.

Anwendungsbereich und inhaltliche Abgrenzung der Berichtspflicht

Die geforderte Umsatzsegmentierung bezieht sich auf den im GuV-Posten »Umsatzerlöse« (§ 275 Abs. 2 Nr. 1, Abs. 3 Nr. 1 HGB) ausgewiesenen Betrag (Nettoerlöse nach Abzug von Erlösschmälerungen und Umsatzsteuer). Das Gesetz sieht dabei eine Segmentierung nach

- Tätigkeitsbereichen und
- Absatzregionen

vor. Andere Segmentierungsarten, z.B. nach Kundengruppen oder Absatzmengen, sind zwar freiwillig (ergänzend) zulässig, können die gesetzlich vorgeschriebenen Angaben jedoch nicht ersetzen[356].

Weitergehende Vorgaben zu der Frage, welche Einzelsegmente zu bilden bzw. welche Segmentierungskriterien dafür maßgebend sind, machen die gesetzlichen Vorschriften nicht. Es wird lediglich bestimmt, dass sich die anzugebenden Segmente deutlich voneinander abheben müssen. Die Segmentabgrenzung muss eine mit Blick auf die spezifischen Verhältnisse der berichtenden Gesellschaft sachlich begründete Unterteilung der Umsatzerlöse in größere Teilbeträge beinhalten[357].

Nach dem Wortlaut des § 285 Nr. 4 HGB ist bei der Segmentabgrenzung (auch) die interne betriebliche Absatzorganisation mit zu berücksichtigen. Dahinter steht – auch mit Blick auf den Adressatenkreis der Berichtspflicht, nämlich große Unternehmen – der Gedanke, dass sich in den Vertriebsstrukturen häufig die produktbezogenen und regionalen Marktgegebenheiten widerspiegeln werden[358]. Anders als etwa nach dem sog. »*Management Approach*« der Segmentberichterstattung nach IFRS 8 ist die interne Absatzorganisation aber nicht als *der* bestimmende Unterscheidungsmaßstab anzusehen, sondern lediglich ein ergänzend heranzuziehendes Indiz für die erforderliche Aufgliederung[359]. Es kann also nicht allein mit dem bloßen Argument, dass die Absatzorganisation des Unternehmens erhebliche, vor allem personelle Überschneidungen in Bezug auf die Segmentgruppen aufweist, von einer Berichterstattung abgesehen werden.

---

356 Vgl. Grottel, in Grottel/Schmidt/Schubert/Winkeljohann, Bilanz, 2016, § 285 HGB Rz. 171.
357 Vgl. Wulf, in Baetge/Kirsch/Thiele, Bilanzrecht, § 285 HGB Rz. 77; Peters, in Scherrer/Claussen, Rechnungslegungsrecht, 2011, § 285 HGB Rz. 56.
358 Vgl. Kessler, in Hennrichs/Kleindiek/Watrin, Bilanzrecht, Bd. 2, 2013, § 285 HGB Rz. 54.
359 Vgl. Hoffmann/Lüdenbach, Bilanzierung, 2017, § 285 HGB Rz. 31; a.A. Grottel, in Grottel/Schmidt/Schubert/Winkeljohann, Bilanz, 2016, § 285 HGB Rz. 178, nach dem eine Umsatzsegmentierung generell entfällt, wenn nicht »aufgrund der Verkaufsorganisation verschiedene Tätigkeitsbereiche voneinander abgegrenzt werden können«, insb. bei einheitlichen Verkaufsorganisationen. Wie hier im Ergebnis wohl auch Wulf, in Baetge/Kirsch/Thiele, Bilanzrecht, § 285 HGB Rz. 73.

! **Beispiel: Die Absatzorganisation als Kriterium der Segmentabgrenzung**[360]

Die X AG ist ein Hersteller von Schwimmbadchemikalien. Die Abnehmer sind Kommunen, Kliniken, öffentlich-rechtliche Organisationen und Privatpersonen. Das Verkaufsgebiet erstreckt sich auf Mittel- und Nordeuropa. Die Verkaufsabteilung der Gesellschaft umfasst mehrere Personen, die ohne eindeutige Aufgabenabgrenzung unter der Anweisung eines Alleingeschäftsführers agieren. Für die Erzeugnisse gibt es keine typische Spezifizierung; alle Artikel fallen unter die Kategorie »Schwimmbadbedarf«.

Eine erhebliche tätigkeitsbezogene Unterscheidung ist nicht gegeben, sodass § 285 Nr. 4 HGB nicht zur Anwendung kommt. Dieser Umstand liegt jedoch nicht in der Verkaufsorganisation begründet, sondern in den fehlenden erzeugnisbezogenen Unterscheidungsmerkmalen, die sich lediglich offenkundig in der Verkaufsorganisation niedergeschlagen haben. Eine geografische Segmentierung erscheint dagegen ungeachtet der tatsächlichen Ausgestaltung der Verkaufsorganisation möglich, da marktspezifische Besonderheiten der belieferten Regionen vorliegen dürften. So kann zumindest eine Trennung in In- und Ausland erfolgen.

! **Beispiel: Die Absatzorganisation als Kriterium der Segmentabgrenzung**

Die A GmbH ist eine große Wirtschaftsprüfungs- und Steuerberatungsgesellschaft i. S. d. § 267 Abs. 3 HGB und mit mehreren Niederlassungen deutschlandweit vertreten. Sie bietet das übliche Spektrum an Prüfungs-, Steuerberatungs- und sonstigen Beratungsleistungen an. Eine Absatzorganisation nach für gewerbliche Unternehmen typischem Verständnis besitzt die Gesellschaft nicht.

Wäre die individuelle interne Absatzorganisation der entscheidende Segmentierungsmaßstab, müsste die A GmbH keine Aufgliederung der Umsatzerlöse in ihrem Anhang vornehmen. Allerdings ist davon auszugehen, dass sich die einzelnen Leistungsbereiche der Gesellschaft erheblich voneinander unterscheiden. Dieser Umstand dokumentiert sich auch in der vom Gesetzgeber in § 285 Nr. 17 HGB (siehe dazu Kapitel 7.6.6) typisierend geregelten Bereichstrennung, die unter anderem auch der tätigkeitsbezogenen Umsatzsegmentierung der A GmbH zugrunde gelegt werden kann. Eine Aufgliederung nach Absatzregionen ist dagegen verzichtbar bzw. muss bei strenger Gesetzesauslegung unterbleiben, da keine erheblichen marktspezifischen Besonderheiten der Regionen, in denen die Gesellschaft vertreten ist, bestehen.

Aus der Bezugnahme der gesetzlichen Regelung auf die Absatzorganisation lässt sich ableiten, dass sich die Segmentabgrenzung an den Produkt- bzw. Leistungsarten und an den Absatzmärkten des Unternehmens zu orientieren hat[361].

---

360 In Anlehnung an Hoffmann/Lüdenbach, Bilanzierung, 2017, § 285 HGB Rz. 30.
361 Vgl. Adler/Düring/Schmaltz, Rechnungslegung und Prüfung der Unternehmen, 6. Aufl. 1994 ff., § 285 HGB Rz. 89; Wulf, in Baetge/Kirsch/Thiele, Bilanzrecht, § 285 HGB Rz. 76.

Als andere tätigkeitsbezogene Differenzierungsmerkmale kommen z.B. Wirtschaftszweige, Sparten oder Produktionsprozesse in Betracht[362].

Einproduktunternehmen benötigen keine tätigkeitsbezogene Umsatzaufgliederung[363]. Dies gilt entsprechend für Produkte, die sich im Wesentlichen nur durch ihre Größe oder die Art ihrer Ausführung unterscheiden[364]. Inwieweit (technisch) verwandte Produktgruppen eine Umsatzaufgliederung erfordern, hängt dagegen von den Gegebenheiten des Einzelfalls ab. Nach Ansicht von Teilen des Schrifttums ist auch in diesem Fall der Produktverwandtschaft eine Umsatzaufgliederung verzichtbar[365]. Die dafür angeführten Beispielfälle (elektrische Haushaltsgeräte und Unterhaltungselektronik, Fernseh- und Radiogeräte) führen u.E. jedoch regelmäßig zu einer Aufgliederungspflicht.

Als geografische Segmentierungskriterien kommen vor allem Kontinente, Subkontinente, Einzelländer, Wirtschaftsgebiete (z.B. Schwellenländer), Staatenverbände (z.B. EU) und vertriebsorganisatorische Abnehmermärkte in Betracht[366]. Die Bundesrepublik Deutschland stellt in der Regel einen einheitlichen Markt dar, sodass eine weitere regionale Untergliederung ausscheidet[367]. Eine bloße Trennung von In- und Auslandsumsätzen kann in Einzelfällen, insb. bei einem geringen Auslandsanteil, ausreichen, erfüllt aber nicht in jedem Fall die gesetzlichen Anforderungen[368]. Der Differenzierungsgrad ist damit von der Bedeutung der Auslandsumsätze abhängig zu machen[369].

Das folgende Beispiel aus der Berichtspraxis illustriert einen Fall, in dem eine Trennung nur von Ausland und Inland den Erfordernissen genügt. Zudem unterbleibt die tätigkeitsbezogene Aufgliederung offenkundig mit Blick auf die Produktverwandtschaft.

Praxisbeispiel

Sämtliche Umsatzerlöse werden mit der Herstellung und dem Vertrieb von Metallwaren, Kunststoffprodukten, Armaturen, Apparaten und technischen Artikeln hauptsächlich der Sanitärbranche erzielt.

---

362 Vgl. Peters, in Scherrer/Claussen, Rechnungslegungsrecht, 2011, §285 HGB Rz. 54.
363 Vgl. Grottel, in Grottel/Schmidt/Schubert/Winkeljohann, Bilanz, 2016, §285 HGB Rz. 178.
364 Vgl. Wulf, in Baetge/Kirsch/Thiele, Bilanzrecht, §285 HGB Rz. 77.
365 Vgl. IDW, WP Handbuch, 15. Aufl. 2017, Abschn. F Rz. 1034.
366 Vgl. Peters, in Scherrer/Claussen, Rechnungslegungsrecht, 2011, §285 HGB Rz. 55.
367 Vgl. m.w.N. IDW, WP Handbuch, 15. Aufl. 2017, Abschn. F Rz. 1035.
368 Vgl. Kupsch, in Schulze-Osterloh/Hennrichs/Wüstemann, Jahresabschluss, Abt. IV/4, 2004 Rz. 163; Selchert, in BB 1986, S. 563 f.
369 Vgl. Wulf, in Baetge/Kirsch/Thiele, Bilanzrecht, §285 HGB Rz. 78.

Die Umsatzerlöse gliedern sich nach geographisch bestimmten Märkten wie folgt auf:

	2015	2014
	TEUR	*TEUR*
Erlöse Inland	82.517	80.054
Erlöse Ausland	601	462
	83.118	80.516

Geberit Lichtenstein GmbH, Lichtenstein, Jahresabschluss zum 31.12.2015

Art und Umfang der Berichtspflicht

Die Umsatzaufgliederung kann in Form von absoluten Betragsangaben oder – wie im folgenden Praxisbeispiel – anhand prozentualer Anteile am Gesamtumsatz erfolgen[370]. Rein verbale Beschreibungen genügen dagegen nicht[371].

Praxisbeispiel
Umsatzerlöse

	2014/15
	in %
Regionale Aufteilung:	
Inland	*61,0*
Europa	*31,5*
Amerika	*1,5*
Afrika	*0,2*
Asien	*5,8*
Aufteilung nach Geschäftsbereichen:	
Automotive	*45,8*
Elektrotechnik	*28,9*
Industrie & Haustechnik	*22,1*
Sonstige	*3,2*

Carl Leipold GmbH, Wolfach, Jahresabschluss zum 30.09.2015

---

370 Vgl. Grottel, in Grottel/Schmidt/Schubert/Winkeljohann, Bilanz, 2016, § 285 HGB Rz. 170.
371 Vgl. Hoffmann/Lüdenbach, Bilanzierung, 2017, § 285 HGB Rz. 33.

Weist nur eine der beiden gesetzlich geforderten Segmentierungsarten erhebliche Unterschiede auf, besteht die Aufgliederungspflicht nur für diesen Bereich[372]. In diesem Sinne unterbleibt im folgenden Beispiel aus der Berichtspraxis die tätigkeitsbezogene Aufgliederung.

Praxisbeispiel

Unterteilt nach geographischen Märkten werden von den (Dritt-)Umsatzerlösen rund TEUR 11.708 (Vj TEUR 7.923) im Inland, rund TEUR 9.431 (Vj TEUR 3.246) im europäischen Ausland und rund TEUR 28.516 (Vj TEUR 34.638) im nicht europäischen Ausland erzielt. Der Rest entfällt auf Innenumsätze (Umsätze innerhalb der ZAHORANSKY-Gruppe). Die Umsatzerlöse entfallen fast ausschließlich auf den Maschinenbau.

Zahoransky AG, Todtnau, Jahresabschluss zum 31.12.2014

Wie in den folgenden Beispielen erfolgt in der Berichtspraxis teilweise eine Umsatzaufgliederung vor Erlösschmälerungen. Dies ist u.E. nicht zu beanstanden, soweit keine wesentlichen Verzerrungen in Bezug auf die sachlich abgegrenzten Segmente damit einhergehen.

Praxisbeispiel

Der Umsatz, vor Erlösschmälerungen, des Jahres 2012 teilte sich im Wesentlichen wie folgt auf:

Großhandel Rietberg	*35.818 TEUR*	*+ 27,0 %*
Großhandel Freiburg	*8.333 TEUR*	*+ 6,0 %*
Maschinenfabrik	*16.508 TEUR*	*./. 5,9 %*
Gebrauchtmaschinen	*8.521 TEUR*	*+ 41,5 %*
Großhandel Korbußen	*9.399 TEUR*	*./. 22,2 %*
Großhandel Berlin	*5.811 TEUR*	*+ 11,0 %*

Heinrich Kuper GmbH & Co. KG, Rietberg, Jahresabschluss zum 31.12.2012

---

372 Vgl. Bernards, in DStR 1995, S. 1364.

Praxisbeispiel
Umsatzerlöse[373]

	2014	2013
	TEUR	TEUR
Umsatzstruktur		
Bereich Möbel	58.108	52.071
Bereich Sonstiges	21	27
	58.129	52.098
Erlösschmälerungen	2.680	2.003
	55.449	50.095

Absatzmärkte		
Inland	6.419	7.462
Ausland	51.710	44.636
	58.129	52.098
Erlösschmälerungen	2.680	2.003
	55.449	50.095

Die Umsätze im Ausland entfallen im Wesentlichen auf Europa, Asien und die USA.

Poggenpohl Möbelwerke GmbH, Herford, Jahresabschluss zum 31.12.2014

---

373 Die Berichterstattung der Poggenpohl Möbelwerke GmbH in Bezug auf die Auslandsumsätze, die lediglich die »wesentlichen« Absatzmärkte verbal bezeichnet, hat nach den dargestellten Grundsätzen differenzierter zu erfolgen.

7.4.3 Forschungs- und Entwicklungskosten

Berichtsgegenstand und zugrunde liegende Vorschriften

HGB § 285 Sonstige Pflichtangaben
Ferner sind im Anhang anzugeben:
...
22. im Fall der Aktivierung nach § 248 Abs. 2 der Gesamtbetrag der Forschungs- und Entwicklungskosten des Geschäftsjahrs sowie der davon auf die selbst geschaffenen immateriellen Vermögensgegenstände des Anlagevermögens entfallende Betrag;

Erleichterungen
Gemäß § 288 Abs. 1 Nr. 1 HGB kann die Angabe nach § 285 Nr. 22 HGB bei kleinen Gesellschaften entfallen.

Kategorisierung und Vorjahresangabe
Die Berichtspflicht, die den Gesamtbetrag der Forschungs- und Entwicklungskosten betrifft, ist eine originäre Pflichtangabe, die ausdrücklich für den Anhang vorgesehen ist. Deshalb sind keine Vergleichswerte der vorangegangenen Berichtsperiode anzugeben.

Anwendungsbereich
Der Gesetzeswortlaut knüpft die Berichtspflicht des § 285 Nr. 22 HGB an die *Aktivierung* selbst geschaffener immaterieller Anlagegegenstände nach § 248 Abs. 2 HGB. Aufgrund der u. E. nicht eindeutigen gesetzlichen Formulierung ist fraglich, ob damit eine Aktivierung von Entwicklungskosten *in der Berichtsperiode* (= Zugänge zu den selbst erstellten immateriellen Anlagegegenständen) gemeint ist. Obwohl die Angabe als eine GuV-Erläuterung zu charakterisieren ist[374], da sich ihr Inhalt auf Informationen über Aufwendungen der Berichtsperiode bezieht, kann u. E. davon nicht ausgegangen werden. Vielmehr gilt die Berichtspflicht immer dann, wenn das berichtende Unternehmen zum Abschlussstichtag einen positiven (Rest-)Buchwert des Bilanzpostens gem. § 266 Abs. 2 A. I. 1 HGB ausweist, da in der aktuellen Berichtsperiode oder in einer Vorperiode das Aktivierungswahlrecht in Anspruch genommen wurde[375].

---

374 Vgl. Grottel, in Grottel/Schmidt/Schubert/Winkeljohann, Bilanz, 2016, § 285 HGB Rz. 681.
375 Vgl. Peters, in Scherrer/Claussen, Rechnungslegungsrecht, 2011, § 285 HGB Rz. 247; Poelzig, in Schmidt/Ebke, HGB, Bd. 4, 2013, § 285 Rz. 388.

Ist das Tatbestandsmerkmal der Aktivierung nicht erfüllt, sind im Anhang keine Angaben zu Aspekten der Forschung und Entwicklung zu machen. Die Berichterstattung über diesen Bereich beschränkt sich in diesem Fall auf die nach §289 Abs. 2 Nr. 2 HGB für den Lagebericht geforderten Informationen[376].

§285 Nr. 22 HGB ist außerdem nur anwendbar, soweit die Forschungs- und Entwicklungsaktivitäten für eigene Zwecke durchgeführt werden. Die Vorschrift bezieht sich nicht auf Tätigkeiten im Auftrag Dritter, die bei der berichtenden Gesellschaft zu einem aktivierungspflichtigen Vorratsvermögen (unfertige oder fertige Leistungen) führen können[377].

Inhaltliche Abgrenzung der Berichtspflicht
Nach §285 Nr. 22 HGB sind im Anhang
- der Gesamtbetrag der Forschungs- und Entwicklungskosten des Geschäftsjahrs sowie
- der davon auf selbst erstellte immaterielle Anlagegegenstände entfallende Betrag

zu nennen.

Der anzugebende Gesamtbetrag bezieht sich auf alle in der Gewinn- und Verlustrechnung der Berichtsperiode erfassten Aufwendungen der Bereiche Forschung und Entwicklung, unabhängig davon, ob es sich um aktivierungsfähige oder tatsächlich aktivierte Bestandteile dieser Aufwendungen handelt. Im Einzelnen sind somit die folgenden Aufwandsbestandteile zu berücksichtigen[378]:
- Forschungskosten, die nach §255 Abs. 2 Satz 4 HGB generell nicht aktivierbar sind;
- nicht aktivierbare Entwicklungskosten, unabhängig von der Ursache der mangelnden Aktivierungsfähigkeit, vor allem Entwicklungskosten für selbst geschaffene Marken, Drucktitel, Verlagsrechte, Kundenlisten und vergleichbare immaterielle Vermögensgegenstände, für die §248 Abs. 2 Satz 2 HGB ein Ansatzverbot vorsieht;
- prinzipiell aktivierungsfähige Entwicklungskosten, die im Rahmen der Ausübung des Ansatzwahlrechts gem. §248 Abs. 2 Satz 1 HGB tatsächlich nicht aktiviert worden sind;
- tatsächlich aktivierte Entwicklungskosten.

---

376 Vgl. Poelzig, in Schmidt/Ebke, HGB, Bd. 4, 2013, §285 Rz.389.
377 Vgl. Grottel, in Grottel/Schmidt/Schubert/Winkeljohann, Bilanz, 2016, §285 HGB Rz.686.
378 Vgl. Gelhausen/Fey/Kämpfer, Rechnungslegung und Prüfung nach dem Bilanzrechtsmodernisierungsgesetz, 2009, Kap. O Rz.166.

> **Abgrenzung von Forschungs- und Entwicklungskosten** **!**
>
> Nach der gesetzlichen Definition des § 255 Abs. 2a Satz 2, 3 stellt Forschung die eigenständige und planmäßige Suche nach neuen wissenschaftlichen oder technischen Erkenntnissen oder Erfahrungen allgemeiner Art dar, über deren technische Verwertbarkeit und wirtschaftliche Erfolgsaussichten grundsätzlich keine Aussagen gemacht werden können. In Abgrenzung hierzu wird unter Entwicklung die Anwendung von Forschungsergebnissen oder von anderem Wissen für die Neuentwicklung von Gütern oder Verfahren (»Zweckforschung«) oder die Weiterentwicklung von Gütern oder Verfahren mittels wesentlicher Änderungen verstanden. Die Entwicklungsphase ist dabei insb. noch nicht erreicht, solange sich die Tätigkeiten auf die Erlangung neuer Erkenntnisse (»Grundlagenforschung«), die Suche nach Anwendungsmöglichkeiten der neuen Erkenntnisse und/oder die Suche und Definition von alternativen verbesserten Materialien und Prozessen bezieht, ohne dass dies in einem konkreten Zusammenhang mit absetzbaren Produkten erfolgt[379].

Eine Aufgliederung des Gesamtbetrags in einzelne Komponenten, insb. eine Trennung von Forschungs- und Entwicklungskosten, ist nicht erforderlich[380]. Dementsprechend sieht die mittelständische Berichtspraxis davon auch regelmäßig ab.

Der Umfang der angabepflichtigen Forschungs- und Entwicklungskosten (Gesamtbetrag) bestimmt sich nach den Grundsätzen der Ermittlung der Herstellungskosten gem. § 255 Abs. 2, 3 HGB[381]. Das heißt, dass hierbei zumindest die durch die Forschungs- und Entwicklungsaktivitäten unmittelbar verursachten Einzel- und Gemeinkosten einschließlich des Werteverzehrs des Anlagevermögens einzubeziehen sind. Daneben können wahlweise – unter dem Vorbehalt der Stetigkeit – auch angemessene Teile der Kosten für die allgemeine Verwaltung, für soziale Einrichtungen und Leistungen sowie für die betriebliche Altersversorgung, die auf den Forschungs- und Entwicklungszeitraum entfallen, berücksichtigt werden. Gleiches gilt für Finanzierungskosten, die sich auf die Entwicklung selbst erstellter Anlagegegenstände beziehen, soweit sie auf den Entwicklungszeitraum entfallen[382]. Abschreibungen der Berichtsperiode auf in Vorjahren aktivierte Entwicklungskosten selbst erstellter immaterieller

---

379 Vgl. Poelzig, in Schmidt/Ebke, HGB, Bd. 4, 2013, § 285 Rz. 391.

380 So auch z. B. Hoffmann/Lüdenbach, Bilanzierung, 2017, § 285 HGB Rz. 169; a. A. m. w. N. Poelzig, in Schmidt/Ebke, HGB, Bd. 4, 2013, § 285 Rz. 390. Die im Rahmen des Gesetzgebungsverfahrens zum BilMoG ursprünglich vorgesehene Pflicht zur ergänzenden Aufgliederung in Forschungs- und Entwicklungskosten ist in der Endfassung der Gesetzesnorm nicht umgesetzt worden; vgl. dazu BT-Drucks. 16/10067 S. 10, 72 f.

381 Dabei kann es sich auch um nachträgliche Herstellungskosten aufgrund von Erweiterungen oder wesentlichen Verbesserungen bereits aktivierter selbst erstellter immaterieller Vermögensgegenstände handeln; vgl. dazu Kahle/Haas, in WPg 2010, S. 36.

382 Vgl. Grottel, in Grottel/Schmidt/Schubert/Winkeljohann, Bilanz, 2016, § 285 HGB Rz. 687 f.

Vermögensgegenstände des Anlagevermögens gehören dagegen nicht zu den Entwicklungskosten der Berichtsperiode, da sie bereits im Jahr der Aktivierung in der Angabe nach §285 Nr. 22 HGB enthalten waren[383].

Die Angabe des auf selbst erstellte immaterielle Anlagegegenstände entfallenden Betrags an Forschungs- und Entwicklungskosten beinhaltet nach herrschender Meinung wie im folgenden Praxisbeispiel die nach §§248 Abs. 2, 255 Abs. 2a Satz 2 HGB im Geschäftsjahr neu aktivierten Entwicklungskosten. Danach muss der Betrag also grundsätzlich mit dem im Anlagengitter ausgewiesenen Zugangsbetrag des Bilanzpostens nach §266 Abs. 2 A. I. 1 HGB übereinstimmen[384]. Der angabepflichtige Betrag umfasst allerdings auch die im Entstehen befindlichen immateriellen Anlagegegenstände, die eventuell in einem zusätzlichen gesonderten Bilanzposten unter der Bezeichnung »Anlagen im Bau« ausgewiesen werden, sodass sich diese Übereinstimmung im Einzelfall auch auf mehrere Zugangsbeträge beziehen kann.

> **Praxisbeispiel/Musterformulierung**
> *Anlagevermögen*
>
> ...
>
> *Der Gesamtbetrag der Forschungs- und Entwicklungskosten des Geschäftsjahres belief sich auf TEUR 948. Davon entfällt auf im Berichtsjahr aktivierte selbst geschaffene Vermögensgegenstände des Anlagevermögens ein Betrag von TEUR 903.*
>
> *KASTO Maschinenbau GmbH & Co. KG, Achern,*
> *Jahresabschluss zum 31.12.2012*

Da die beschriebene Betragsabgrenzung aber nicht ausdrücklich aus dem Gesetzeswortlaut hervorgeht, kommt auch die Angabe aller den aktivierten immateriellen Vermögensgegenständen zuzuordnenden Teilbeträge der gesamten Forschungs- und Entwicklungskosten in Betracht, unabhängig davon, ob sie aktiviert werden oder aktivierbar sind[385]. In diesem Fall ist aber mit Blick auf die Verständlichkeit eine ergänzende Erläuterung der inhaltlichen Abgrenzung geboten.

---

383 Vgl. Hoffmann/Lüdenbach, Bilanzierung, 2017, §285 HGB Rz.169; Grottel, in Grottel/Schmidt/Schubert/Winkeljohann, Bilanz, 2016, §285 HGB Rz.690.
384 So z.B. Poelzig, in Schmidt/Ebke, HGB, Bd. 4, 2013, §285 Rz.394; Gelhausen/Fey/Kämpfer, Rechnungslegung und Prüfung nach dem Bilanzrechtsmodernisierungsgesetz, 2009, Kap. O Rz.168.
385 So im Ergebnis auch IDW, WP Handbuch, 15.Aufl. 2017, Abschn. F Rz.1168.

Die Angabe des auf die Berichtsperiode entfallenden Teilbetrags kann in Form einer Davon-Angabe oder in einer dreispaltigen Darstellung (bei Zugrundelegung der herrschenden Meinung also aktiviert, nicht aktiviert, Gesamtbetrag) erfolgen[386]. Denkbar ist bei der Angabe des aktivierten Betrags auch ein expliziter Verweis auf das Anlagengitter.

Im obigen Praxisbeispiel wurde die Berichterstattung als bilanzorientierte Angabe ausgelegt und daher bei der Erläuterung des Anlagevermögens platziert. Entsprechend der Einstufung des §285 Nr. 22 HGB als GuV-Angabe ist auch eine Darstellung im Bereich der GuV-Erläuterungen – wie sie im folgenden Praxisbeispiel erfolgt – möglich.

Praxisbeispiel
Forschungs- und Entwicklungskosten
Der Gesamtbetrag der Forschungs- und Entwicklungskosten beläuft sich im Geschäftsjahr auf TEUR 2.657. Davon wurden selbst geschaffene immaterielle Vermögensgegenstände mit einem Betrag von TEUR 161 aktiviert.

Zahoransky AG, Todtnau, Jahresabschluss zum 31.12.2014

In Fällen, in denen die Angabe des auf die Berichtsperiode entfallenden Teilbetrags sowohl noch im Entstehen befindliche als auch bereits fertige immaterielle Anlagegegenstände betrifft, empfiehlt sich eine entsprechende Aufgliederung in die unfertigen und die fertigen Teile. Gesetzlich zwingend ist diese Aufteilung allerdings nicht[387]. Das folgende Beispiel aus der Berichtspraxis, bei dem die Entwicklungsprojekte zumindest teilweise noch nicht abgeschlossen zu sein scheinen, ist in diesem Punkt nicht zu beanstanden.

Praxisbeispiel
Nach §248 Abs. 2 HGB aktivierte die Gesellschaft Entwicklungskosten der zum Abschlussstichtag noch in Entwicklung befindlichen bzw. abgeschlossenen Neuentwicklungen in Höhe von 311 TEUR. Insgesamt wurden 2012 Aufwendungen für Entwicklungsarbeiten in Höhe von 536 TEUR getätigt.

Heinrich Kuper GmbH & Co. KG, Rietberg, Jahresabschluss zum 31.12.2012

---

386 Vgl. Poelzig, in Schmidt/Ebke, HGB, Bd. 4, 2013, §285 Rz.394.
387 Vgl. Ernst/Seidler, in BB 2009, S.767, FN 7; so auch Poelzig, in Schmidt/Ebke, HGB, Bd. 4, 2013, §285 Rz.394.

Im vorstehenden Praxisbeispiel wird in Bezug auf den Gesamtbetrag aber nur auf »Entwicklungsarbeiten« abgestellt, sodass unklar ist, ob der angegebene Betrag tatsächlich alle Forschungs- und Entwicklungsaufwendungen der Berichtsperiode enthält.

In zeitlicher Hinsicht beschränken sich Entwicklungsprojekte oftmals nicht auf eine bestimmte Berichtsperiode, sondern sind stichtagsübergreifend. Folgt man der herrschenden Meinung, wonach der Aktivierungsanteil am Gesamtbetrag der Forschungs- und Entwicklungsaufwendungen der jeweiligen Berichtsperiode anzugeben ist, ist mit (Nach-)Aktivierungsbeträgen aus Vorperioden wie folgt zu verfahren[388]:

Soweit Entwicklungskosten für im Entstehen befindliche, nicht fertige selbst erstellte immaterielle Anlagegegenstände in Vorperioden als »Anlagen im Bau« aktiviert wurden, entfällt eine Nennung nach § 285 Nr. 22 HGB für die Berichtsperiode, da sie bereits in den korrespondierenden Angaben der Vorperioden enthalten sind. Werden Entwicklungskosten der Vorperiode erst bei der Fertigstellung des Vermögensgegenstands in einer späteren Berichtsperiode (nach-)aktiviert, gehen sie ebenfalls nicht in die Teilbetragsangabe dieser späteren Berichtsperiode ein, da sie dort nicht als Aufwand in der Gewinn- und Verlustrechnung enthalten sind. Um die dadurch entstehende Diskrepanz zum Zugangsausweis im Anlagengitter transparent zu machen, sind die aktivierten Aufwendungen der Vorperiode zusätzlich gesondert anzugeben.

7.4.4 Material- und Personalaufwand bei Anwendung des Umsatzkostenverfahrens

Berichtsgegenstand und zugrunde liegende Vorschriften

HGB § 285 Sonstige Pflichtangaben
Ferner sind im Anhang anzugeben:
...
8. bei Anwendung des Umsatzkostenverfahrens (§ 275 Abs. 3)
  a) der Materialaufwand des Geschäftsjahrs, gegliedert nach § 275 Abs. 2 Nr. 5,
  b) der Personalaufwand des Geschäftsjahrs, gegliedert nach § 275 Abs. 2 Nr. 6;

---

388 Vgl. Grottel, in Grottel/Schmidt/Schubert/Winkeljohann, Bilanz, 2016, § 285 HGB Rz. 696.

Erleichterungen

Die Angaben nach §285 Nr. 8 HGB zum Material- und Personalaufwand können nach §288 Abs. 1 Nr. 1 HGB bei kleinen Gesellschaften entfallen.

Kategorisierung und Vorjahresangabe

Die Verpflichtung zur Angabe von Material- und Personalaufwand bei der Anwendung des Umsatzkostenverfahrens ist eine originäre Pflichtangabe, die ausdrücklich für den Anhang vorgeschrieben ist. Deshalb sind die Vergleichswerte der Vorperiode nicht verpflichtend anzugeben; allerdings wird eine Angabe auf freiwilliger Basis empfohlen[389].

Anwendungsbereich und inhaltliche Abgrenzung der Berichtspflicht

Die Berichtspflicht des §285 Nr. 8 HGB beschränkt sich auf Unternehmen, die gem. §275 Abs. 3 HGB die funktionale Gliederung des Umsatzkostenverfahrens auf ihre Gewinn- und Verlustrechnung anwenden.

Die genannten Aufwandsarten sind betragsmäßig nach den für das Gesamtkostenverfahren (§275 Abs. 2 HGB) geltenden Grundsätzen zu ermitteln und wie in einer auf dieser Basis erstellten Gewinn- und Verlustrechnung anzugeben. Aus den Angaben müssen also die folgenden Informationen hervorgehen:

	EUR
Materialaufwand	
Aufwendungen für Roh-, Hilfs- und Betriebsstoffe und für bezogene Waren	
Aufwendungen für bezogene Leistungen	
Personalaufwand	
Löhne und Gehälter	
Soziale Abgaben und Aufwendungen für Altersversorgung und für Unterstützung,	
davon für Altersversorgung	

Alternativ kann der Posten »Soziale Abgaben und Aufwendungen für Altersversorgung und für Unterstützung« auch in zwei getrennten Posten dar-

---

389 Vgl. IDW, WP Handbuch, 15.Aufl. 2017, Abschn. F Rz.1044; Poelzig, in Schmidt/Ebke, HGB, Bd. 4, 2013, §285 Rz.136; Adler/Düring/Schmaltz, Rechnungslegung und Prüfung der Unternehmen, 6.Aufl. 1994 ff., §285 HGB Rz.156.

gestellt werden (»Soziale Abgaben und Aufwendungen für Unterstützung« sowie »Aufwendungen für Altersversorgung«), sodass die Darstellung eines Davon-Vermerks entfällt[390].

7.4.5 Außerplanmäßige Abschreibungen auf Anlagevermögen

Berichtsgegenstand und zugrunde liegende Vorschriften

HGB § 277 Vorschriften zu einzelnen Posten der Gewinn- und Verlustrechnung
(3) Außerplanmäßige Abschreibungen nach § 253 Absatz 3 Satz 5 und 6 sind jeweils gesondert auszuweisen oder im Anhang anzugeben.

Erleichterungen
Es bestehen keine gesetzlich geregelten Erleichterungen.

Kategorisierung und Vorjahresangabe
Die Berichtspflicht, die die außerplanmäßigen Abschreibungen auf Vermögensgegenstände des Anlagevermögens betrifft, ist eine Wahlpflichtangabe. Deshalb müssen auch die Vergleichswerte der Vorperiode mit angegeben werden. Die Berichterstattung im folgenden Beispiel aus der Berichtspraxis ist damit bereits insoweit unvollständig.

Praxisbeispiel
Die Abschreibungen enthalten in Höhe von TEUR 123 außerplanmäßige Abschreibungen.

ADA Cosmetics International GmbH, Kehl, Jahresabschluss zum 31.12.2011

Anwendungsbereich und inhaltliche Abgrenzung der Berichtspflicht
Die Berichtspflicht des § 277 Abs. 3 Satz 1 HGB betrifft ausschließlich außerplanmäßige Abschreibungen auf
- immaterielle Anlagegegenstände und Sachanlagen (§ 253 Abs. 3 Satz 5 HGB) und
- Finanzanlagen (§ 253 Abs. 3 Satz 6 HGB).

---

390 Vgl. IDW, WP Handbuch, 15. Aufl. 2017, Abschn. F Rz. 1045.

Nach dem Gesetzeswortlaut sind die in § 253 Abs. 4 HGB geregelten außerplanmäßigen Abschreibungen auf Gegenstände des Umlaufvermögens indes nicht gesondert anzugeben. Die im folgenden Praxisbeispiel enthaltenen Angaben sind somit als freiwillige Zusatzinformation zu bewerten.

> **Praxisbeispiel**
> *Vorräte*
>
> …
> *Der Teil des Warenbestandes, der aufgrund modischer oder anderer Einflüsse Wertminderungen aufwies, wurde gem. § 253 Abs. 4 HGB auf den niedrigeren beizulegenden Wert abgeschrieben, welcher sich aus dem Marktpreis ergab. Der Abschlag betrug insgesamt EUR 986.433.*
>
> *Clinton Großhandels-GmbH, Hoppegarten,*
> *Jahresabschluss zum 31.12.2012*

Die Berichterstattung beinhaltet die Angabe der Gesamtbeträge der in der Berichtsperiode auf die beiden gesetzlich unterschiedenen Vermögensgruppen jeweils vorgenommenen außerplanmäßigen Abschreibungen[391]. Eine weitergehende Differenzierung dieser Abschreibungen nach der Dauer der Wertminderung bezüglich der Finanzanlagen oder eine gesonderte Angabe der jeweils auf immaterielle Anlagegegenstände und Sachanlagen entfallenden Beträge ist nicht gefordert.

Da die Vermögensgruppe bzw. die abschreibungsbegründende Norm nicht genannt ist, erfüllt das folgende Praxisbeispiel die Anforderungen des § 277 Abs. 3 Satz 1 HGB nicht.

> **Praxisbeispiel**
> **Außerplanmäßige Abschreibungen auf Vermögensgegenstände des Anlagevermögens**

	2011	2010
	TEUR	TEUR
wegen voraussichtlich dauernder Wertminderung	3	0

> *RUCH NOVAPLAST GmbH & Co. KG, Oberkirch,*
> *Jahresabschluss zum 31.12.2011*

---

391 Vgl. Hoffmann/Lüdenbach, Bilanzierung, 2017, § 277 HGB Rz. 30.

Im folgenden Praxisbeispiel wiederum sind die Vermögensgruppen, die Gegenstand der außerplanmäßigen Abschreibungen waren, eindeutig bezeichnet, es mangelt indes an der Angabe der Vorjahresbeträge.

Praxisbeispiel
Anlagevermögen

Im Hinblick auf die außerplanmäßige Wertminderung von Vermögensgegenständen des Sachanlagevermögens wurden außerplanmäßige Abschreibungen im Sinne des § 277 (3) Satz 1 HGB auf den niedrigeren beizulegenden Wert in Höhe von 542 TEUR vorgenommen. Der Wertminderung steht eine korrespondierende Ausgleichszahlung des Auftraggebers gegenüber.

…

Abschreibungen auf Finanzanlagen

Es erfolgte eine außerplanmäßige Abschreibung auf die Ausleihungen der PWO AG an die PWO Holding Co., Ltd., Hongkong, in Höhe von 3.550 TEUR.

Progress-Werk Oberkirch AG, Oberkirch, Jahresabschluss zum 31.12.2012

Eine sachgerechte kurze Berichterstattung kann entsprechend der folgenden Musterformulierung ausgestaltet sein.

! **Musterformulierung**

Außerplanmäßige Abschreibungen
Die Abschreibungen auf immaterielle Vermögensgegenstände des Anlagevermögens und Sachanlagen enthalten außerplanmäßige Abschreibungen i.H.v. … EUR (Vorjahr … EUR).

Darstellungstechnisch kann die Gesetzesvorgabe alternativ durch
- einen gesonderten Ausweis in der Gewinn- und Verlustrechnung
- oder eine Anhangangabe

umgesetzt werden.

Wird ein gesonderter GuV-Ausweis gewählt, bestehen wiederum die folgenden Ausweismöglichkeiten[392]:

- Einfügung eines einzigen zusammenfassenden Postens für die außerplanmäßigen Abschreibungen auf Anlagevermögen in das GuV-Gliederungsschema des §275 Abs. 2, 3 HGB, der – falls einschlägig – durch Unterposten oder Davon-Vermerke die beiden Einzelbeträge nennt;
- Verteilung der außerplanmäßigen Abschreibungen auf verschiedene, in das gesetzliche Gliederungsschema des §275 Abs. 2, 3 HGB zusätzlich einzufügende Einzelposten, wie z.B. bei der Anwendung des Gesamtkostenverfahrens durch einen neuen Posten nach oder vor dem Posten Nr. 7a für die Sachanlagen und immateriellen Anlagegegenstände sowie ggf. einen Posten nach oder vor dem Posten Nr. 12 für die Finanzanlagen;
- Ergänzung von Davon-Vermerken zu den vorstehend aufgeführten GuV-Posten.

Erfolgt eine Anhangangabe, können die geforderten Beträge gesondert im Bereich der GuV-Erläuterungen oder auch als Bestandteile des Anlagengitters genannt werden[393].

Die Ausübung dieses Darstellungswahlrechts unterliegt dem Stetigkeitsgrundsatz des §265 Abs. 1 HGB (siehe dazu auch Kapitel 3.2.5).

7.4.6 Angabe außergewöhnlicher Erträge und Aufwendungen

Berichtsgegenstand und zugrunde liegende Vorschriften

HGB §285 Sonstige Pflichtangaben
Ferner sind im Anhang anzugeben:

...

31. *jeweils der Betrag und die Art der einzelnen Erträge und Aufwendungen von außergewöhnlicher Größenordnung oder außergewöhnlicher Bedeutung, soweit die Beträge nicht von untergeordneter Bedeutung sind;*

Erleichterungen
Es bestehen keine gesetzlich geregelten Erleichterungen.

---

392 Vgl. Wobbe, in Bertram/Brinkmann/Kessler/Müller, HGB Bilanz, 2016, §277 HGB Rz.11; Hoffmann/Lüdenbach, Bilanzierung, 2017, §277 HGB Rz.31.
393 Vgl. Hoffmann/Lüdenbach, Bilanzierung, 2017, §277 HGB Rz.30.

Kategorisierung und Vorjahresangabe

Die Berichtspflicht, die die außergewöhnlichen Erträge und Aufwendungen betrifft, ist eine originäre Pflichtangabe, die ausdrücklich für den Anhang vorgesehen ist. Deshalb sind keine Angaben zur vorherigen Berichtsperiode erforderlich.

Wesentlichkeitsvorbehalt

Die Berichtspflicht des § 285 Nr. 31 HGB kommt nur insoweit zum Tragen, als die außergewöhnlichen Sachverhalte von wesentlicher Bedeutung insb. in Bezug auf die mit der Gewinn- und Verlustrechnung dargestellte Ertragslage sind[394]. Eine Berichterstattung über unwesentliche Geschäftsvorfälle kann somit unterbleiben.

Inhaltliche Abgrenzung der Berichtspflicht

Die durch das BilRUG neu geschaffene Angabepflicht des § 285 Nr. 31 HGB über außergewöhnliche Erträge und Aufwendungen hat die vormalige Berichterstattung über den Inhalt von außerordentlichen GuV-Posten nach § 277 Abs. 4 HGB a. F. abgelöst. Diese Änderung steht im Zusammenhang mit dem Wegfall des außerordentlichen Ergebnisses in den GuV-Gliederungsschemata des § 275 Abs. 2, 3 HGB im Zuge des BilRUG.

Die Berichtspflicht bezieht sich auf *einzelne* Sachverhalte der Gewinn- und Verlustrechnung, die im Vergleich zu den beim betreffenden Unternehmen üblichen aufwands- und ertragswirksamen Geschäftsvorfällen als *außergewöhnlich* ihrer Größe oder Bedeutung nach einzustufen sind[395]. Sie ist unabhängig davon, in welchem GuV-Posten sich solche Sachverhalte niedergeschlagen haben. Als allgemeiner Maßstab der Berichterstattung ist dabei das Ziel des Jahresabschlusses zu beachten, ein den tatsächlichen Verhältnissen entsprechendes Bild u. a. der Ertragslage zu zeichnen. Im Sinne dieser Zielsetzung sollen Sondereinflüsse, die das Periodenergebnis wesentlich verzerren und dabei mehr oder weniger nur einmaliger Natur sind, für die Jahresabschlussadressaten erkennbar gemacht werden[396].

Eine Angabe des (saldierten) Gesamtergebnisses sämtlicher außergewöhnlicher Posten oder des jeweiligen Gesamtbetrags aller als außergewöhnlich klassifizierten Erträge und/oder Aufwendungen in unsaldierter Form genügt

---

394 Vgl. z. B. Rimmelspacher/Reitmeier, in WPg 2015, S. 1006.
395 Vgl. Theile, in GmbHR 2015, S. 283; Lüdenbach/Freiberg, in BB 2014, S. 2222; BT-Drucks. 18/5256 S. 83.
396 Vgl. Hoffmann/Lüdenbach, Bilanzierung, 2017, § 285 HGB Rz. 193c.

der Gesetzesvorgabe nicht[397]; es sind Einzelangaben zu machen, wobei eine Zusammenfassung zu sachgerechten Ertrags- und Aufwandskategorien zulässig erscheint.

Mit dem Tatbestandsmerkmal der außergewöhnlichen *Größenordnung* meint der Gesetzeswortlaut ein rein quantitatives Vergleichskriterium: Betragsmäßig unübliche Geschäftsvorfälle (»Ausreißer«) sind danach angabepflichtig, ungeachtet von der Art des betreffenden Sachverhalts[398]. Auch wenn sie der Art nach gegebenenfalls regelmäßig auftreten bzw. als gewöhnlich zu charakterisieren sind, können bei einer besonderen Aufwands- oder Ertragshöhe also z.B. folgende Sachverhalte die Berichtspflicht auslösen:

- Auflösung von Rückstellungen oder Wertberichtigungen auf Forderungen;
- außerplanmäßige Abschreibungen im Anlagevermögen;
- Ergebnisse aus dem Abgang von Anlagevermögen;
- Gewinne oder Verluste aus der Währungsumrechnung;
- Beilegung von (besonderen) Rechtsstreitigkeiten;
- Bildung von Rückstellungen und Wertberichtigungen auf Forderungen;
- Vereinnahmung ungewöhnlich hoher Dividenden.

Im Unterschied dazu fallen unter die Kategorie der außergewöhnlichen *Bedeutung* solche Sachverhalte, die ihrer Art nach ungewöhnlich sind und bei dem berichtspflichtigen Unternehmen auch nicht mit einer gewissen Regelmäßigkeit auftreten. Es handelt sich damit um außerordentliche Geschäftsvorfälle i.S.d. Vor-BilRUG-Definition des §277 Abs. 4 Satz 1 HGB a.F. (Erträge und Aufwendungen außerhalb der gewöhnlichen Geschäftstätigkeit)[399]. Berichtspflichtige außergewöhnliche Sachverhalte können beispielsweise in folgenden Fällen vorliegen (falls diese selten vorkommen):

- Verkauf oder Stilllegung wesentlicher Betriebsteile;
- Schäden aus nicht versicherten Naturkatastrophen;
- Sanierungsgewinne aus Forderungsverzichten von Gläubigern;
- Umwandlungsgewinne oder -verluste;
- Wegfall der Fortführungsannahme des §252 Abs. 1 Nr. 2 HGB[400].

---

397 Vgl. BT-Drucks. 18/4050 S.67; Hoffmann/Lüdenbach, Bilanzierung, 2017, §285 HGB Rz.193b.
398 Vgl. Grottel, in Grottel/Schmidt/Schubert/Winkeljohann, Bilanz, 2016, §285 HGB Rz.880 ff.
399 Vgl. Grottel, in Grottel/Schmidt/Schubert/Winkeljohann, Bilanz, 2016, §285 HGB Rz.875.
400 Vgl. Hoffmann/Lüdenbach, Bilanzierung, 2017, §285 HGB Rz.193d; zur inhaltlichen Abgrenzung außergewöhnlicher Posten anhand von Beispielsfällen vgl. auch z.B. Grottel, in Grottel/Schmidt/Schubert/Winkeljohann, Bilanz, 2016, §285 HGB Rz.890 f.

Wie in der folgenden Musterformulierung ist im Rahmen der Berichterstattung die Art der als außergewöhnlich klassifizierten Sachverhalte zu nennen, deren Charakter (Aufwand/Ertrag) zu bezeichnen, der betreffende GuV-Posten anzugeben sowie die betragsmäßige Dimension zu erläutern[401].

! Musterformulierung

Im Posten sonstige betriebliche Aufwendungen sind außergewöhnliche Aufwendungen betreffend die Restrukturierung des Geschäftsbereichs ... der Gesellschaft in Höhe von ... TEUR enthalten.

Aus den Erläuterungen zu § 285 Nr. 31 HGB muss – wie in der folgenden Musterformulierung – eindeutig erkennbar werden, welche Sachverhalte parallel auch periodenfremder Art sind (siehe dazu auch Kapitel 7.4.7)[402].

! Musterformulierung

Im Posten sonstige betriebliche Erträge sind außergewöhnliche Erträge in Höhe von ... TEUR enthalten, die mit der im Vorjahr erfolgten Liquidation einer Tochtergesellschaft in Zusammenhang stehen. Diese Erträge stellen parallel auch periodenfremde Erträge dar.

Da außergewöhnliche Sachverhalte anders als ehemalige außerordentliche Geschäftsvorfälle vor der Erstanwendung des BilRUG nicht auf bestimmte gesonderte GuV-Posten beschränkt sind, sondern in verschiedenen Posten auftreten können, stellt sich die Frage, wie die Angaben nach § 285 Nr. 31 HGB darstellungstechnisch im Anhang zu platzieren sind. Unter Beachtung des Stetigkeitsgebots (siehe dazu auch Kapitel 3.2.5) besteht die Möglichkeit,

- entweder die Angaben für jeden einzelnen GuV-Posten vorzunehmen
- oder alle Einzelangaben zu einer Gesamttabelle zusammenzufassen, versehen mit entsprechenden Verweisen auf die betreffenden GuV-Posten[403].

---

401 So im Ergebnis auch IDW, WP Handbuch, 15. Aufl. 2017, Abschn. F Rz. 1225.
402 Vgl. IDW, WP Handbuch, 15. Aufl. 2017, Abschn. F Rz. 1231.
403 Vgl. z. B. Rimmelspacher/Meyer, in DB 2015, Beil. 5, S. 28; Grottel, in Grottel/Schmidt/Schubert/ Winkeljohann, Bilanz, 2016, § 285 HGB Rz. 897.

7.4.7 Erläuterung periodenfremder Erträge und Aufwendungen

Berichtsgegenstand und zugrunde liegende Vorschriften

HGB § 285 Sonstige Pflichtangaben
Ferner sind im Anhang anzugeben:
...

32. *eine Erläuterung der einzelnen Erträge und Aufwendungen hinsichtlich ihres Betrags und ihrer Art, die einem anderen Geschäftsjahr zuzurechnen sind, soweit die Beträge nicht von untergeordneter Bedeutung sind;*

Erleichterungen
Die Erläuterung der periodenfremden Erträge und Aufwendungen kann nach § 288 Abs. 1 Nr. 1, Abs. 2 HGB bei kleinen und mittelgroßen Gesellschaften unterbleiben.

Kategorisierung und Vorjahresangabe
Die Berichtspflicht, die die periodenfremden GuV-Inhalte betrifft, ist eine originäre Pflichtangabe, die ausdrücklich für den Anhang vorgesehen ist. Deshalb sind keine Angaben zur vorherigen Berichtsperiode erforderlich.

Wesentlichkeitsvorbehalt
Die Berichtspflicht über periodenfremde GuV-Inhalte kommt nur zum Tragen, soweit es sich um wesentliche Aufwendungen und/oder Erträge handelt.

Inhaltliche Abgrenzung der Berichtspflicht
Die Berichtspflicht des § 285 Nr. 32 HGB bezieht sich auf alle periodenfremden Erträge und Aufwendungen, unabhängig davon, in welchem GuV-Posten sie enthalten sind[404]. Die periodenfremden Sachverhalte sind dabei auch anzugeben, wenn sie parallel Bestandteil der Berichterstattung nach § 285 Nr. 31 HGB über die außergewöhnlichen Posten sind (siehe dazu Kapitel 7.4.6).

Im Rahmen der Berichterstattung ist die Art der als periodenfremd klassifizierten Sachverhalte zu nennen, deren Charakter (Aufwand/Ertrag) zu bezeichnen sowie die betragsmäßige Dimension zu erläutern[405]. Eine quantitative Dar-

---

404 Zur inhaltlichen Abgrenzung periodenfremder Aufwendungen und Erträge i. S. d. § 285 Nr. 32 HGB vgl. ausführlich z. B. IDW, WP Handbuch, 15. Aufl. 2017, Abschn. F Rz. 1230; Kirsch/Ewelt-Knauer, in Baetge/Kirsch/Thiele, Bilanzrecht, § 277 HGB Rz. 82; Adler/Düring/Schmaltz, Rechnungslegung und Prüfung der Unternehmen, 6. Aufl. 1994 ff., § 277 HGB Rz. 87.
405 So im Ergebnis auch IDW, WP Handbuch, 15. Aufl. 2017, Abschn. F Rz. 1231.

stellung insb. in Form einer Aufgliederung mit exakten Werten kann daraus nicht zwingend gefolgert werden[406]. In wohl seltenen Einzelfällen kann auch eine verbale Darstellung entsprechend der folgenden Musterformulierung den gesetzlichen Erfordernissen genügen.

> **!** **Musterformulierung**
>
> Die Steuern vom Einkommen und vom Ertrag beinhalten im Wesentlichen perioden-fremde Aufwendungen als Folge einer Betriebsprüfung für die Jahre ...

In Fällen, in denen sich unterschiedliche, betragsmäßig wesentliche Sach-verhalte in den betreffenden GuV-Posten niedergeschlagen haben, muss die Berichterstattung das Verhältnis der einzelnen Sachverhalte zum Gesamtbe-trag des jeweiligen Postens zum Ausdruck bringen[407]. In der Regel wird dies eine quantitative Berichterstattung erfordern, zumal die periodenfremden Elemente nur in Ausnahmefällen den wesentlichen Teil eines GuV-Postens ausmachen werden. Die Berichterstattung hat insb. auch die GuV-Posten anzugeben, in denen sich die periodenfremden Erträge und Aufwendungen niedergeschlagen haben. Daher stellt das folgende Beispiel aus der Bericht-spraxis, das freiwillig die Vorjahresbeträge nennt, eine nicht hinreichende Er-läuterung dar.

Praxisbeispiel

Die Gewinn- und Verlustrechnung enthält folgende aperiodischen Erträge und Aufwendungen:

	2012 EUR	2011 EUR
Erträge aus Anlagenverkäufen	*131.380*	*23.450*
Erträge Auflösung Pensionsrückstellung	*0*	*314.354*
Erträge Auflösung von Rückstellungen	*8.631*	*11.669*
Periodenfremde Erträge	*296*	*1.662*
Verluste Abgang von Anlagevermögen	*−12*	*−1.213*
Forderungsverluste	*−13.144*	*−33.380*

---

406 Vgl. Isele/Urner-Hemmeter, in Küting/Pfitzer/Weber, Rechnungslegung, §277 HGB a.F. Rz.139, Stand 02/2011; so auch z.B. m.w.N. Reiner/Haußer, in Schmidt/Ebke, HGB, Bd. 4, 2013, §277 Rz.42.
407 Vgl. Adler/Düring/Schmaltz, Rechnungslegung und Prüfung der Unternehmen, 6.Aufl. 1994 ff., §277 HGB Rz.85.

	2012	2011
	EUR	EUR
Sozialversicherungsbeiträge Vorjahre	0	−32.462
	127.151	284.080

Peterstaler Mineralquellen GmbH, Bad Peterstal-Griesbach,
Jahresabschluss zum 31.12.2012

Das folgende Praxisbeispiel geht dagegen sachgerecht auf die einzelnen GuV-Posten ein, in denen die periodenfremden Sachverhalte der Berichtsperiode ausgewiesen sind. Die Angaben lassen dagegen, soweit mehrere Einzelsachverhalte betroffen sind, deren jeweilige betragsmäßige Dimension nicht erkennen. Diese Form der Berichterstattung, bei der verbal nur darauf Bezug genommen wird, welche wesentlichen Elemente den betreffenden Gesamtbetrag ausmachen, ist in der Praxis weit verbreitet, steht u.E. jedoch im Widerspruch zu den gesetzlichen Anforderungen.

Praxisbeispiel
Unter den sonstigen betrieblichen Erträgen sind periodenfremde Erträge in Höhe von TEUR 2.032 ausgewiesen. Es handelt sich im Wesentlichen um Erträge aus der Auflösung von Rückstellungen sowie Einzelwertberichtigungen und aus dem Abgang von Anlagevermögen.

Unter den sonstigen betrieblichen Aufwendungen sind periodenfremde Aufwendungen in Höhe von TEUR 193 ausgewiesen. Es handelt sich im Wesentlichen um Verluste aus Anlageabgängen.

In den sonstigen Zinsen und ähnlichen Aufwendungen sind periodenfremde Zinsen in Höhe von TEUR 330 ausgewiesen.

Die Steuern vom Einkommen und vom Ertrag beinhalten periodenfremde Aufwendungen in Höhe von TEUR 1.923.

ROTO FRANK Aktiengesellschaft, Leinfelden-Echterdingen,
Jahresabschluss zum 31.12.2014

Eine aussagekräftige, vollumfänglich sachgerechte Berichterstattung gibt das folgende Praxisbeispiel wieder.

Praxisbeispiel/Musterformulierung

In den sonstigen betrieblichen Erträgen sind die nachfolgend dargestellten aperiodischen Erträge enthalten:

	TEUR
Gewinne aus Anlageabgängen	737
Auflösung von Rückstellungen	300
Eingang abgeschriebener Forderungen	31
Auflösung von Einzelwertberichtigungen	24
Übrige	12
	1.104

...

In den sonstigen betrieblichen Aufwendungen sind die nachfolgend dargestellten aperiodischen Aufwendungen enthalten:

	TEUR
Verluste aus Anlageabgängen	100
Forderungsverluste	10
	110

...

In den sonstigen Steuern sind aperiodische Aufwendungen in Höhe von TEUR 0 (Vj TEUR 12) enthalten.

Algeco GmbH, Kehl, Jahresabschluss zum 31.12.2015

In der Berichtspraxis wird – wie in folgendem Beispiel – teilweise nur allgemein die Zusammensetzung der sonstigen betrieblichen Erträge und Aufwendungen dargestellt, ohne dabei auf etwaige periodenfremde Sachverhalte ausdrücklich einzugehen. Sofern jedoch wesentliche periodenfremde Sachverhalte für die jeweilige Berichtsperiode vorliegen, ist diese Art der Berichterstattung als nicht hinreichend anzusehen.

Praxisbeispiel

Die sonstigen betrieblichen Erträge enthalten im Wesentlichen Erträge aus Lohnkostenumlagen (3.763 TEUR), Gehaltskostenumlage (1.563 TEUR) bzw. Sachkostenumlagen (1.026 TEUR) und Mieterträge (602 TEUR) gegenüber der Mecalit GmbH. Im Weiteren sind Erträge aus der Kfz-Nutzung der Arbeitnehmer (63 TEUR) und Erträge aus Währungsumrechnungen (256 TEUR) ausgewiesen.

...

Die sonstigen betrieblichen Aufwendungen enthalten unter anderem Aufwendungen für Reparatur und Instandhaltung (775 TEUR), Raum- und Energiekosten (885 TEUR), Kosten der Warenabgabe (796 TEUR), Messe-, Werbe- und Reisekosten (665 TEUR), Fahrzeugkosten (137 TEUR), Versicherungen, Beiträge (208 TEUR), Datenverarbeitung, Softwareanpassung (157 TEUR) sowie die externen Kosten der Jahresabschlusserstellung und -prüfung (54 TEUR).

SIEGER GmbH, Lichtenau, Jahresabschluss zum 31.07.2015

7.5 Angaben zur Abgrenzung latenter Steuern

Berichtsgegenstand und zugrunde liegende Vorschriften

HGB § 285 Sonstige Pflichtangaben
Ferner sind im Anhang anzugeben:
...
29. *auf welchen Differenzen oder steuerlichen Verlustvorträgen die latenten Steuern beruhen und mit welchen Steuersätzen die Bewertung erfolgt ist;*
30. *wenn latente Steuerschulden in der Bilanz angesetzt werden, die latenten Steuersalden am Ende des Geschäftsjahrs und die im Laufe des Geschäftsjahrs erfolgten Änderungen dieser Salden;*

Erleichterungen
Nach § 288 Abs. 1 Nr. 1 HGB können die Angaben zur latenten Steuerabgrenzung bei kleinen Gesellschaften entfallen.

Mittelgroße Gesellschaften können nach § 288 Abs. 2 HGB die Angaben nach § 285 Nr. 29 HGB zu den Grundsätzen der Abbildung latenter Steuern weglassen.

Kategorisierung und Vorjahresangabe

Die Berichtspflichten, die die Abgrenzung latenter Steuern betreffen, sind originäre Pflichtangaben, die ausdrücklich für den Anhang vorgesehen sind. Deshalb sind keine Angaben zur vorherigen Berichtsperiode erforderlich.

Anwendungsbereich

§ 285 Nr. 29 HGB ergänzt und konkretisiert die durch § 284 Abs. 2 Nr. 1 HGB grundlegend geforderten allgemeinen Erläuterungen zu den Grundsätzen der Abbildung latenter Steuern im Jahresabschluss. Letztere umfasst – wie in Kapitel 7.2.1 dargestellt – zumindest Angaben

- zur Inanspruchnahme des Ansatzwahlrechts betreffend Überhänge aktiver über passive Steuerlatenzen nach § 274 Abs. 1 Satz 2 HGB und
- eine Beschreibung der wesentlichen zugrunde gelegten Bewertungsparameter (Steuersatz, Prämissen der voraussichtlichen Nutzbarkeit von Verlustvorträgen in den kommenden fünf Jahren u. Ä.).

Der Forderung des § 285 Nr. 29 HGB, wonach Angaben zu den bei der Bewertung angewandten Steuersätzen[408] zu machen sind, kommt daher nur eine klarstellende Bedeutung zu.

Erläuterungen zu den relevanten Differenzen und steuerlichen Verlustvorträgen sind immer dann erforderlich, wenn passive Steuerlatenzen vorliegen, unabhängig davon, ob in der Bilanz der berichtenden Gesellschaft latente Steuern auch tatsächlich ausgewiesen werden. Somit ist eine Berichterstattung auch notwendig, wenn sich im Rahmen der Gesamtdifferenzenbetrachtung ein aktivischer Gesamtsaldo ergibt, dieser in Anbetracht des Aktivierungswahlrechts des § 274 Abs. 1 Satz 2 HGB nicht in der Bilanz angesetzt wird und bezüglich der betragsgleichen aktiven und passiven Latenzen das Wahlrecht für einen saldierten Bilanzausweis (§ 274 Abs. 1 HGB) wahrgenommen wird[409]. Die Angabe nach § 285 Nr. 29 HGB kann dagegen insgesamt unterbleiben, wenn *nur* aktive Steuerlatenzen bestehen, die nicht in der Bilanz angesetzt werden[410]. Erfolgt in diesem Fall ein Bilanzansatz, ist im Anhang auch über die zugrunde liegenden Sachverhalte zu berichten.

---

408 Die Verwendung des Plurals (»Steuersätze«) ist dabei irreführend. Es ist *der* kumulierte Ertragsteuersatz der berichtenden Gesellschaft anzusetzen, der sich bei Kapitalgesellschaften auf die Körperschaft- und Gewerbesteuer und bei voll haftungsbeschränkten Personenhandelsgesellschaften nur auf die Gewerbesteuer bezieht; vgl. Grottel, in Grottel/Schmidt/Schubert/Winkeljohann, Bilanz, 2016, § 285 HGB Rz. 835.

409 Vgl. BT-Drucks. 16/12407 S. 116.

410 So im Ergebnis auch z. B. Grottel, in Grottel/Schmidt/Schubert/Winkeljohann, Bilanz, 2016, § 285 HGB Rz. 831; IDW, WP Handbuch, 15. Aufl. 2017, Abschn. F Rz. 1213.

Die Berichterstattung im folgenden Praxisbeispiel ist daher wohl so zu verstehen, dass ausschließlich solche Differenzen vorlagen, die zu aktiven Steuerlatenzen führen.

Praxisbeispiel
Zum Bilanzstichtag errechneten sich aktive latente Steuern aus abweichenden Wertansätzen zwischen Handelsbilanz und Steuerbilanz. Aufgrund des ausgeübten Wahlrechts, auf den Ansatz aktiver latenter Steuern zu verzichten, wurden zum Bilanzstichtag keine aktiven latenten Steuern angesetzt.

Himmer AG Druckerei, Augsburg, Jahresabschluss zum 31.12.2013

Die Berichtspflicht des §285 Nr. 29 HGB entfällt außerdem bei Organgesellschaften i.S.d. §§14 Abs. 1, 17 KStG, 2 Abs. 2 Satz 2 GewStG. Deren zu Steuerlatenzen führenden Differenzen sind beim Organträger zu berücksichtigen[411], selbst wenn die dort anfallenden Ertragsteuern im Wege von Umlageverträgen (teilweise) wieder der Organgesellschaft belastet werden[412]. Im folgenden Beispiel aus der Berichtspraxis wird auf diesen Umstand hingewiesen, der Hinweis ist allerdings als eine freiwillige Zusatzangabe zu beurteilen.

Praxisbeispiel
Latente Steuern sind aufgrund des Ergebnisabführungs- und Beherrschungsvertrages mit der Geberit Verwaltungs GmbH bei der Organträgerin zu erfassen.

Geberit Lichtenstein GmbH, Lichtenstein, Jahresabschluss zum 31.12.2015

Die durch das BilRUG ergänzte Angabepflicht des §285 Nr. 30 HGB betreffend die Salden und die Bewegungen latenter Steuern in der Berichtsperiode kommt nach dem expliziten Gesetzeswortlaut nur zum Tragen, wenn latente Steuerschulden tatsächlich in der Bilanz ausgewiesen werden. Führt die vorgelagerte Verrechnung von aktiven und passiven Steuerlatenzen also zu einem Aktivüberhang, kann die Berichterstattung entfallen, es sei denn, das Unternehmen weist betragsgleiche aktive und passive Steuerlatenzposten in Einklang mit §274 Abs. 1 Satz 3 HGB unsaldiert in der Bilanz aus[413].

---

411 Vgl. Wendholt/Wesemann, in DB 2009, Beilage 5, S.70; DRS 18.32.
412 Vgl. Schindler, in BFuP 2011, S.334.
413 So auch Lüdenbach/Freiberg, in StuB 2015, S.572; Grottel, in Grottel/Schmidt/Schubert/Winkeljohann, Bilanz, 2016, §285 HGB Rz.846; a.A. Rimmelspacher/Meyer, in DB 2015, Beil. 5, S.27, die bei Vorliegen passiver Steuerlatenzen unabhängig vom konkreten Bilanzausweis eine Berichtspflicht vertreten.

Inhalt und Art der Berichterstattung

Liegen die Voraussetzungen der Berichtspflicht nach §285 Nr. 29 HGB vor, ist über die Art des Vermögensgegenstands und/oder des Schuldpostens, auf die sich die Differenzen beziehen, sowie über die Art der latenzbegründenden Differenz (aktiv, passiv) zu berichten[414]. Dabei können gleichartige Vermögensgegenstände und Schulden unter Berücksichtigung der Bilanzposten gem. §266 HGB zusammengefasst werden[415].

Zu den außerdem anzugebenden steuerlichen Verlustvorträgen sind – über den Gesetzeswortlaut hinaus – auch vergleichbare Sachverhalte wie Steuergutschriften oder Zinsvorträge zu rechnen[416]. Die zugehörigen Erläuterungen müssen auch auf die Prämissen für die Erfassung aktiver latenter Steuern auf Verlustvorträge (z.B. zum verrechnungsfähigen Anteil am gesamten Verlustvortrag) und auf die Wahrscheinlichkeit, dass eine Verlustverrechnung innerhalb der kommenden fünf Jahre zu erwarten ist, eingehen[417].

Im folgenden Praxisbeispiel, das sich auf den Fall der Ausübung des Aktivierungswahlrechts des §274 Abs. 1 Satz 2 HGB bezieht, wird nicht auf die bestehenden Differenzen, sondern auf die sich daraus ermittelnden Steuerlatenzen eingegangen. Da diese aber auf der Grundlage des genannten Steuersatzes eindeutig nachvollziehbar sind, ist die Berichterstattung als grundsätzlich sachgerecht einzustufen.

Praxisbeispiel
Aktive und passive Steuerlatenzen wurden saldiert. Der Ausweis betrifft die Gewerbesteuer auf Basis eines Steuersatzes von 12,5%. Die Position setzt sich wie folgt zusammen:

	TEUR
Aktivierung selbst erstellter immaterieller Vermögensgegenstände	*−175*
Bewertungsunterschiede Rückstellungen	*80*
Steuererstattung aus Verbrauch Gewerbesteuer-Verlustvortrag	*214*
	119

---

414 Vgl. Grottel, in Grottel/Schmidt/Schubert/Winkeljohann, Bilanz, 2016, §285 HGB Rz.833; weitergehend subsumiert das IDW, WP Handbuch, 15.Aufl. 2017, Abschn. F Rz.1214, unter die Art der Differenz die ergänzende Angabe, ob eine zeitliche oder quasi-permanente Differenz vorliegt.
415 Vgl. Grottel, in Grottel/Schmidt/Schubert/Winkeljohann, Bilanz, 2016, §285 HGB Rz.833.
416 Vgl. BT-Drucks. 16/10067 S.67.
417 Vgl. Grottel, in Grottel/Schmidt/Schubert/Winkeljohann, Bilanz, 2016, §285 HGB Rz.834. Die Verlustnutzung binnen fünf Jahren nach dem Abschlussstichtag ist laut der Gesetzesbegründung zum BilMoG die Grundbedingung für die Aktivierungsfähigkeit von latenten Steuern auf Verlustvorträge; vgl. BT-Drucks. 16/10067 S.67.

Auf Basis der vorliegenden Planrechnungen wird sich der verbleibende Verlustvortrag voraussichtlich in den nächsten 4 Jahren ausgleichen.

KASTO Maschinenbau GmbH & Co. KG, Achern,
Jahresabschluss zum 31.12.2012

Im Schrifttum ist umstritten, ob sich aus dem Gesetzeswortlaut die Pflicht zu einer quantitativen oder lediglich qualitativen Berichterstattung über die Differenzen und Verlustvorträge, die den angabepflichtigen Steuerlatenzen zugrunde liegen, ableitet[418]. Unseres Erachtens lässt der Gesetzeswortlaut eine qualitative Berichterstattung grundsätzlich zu. Im Sinne eines hinreichenden Informationsgehalts kommt diese Möglichkeit praktisch allerdings nur in Betracht, wenn vergleichbare Vermögens- oder Verpflichtungssachverhalte betroffen sind. In Fällen mehrerer unterschiedlicher Differenzursachen bedarf eine aussagekräftige Berichterstattung dagegen regelmäßig einer betragsmäßigen Nennung der aktivischen und passivischen Differenzen und der steuerlichen Verlustvorträge.

Nicht angabepflichtig sind dabei über den Saldierungsbereich hinausgehende aktive Steuerlatenzen, die in Einklang mit dem Ansatzwahlrecht des §274 Abs. 1 Satz 2 HGB nicht aktiviert werden[419]. Das Gleiche gilt für den Zeitraum oder Zeitpunkt des voraussichtlichen Abbaus der berichtspflichtigen Differenzen[420].

Das folgende Praxisbeispiel kann u.E. dahin gehend ausgelegt werden, dass vergleichbare Differenzursachen für aktive Steuerlatenzen vorliegen, sodass insoweit keine betragsmäßige Einzelaufgliederung notwendig erscheint. Zugleich müsste der Gesamtbetrag des Aktivüberhangs nicht angegeben werden. Andererseits lässt die Verwendung des Begriffs »Aktivüberhang« darauf schließen, dass auch passive Steuerlatenzen vorlagen. In diesem Fall wäre die Berichterstattung unvollständig, da ein saldierter Ausweis allein von der Aufgliederungspflicht im Anhang nicht befreit.

---

418 Für eine zwingend betragsmäßige Berichterstattung sprechen sich z.B. Hoffmann/Lüdenbach, Bilanzierung, 2017, §285 HGB Rz.189, aus, dagegen die wohl herrschende Meinung, so z.B. Poelzig, in Schmidt/Ebke, HGB, Bd. 4, 2013, §285 Rz.473; Gelhausen/Fey/Kämpfer, Rechnungslegung und Prüfung nach dem Bilanzrechtsmodernisierungsgesetz, 2009, Kap. O Rz.262; DRS 18.65.
419 Vgl. HFA des IDW, in IDW FN 2010, S.452; a.A. DRS 18.64.
420 Vgl. Grottel, in Grottel/Schmidt/Schubert/Winkeljohann, Bilanz, 2016, §285 HGB Rz.833.

Praxisbeispiel

Zum Bilanzstichtag ergibt sich unter Zugrundelegung des zu berücksichtigenden Steuersatzes für KSt, Solidaritätszuschlag und GewSt in Höhe von 28,08 % ein Aktivüberhang der latenten Steuern in Höhe von TEUR 308. Der Aktivüberhang stellt dem Grunde nach eine entsprechende Steuerforderung dar. Die Gesellschaft macht von dem Aktivierungswahlrecht des § 274 Abs. 1 Satz 2 HGB keinen Gebrauch, sodass sich insgesamt kein Ausweis von einem aktiv latenten Steueransatz in der Bilanz zum 31.12.2012 ergibt.

Die Differenzen zwischen Handels- und Steuerbilanz, welche zu aktiven latenten Steuern führen, resultieren im Wesentlichen aus höheren Wertansätzen der Pensionsrückstellungen, der Jubiläumsrückstellung und der Rückstellung für Altersteilzeit in der Handelsbilanz.

LINCK Holzverarbeitungstechnik GmbH, Oberkirch,
Jahresabschluss zum 31.12.2012

Eine übersichtliche Berichterstattung ist die tabellarische Darstellung in Form eines »Steuerlatenzenspiegels«. Dieser kann z.B. den folgenden Aufbau haben[421].

Sachverhalt	Handels-bilanzwert	Steuerwert	Differenz	Latente Steuer*
	EUR	EUR	EUR	EUR
Aktive Steuerlatenzen				
Pensionsrückstellungen	1.200	900	300	90
Sonstige Rückstellungen	850	800	50	15
Zwischensumme	*2.050*	*1.700*	*350*	*105*
Passive Steuerlatenzen				
Selbst erstelltes immaterielles Anlagevermögen	−100	0	−100	−30
Steuerliche Mehrabschreibungen	−150	0	−150	−45
Zwischensumme	*−250*	*0*	*−250*	*−75*
Verlustvorträge			100	30
Nettosteuerbelastung (-) bzw. -entlastung (+)				60

* Ertragsteuersatz = 30 Prozent

---

421 Modifiziert entnommen aus Hoffmann/Lüdenbach, Bilanzierung, 2017, § 285 HGB Rz. 185.

Zum besseren Verständnis der latenten Ertragsteuern kann der Anhang um eine sog. Steuerüberleitungsrechnung ergänzt werden[422]. Darin wird der unter Anwendung des maßgebenden Ertragsteuersatzes der berichtenden Gesellschaft auf das handelsrechtliche Jahresergebnis vor Steuern ermittelte *erwartete* Steueraufwand/-ertrag auf den in der Gewinn- und Verlustrechnung ausgewiesenen *effektiven* Steueraufwand/-ertrag übergeleitet. Eine solche Steuerüberleitungsrechnung ist aber nicht verpflichtend[423].

Die nachfolgende Musterformulierung beinhaltet eine mögliche Berichterstattung über die in Bezug auf die latente Steuerabgrenzung angewandten Abbildungsmethoden.

Musterformulierung zu den Abbildungsmethoden für latente Steuern !

Latente Steuern werden für alle temporären Differenzen zwischen den handels- und steuerrechtlichen Bilanzansätzen gebildet, soweit sich diese Unterschiede in künftigen Geschäftsjahren voraussichtlich umkehren und die Steuerabgrenzung nach § 274 Abs. 1 HGB zwingend vorzunehmen ist. Aktive latente Steuern, die über mit ihnen verrechenbare passive Steuerlatenzen hinausgehen, werden in Übereinstimmung mit dem Wahlrecht des § 274 Abs. 1 Satz 2 HGB nicht angesetzt.

ALTERNATIV (bei Ausübung des Aktivierungswahlrechts):

Latente Steuern werden für alle temporären Differenzen zwischen den handels- und steuerrechtlichen Bilanzansätzen gebildet, soweit sich diese Unterschiede in künftigen Geschäftsjahren voraussichtlich umkehren und die Steuerabgrenzung nach § 274 Abs. 1 HGB zulässig ist. In Übereinstimmung mit dem Wahlrecht des § 274 Abs. 1 Satz 2 HGB werden auch aktive latente Steuern, die über mit ihnen verrechenbare passive Steuerlatenzen hinausgehen und einen wesentlichen Betrag aufweisen, angesetzt.

Die angesetzten Steuerabgrenzungsposten werden in der Bilanz saldiert/unsaldiert ausgewiesen. Aktive latente Steuern auf steuerliche Verlustvorträge werden maximal berücksichtigt, soweit mit hinreichender Wahrscheinlichkeit davon ausgegangen werden kann, dass der damit verbundene Steuervorteil in den kommenden fünf Jahren realisiert wird.

Die Ermittlung der angesetzten latenten Steuern erfolgt anhand des bilanzorientierten Konzepts unter Anwendung der im Jahr der Umkehrung voraussichtlich geltenden Steuersätze. Eine Abzinsung der latenten Steueransprüche und -schulden erfolgt nicht.

---

422 Für ein Beispiel einer Steuerüberleitungsrechnung vgl. Kessler/Leinen/Strickmann, Handbuch Bil-MoG, 2. Aufl. 2010, S. 645f.

423 So z. B. auch IDW, WP Handbuch, 15. Aufl. 2017, Abschn. F Rz. 1216; Grottel, in Grottel/Schmidt/Schubert/Winkeljohann, Bilanz, 2016, § 285 HGB Rz. 836.

Die vorstehenden, den Angaben über die Bilanzierungs- und Bewertungsmethoden gem. §284 Abs. 2 Nr. 1 HGB zuzuordnenden Erläuterungen können durch die folgenden einzelpostenbezogenen Informationen ergänzt werden.

> **!**
>
> **Musterformulierung für die Angaben zu den einzelnen Latenzposten**[424]
>
> Der in der Bilanz ausgewiesene Saldo der latenten Steueransprüche und -schulden setzt sich wie folgt zusammen/verteilt sich wie folgt auf die einzelnen Bilanzposten:
>
> ...
>
> Der Ermittlung der latenten Steuerabgrenzung wurde *wie im Vorjahr* ein Ertragsteuersatz von ... Prozent zugrunde gelegt.
>
> Aufgrund des Bilanzansatzes von über die passiven Steuerlatenzen hinausgehenden aktiven latenten Steuern sind gem. §268 Abs. 8 HGB ... EUR zur Ausschüttung gesperrt.
>
> Die Steuern vom Einkommen und vom Ertrag enthalten die folgenden Aufwendungen und Erträge aus der latenten Steuerabgrenzung:
>
> ...
>
> *ALTERNATIV:*
>
> *Die Steuern vom Einkommen und vom Ertrag enthalten einen Aufwands-/Ertragssaldo aus der latenten Steuerabgrenzung i. H. v. ... EUR.*

Aus den nach §285 Nr. 30 HGB geforderten Zusatzangaben muss die betragsmäßige Entwicklung eines in der Bilanz ausgewiesenen Postens *Passive latente Steuern* (§266 Abs. 3 E HGB) hervorgehen. Soweit eine ausweisbezogene Verrechnung mit aktiven Steuerlatenzen erfolgt ist, der Passivposten unter Anwendung von §274 Abs. 1 Satz 1 HGB also gemindert wurde, haben die Angaben auch die betreffenden aktiven Steuerlatenzen zu umfassen[425]. Die Berichterstattung kann in diesem Fall wie folgt ausgestaltet sein:

	Stand Beginn GJ EUR	Veränderung EUR	Stand Ende GJ EUR
Aktive latente Steuern	...	...	...
Passive latente Steuern	...	...	...
Saldierter Bilanzausweis	...	...	...

---

424 Zur Berichterstattung über Auswirkungen des Ansatzes aktiver Steuerlatenzen auf die Ausschüttungssperre des §268 Abs. 8 HGB sowie die Angabe der im GuV-Posten »Steuern vom Einkommen und vom Ertrag« enthaltenen Beträge latenter Steuern (§274 Abs. 2 Satz 3 HGB) siehe die Kapitel 7.6.8 und 7.3.1.1.

425 Vgl. z.B. Lüdenbach/Freiberg, in StuB 2015, S. 572; Kirsch, in BBK 2015, S. 326.

Erfolgt ein unsaldierter Bilanzausweis sowohl aktiver als auch passiver latenter Steuern, genügt u.E. mit Blick auf den Gesetzeswortlaut die Darstellung nur der Entwicklung des Passivpostens[426].

Nicht erforderlich, wenngleich aus Informationsaspekten zweckmäßig, ist auch eine Detaillierung der Betragsangaben nach den Änderungsursachen i.S.d. beschriebenen Berichtspflicht des § 285 Nr. 29 HGB[427].

7.6 Sonstige Angaben

7.6.1 Angaben zu bestimmten Anteils- und Konzernverhältnissen

7.6.1.1 Anteilsbesitz an anderen Unternehmen

Berichtsgegenstand und zugrunde liegende Vorschriften

> **HGB § 285 Sonstige Pflichtangaben**
> *Ferner sind im Anhang anzugeben:*
> *...*
> 11. *Name und Sitz anderer Unternehmen, die Höhe des Anteils am Kapital, das Eigenkapital und das Ergebnis des letzten Geschäftsjahrs dieser Unternehmen, für das ein Jahresabschluss vorliegt, soweit es sich um Beteiligungen im Sinne des § 271 Absatz 1 handelt oder ein solcher Anteil von einer Person für Rechnung der Kapitalgesellschaft gehalten wird; ...*
> 11a. *Name, Sitz und Rechtsform der Unternehmen, deren unbeschränkt haftender Gesellschafter die Kapitalgesellschaft ist;*
> *Die folgenden Ausführungen lassen die Zusatzangaben börsennotierter Gesellschaften nach § 285 Nr. 11b HGB außer Acht. Diese ergänzenden Angaben werden in Kapitel 7.7.3.3 dargestellt.*

Erleichterungen
Nach § 288 Abs. 1 Nr. 1 HGB können die Angaben über andere Unternehmen, an denen eine Beteiligung gehalten wird oder bei denen eine unbeschränkte Gesellschafterhaftung vorliegt (§ 285 Nr. 11 und Nr. 11a HGB), bei kleinen Gesellschaften wegfallen.

---

426 So auch Kirsch, in BBK 2015, S.326; a.A. Grottel, in Grottel/Schmidt/Schubert/Winkeljohann, Bilanz, 2016, § 285 HGB Rz.850, der die gleichen Angaben wie im Fall eines saldierten Ausweises mit Passivüberhang fordert.
427 Vgl. Grottel, in Grottel/Schmidt/Schubert/Winkeljohann, Bilanz, 2016, § 285 HGB Rz.853.

Nach der Schutzklausel des § 286 Abs. 3 Satz 1 Nr. 2, Satz 3 HGB können die Angaben zum Beteiligungsbesitz (§ 285 Nr. 11 HGB) grundsätzlich wegfallen, soweit der berichtenden Gesellschaft selbst oder dem Unternehmen, an dem die Beteiligung besteht, durch die Berichterstattung erhebliche Nachteile entstehen können. Diese Befreiung kann nur dann nicht in Anspruch genommen werden, wenn die berichtende Gesellschaft oder eines ihrer Tochterunternehmen am Abschlussstichtag kapitalmarktorientiert ist (zur Abgrenzung kapitalmarktorientierter Unternehmen siehe Kapitel 3.1).

Das Tatbestandsmerkmal des »erheblichen Nachteils« ist restriktiv auszulegen[428]. Es meint (wesentliche) wirtschaftliche Nachteile, deren Eintritt nach objektiven Maßstäben wahrscheinlich ist[429]. Derartige Nachteile können bspw. starke Umsatzeinbußen oder Wettbewerbsnachteile sein, die deshalb befürchtet werden, weil das Unternehmen, an dem die Beteiligung gehalten wird, enge Geschäftsbeziehungen zu Wettbewerbern der berichtenden Gesellschaft unterhält oder zu deren Großkunden in Wettbewerb steht[430]. Es ist nicht erforderlich, dass der erwartete Nachteil konkret beziffert werden kann; auch schwer quantifizierbare immaterielle Nachteile kommen in Betracht[431].

Die Anwendung der Schutzklausel ist nach § 286 Abs. 3 Satz 4 HGB selbst angabepflichtig. Es genügt – wie im folgenden Beispiel aus der Berichtspraxis – eine bloße Darstellung der Tatsache, dass sie in Anspruch genommen wurde. Eine Begründung dafür, warum erhebliche Nachteile erwartet werden, ist nicht erforderlich[432].

Praxisbeispiel/Musterformulierung
Von der Schutzklausel nach § 286 Abs. 3 Nr. 2 HGB wurde Gebrauch gemacht.

Anton Hettich GmbH & Co. KG, Kirchlengern,
Jahresabschluss zum 31.12.2011

Sind die einschlägigen Tatbestandsvoraussetzungen erfüllt, kann auf der Grundlage des § 286 Abs. 3 Satz 1 Nr. 2 HGB die Beteiligungsaufstellung vollumfänglich wegfallen oder stattdessen auf bestimmte Einzelinformationen

---

428 Vgl. Hoffmann/Lüdenbach, Bilanzierung, 2017, § 286 HGB Rz. 7.
429 Vgl. Müller, in Bertram/Brinkmann/Kessler/Müller, HGB Bilanz, 2016, § 286 HGB Rz. 15.
430 Vgl. Grottel, in Grottel/Schmidt/Schubert/Winkeljohann, Bilanz, 2016, § 286 HGB Rz. 37; Wulf, in Baetge/Kirsch/Thiele, Bilanzrecht, § 286 HGB Rz. 46; Krawitz, in Hofbauer/Kupsch, Rechnungslegung, § 286 HGB Rz. 38.
431 Vgl. Müller, in Bertram/Brinkmann/Kessler/Müller, HGB Bilanz, 2016, § 286 HGB Rz. 15.
432 Vgl. Grottel, in Grottel/Schmidt/Schubert/Winkeljohann, Bilanz, 2016, § 286 HGB Rz. 38.

verzichtet werden. Die folgenden Praxisbeispiele stellen eine mögliche Berichterstattung in Fällen dar, in denen von der Schutzklausel Gebrauch gemacht wird.

Praxisbeispiel
Anwendung der Ausnahmeregelung nach § 286 Abs. 3 HGB
Auf die Aufstellung des Anteilsbesitzes wurde verzichtet, da diese Aufstellung nach vernünftiger kaufmännischer Beurteilung dem Unternehmen einen erheblichen Nachteil zufügen kann.

Alfred Linck Automobile GmbH, Offenburg,
Jahresabschluss zum 31.12.2012

Praxisbeispiel
Aufstellung des Anteilsbesitzes
...
Angaben zum Eigenkapital und Ergebnis des letzten Geschäftsjahres der verbundenen Unternehmen gemäß § 285 Nr. 11 HGB wurden nach § 286 Abs. 3 Nr. 2 HGB unterlassen, weil diese Angaben nach vernünftiger kaufmännischer Beurteilung geeignet sind, der Kapitalgesellschaft oder anderen Unternehmen einen erheblichen Nachteil zuzufügen.

HARTING KGaA, Espelkamp, Jahresabschluss zum 30.09.2015

Darüber hinaus können die Angaben zum Beteiligungsbesitz gem. § 286 Abs. 3 Satz 1 Nr. 1 HGB unterbleiben, soweit sie unwesentlich sind. Auf die Inanspruchnahme dieser Erleichterungsvorschrift muss im Anhang nicht hingewiesen werden[433].

Schließlich kann nach § 286 Abs. 3 Satz 2 HGB die Angabe des Eigenkapitals und des Ergebnisses des letzten Geschäftsjahrs in Bezug auf die ansonsten berichtspflichtigen Beteiligungen unterbleiben, soweit die berichtende Gesellschaft Beteiligungen an nicht offenlegungspflichtigen Unternehmen hält und darüber hinaus auf das betreffende Unternehmen keinen beherrschenden Einfluss ausüben kann (zum Tatbestandsmerkmal der Beherrschung siehe unten). Diese Ausnahmeregelung kommt primär zum Tragen bei Personengesellschaften, die nicht voll haftungsbeschränkt i.S.d. § 264a HGB und auch nach den Vorschriften des PublG nicht offenlegungspflichtig sind, sowie bei

---

433 Vgl. Peters, in Scherrer/Claussen, Rechnungslegungsrecht, 2011, § 285 HGB Rz. 153.

ausländischen Unternehmen, die nach den einschlägigen Vorschriften ihres Sitzstaates die Rechnungslegung nicht publizieren müssen[434].

Kategorisierung und Vorjahresangabe

Die Berichtstatbestände des §285 Nr. 11 und 11a HGB sind originäre Pflichtangaben, die ausdrücklich für den Anhang vorgesehen sind. Deshalb sind keine Vergleichsinformationen für die vorangegangene Berichtsperiode anzugeben. Im Rahmen der praxisbezogenen Anhanganalysen sind entsprechende Vorjahresinformationen auch in keinem Fall dargestellt worden.

Inhaltliche Abgrenzung der Berichtspflicht

Tatbestandsmerkmale im Überblick

Die nach §285 Nr. 11 HGB angabepflichtigen Informationen betreffen sämtliche *Unternehmen*, an denen *Kapitalanteile* gehalten werden, die die Tatbestandsmerkmale einer *Beteiligung* gem. §271 Abs. 1 HGB erfüllen. Nach dem Gesetzeswortlaut ist es unbeachtlich, ob diese Anteile von der berichtenden Gesellschaft selbst oder von einer für deren Rechnung handelnden Person, also einem Treuhänder, gehalten werden. §285 Nr. 11a HGB ergänzt diese Berichtpflicht um Angaben zu Unternehmen, bei denen die berichtende Gesellschaft die Stellung eines *unbeschränkt haftenden Gesellschafters* einnimmt.

Kreis der angabepflichtigen Unternehmen

Der Unternehmensbegriff i.S.d. §285 Nr. 11 HGB umfasst alle erwerbswirtschaftlich orientierten Organisationen, die als solche in abgrenzbarer Weise nach außen hin auftreten. Auf die Rechtsform und den Sitz kommt es nicht an[435]. Damit können insb. Kapital- und Personenhandelsgesellschaften, Gesellschaften bürgerlichen Rechts (GbR) und vergleichbare ausländische Rechtsformen die Kriterien eines Unternehmens erfüllen[436]. Anteile an Arbeitsgemeinschaften des Baugewerbes (ARGE) und (anderen) gemeinschaftlichen Betätigungen in der Rechtsform einer GbR können aber nur dann unter die Angabepflicht fallen, wenn sie im Geschäftsverkehr als wirtschaftlich tätige Einheiten auftreten[437].

---

434 Vgl. Müller, in Bertram/Brinkmann/Kessler/Müller, HGB Bilanz, 2016, §286 HGB Rz. 16.

435 Vgl. Poelzig, in Schmidt/Ebke, HGB, Bd. 4, 2013, §285 HGB Rz. 241.

436 Vgl. Wulf, in Baetge/Kirsch/Thiele, Bilanzrecht, §285 HGB Rz. 184.

437 Vgl. Hoffmann/Lüdenbach, Bilanzierung, 2017, §285 HGB Rz. 93; weniger restriktiv z.B. Poelzig, in Schmidt/Ebke, HGB, Bd. 4, 2013, §285 HGB Rz. 241, der für alle GbRs und ARGEs die Unternehmenseigenschaft als erfüllt ansieht.

Besitz einer Beteiligung

Maßgebend ist allein die Qualifikation des Kapitalanteils an dem Unternehmen, über das zu berichten ist, als Beteiligung. Auf den Stimmrechtsanteil kommt es nicht an[438]. Die Höhe des Kapitalanteils ist ebenfalls unbeachtlich, auch wenn §271 Abs. 1 HGB eine darauf gerichtete Beteiligungsvermutung beinhaltet (siehe unten).

> **Der Begriff der Beteiligung**
>
> Nach §271 Abs. 1 Satz 1, 3 HGB sind gehaltene Unternehmensanteile begriffsnotwendig nur dann als *Beteiligungen* zu klassifizieren, wenn der Inhaber sie mit der Absicht hält, dass sie ihm auf Dauer *dienen. Eine Beteiligung wird dabei widerlegbar vermutet, wenn die Anteilsquote an dem anderen Unternehmen 20% überschreitet. Auf die Berechnung der Anteilsquote ist §16 Abs. 2, 4 AktG entsprechend anzuwenden.*

Unter (Kapital-)Anteilen sind Mitgliedschaftsrechte zu verstehen, die ihrem Inhaber Vermögens- und Verwaltungsrechte, z.B. Mitsprache- und Kontrollrechte, die Teilnahme am Jahreserfolg des Unternehmens oder ein Bezugsrecht auf neue Anteile bei Kapitalerhöhungen gewähren[439].

Der Besitz einer Beteiligung meint das rechtliche oder wirtschaftliche Eigentum; Unternehmensanteile, die lediglich treuhänderisch für ein anderes Unternehmen gehalten werden, sind nicht im Anhang anzugeben[440].

Laut ausdrücklicher Gesetzesvorgabe (§271 Abs. 1 Satz 5 HGB) gilt eine Mitgliedschaft in einer eingetragenen Genossenschaft nicht als Beteiligung.

Anteile an Personenunternehmen erfüllen die Tatbestandsmerkmale einer Beteiligung, wenn mit dem Beteiligungsengagement mehr verfolgt wird, als eine (langfristige) Kapitalanlage gegen angemessene Verzinsung[441]. Besteht die Zweckbestimmung ausschließlich in einer Kapitalanlage, bspw. in Fällen von Anteilen an geschlossenen Immobilienfonds, liegt keine angabepflichtige Beteiligung vor[442].

Nicht unter die Angabepflicht des §285 Nr. 11 HGB fällt die Komplementärstellung in einer (GmbH & Co.) KG ohne Einlage[443] (siehe dazu aber die Be-

---

438 Vgl. Hoffmann/Lüdenbach, Bilanzierung, 2017, §285 HGB Rz.91.
439 Vgl. Poelzig, in Schmidt/Ebke, HGB, Bd. 4, 2013, §285 HGB Rz.244.
440 Vgl. Grottel, in Grottel/Schmidt/Schubert/Winkeljohann, Bilanz, 2016, §285 HGB Rz.368.
441 Vgl. Adler/Düring/Schmaltz, Rechnungslegung und Prüfung der Unternehmen, 6.Aufl. 1994 ff., §271 HGB Rz.19; a.A. Bieg/Waschbusch, in Küting/Pfitzer/Weber, Rechnungslegung, §271 HGB Rz.15, Stand 11/2016.
442 Vgl. Grottel/Kreher, in Grottel/Schmidt/Schubert/Winkeljohann, Bilanz, 2016, §271 HGB Rz.21.
443 A. A. z.B. Grottel/Kreher, in Grottel/Schmidt/Schubert/Winkeljohann, Bilanz, 2016, §271 HGB Rz.14.

richtspflicht nach §285 Nr. 11a HGB). Nicht angabepflichtig sind auch typische stille Beteiligungen, da es hier an einem (hinreichenden) Eigenkapitalanteil mangelt[444]. Anders verhält es sich dagegen bei atypischen stillen Unternehmensbeteiligungen; sie sind zu nennen, wenn die sonstigen gesetzlichen Tatbestandsmerkmale erfüllt sind[445].

Ermittlung der Anteilsquote

Aufgrund des Gesetzesverweises auf §16 Abs. 2 und 4 AktG in der Beteiligungsdefinition des §271 Abs. 1 HGB ist der (angabepflichtige) Kapitalanteil an einem anderen Unternehmen nach der folgenden Formel zu bestimmen:

$$\frac{\text{Der berichtenden Gesellschaft gehörende Anteile/Aktien (Nennbetrag/Stückzahl)}}{\text{Gesamtnennkapital/-zahl der ausgegebenen Anteile/Aktien des anderen Unternehmens}}$$

Nach §16 Abs. 4 AktG ist der Umfang der Anteile, die der berichtenden Gesellschaft gehören, und damit der Zähler des Bruchs, nicht auf die von ihr unmittelbar gehaltenen Anteile beschränkt. Vielmehr werden ihr die folgenden mittelbar gehaltenen Anteile in voller Höhe, d.h. additiv[446], zugerechnet:

- Anteile, die von einem Dritten für Rechnung der berichtenden Gesellschaft (treuhänderisch) gehalten werden;
- Anteile, die von einem Unternehmen gehalten werden, das von der berichtenden Gesellschaft abhängig i.S.d. §17 AktG ist;
- Anteile, die von einem Dritten für Rechnung eines Unternehmens (treuhänderisch) gehalten werden, das von der berichtenden Gesellschaft abhängig i.S.d. §17 AktG ist.

! Das Begriffspaar der Abhängigkeit/Beherrschung

Der Abhängigkeitsbegriff des §17 Abs. 1 AktG setzt die Möglichkeit voraus, einen beherrschenden Einfluss auf ein Unternehmen auszuüben. Davon ist in der Regel beim Bestehen einer Stimmrechtsmehrheit auszugehen. §17 Abs. 2 AktG enthält dementsprechend eine widerlegbare Vermutung, wonach eine Mehrheitsbeteiligung zur Abhängigkeit führt. Diese gesetzliche Vermutung ist zwar nicht auf den Fall der Stimmrechtsmehrheit beschränkt, sondern bezieht sich auch auf eine Kapitalmehrheit. Besteht aber nur letztere, während die Stimmrechtsmehrheit von einem (externen) Dritten gehalten wird, wird die Abhängigkeitsvermutung regelmäßig widerlegt werden können.

---

444 Vgl. Peters, in Scherrer/Claussen, Rechnungslegungsrecht, 2011, §285 HGB Rz.156.
445 So z.B. auch Wulf, in Baetge/Kirsch/Thiele, Bilanzrecht, §285 HGB Rz.184.
446 Vgl. Grottel, in Grottel/Schmidt/Schubert/Winkeljohann, Bilanz, 2016, §285 HGB Rz.371.

Das Gesamtnennkapital bzw. die Gesamtzahl der ausgegebenen Anteile, d.h. der Nenner des Bruchs, ist nach § 16 Abs. 2 Satz 2, 3 AktG um das Nennkapital von (eigenen) Anteilen oder deren Stückzahl, die dem anderen Unternehmen selbst oder einem Dritten (Treuhänder) für Rechnung des anderen Unternehmens gehören, zu kürzen.

Beispiel: Berechnung des Kapitalanteils !

Die A AG hält an der B GmbH unmittelbar 14 Prozent des Stammkapitals. Am Stammkapital der B GmbH ist u.a. auch die C GmbH mit 4 Prozent beteiligt und die B GmbH besitzt 10 Prozent eigene Anteile. Die C GmbH ist ein abhängiges Unternehmen der A AG, die 100 Prozent des Stammkapitals der C GmbH hält.

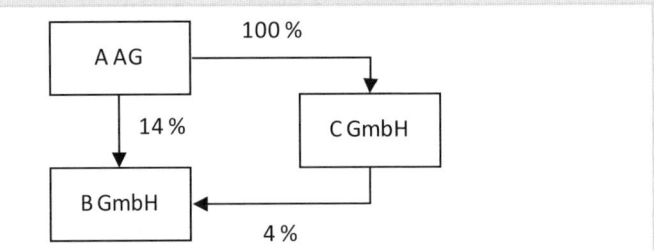

Unter Berücksichtigung der beschriebenen Regelungen des § 16 Abs. 2, 4 AktG ermittelt sich eine Anteilsquote der A AG an der B GmbH von 20 Prozent. Der 4%ige Anteil der C GmbH wird dem 14%igen Anteil, den die A AG an der B GmbH unmittelbar hält, additiv zugerechnet. Die Summe wird dann zum ausgegebenen Gesamtkapital der B GmbH abzüglich eigener Anteile (Nettokapital = 90 Prozent) in Relation gesetzt.

Ist der 14%ige Anteil der A AG als eine Beteiligung i.S.d. § 271 Abs. 1 HGB zu klassifizieren, ist es für die Hinzurechnung des 4%-Anteils für Zwecke der Anhangangabe unbeachtlich, ob die C GmbH den Anteilsbesitz an der B GmbH in ihrem eigenen Anhang angeben muss.

Dem Gesetzeswortlaut zufolge besteht die Angabepflicht des § 285 Nr. 11 HGB, sofern das maßgebende Tatbestandsmerkmal der Beteiligung durch einen eigenen Anteilsbesitz und/oder Anteile, die ein Treuhänder für den Eigentümer hält, verwirklicht wird. Unseres Erachtens sind dagegen andere rein mittelbare Beteiligungen im Anhang nicht anzugeben[447].

---

447 So im Ergebnis auch Hoffmann/Lüdenbach, Bilanzierung, 2017, § 285 HGB Rz. 93.

! **Beispiel: Berichterstattung über mittelbare Kapitalanteile**

Die A AG hält an der B GmbH eine unmittelbare Beteiligung von 100 Prozent und beherrscht das Beteiligungsunternehmen gem. § 17 AktG. Der B GmbH gehören wiederum 90 Prozent des Stammkapitals der C GmbH. Ein Abhängigkeitsverhältnis i.S.d. § 17 AktG zwischen den beiden Gesellschaften ist ebenfalls gegeben.

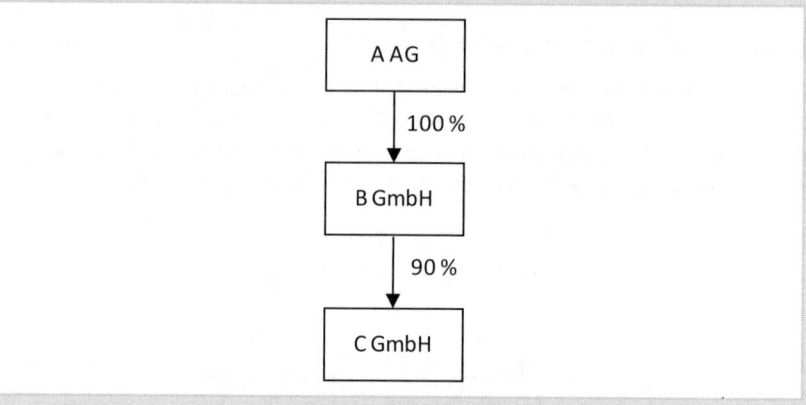

Die A AG hat in ihrem Anhang nur die 100%ige Beteiligung an der B GmbH auszuweisen, nicht jedoch die ausschließlich indirekt an der C GmbH gehaltenen Anteile. Dieser Fall wäre nur dann anders zu beurteilen, wenn die B GmbH die Anteile an der C GmbH treuhänderisch für die A AG halten würde.

In Teilen des Schrifttums wird eine andere Auffassung vertreten und davon ausgegangen, dass auch ausschließlich mittelbare Beteiligungen nach § 285 Nr. 11 HGB anzugeben sind[448]. Auf das vorstehende Beispiel übertragen, würde dies bedeuten, dass im Anhang der A AG auch der (indirekte) Anteilsbesitz an der C GmbH anzugeben wäre.

Es bestehen keine Bedenken, solche rein indirekten Anteilsverhältnisse – wie im folgenden Beispiel aus der Berichtspraxis – auf freiwilliger Basis zu ergänzen. Zwingend ist ihre Angabe u.E. jedoch nicht.

---

448 So z.B. Grottel, in Grottel/Schmidt/Schubert/Winkeljohann, Bilanz, 2016, § 285 HGB Rz. 371; Wulf, in Baetge/Kirsch/Thiele, Bilanzrecht, § 285 HGB Rz. 186 f.

Praxisbeispiel

An folgenden Unternehmen ist die Gesellschaft ... beteiligt:

Firma	Sitz	Beteiligungs-quote	Eigenkapital 31.12.2014 EUR	Jahresergebnis 2014 EUR
...				
Allgäuer Latschenkiefer GmbH	Sonthofen	100	87.588,91	12.948,72
...				
Mittelbare Beteiligungen				
...				
Natur Produkt Vilnius, Litauen	Vilnius	47	76.088,09	399,28

Dr. Theiss Naturwaren GmbH, Homburg, Jahresabschluss zum 31.12.2014

Die dargestellte Berechnungsformel des §16 Abs. 2 AktG ist auf die Berechnung der Anteilsquote an (deutschen) Kapitalgesellschaften zugeschnitten. Für andere Unternehmen ist sie analog anzuwenden. Es kommt auf den gesellschaftsrechtlich geregelten Anteil am Reinvermögen des Unternehmens an. In Bezug auf (deutsche) Personenhandelsgesellschaften ist somit die Anteilsquote an deren Eigenkapital bzw. an deren gesamthänderisch gebundenem Vermögen maßgebend[449].

Unbeschränkte Haftung

Nach §285 Nr. 11a HGB sind Angaben zu sämtlichen Unternehmen zu machen, für deren Verbindlichkeiten die berichtende Gesellschaft persönlich unbeschränkt haftet. Die Angabepflicht ist dabei unabhängig von der Rechtsform und dem Sitz des Unternehmens sowie von der Höhe des gehaltenen Kapitalanteils[450].

---

449 Vgl. Poelzig, in Schmidt/Ebke, HGB, Bd. 4, 2013, §285 HGB Rz.248.
450 Vgl. Grottel, in Grottel/Schmidt/Schubert/Winkeljohann, Bilanz, 2016, §285 HGB Rz.410; IDW RS HFA 18, Tz.41.

Besteht neben der unbeschränkten Haftungsverpflichtung auch eine Beteiligung an dem anderen Unternehmen, überschneidet sich die Angabepflicht mit der von § 285 Nr. 11 HGB. Die Angabe der Tatsache der persönlichen Haftung ist dann in Bezug auf diese Unternehmen zu ergänzen. Die »reduzierte« Berichtpflicht des § 285 Nr. 11a HGB beschränkt sich daher auf Unternehmen, bei denen die berichtende Gesellschaft 0 Prozent der Anteile hält, insb. im Fall einer Komplementärstellung bei einer KG ohne Einlage.

Maßgebender Beurteilungszeitpunkt

Bei den in § 285 Nr. 11, 11a HGB geregelten Angabepflichten handelt es sich um rein stichtagsbezogene Informationen. Auch wenn dies nicht ausdrücklich aus dem Gesetz hervorgeht, sind für die Bestimmung des berichtspflichtigen Beteiligungsbesitzes bzw. die Stellung als persönlich unbeschränkt haftender Gesellschafter also die Verhältnisse am Abschlussstichtag maßgebend[451].

Zu Veränderungen des Anteilsbesitzes im Laufe der Berichtsperiode sind keine Angaben zu machen[452]. Gehen die Anteile an einem anderen Unternehmen bspw. in ein und demselben Geschäftsjahr zu und auch wieder ab, ist darüber nicht zu berichten[453]. Aufgrund der Stichtagsbetrachtung bestimmt sich die Anteilsquote im Fall einer unterjährigen Kapitalerhöhung nach den am Abschlussstichtag bestehenden Kapitalverhältnissen[454]. Somit ist bei Kapitalgesellschaften die zum Abschlussstichtag im Handelsregister ausgewiesene Grund- bzw. Stammkapitalziffer maßgebend und ein genehmigtes oder bedingtes Kapital erst nach tatsächlicher Durchführung der Kapitalerhöhung und Eintragung der Erhöhung im Handelsregister zu berücksichtigen. Bei Personengesellschaften kommt es dagegen auf die tatsächliche Kapitaleinzahlung an[455].

Ist die berichtende Gesellschaft zum Abschlussstichtag (nicht: *mit Ablauf* des Abschlussstichtags) als persönlich haftender Gesellschafter ausgeschieden, entfällt insoweit auch die Angabepflicht des § 285 Nr. 11a HGB. Eine etwa nach § 160 Abs. 1 HGB gesellschaftsrechtlich bestehende Nachhaftungsverpflichtung ändert daran nichts[456].

---

451 Vgl. Peters, in Scherrer/Claussen, Rechnungslegungsrecht, 2011, § 285 HGB Rz. 156; Grottel, in Grottel/Schmidt/Schubert/Winkeljohann, Bilanz, 2016, § 285 HGB Rz. 376, 411.
452 Vgl. IDW, WP Handbuch, 15. Aufl. 2017, Abschn. F Rz. 1083.
453 Vgl. Poelzig, in Schmidt/Ebke, HGB, Bd. 4, 2013, § 285 HGB Rz. 252.
454 Vgl. Hoffmann/Lüdenbach, Bilanzierung, 2017, § 285 HGB Rz. 92.
455 Vgl. Poelzig, in Schmidt/Ebke, HGB, Bd. 4, 2013, § 285 HGB Rz. 249, 253.
456 Vgl. Grottel, in Grottel/Schmidt/Schubert/Winkeljohann, Bilanz, 2016, § 285 HGB Rz. 410; a. A. Andrejewski, in Böcking/Castan/Heymann/Pfitzer/Scheffler, Rechnungslegung, B 40 Rz. 323.

Angabepflichtige Informationen

Sind die jeweiligen gesetzlichen Tatbestandsmerkmale erfüllt, fordern § 285 Nr. 11, 11a HGB übereinstimmend die Angabe des Namens, des Sitzes und der Rechtsform des anderen Unternehmens[457]. Erfolgt die Berichterstattung, weil eine Beteiligung vorliegt, sind zusätzlich die folgenden Angaben aufzunehmen:

- Höhe des Kapitalanteils;
- Eigenkapital des letzten Geschäftsjahrs, für das ein Jahresabschluss vorliegt;
- Ergebnis des letzten Geschäftsjahrs, für das ein Jahresabschluss vorliegt;
- Hinweis auf eine etwaige Stellung als persönlich unbeschränkt haftender Gesellschafter.

Wird keine Beteiligung gehalten, ist zusätzlich lediglich – soweit einschlägig – die Tatsache der persönlich unbeschränkten Haftung zu nennen.

Der Name, der Sitz und die Rechtsform ergeben sich grundsätzlich aus der Eintragung im Handelsregister oder aus einem vergleichbaren ausländischen Verzeichnis. Sofern ein solcher Eintrag nicht vorliegt, ist auf die Satzung bzw. den Gesellschaftsvertrag des Unternehmens zurückzugreifen. Die Angabe einer postalischen Anschrift ist nach dem Gesetzeswortlaut ebenso wenig gefordert wie die Nennung einer etwaigen Registernummer[458].

Die Anteilsquote ist in Prozent und prinzipiell in genauer Höhe anzugeben. Rundungen sind insoweit zulässig, als sie kein verfälschtes Bild der Qualität des Anteilsbesitzes erzeugen[459]. So darf z. B. bei einem Anteilsbesitz von 50,14 Prozent nicht auf 50 Prozent abgerundet werden, da hierdurch die Information verloren ginge, dass eine Mehrheitsbeteiligung vorliegt[460]. Indes spricht nichts gegen eine Abrundung auf eine Nachkommastelle, also 50,1 Prozent.

Das Eigenkapital und das Jahresergebnis sind in voller Höhe und nicht entsprechend der jeweiligen Anteilsquote anzugeben. Maßgebend sind die gemäß den §§ 266 Abs. 3 A, 264c Abs. 2 und 275 Abs. 2 Nr. 17 bzw. Abs. 3 Nr. 16 HGB in den

---

457 § 285 Nr. 11 HGB schreibt zwar die Nennung der Rechtsform nicht ausdrücklich vor, sie ist jedoch als Bestandteil des Namens anzusehen; vgl. z. B. Grottel, in Grottel/Schmidt/Schubert/Winkeljohann, Bilanz, 2016, § 285 HGB Rz. 385.

458 So auch Poelzig, in Schmidt/Ebke, HGB, Bd. 4, 2013, § 285 HGB Rz. 255; Grottel, in Grottel/Schmidt/Schubert/Winkeljohann, Bilanz, 2016, § 285 HGB Rz. 385; die darauf hinweisen, dass im Falle eines Doppelsitzes beide Sitze anzugeben sind.

459 Vgl. Poelzig, in Schmidt/Ebke, HGB, Bd. 4, 2013, § 285 HGB Rz. 257.

460 Vgl. Grottel, in Grottel/Schmidt/Schubert/Winkeljohann, Bilanz, 2016, § 285 HGB Rz. 390; so auch z. B. Peters, in Scherrer/Claussen, Rechnungslegungsrecht, 2011, § 285 HGB Rz. 158, am Beispiel einer Sperrminorität.

betreffenden Bilanz- und GuV-Posten (insgesamt) auszuweisenden Beträge bzw. die Werte der vergleichbaren Posten ausländischer Unternehmen oder inländischer, nicht voll haftungsbeschränkter Personengesellschaften[461]. Eine Aufgliederung des Eigenkapitals in seine einzelnen Bestandteile ist nicht erforderlich[462].

Soweit in der Beteiligungsliste über ein Rumpfgeschäftsjahr zu berichten ist, darf keine Hochrechnung des tatsächlichen Jahresergebnisses auf ein volles zwölfmonatiges Geschäftsjahr erfolgen. Das Gleiche gilt umgekehrt in Fällen, in denen – wie bei ausländischen Unternehmen möglich – das Geschäftsjahr mehr als zwölf Monate beträgt. Allerdings ist mit Blick auf die Regelung des §264 Abs. 2 Satz 2 HGB (siehe dazu auch Kapitel 7.2.3) auf die abweichende Dauer des Bezugszeitraums hinzuweisen[463]. Eine korrespondierende Hinweispflicht ergibt sich, wenn das anzugebende Jahresergebnis aufgrund eines bestehenden Ergebnisabführungsvertrags Null beträgt[464]. In der Berichtspraxis wird – wie im folgenden Beispiel – teilweise auch das Ergebnis vor Ergebnisabführung angegeben. Sofern aus den Informationen die Gewinnabführung eindeutig hervorgeht, dürfte auch diese Angabeform nicht zu beanstanden sein. Das Beispiel enthält einen entsprechenden Hinweis und ergänzt die gesetzlich verpflichtend geforderten Angaben darüber hinaus freiwillig um verschiedene Informationen, insb. um die Höhe des gezeichneten Kapitals und um das Bestehen von Unternehmensverträgen.

Praxisbeispiel

Zum Bilanzstichtag ist die Gesellschaft an folgenden Firmen beteiligt:

Firma, Sitz	Anteil am Kapital %	Gezeichnetes Kapital 31.12.2015 TEUR	Eigenkapital 31.12.2015 TEUR	Ergebnis 2015 TEUR
Clover Environmental Solution GmbH Ettenheim	100	26	26	1.241*
Cartridge Collect SARL Mundolsheim/Frankreich	2	100	–165	76

* = vor Gewinnabführung

461 Vgl. Grottel, in Grottel/Schmidt/Schubert/Winkeljohann, Bilanz, 2016, §285 HGB Rz.400 ff.
462 Vgl. Poelzig, in Schmidt/Ebke, HGB, Bd. 4, 2013, §285 HGB, Rn.260.
463 Vgl. Grottel, in Grottel/Schmidt/Schubert/Winkeljohann, Bilanz, 2016, §285 HGB Rz.405; Poelzig, in Schmidt/Ebke, HGB, Bd. 4, 2013, §285 HGB, Rn.263.
464 Vgl. Grottel, in Grottel/Schmidt/Schubert/Winkeljohann, Bilanz, 2016, §285 HGB Rz.406; Poelzig, in Schmidt/Ebke, HGB, Bd. 4, 2013, §285 HGB, Rn.261.

Zwischen der Gesellschaft und der Clover Environmental Solutions GmbH wurde mit Datum 08.05.2001 ein Ergebnis- und Gewinnabführungsvertrag abgeschlossen. Demnach hat sich die Clover Environmental Solutions GmbH verpflichtet, den gesamten handelsrechtlichen Jahresüberschuss eines jeden Jahres an die Gesellschaft zu übertragen. Der Vertrag kann mit einer Frist von einem Jahr zum Jahresende gekündigt werden.

Clover Germany GmbH, Ettenheim, Jahresabschluss zum 31.12.2015

Das Jahresergebnis und das Eigenkapital sind nach §244 HGB in Euro anzugeben[465]. Die im folgenden Praxisbeispiel enthaltene Darstellung in der betreffenden Landeswährung entspricht dieser Anforderung nicht.

Praxisbeispiel
Aufstellung über den Anteilsbesitz zum 31. Dezember 2014

Name	Sitz	Anteil direkt %	Anteil gesamt %	Eigenkapital gemäß Bilanz	Ergebnis nach Steuern des letzten Geschäftsjahrs
...					
Falke Scandics Aps	Koppenhagen, Dänemark	100,00	100,00	66.722,29 DKK	16.722,29 DKK[3)]
...					

[3)] *Eigenkapital und Ergebnis nach Landesrecht*

FALKE KGaA, Schmallenberg, Jahresabschluss zum 31.12.2014

Die Berichterstattung nach §285 Nr. 11 HGB kann somit grundsätzlich wie folgt ausgestaltet sein:

Musterformulierung   **!**

Beteiligungen an anderen Unternehmen
Zum Abschlussstichtag hielt die ... Beteiligungen an den folgenden anderen Unternehmen:
... GmbH, Musterstadt
Höhe des Kapitalanteils: ... Prozent
Eigenkapital zum ...: ... EUR
Ergebnis des Geschäftsjahrs ...: ... EUR

---

465 Vgl. Wulf, in Baetge/Kirsch/Thiele, Bilanzrecht, §285 HGB Rz.188.

Vor allem bei einem umfangreichen Beteiligungsbesitz bietet sich eine tabellarische Darstellung nach dem Muster des folgenden Beispiels aus der Berichtspraxis an, bei dem freiwillig noch die Umrechnungskurse für die Fremdwährungsbeträge der ausländischen Abschlüsse angegeben werden.

Praxisbeispiel

Angaben über den Anteilsbesitz an anderen Unternehmen ...

Geschäftsjahr Firmenname	Umrechnungskurs am Bilanzstichtag EUR	Anteilshöhe in %	2014 Jahres- ergebnis EUR	2014 Eigenkapital EUR
Garmin Cluj S.R.L., Cluj-Napoca, Rumänien	0,2210 EUR/RON	100 %	181.828	1.332.443

GARMIN Würzburg GmbH, Würzburg, Jahresabschluss zum 31.12.2015

Eine (weitere) Differenzierung des Beteiligungsbesitzes nach der Qualität der Unternehmensbeziehung ist nicht erforderlich. Die Anhangangaben müssen somit vor allem nicht herausstellen, welche Unternehmen als verbundene (§ 271 Abs. 2 HGB), assoziierte (§ 311 HGB) oder sonstige Unternehmen einzustufen sind. Gegen eine freiwillige Aufnahme entsprechender Informationen in den Anhang besteht jedoch kein Einwand[466].

Die Berichterstattung nach § 285 Nr. 11a HGB über eine unbeschränkte persönliche Haftung kann – bei Fehlen der Beteiligungseigenschaft – wie im folgenden Praxisbeispiel ausgestaltet sein.

---

466 So im Ergebnis auch Poelzig, in Schmidt/Ebke, HGB, Bd. 4, 2013, § 285 HGB, Rn. 257.

Praxisbeispiel/Musterformulierung
Komplementärfunktion
Die Gesellschaft ist unbeschränkt haftende Gesellschafterin bei der Firma
KASTO Maschinenbau GmbH & Co. KG, Achern-Gamshurst.

KASTO Maschinenbau Verwaltungs-GmbH, Achern,
Jahresabschluss zum 31.12.2012

7.6.1.2 Anteile an Investmentvermögen

Berichtsgegenstand und zugrunde liegende Vorschriften

HGB §285 Sonstige Pflichtangaben
Ferner sind im Anhang anzugeben:
...
26. *zu Anteilen an Sondervermögen im Sinn des §1 Absatz 10 des Kapi-*
    talanlagegesetzbuchs oder Anlageaktien an Investmentaktienge-
    sellschaften mit veränderlichem Kapital im Sinn der §§108 bis 123 des
    Kapitalanlagegesetzbuchs oder vergleichbaren EU-Investmentver-
    mögen oder vergleichbaren ausländischen Investmentvermögen von
    mehr als dem zehnten Teil, aufgegliedert nach Anlagezielen, deren
    Wert im Sinn der §§168, 278 des Kapitalanlagegesetzbuchs oder des
    §36 des Investmentgesetzes in der bis zum 21. Juli 2013 geltenden Fas-
    sung oder vergleichbarer ausländischer Vorschriften über die Ermitt-
    lung des Marktwertes, die Differenz zum Buchwert und die für das
    Geschäftsjahr erfolgte Ausschüttung sowie Beschränkungen in der
    Möglichkeit der täglichen Rückgabe; darüber hinaus die Gründe da-
    für, dass eine Abschreibung gemäß §253 Absatz 3 Satz 6 unterblieben
    ist, einschließlich der Anhaltspunkte, die darauf hindeuten, dass die
    Wertminderung voraussichtlich nicht von Dauer ist; Nummer 18 ist in-
    soweit nicht anzuwenden;

Erleichterungen
Kleine Gesellschaft sind nach §288 Abs. 1 Nr. 1 HGB von der Angabepflicht zu
den Anteilen an Investmentvermögen befreit.

Kategorisierung und Vorjahresangabe

Die Berichtspflicht, die die gehaltenen Investmentanteile betrifft, ist eine originäre Pflichtangabe, die ausdrücklich für den Anhang vorgesehen ist. Deshalb sind keine Vergleichsinformationen für die vorangegangene Berichtsperiode anzugeben.

Inhaltliche Abgrenzung der Berichtspflicht

Ist eine Gesellschaft am Abschlussstichtag zumindest wirtschaftlicher Eigentümer von mehr als 10 Prozent der Anteile an Sondervermögen i.S.v. §1 Abs. 10 KAGB, Anlageaktien an Investmentaktiengesellschaften mit variablem Kapital (§§ 108–123 KAGB) oder vergleichbaren EU-/Auslands-Investmentvermögen, sind im Anhang Angaben zu ihren stillen Reserven und Lasten zu machen[467]. Konkret verlangt die Vorschrift in Bezug auf die gehaltenen Anteile oder Anlageaktien die Nennung

- des Marktwerts gem. §§ 168, 278 KAGB oder §36 InvG a.F. oder vergleichbarer ausländischer Vorschriften,
- der Differenz des Marktwerts zum bilanziellen Buchwert,
- der für das Geschäftsjahr erfolgten Ausschüttungen sowie
- etwaiger (rechtlich oder wirtschaftlich veranlasster) Beschränkungen der Möglichkeit der täglichen Rückgabe.

Korrespondierend mit der Berichtspflicht des §285 Nr. 18 HGB sind bei Vorliegen stiller Lasten außerdem unterbliebene Abschreibungen zu begründen und die Anhaltspunkte für die Einstufung der Wertminderung als vorübergehend darzustellen. Angesichts ihres Charakters als Spezialvorschrift geht die Angabe nach §285 Nr. 26 HGB der allgemeineren Norm des §285 Nr. 18 HGB vor; der Gesetzeswortlaut weist daher ausdrücklich darauf hin, dass die letztere Vorschrift insoweit keine Anwendung findet. Zur Frage der (möglichen) Dauerhaftigkeit einer Wertminderung des Investmentvermögens wird auf Kapitel 7.3.2.2 in Verbindung mit IDW RS VFA 2, Tz. 14 ff. verwiesen.

Die Einzelangaben können für homogene Gruppen von Investmentvermögen zusammengefasst werden. So kann z.B. nach der Art der Vermögensanlage eine Unterteilung in Aktien-, Renten-, Immobilien-, Misch- und Hedgefonds sowie sonstige Spezialsondervermögen erfolgen. Diese Differenzierung erfüllt nach Einschätzung des Gesetzgebers auch das Tatbestandsmerkmal der geforderten Aufgliederung nach Anlagezielen[468]. Dem folgenden Praxisbeispiel liegt diese Gruppierung zugrunde.

---

467 Zur Ermittlung der Anteilsquote vgl. IDW, WP Handbuch, 15. Aufl. 2017, Abschn. F Rz. 1195.
468 Vgl. BT-Drucks. 16/10067 S. 74.

Praxisbeispiel

Zu ausländischen Investmentvermögen ..., an denen die ALTAMIRA KGaA, Grünwald, am 31. Dezember 2012 mehr als 10% der Anteile hält, machen wir gemäß § 285 Nr. 26 HGB die folgenden Angaben:

Bezeichnung des Investmentvermögens	Marktwert	Differenz zum Buchwert	Ausschüttungen im Geschäftsjahr
	TEUR	*TEUR*	*TEUR*
Rentenfonds			
Sovereign Interest Strategy SICAV – FIS	*206*	*0*	*0*

Die dargestellten Investmentvermögen können grundsätzlich zu jedem Bewertungstag (jeder Mittwoch, sofern dieser ein Wochentag ist) zurückgegeben werden.

ALTAMIRA KGaA, Grünwald, Jahresabschluss zum 31.12.2012

Zu beachten ist, dass die Gruppierung nicht zu einer Verrechnung von stillen Lasten und stillen Reserven einzelner Vermögensanteile führen darf[469]. Die positiven und die negativen Differenzen zwischen dem Markt- und dem Buchwert sind deshalb für jede gebildete Gruppe separat darzustellen.

Da das Gesetz nicht konkretisiert, was unter Anlagezielen zu verstehen ist, kommen auch andere Zielkategorien in Betracht. So kann bspw. – wie im folgenden Beispiel aus der Berichtspraxis – auch eine Differenzierung nach dem Motiv der Anlage in das Investmentvermögen zugrunde gelegt werden.

Praxisbeispiel

Die Gesellschaft verfügt über mehr als 10% der Anteile an inländischen Investmentvermögen gemäß § 285 Nr. 26 HGB. Die Informationen zu diesen Anteilen sind folgender Tabelle zu entnehmen:

---

469 Vgl. IDW RH HFA 1.005, Tz. 16 f. (analog).

Fonds	An-lageziel	Buch-wert TEUR	Markt-wert TEUR	Diffe-renz TEUR	Ausschüt-tung im Geschäfts-jahr TEUR	Täg-liche Rück-gabe möglich	Unter-lassene Abschrei-bung
Spezi-alfonds Deutsche Bank AG und BW-Bank	Vermö-gens-anlage	51.485	54.311	2.826	1.618	ja	nein

Ravensburger Aktiengesellschaft, Ravensburg,
Jahresabschluss zum 31.12.2012

Die Nennung der Anlageziele soll es den Abschlussadressaten ermöglichen, auf der Grundlage der Informationen über das Anlageprofil des Investmentvermögens eine überschlägige Einschätzung des daraus resultierenden Anlagerisikos vorzunehmen[470].

Die Angabe des Marktwerts hat sich auf den Gesamtbetrag des Investmentvermögens zu beziehen und nicht auf den Anteils- bzw. Anlageaktienwert je Stück. Sie entspricht der börsentäglich durch die Depotbank oder die Kapitalanlagegesellschaft gem. §36 Abs. 1 bis 5 InvG oder vergleichbarer ausländischer Vorschriften durchzuführenden Marktwertermittlung. Liegt der Marktwert zum Abschlussstichtag in Fremdwährung vor, ist in Einklang mit §256a Satz 1 HGB eine Umrechnung zum Devisenkassamittelkurs vorzunehmen[471].

Die Angabe der (rechnerischen) Differenz des Marktwerts zum Buchwert kann unterbleiben, soweit das Investmentvermögen zugleich als Deckungsvermögen zur Erfüllung von Altersversorgungsverpflichtungen (§246 Abs. 2 Satz 2 HGB; siehe dazu auch Kapitel 7.3.8) dient, da Deckungsvermögen nach §253 Abs. 1 Satz 4 HGB zwingend zum beizulegenden Zeitwert anzusetzen ist. Die sonstigen von §285 Nr. 26 HGB geforderten Informationen können nicht entfallen[472].

Ungeachtet des Gesetzeswortlauts, der von einer Angabepflicht von *für* das Geschäftsjahr erfolgten Ausschüttungen spricht, ist davon auszugehen, dass

---

470 Vgl. Grottel, in Grottel/Schmidt/Schubert/Winkeljohann, Bilanz, 2016, §285 HGB Rz.770.
471 Vgl. Grottel, in Grottel/Schmidt/Schubert/Winkeljohann, Bilanz, 2016, §285 HGB Rz.777.
472 Vgl. IDW, WP Handbuch, 15.Aufl. 2017, Abschn. F Rz.853, 860.

die *im* Geschäftsjahr der berichtenden Gesellschaft vereinnahmten bzw. zugeflossenen Beträge anzugeben sind[473]. Dazu können auch Zwischenausschüttungen gehören. Berichtspflichtig sind lediglich Ertragsausschüttungen, nicht dagegen Ausschüttungen mit Kapitalentnahmecharakter (sog. Substanzausschüttungen), die zu einem Abgang beim Buchwert der aktivierten Anteile führen, also z. B. vom Fonds thesaurierte Beträge[474]. Auch ist keine Aufschlüsselung der vereinnahmten Gewinnausschüttungen in ihre Einzelbestandteile (Dividenden, Zinsen, realisierte Kursgewinne, Gewinnvorträge) gefordert[475].

Die Berichterstattung hat sämtliche Umstände anzugeben, die die üblicherweise bestehende Möglichkeit, die Anteile bzw. Anlageaktien täglich zurückzugeben, einschränken. Dazu gehören vor allem entsprechende Regelungen in den vertraglichen Anlagebedingungen, wie etwa eine Rückgabemöglichkeit nur zu bestimmten Terminen oder in Abhängigkeit von einem bestimmten Wert. Es ist aber auch anzugeben, wenn die Vertragsbedingungen für außergewöhnliche tatsächliche Umstände (z. B. Schließung der Börse, außergewöhnliche Kursstürze) eine Aussetzung der Rücknahme ermöglichen[476].

7.6.1.3 Mutterunternehmen

Berichtsgegenstand und zugrunde liegende Vorschriften

HGB § 285 Sonstige Pflichtangaben
Ferner sind im Anhang anzugeben:
...
14. *Name und Sitz des Mutterunternehmens der Kapitalgesellschaft, das den Konzernabschluss für den größten Kreis von Unternehmen aufstellt, sowie der Ort, wo der von diesem Mutterunternehmen aufgestellte Konzernabschluss erhältlich ist;*
14a. *Name und Sitz des Mutterunternehmens der Kapitalgesellschaft, das den Konzernabschluss für den kleinsten Kreis von Unternehmen aufstellt, sowie der Ort, wo der von diesem Mutterunternehmen aufgestellte Konzernabschluss erhältlich ist;*

---

473 Vgl. Grottel, in Grottel/Schmidt/Schubert/Winkeljohann, Bilanz, 2016, § 285 HGB Rz. 780.
474 Vgl. Gelhausen/Fey/Kämpfer, Rechnungslegung und Prüfung nach dem Bilanzrechtsmodernisierungsgesetz, 2009, Kap. O Rz. 235; IDW, WP Handbuch, 15. Aufl. 2017, Abschn. F Rz. 1200.
475 Vgl. IDW, WP Handbuch, 15. Aufl. 2017, Abschn. F Rz. 1200.
476 Vgl. Grottel, in Grottel/Schmidt/Schubert/Winkeljohann, Bilanz, 2016, § 285 HGB Rz. 785.

HGB § 291 Befreiende Wirkung von EU/EWR-Konzernabschlüssen

(2) Der Konzernabschluss und Konzernlagebericht eines Mutterunternehmens mit Sitz in einem Mitgliedstaat der Europäischen Union oder in einem anderen Vertragsstaat des Abkommens über den Europäischen Wirtschaftsraum haben befreiende Wirkung, wenn

...

4. *der Anhang des Jahresabschlusses des zu befreienden Unternehmens folgende Angaben enthält:*
   a) *Name und Sitz des Mutterunternehmens, das den befreienden Konzernabschluss und Konzernlagebericht aufstellt,*
   b) *einen Hinweis auf die Befreiung von der Verpflichtung, einen Konzernabschluss und einen Konzernlagebericht aufzustellen, und,*
   c) *eine Erläuterung der im befreienden Konzernabschluss vom deutschen Recht abweichend angewandten Bilanzierungs-, Bewertungs- und Konsolidierungsmethoden.*

HGB § 292 Befreiende Wirkung von Konzernabschlüssen aus Drittstaaten

(2) Die befreiende Wirkung tritt nur ein, wenn im Anhang des Jahresabschlusses des zu befreienden Unternehmens die in § 291 Absatz 2 Satz 1 Nummer 4 genannten Angaben gemacht werden und zusätzlich angegeben wird, nach welchen der in Absatz 1 Nummer 1 genannten Vorgaben sowie gegebenenfalls nach dem Recht welchen Staates der befreiende Konzernabschluss und der befreiende Konzernlagebericht aufgestellt worden sind. Im Übrigen ist § 291 Absatz 2 Satz 2 und Absatz 3 entsprechend anzuwenden.

Erleichterungen

Nach § 288 Abs. 1 Nr. 1 HGB können die Angaben zum Mutterunternehmen, das den Konzernabschluss für den *größten* Kreis von Unternehmen aufstellt (Nr. 14), bei kleinen Gesellschaften gänzlich wegfallen. Außerdem dürfen kleine Gesellschaften die Angaben zum Mutterunternehmen, das den Konzernabschluss für den *kleinsten* Kreis von Unternehmen aufstellt (Nr. 14a) ohne Nennung des Ortes machen, an dem dieser erhältlich ist.

Die Nennung eines Mutterunternehmens kann dessen eigene Berichterstattung über den Anteilsbesitz nach § 285 Nr. 11 HGB unterlaufen, falls das Mutterunternehmen die Befreiung nach § 286 Abs. 3 Satz 1 Nr. 2 HGB zur Vermeidung erheblicher Nachteile in Anspruch genommen hat (siehe dazu Kapitel 7.6.1.1). Damit sich die berichtende Gesellschaft nicht als dem Mutterunternehmen zugehörig offenbaren muss und auf diese Weise die beabsichtigte Schutzwirkung der Erleichterungsnorm aushöhlt, ist es über den gesetzlichen Wortlaut hinaus vertretbar, auf die Berichterstattung gem. § 285 Nr. 14, 14a HGB unter analoger Anwendung des § 286 Abs. 3 Satz 1 Nr. 2 HGB zu verzichten[477].

Kategorisierung und Vorjahresangabe

Die Berichtsgegenstände des § 285 Nr. 14, 14a HGB und der §§ 291 Abs. 2 Nr. 4, 292 Abs. 2 Satz 1 HGB, die bestimmte Angaben zu den Mutterunternehmen betreffen, sind originäre Pflichtangaben, die ausdrücklich für den Anhang vorgesehen sind. Deshalb sind keine Vergleichsinformationen für die vorangegangene Berichtsperiode anzugeben.

Inhaltliche Abgrenzung der Berichtspflicht

Vorbemerkungen

Die Berichtspflicht des § 285 Nr. 14, 14a HGB (*Angaben zu konzernrechnungslegungspflichtigen Mutterunternehmen*) betrifft grundsätzlich alle Gesellschaften, die einen Anhang aufstellen müssen, unabhängig davon, ob sie wiederum selbst

- als Mutterunternehmen eines Teilkonzerns i.S.d. § 290 HGB zu klassifizieren sind,
- nach den §§ 290 ff. HGB zur Konzernrechnungslegung verpflichtet sind oder
- einen (freiwilligen oder pflichtmäßigen) Konzernabschluss tatsächlich aufstellen.

Die Erweiterung der Berichtspflicht gemäß den §§ 291 Abs. 2 Nr. 4, 292 Abs. 2 Satz 1 HGB (*Angaben zur Befreiung von der Teilkonzernrechnungslegungspflicht*) ist dagegen an die Inanspruchnahme der Befreiungsregelung der §§ 291, 292 HGB gekoppelt. Sie setzt voraus, dass die berichtende Gesellschaft zwar grundsätzlich zur (Teil-)Konzernrechnungslegung verpflichtet ist, davon aber absieht, weil auf einer übergeordneten Ebene der Konzernhierarchie ein sog. befreiender Konzernabschluss aufgestellt wird.

Berichtsobjekt

Der Wortlaut der einschlägigen Vorschriften fordert Angaben zu bestimmten *Mutterunternehmen*. Die grundlegende Voraussetzung für die Berichtspflicht ist somit das Vorliegen eines Mutter-Tochter-Verhältnisses i.S.d. § 290 HGB[478]. Ist die berichtende Gesellschaft als ein bloßes Beteiligungsunternehmen i.S.d.

---

477 Vgl. Oser/Holzwarth, in Küting/Pfitzer/Weber, Rechnungslegung, §§ 284–288 HGB Rz. 552, Stand 07/2016; Hoffmann/Lüdenbach, Bilanzierung, 2017, § 285 HGB Rz. 111.
478 Vgl. Krawitz, in Hofbauer/Kupsch, Rechnungslegung, § 285 HGB Rz. 228; Grottel, in Grottel/Schmidt/Schubert/Winkeljohann, Bilanz, 2016, § 285 HGB Rz. 456.

§271 Abs. 1 HGB, Gemeinschaftsunternehmen (§310 HGB) oder (typisches) assoziiertes Unternehmen (§311 HGB) einzustufen, kommt die Angabepflicht also grundsätzlich nicht zum Tragen.

Die zweite wesentliche Voraussetzung ist die Aufstellung eines (Teil-)Konzernabschlusses durch das bzw. die Mutterunternehmen. Maßgebend ist grundsätzlich dessen tatsächliche Aufstellung. Es ist somit – soweit auch die weiteren Tatbestandsmerkmale erfüllt sind – nicht nur über Mutterunternehmen zu berichten, die einen (Teil-)Konzernabschluss aufgrund einer entsprechenden gesetzlichen Verpflichtung aufstellen, sondern auch über Mutterunternehmen, die dieser Verpflichtung freiwillig nachkommen[479]. Jedoch lösen nicht alle freiwillig erstellten konsolidierten Rechenwerke die Berichtspflicht aus. Unseres Erachtens ist nicht über Mutterunternehmen zu berichten, die einen konsolidierten Abschluss nur für interne Zwecke erstellen oder deren freiwilliger konsolidierter Abschluss die Anforderungen des einschlägigen (lokalen) Konzernbilanzrechts nicht vollumfänglich erfüllt, indem er bspw. nicht alle gesetzlich geforderten Abschlusselemente enthält.

! **Beispiel: Angabe nicht konzernrechnungslegungspflichtiger Mutterunternehmen**

Die B GmbH ist ein unmittelbares Tochterunternehmen der M2 AG und ein mittelbares Tochterunternehmen der M1 AG. Die Kapital- und Stimmrechtsverhältnisse zwischen den einzelnen Konzerneinheiten sind aus dem folgenden Schaubild ersichtlich. Die M1 AG ist nach den §§290 ff. HGB konzernrechnungslegungspflichtig.

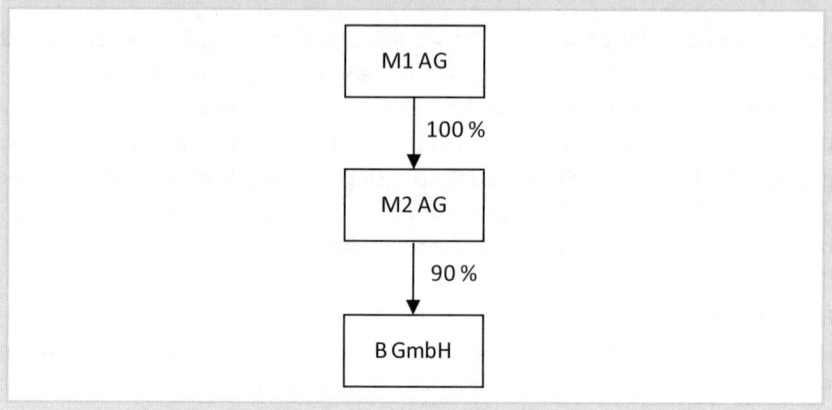

---

479 Vgl. Grottel, in Grottel/Schmidt/Schubert/Winkeljohann, Bilanz, 2016, §285 HGB Rz. 458.

Die M2 AG erstellt ausschließlich für Zwecke der Konsolidierung ihres Teilkonzerns, zu dem auch die B GmbH gehört, auf der obersten Konzernebene (M1 AG) einen Teilkonzernabschluss, der in Form eines sog. *Reporting Package* an die Konzernzentrale gemeldet wird.

Über die M2 AG ist im Anhang der B GmbH nach §285 Nr. 14a, 14 HGB nicht zu berichten.

Auf die Offenlegung des Konzernabschlusses durch das Mutterunternehmen kommt es für die Angabepflicht nach §285 Nr. 14, 14a HGB nicht an. In Bezug auf die erweiterte Angabe gemäß den §§291 Abs. 2 Nr. 4, 292 Abs. 2 Satz 1 HGB besteht dagegen das Erfordernis der Offenlegung. Es ergibt sich indirekt daraus, dass die gesetzlichen Befreiungstatbestände, die die Berichtpflicht auslösen, u.a. die Offenlegung der befreienden Konzernrechnungslegung in Deutschland voraussetzen (§§291, 292 HGB).

Der Grundsatz, nach dem die tatsächliche Aufstellung des (Teil-)Konzernabschlusses maßgebend ist, gilt nicht, wenn das Mutterunternehmen die Aufstellung pflichtwidrig unterlässt. Wird eine bestehende Konzernrechnungslegungspflicht nicht beachtet, hat dieser Umstand keinen Einfluss auf die Anhangangabe[480]. Die Beurteilung der Pflichtwidrigkeit ist dabei nach dem für das betreffende Mutterunternehmen einschlägigen (lokalen) Konzernbilanzrecht vorzunehmen. Ob bei ausländischen Mutterunternehmen unter Anwendung der geltenden deutschen Regelungen der §§290 ff. HGB eine Verpflichtung zur Konzernrechnungslegung gegeben wäre, ist dagegen unbeachtlich. In der praktischen Umsetzung dürfte die Angabepflicht jedoch wohl nur bei solchen Pflichtverstößen zwingend gefordert werden können, die von der berichtenden Gesellschaft eindeutig erkennbar sind[481].

Für die Berichterstattung nach §285 Nr. 14, 14a HGB sind die Rechtsform und der Sitz des Mutterunternehmens irrelevant[482], ebenso die Tatsache, ob dessen Konzernrechnungslegung nach deutschen, ausländischen oder internationalen Normen aufgestellt wird[483]. In Bezug auf die erweiterte Angabe gemäß den §§291 Abs. 2 Nr. 4, 292 Abs. 2 Satz 1 HGB gilt dies mit der Einschränkung, dass die diesbezüglich anwendbaren Befreiungsvoraussetzungen der §§291, 292 HGB erfüllt sein müssen.

---

480 Vgl. IDW, WP Handbuch, 15.Aufl. 2017, Abschn. F Rz.1100.
481 So wohl auch Hoffmann/Lüdenbach, Bilanzierung, 2017, §285 HGB Rz.110.
482 Vgl. Wulf, in Baetge/Kirsch/Thiele, Bilanzrecht, §285 HGB Rz.231; so im Ergebnis auch IDW, WP Handbuch, 15.Aufl. 2017, Abschn. F Rz.1099.
483 Nach Ansicht von Krawitz, in Hofbauer/Kupsch, Rechnungslegung, §285 HGB Rz.229, muss ein ausländischer Konzernabschluss mit einem nach den §§290 ff. HGB aufgestellten Konzernabschluss vergleichbar sein, um die Berichtpflicht auszulösen.

Keine Auswirkungen auf die Pflicht zur Anhangangabe hat es, wenn die berichtende Gesellschaft mit Blick auf die Regelungen des §296 HGB bzw. etwaiger vergleichbarer ausländischer oder internationaler Vorschriften effektiv nicht in den Konzernabschluss des Mutterunternehmens einbezogen wird[484].

§285 Nr. 14, 14a HGB beinhaltet eine doppelte Berichtspflicht, indem sich die Vorschrift auf Mutterunternehmen zweier unterschiedlicher Stufen der Konzernhierarchie bezieht. Konkret sind die geforderten Angaben für

- das hierarchisch höchste Mutterunternehmen und
- das hierarchisch nächsthöhere Mutterunternehmen

zu machen, die einen Konzernabschluss erstellen.

> **!** **Beispiel: Angaben zu den Mutterunternehmen bei mehrstufigen Konzernverhältnissen**
>
> Die berichtende Gesellschaft (B GmbH) ist ein unmittelbares Tochterunternehmen des Unternehmens M3, das wiederum M2 als unmittelbares und M1 als mittelbares (oberstes) Mutterunternehmen hat. Die Kapital- und Stimmrechtsverhältnisse zwischen den einzelnen Konzerneinheiten sind aus dem folgenden Schaubild ersichtlich.
>
>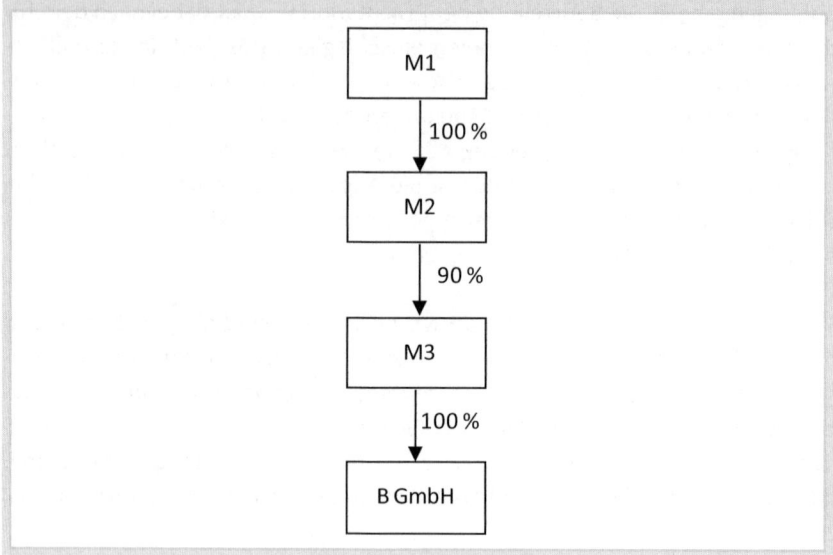

---

484 Vgl. Oser/Holzwarth, in Küting/Pfitzer/Weber, Rechnungslegung, §§284–288 HGB Rz. 554, Stand 07/2016; Hoffmann/Lüdenbach, Bilanzierung, 2017, §285 HGB Rz. 110.

Stellen alle drei Mutterunternehmen einen (Teil-)Konzernabschluss nach den Vorschriften der §§ 290 ff. HGB auf, ist im Anhang der B GmbH nach § 285 Nr. 14, 14a HGB über die Mutterunternehmen M1 und M3 zu berichten. Nimmt abweichend von diesem Ausgangsfall M3 die Befreiung nach § 291 HGB in Anspruch und verzichtet auf dieser Grundlage auf die Aufstellung eines Teilkonzernabschlusses, verlagert sich die Angabe auf das nächsthöhere Mutterunternehmen. In diesem Fall ist über die Mutterunternehmen M1 und M2 zu berichten[485].

Die grundsätzlich vorgesehene doppelte Berichtspflicht reduziert sich auf die Angabe nur eines Mutterunternehmens, sofern

- über der berichtenden Gesellschaft lediglich eine weitere Stufe in der Konzernhierarchie existiert und/oder
- ausschließlich auf einer hierarchisch höheren Konzernstufe ein Konzernabschluss aufgestellt wird (in der Regel durch die Konzernspitze)[486].

In beiden Fällen sind der kleinste und der größte Kreis von Unternehmen, für die ein Konzernabschluss durch ein übergeordnetes Mutterunternehmen aufgestellt wird, deckungsgleich. Nehmen im vorstehenden Beispielsfall M2 und M3 die Befreiung nach § 291 HGB in Anspruch, ist nur über M1 zu berichten.

Wird die berichtende Gesellschaft selbst durch einen übergeordneten Konzernabschluss von der Teilkonzernrechnungslegung befreit, sind laut den §§ 291 Abs. 2 Nr. 4, 292 Abs. 2 Satz 1 HGB zusätzliche Angaben zu *dem* Mutterunternehmen erforderlich, das den befreienden Konzernabschluss aufstellt. Diese Angabe tritt neben die Berichtspflicht des § 285 Nr. 14, 14a HGB und kann letztere also nicht ersetzen.

Ungeachtet des Gesetzeswortlauts kann es in mehrstufigen Konzernen dazu kommen, dass mehr als ein (Teil-)Konzernabschluss eines hierarchisch höheren Mutterunternehmens die Befreiungswirkung gemäß den §§ 291, 292 HGB entfaltet. In diesem Fall ist es mit Blick auf den Sinn und Zweck der Anhangangabe sachgerecht, dasjenige Mutterunternehmen anzugeben, das hierarchisch am höchsten angesiedelt ist. Mangels einer eindeutigen gesetzlichen Vorgabe ist dieses Vorgehen aber nicht zwingend. Alternativ kommt ebenso in Betracht, ein anderes Mutterunternehmen auszuwählen, das die Kriterien erfüllt, oder mehrere Mutterunternehmen anzugeben.

485 Vgl. Oser/Holzwarth, in Küting/Pfitzer/Weber, Rechnungslegung, §§ 284–288 HGB Rz. 554, Stand 07/2016.
486 Vgl. Hoffmann/Lüdenbach, Bilanzierung, 2017, § 285 HGB Rz. 109; vgl. auch Grottel, in Grottel/Schmidt/Schubert/Winkeljohann, Bilanz, 2016, § 285 HGB Rz. 460.

Angabepflichtige Informationen

Die Berichtspflichten zum konzernrechnungslegungspflichtigen Mutterunternehmen (§ 285 Nr. 14, 14a HGB) und zur Befreiung von der Teilkonzernrechnungslegungspflicht (§§ 291 Abs. 2 Nr. 4, 292 Abs. 2 Satz 1 HGB) beinhalten übereinstimmend die Angabe des Namens und des Sitzes des betreffenden Mutterunternehmens.

Daneben ist, falls eine Offenlegung erfolgt, nach § 285 Nr. 14, 14a HGB grundsätzlich der Ort anzugeben, an dem die Konzernrechnungslegung des genannten Mutterunternehmens erhältlich ist. Diese Information ist bezüglich der Angaben zur Befreiung von der Teilkonzernrechnungslegungspflicht zwar ebenfalls wünschenswert, aber gesetzlich nicht zwingend gefordert[487]. In diesem Zusammenhang ist zu beachten, dass die Inanspruchnahme der Befreiung ohnehin eine Offenlegung der befreienden Konzernrechnungslegung nach deutschen Regeln zwingend voraussetzt (vgl. §§ 291 Abs. 1 Satz 1, 292 Abs. 1 Nr. 4 HGB).

Bei inländischen Mutterunternehmen ist auf die Bekanntmachung im elektronischen Bundesanzeiger hinzuweisen. Ist die Offenlegung der Konzernrechnungslegung des angabepflichtigen Mutterunternehmens zum Zeitpunkt der Aufstellung des Anhangs der berichtenden Gesellschaft schon erfolgt, empfiehlt sich die ergänzende Angabe des Veröffentlichungsdatums; eine Verpflichtung besteht dahin gehend aber nicht. Bei ausländischen Mutterunternehmen ist das vergleichbare ausländische, eventuell ebenfalls elektronisch geführte Offenlegungsmedium anzugeben[488]. Bei einem US-amerikanischen Konzernabschluss, der via Internet bei der *Securities and Exchange Commission* (SEC) abrufbar ist, können bspw. die elektronische Adresse und die maßgebenden Dateien genannt werden[489]. Obwohl sich die Diskussion über die Angabe elektronischer Abrufadressen im Schrifttum auf offizielle Offenlegungsorgane konzentriert (elektronischer Bundesanzeiger, Internetplattform der US-amerikanischen SEC usw.) kann im Einzelfall auch ein Hinweis auf die *Website* des betreffenden Mutterunternehmens wie in den folgenden Beispielen aus der Berichtspraxis genügen.

---

487 Vgl. IDW, WP Handbuch, 15. Aufl. 2017, Abschn. F Rz. 1242; von einer verpflichtenden Angabe des Orts der Erhältlichkeit auch in diesem Fall gehen wohl Oser/Holzwarth, in Küting/Pfitzer/Weber, Rechnungslegung, §§ 284–288 HGB Rz. 555 Stand 07/2016, aus.

488 Vgl. Grottel, in Grottel/Schmidt/Schubert/Winkeljohann, Bilanz, 2016, § 285 HGB Rz. 461.

489 Vgl. Adler/Düring/Schmaltz, Rechnungslegung und Prüfung der Unternehmen, 6. Aufl. 1994 ff., § 285 HGB, Anm. 254; vgl. auch IDW, WP Handbuch, 15. Aufl. 2017, Abschn. F Rz. 1099.

Praxisbeispiel

Die Mikron GmbH Rottweil wird in den Konzernabschluss der Mikron Hol-ding AG, Biel/Schweiz (kleinster und größter Konsolidierungskreis), einbe-zogen. Dieser kann im Internet unter der Internet-Adresse ›www.mikron. com‹ abgerufen werden.

Mikron GmbH Rottweil, Rottweil, Jahresabschluss zum 31.12.2015

Praxisbeispiel

Die Gesellschaft wird in den Konzernabschluss der Samsung Electronics Holding GmbH, Schwalbach am Taunus, (SEHG) nach den Vorschriften des HGB zur Vollkonsolidierung einbezogen (kleinster Konsolidierungskreis). Die Gesellschaft wird ebenfalls in den Konzernabschluss der Samsung Elec-tronics Co. Ltd., Seoul/Korea, (SEC) einbezogen (größter Konsolidierungs-kreis), der unter folgender Internetadresse erhältlich ist: http://www.samsung.com/us/aboutsamsung/ir/newsMain.do

Samsung Semiconductor Europe GmbH, Eschborn, Jahresabschluss zum 31.12.2014

Erfordert die Konzernrechnungslegung des Mutterunternehmens keine (ge-setzlich) verpflichtende Offenlegung, insb. im Fall der freiwilligen Aufstellung eines Konzernabschlusses, kann die Ortsangabe entfallen[490]. Eines Negativ-vermerks bedarf es insoweit nicht, er ist aber wie im folgenden Praxisbeispiel möglich[491].

Praxisbeispiel

Die VTN Fritz Düsseldorf GmbH, Freiburg, wird in den Konzernabschluss der VTN Beteiligungsgesellschaft mbH, Witten, einbezogen (HR 10809 des Amtsgerichts Bochum). Da es sich bei diesem um einen freiwilligen Kon-zernabschluss gemäß § 293 HGB handelt, wird dieser nicht veröffentlicht.

VTN Fritz Düsseldorf GmbH, Freiburg, Jahresabschluss zum 31.12.2012

Die Angaben zur Befreiung von der Teilkonzernrechnungslegungspflicht (§§ 291 Abs. 2 Nr. 4, 292 Abs. 2 Satz 1 HGB) verlangen darüber hinaus noch die folgenden zusätzlichen Informationen:

---

490 Vgl. Grottel, in Grottel/Schmidt/Schubert/Winkeljohann, Bilanz, 2016, § 285 HGB Rz. 461.
491 In dem Praxisbeispiel fehlt die Angabe, ob das genannte Mutterunternehmen die nächsthöhere oder die oberste Konzernebene darstellt.

- einen Hinweis auf die Inanspruchnahme dieser Befreiung;
- eine Erläuterung der im befreienden Konzernabschluss des Mutterunternehmens angewandten Bilanzierungs-, Bewertungs- und Konsolidierungsmethoden, die vom deutschen Recht abweichen;
- eine Angabe, welches Normengerüst der befreienden Konzernrechnungslegung zugrunde liegt, ggf. unter Nennung des Staates, dessen Bilanzrecht angewandt wurde, falls die befreiende Konzernrechnungslegung von einem Unternehmen außerhalb der EU/des EWR stammt.

Eine Erläuterung von Abweichungen in den Abbildungsmethoden muss nach dem Gesetzeswortlaut (nur) erfolgen, wenn der befreiende Konzernabschluss nach ausländischen oder internationalen Rechnungslegungsnormen aufgestellt wird. Auch eine Anwendung der von der EU übernommenen IFRS/IAS im befreienden Konzernabschluss setzt die Erläuterungspflicht nicht generell außer Kraft[492].

Die Berichtspflicht umfasst nicht alle Unterschiede der vom befreienden Mutterunternehmen angewandten Rechnungslegungsnormen vom deutschen Bilanzrecht, sondern bezieht sich ausschließlich auf tatsächliche Methodenabweichungen zum vorliegenden Jahresabschluss der berichtenden Gesellschaft, die – wenn sie angewandt würden – einen wesentlichen Einfluss auf das Abschlussbild hätten[493]. Hat die berichtende Gesellschaft bspw. das Wahlrecht des §248 Abs. 2 HGB ausgeübt und Entwicklungskosten eines selbst geschaffenen immateriellen Anlagegegenstands aktiviert, ist es unter der Annahme, dass der befreiende Konzernabschluss des Mutterunternehmens nach den IFRS aufgestellt wird, nicht erforderlich, zu erläutern, dass nach IAS 38.45 eine Aktivierungs*pflicht* besteht.

Es genügen – wie im folgenden Beispiel aus der Berichtspraxis – verbale bzw. qualitative Erläuterungen zu den (wesentlichen) Methodenabweichungen. Eine quantitative Angabe der aus den unterschiedlichen Abbildungsmethoden (fiktiv) resultierenden Auswirkungen auf den Jahresabschluss der berichtenden Gesellschaft ist nicht erforderlich[494].

---

492 So jedoch Grottel/Kreher, in Grottel/Schmidt/Schubert/Winkeljohann, Bilanz, 2016, §291 HGB Rz. 28.

493 So wohl auch Hoffmann/Lüdenbach, Bilanzierung, 2017, §291 HGB Rz. 26. Da sich die Erläuterungspflicht auf den Jahresabschluss der berichtenden Gesellschaft bezieht, können Abweichungen der Konsolidierungsmethoden nach diesem Verständnis nicht berichtspflichtig sein.

494 Vgl. IDW, WP Handbuch, 15. Aufl. 2017, Abschn. F Rz. 1241.

Praxisbeispiel
Oberstes Mutterunternehmen und verbundene Unternehmen,
Konzernabschluss
Der Kreis der verbundenen Unternehmen der IBM Deutschland GmbH, Eh-
ningen, umfasst das oberste Mutterunternehmen, die IBM Corporation,
Armonk, New York/USA, und sämtliche Tochterunternehmen dieses Mut-
terunternehmens. Zudem ist die Gesellschaft auch Bestandteil des Teil-
konzerns IBM International Group B.V., Amsterdam, Niederlande.
Da die Gesellschaft und ihre Tochterunternehmen in den Konzernabschluss
der IBM Corporation einbezogen werden, hat die IBM Deutschland GmbH,
Ehningen, darauf verzichtet, einen Teilkonzernabschluss aufzustellen.
Der Konzernabschluss der IBM Corporation, Armonk, New York/USA, wird
nach den US-amerikanischen Generally Accepted Accounting Principles
(US-GAAP) aufgestellt und geprüft. Unterschiede zwischen den US-GAAP
und den deutschen handelsrechtlichen Rechnungslegungsvorschriften
ergeben sich im Wesentlichen aus der Bilanzierung und Bewertung des
Anlagevermögens, den unterschiedlichen Kriterien bei der Zuordnung des
wirtschaftlichen Eigentums bei Leasinggeschäften, dem Ansatz und der
Bewertung von Rückstellungen und latenten Steuern sowie dem Gewinn-
realisierungszeitpunkt.
Der Konzernabschluss der IBM Corporation ist in Armonk, New York/USA,
oder über die IBM Deutschland GmbH, Ehningen, erhältlich und wird in
deutscher Sprache unter der IBM Central Holding GmbH, Ehningen, im
elektronischen Bundesanzeiger veröffentlicht. Der Konzernabschluss der
IBM International Group B. V., Amsterdam, Niederlande, wird im nieder
ländischen Handelsregister veröffentlicht.

IBM Deutschland GmbH, Ehningen, Jahresabschluss zum 31.12.2015

Liegen keine wesentlichen Methodenabweichungen vor, ist kein Negativvermerk notwendig. Vor diesem Hintergrund ist die Darstellung solcher Abweichungen in der Berichtspraxis relativ selten. Überwiegend wird darauf – wie
im folgenden Praxisbeispiel – nicht eingegangen.

Praxisbeispiel
Allgemeine Vorbemerkungen
Der Jahresabschluss der Opel Eisenach GmbH wird über ihre alleinige Gesellschafterin, die Adam Opel AG, Rüsselsheim, in den Konzernabschluss
der General Motors Company, Detroit, Michigan, USA, einbezogen, der
nach US-amerikanischen Rechnungslegungsvorschriften (US GAAP) aufgestellt ist. Dieser kann bei der U. S. Securities and Exchange Commission
(SEC) unter der Commission File Number 001-34960 eingesehen werden.

Dieser Abschluss ist der Konzernabschluss für den größten Kreis von Unternehmen.

Darüber hinaus wird der Jahresabschluss der Opel Eisenach GmbH auch in den Konzernabschluss der General Motors Automotive Holdings, S. L., Saragossa, Spanien, einbezogen, welcher nach spanischen Rechnungslegungsvorschriften aufgestellt ist. Dieser ist der Konzernabschluss für den kleinsten Kreis von Unternehmen und wird beim Handelsregister der Stadt Saragossa, Buch 2887, Seite Z-32722, hinterlegt.

Opel Eisenach GmbH, Eisenach, Jahresabschluss zum 31.12.2012

Die Berichterstattung nach §285 Nr. 14, 14a HGB und §§291 Abs. 2 Nr. 4, 292 Abs. 2 Satz 1 HGB kann entsprechend der folgenden Musterformulierung ausgestaltet sein, wobei in Bezug auf die mangelnde Abweichung von Abbildungsmethoden hier (freiwillig) ein Negativvermerk vorgesehen ist.

! **Musterformulierung**

Konzernzugehörigkeit
Mutterunternehmen der …, das den Konzernabschluss für den größten Kreis von Unternehmen der …-Gruppe aufstellt, ist die … mit Sitz in … Der Konzernabschluss ist unter www… abrufbar. Mutterunternehmen der …, das den Konzernabschluss für den kleinsten Kreis von Unternehmen der …-Gruppe aufstellt, ist die … mit Sitz in … Der Konzernabschluss ist auf der Webseite der … abrufbar.
Mutterunternehmen der …, das den Konzernabschluss für den größten und zugleich den kleinsten Kreis von Unternehmen der …-Gruppe aufstellt, ist die … mit Sitz in … Der Konzernabschluss ist unter *www…* abrufbar.
Die … war zum … von der Konzernrechnungslegung befreit, da die Gesellschaft und ihre Tochterunternehmen in den Konzernabschluss der … einbezogen werden, der nach den Rechnungslegungsvorschriften der IFRS aufgestellt und in deutscher Übersetzung beim elektronischen Bundesanzeiger offengelegt wird. Die im Konzernabschluss angewandten Rechnungslegungsgrundsätze weisen keine wesentlichen Abweichungen vom deutschen Handelsrecht hinsichtlich der Bilanzierungs-, Bewertungs- und Konsolidierungsmethoden auf.

Geht die Befreiungswirkung von mehreren hierarchisch übergeordneten Mutterunternehmen aus, kann, wie oben erläutert, das Mutterunternehmen mit den geringsten Methodenabweichungen angegeben werden.

Nicht erforderlich, aber freiwillig möglich, ist – wie im folgenden Praxisbeispiel – ein Anhanghinweis auf die eigene Stellung als Mutterunternehmen eines Konzerns.

Praxisbeispiel
Konzernzugehörigkeit
Die J. Schneider Elektrotechnik GmbH, Offenburg erstellt als Mutterunternehmen einen Konzernabschluss. Die Veröffentlichungen erfolgen im elektronischen Bundesanzeiger.

J. Schneider Elektrotechnik Gesellschaft mbH, Offenburg,
Jahresabschluss zum 31.12.2014

7.6.2 Angaben zu den Gesellschaftsorganen

7.6.2.1 Organmitglieder

Berichtsgegenstand und zugrunde liegende Vorschriften

HGB § 285 Sonstige Pflichtangaben
Ferner sind im Anhang anzugeben:
...
10. *alle Mitglieder des Geschäftsführungsorgans und eines Aufsichtsrats, auch wenn sie im Geschäftsjahr oder später ausgeschieden sind, mit dem Familiennamen und mindestens einem ausgeschriebenen Vornamen, einschließlich des ausgeübten Berufs und bei börsennotierten Gesellschaften auch der Mitgliedschaft in Aufsichtsräten und anderen Kontrollgremien im Sinne des § 125 Abs. 1 Satz 5 des Aktiengesetzes. Der Vorsitzende eines Aufsichtsrats, seine Stellvertreter und ein etwaiger Vorsitzender des Geschäftsführungsorgans sind als solche zu bezeichnen;*

Die folgenden Ausführungen lassen die Zusatzangaben börsennotierter Gesellschaften nach § 285 Nr. 10 Satz 1 HGB außer Acht. Diese ergänzenden Angaben werden in Kapitel 7.7.3.4 dargestellt.

Erleichterungen
Kleine Gesellschaften sind nach § 288 Abs. 1 Nr. 1 HGB von der Berichtspflicht über die Mitglieder der Gesellschaftsorgane befreit.

Kategorisierung und Vorjahresangabe
Die Berichtspflicht, die die personelle Zusammensetzung der Gesellschaftsorgane betrifft, ist eine originäre Pflichtangabe, die ausdrücklich für den

Anhang vorgesehen ist. Deshalb sind keine Vergleichsinformationen für die vorangegangene Berichtsperiode anzugeben.

Inhaltliche Abgrenzung der Berichtspflicht

Maßgebender Zeitraum
Nach § 285 Nr. 10 HGB sind alle Mitglieder der Geschäftsführung (bzw. des Vorstands) und des Aufsichtsrats namentlich und mit dem von ihnen ausgeübten Beruf anzugeben, auch wenn sie während des Geschäftsjahrs oder später ausgeschieden sind.

Mit Blick auf den Gesetzeswortlaut und den grundsätzlichen Stichtagsbezug der Berichterstattung sind u. E. zwingend nur alle Personen zu nennen, die zu irgendeinem Zeitpunkt der Berichtsperiode als Mitglied des jeweiligen Organs bestellt waren. Ein Ausscheiden nach dem Abschlussstichtag ändert dabei nichts an der Angabepflicht[495].

Nach herrschender Meinung sind dagegen darüber hinaus auch solche Personen anzugeben, deren Organmitgliedschaft zu irgendeinem Zeitpunkt innerhalb des Zeitraums zwischen Abschlussstichtag und Beendigung der Aufstellung des diesbezüglichen Jahresabschlusses bestand[496]. Mit Blick auf deren mögliche Pflicht, den Jahresabschluss zu unterzeichnen, und die damit verbundene potenzielle Irreführung der Abschlussadressaten ist diese zeitliche Ausweitung zwar sinnvoll (und damit freiwillig möglich), aber nicht zwingend. Das Gleiche gilt für die in der Literatur teilweise vertretene Ansicht, dass für diejenigen Personen, die nicht während des gesamten maßgebenden Zeitraums dem Organ angehört haben, der Beginn bzw. das Ende der Organzugehörigkeit anzugeben sei[497].

> **! Unterzeichnung des Jahresabschlusses**
>
> Zur Unterzeichnung des Jahresabschlusses ist das bei Beendigung der Aufstellung, nicht das am Abschlussstichtag fungierende Geschäftsführungsorgan in der jeweiligen personellen Zusammensetzung verpflichtet[498].

---

495 So auch Hoffmann/Lüdenbach, Bilanzierung, 2017, § 285 HGB Rz. 82 f.
496 Vgl. z.B. Adler/Düring/Schmaltz, Rechnungslegung und Prüfung der Unternehmen, 6. Aufl. 1994 ff., § 285 HGB Rz. 208; IDW, WP Handbuch, 15. Aufl. 2017, Abschn. F Rz. 1079.
497 So z.B. Poelzig, in Schmidt/Ebke, HGB, Bd. 4, 2013, § 285 HGB, Rn. 229, der den diesbezüglich maßgebenden Zeitraum auf das Geschäftsjahr beschränkt. Wie hier z.B. Hoffmann/Lüdenbach, Bilanzierung, 2017, § 285 HGB Rz. 82, und wohl auch Grottel, in Grottel/Schmidt/Schubert/Winkeljohann, Bilanz, 2016, § 285 HGB Rz. 352, der keine Verpflichtung zur Angabe von Beginn/Ende der Amtszeit formuliert.
498 Vgl. Hoffmann/Lüdenbach, Bilanzierung, 2017, § 285 HGB Rz. 83.

Abgrenzung der anzugebenden Organmitglieder

Bei voll haftungsbeschränkten OHGs und KGs sind nach §264a Abs. 2 HGB die Geschäftsführungsmitglieder der unbeschränkt haftenden Kapitalgesellschaft anzugeben, bei einer KGaA deren persönlich haftende Gesellschafter, soweit sie laut Satzung zur Geschäftsführung und Vertretung der Gesellschaft befugt sind (§278 Abs. 2 i.V.m. §283 AktG)[499].

Die Berichterstattung kann in diesen Fällen beispielhaft wie folgt ausgestaltet sein (zur Angabe der Berufsbezeichnung siehe die nachfolgenden Ausführungen):

> **Praxisbeispiel/Musterformulierung**
> *Geschäftsleitung*
> *Die Geschäftsführung erfolgte durch die BOLD Beteiligungs-GmbH, Achern, als Komplementärin der BOLD GmbH & Co. KG, Achern. Die BOLD Beteiligungs-GmbH, Achern, wiederum wurde durch ihren Geschäftsführer, Axel Straub, vertreten.*
>
> *BOLD GmbH & Co. KG, Achern, Jahresabschluss zum 31.12.2015*

> **Praxisbeispiel/Musterformulierung**
> *Die Geschäftsführung obliegt satzungsgemäß den persönlich haftenden Gesellschaftern Franz-Peter Falke GmbH und Paul Falke GmbH.*
> *Die Franz-Peter Falke GmbH wird durch ihren Geschäftsführer Herrn Franz-Peter Falke vertreten. Die Paul Falke GmbH wird durch ihren Geschäftsführer Herrn Paul Falke vertreten.*
> *Die Komplementärin Falke Beteiligungs-oHG ist von der Vertretung und Geschäftsführung der Gesellschaft ausgeschlossen.*
>
> *FALKE KGaA, Schmallenberg, Jahresabschluss zum 31.12.2014*

Zu den anzugebenden Organmitgliedern zählen auch stellvertretende Mitglieder i.S.d. §§44 GmbHG, 94 AktG. Ersatzmitglieder des Aufsichtsrats gem. §101 Abs. 3 AktG sind dagegen erst dann zu nennen, wenn sie tatsächlich in den Aufsichtsrat nachgerückt sind[500].

---

499 Vgl. Poelzig, in Schmidt/Ebke, HGB, Bd. 4, 2013, §285 HGB, Rn.226.
500 Vgl. Grottel, in Grottel/Schmidt/Schubert/Winkeljohann, Bilanz, 2016, §285 HGB Rz.352.

Zu berücksichtigende Aufsichtsorgane

Die Berichtspflicht des §285 Nr. 10 HGB ist grundsätzlich auf einen gesetzlich einzurichtenden Aufsichtsrat zugeschnitten. Besitzt die Gesellschaft nur freiwillig ein Aufsichtsgremium, dessen Aufgaben denen der einschlägigen aktienrechtlichen Regelungen im Wesentlichen entsprechen, z.B. bei Anwendung von §52 Abs. 1 GmbHG, gilt die Berichtspflicht auch für dieses Organ, unabhängig von seiner Bezeichnung. Die Grundlage für die freiwillige Einrichtung eines Aufsichtsrats kann bspw. eine entsprechende gesellschaftsvertragliche Regelung sein. Das heißt: Es können in Abhängigkeit von den Aufgaben des Gremiums auch die Mitglieder eines als Beirat bezeichneten Gremiums anzugeben sein[501]. Das folgende Beispiel aus der Berichtspraxis enthält entsprechende Informationen, wobei nicht beurteilt werden kann, ob es sich um pflichtmäßige oder freiwillige Zusatzangaben handelt.

> ### Praxisbeispiel
> ### *Angaben über Mitglieder der Unternehmensorgane*
>
> ...
>
> *Dem Beirat gehörten folgende Personen an:*
> *Herr Albrecht Hertz-Eichenrode*
> *Beiratsvorsitzender der HANNOVER Finanz GmbH*
> *(Beiratsvorsitzender)*
> *Herr Bert Verhoef*
> *Direktor der A. S. Watson Health & Beauty Benelux*
> *Wilken Freiherr von Hodenberg*
> *Ehemaliger Vorstandssprecher und jetziges Aufsichtsratsmitglied der Deutsche Beteiligungs AG*
>
> *Dirk Rossmann GmbH, Burgwedel, Jahresabschluss zum 31.12.2013*

Angabepflichtige Informationen

Hinsichtlich der berichtspflichtigen Organmitglieder sind zunächst deren Familiennamen, mindestens ein ausgeschriebener Vorname und der ausgeübte Beruf anzugeben. Darüber hinaus ist die Stellung als Vorsitzender oder stellvertretender Vorsitzender des Aufsichtsrats bzw. als etwaiger Vorsitzender des Geschäftsführungsorgans zu vermerken. Eine Funktion als »Sprecher« der Geschäftsführung ist nicht zwingend anzugeben, sofern sie inhaltlich

---

501 Vgl. z.B. Adler/Düring/Schmaltz, Rechnungslegung und Prüfung der Unternehmen, 6.Aufl. 1994 ff., §285 HGB Rz.207; Oser/Holzwarth, in Küting/Pfitzer/Weber, Rechnungslegung, §§284–288 HGB Rz.446, Stand 07/2016.

nicht der Funktion eines Vorsitzenden entspricht[502]. Gegen eine freiwillige Ergänzung spricht indes nichts. Ein Hinweis, dass es sich bei angegebenen Personen um stellvertretende Organmitglieder handelt, ist aufgrund des Gesetzeswortlauts ebenfalls nicht erforderlich, aber zulässig[503].

Die Berufsangabe bezieht sich auf die zum Zeitpunkt der Aufstellung des Jahresabschlusses[504] tatsächlich ausgeübte hauptberufliche Tätigkeit[505] und nicht auf den erlernten Beruf oder gar auf akademische Grade oder Titel. Zu allgemeine Beschreibungen genügen nicht, bspw. die Bezeichnung »Handwerker« oder »Kaufmann«, jedoch können mit Blick auf den Informationswert der Angabe auch keine zu hohen Anforderungen an die Spezifikation gestellt werden[506]. In mehrköpfigen Geschäftsführungsgremien mit organisatorisch abgetrennten Funktionsbereichen sollte diese Bereichszuordnung aus der Angabe hervorgehen, z.B. Finanzvorstand, CEO, technischer Geschäftsführer o.Ä. Ein gesetzliches Muss ist diese in den nachfolgenden Praxisbeispielen illustrierte Darstellung u.E. aber nicht[507].

> **Praxisbeispiel**
> *Vorstand*
> *Wolfgang Pöschl, Murr (Vorsitzender)*
> – *Vorstandsmitglied für Forschung und Entwicklung, Service, Produktion und Materialwirtschaft, Kaufmännische Leitung, Personal, Informationstechnologie und Konzernkommunikation*
> *Gregor Baumbusch, Eberbach (ab 1. Januar 2015)*
> – *Vorstandsmitglied für Vertrieb und Marketing*
> *Gerald Schmidt, Tiefenbronn*
> – *Vorstandsmitglied für Finanzen, Treasury, Controlling und Investor Relations*
> *Stephan Weber, Werther (bis 5. April 2014)*
> – *Vorstandsmitglied für Vertrieb und Marketing*
>
> *Weinig International AG, Tauberbischofsheim,*
> *Jahresabschluss zum 31.12.2014*

---

502 So wohl auch Grottel, in Grottel/Schmidt/Schubert/Winkeljohann, Bilanz, 2016, §285 HGB Rz.355.
503 Vgl. Oser/Holzwarth, in Küting/Pfitzer/Weber, Rechnungslegung, §§284–288 HGB Rz.448, Stand 07/2016.
504 Vgl. Poelzig, in Schmidt/Ebke, HGB, Bd. 4, 2013, §285 HGB, Rn.231.
505 Vgl. BT-Drucks. 13/9712 S.26.
506 Vgl. Hoffmann/Lüdenbach, Bilanzierung, 2017, §285 HGB Rz.81.
507 Anderer Auffassung IDW, WP Handbuch, 15.Aufl. 2017, Abschn. F Rz.1078.

> **Praxisbeispiel**
> *Geschäftsführer*
> *Die Geschäftsführung und Vertretung erfolgt durch die persönlich haf-tende Gesellschafterin Interdahl Verpackungsideen GmbH, deren Ge-schäftsführer*
> *Herr Bernd Dahlinger, kaufmännischer Geschäftsführer, Lahr, und*
> *Herr Valerio d'Adamo, Geschäftsführer Vertrieb, Schuttertal,*
> *sind.*
>
> *Ch. Dahlinger GmbH & Co. KG, Lahr, Jahresabschluss zum 30.06.2012*

Die mittelständische Berichtspraxis tut sich insb. dann schwer, wenn nur ein Geschäftsführungsmitglied vorliegt, das hauptberuflich für die berichtende Gesellschaft tätig ist. In diesem Fall besteht regelmäßig die Unsicherheit, ob die gesetzliche Vorschrift des §285 Nr. 10 HGB tatsächlich eine Angabe der Art »Geschäftsführer der Gesellschaft ist Frau …, Geschäftsführerin« verlangt. Da eine solche Doppelnennung schon formulierungstechnisch unglücklich wirkt, wird – wie in den folgenden Beispielen aus der Berichtspraxis – oftmals auf zu allgemeine Bezeichnungen oder Berufsqualifikationen zurückgegriffen.

> **Praxisbeispiel**
> *Geschäftsführer der Gesellschaft ist: Herr Dietmar Axt, Hamburg, Textil-betriebswirt*
>
> *MUSTANG GmbH, Künzelsau, Jahresabschluss zum 31.12.2014*

> **Praxisbeispiel**
> *Während des abgelaufenen Geschäftsjahrs wurden die Geschäfte des Un-ternehmens durch folgende Personen geführt:*
> *Geschäftsführerin: Frau Sabine Rendler-Fies ausgeübter Beruf: Diplom Be-triebswirtin (BA)*
> *Geschäftsführerin: Frau Silvie Rendler ausgeübter Beruf: Diplom Ingenieu-rin (FH)*
>
> *Rendler Bauzentrum GmbH, Oberkirch, Jahresabschluss zum 31.12.2014*

Unseres Erachtens nach kann in diesen Fällen die Angabe der Berufsbezeich-nung unterbleiben. Um der gesetzlichen Forderung formal zu genügen, bietet es sich – wie in den folgenden Beispielsfällen – alternativ an, auf die haupt-berufliche Ausübung der Organtätigkeit hinzuweisen.

Praxisbeispiel
Während des abgelaufenen Geschäftsjahres wurde die Geschäftsführung durch Herrn Michael Unmüßig, einzelvertretungsberechtigt und von den Beschränkungen des § 181 BGB befreit, wahrgenommen. Er übt die Tätigkeit hauptberuflich aus.

K & U Printware GmbH, Ettenheim, Jahresabschluss zum 31.12.2011

Praxisbeispiel
Leitungsorgane
Geschäftsführer ist Herr Bernd Kopf, Dipl.-Ing. (FH), Lahr. Der ausgeübte Beruf ist mit der Organstellung identisch.

VOGEL-BAU Schüttgut Recycling GmbH, Lahr,
Jahresabschluss zum 30.06.2015

Darüber hinaus wird in Teilen des Schrifttums in Bezug auf die Berufsangabe zu *Aufsichtsratsmitgliedern* gefordert, dass – wie im folgenden Beispiel aus der Berichtspraxis – zusätzlich auch das jeweilige Unternehmen, in dem der Hauptberuf ausgeübt wird, zu nennen ist, also z.B. »Finanzvorstand der … AG«[508].

Praxisbeispiel
Mitglieder des Aufsichtsrates der Gesellschaft im Berichtszeitraum waren:
Thomas Rieth, kaufmännischer Geschäftsführer der Rieth Maschinenhandel GmbH, Rodgau, Vorsitzender
Frank Thiex, kaufmännischer Geschäftsführer der Epper GmbH, Bitburg, 1. stellvertretender Vorsitzender
Peter Eibl, geschäftsführender Gesellschafter der Eibl GmbH, Neufinsing, 2. stellvertretender Vorsitzender,
Dr. Christoph Grote, kaufmännischer Geschäftsführer der E/D/E GmbH, Wuppertal,
Lutz Klessen, Inhaber der Klessen Holzbearbeitungsmaschinen e. K., Königsbach-Stein,
Ulf Berger, kaufmännischer Geschäftsführer der HD Holzbearbeitungstechnik GmbH Dresden, Dresden.

GEWEMA AG, Baunatal, Jahresabschluss zum 31.12.2015

---

508 So z.B. Grottel, in Grottel/Schmidt/Schubert/Winkeljohann, Bilanz, 2016, § 285 HGB Rz. 353.

In der mittelständischen Berichtspraxis erfolgt eine solche Ergänzung eher selten und kann mit Blick auf den Gesetzeswortlaut des §285 Nr. 10 HGB auch nicht zwingend verlangt werden. Überwiegend wird in der Praxis das im folgenden Beispiel dargestellte Berichtsformat (ohne Angabe des Unternehmens) gewählt.

> **Praxisbeispiel**
> *Der von der Hauptversammlung gewählte Aufsichtsrat setzt sich im Geschäftsjahr wie folgt zusammen:*
> *Herr Udo Behrenwaldt, Kaufmann (Vorsitzender)*
> *Herr Dr. Thomas Duhnkrack, Kaufmann (stellvertretender Vorsitzender)*
> *Herr Dr. Christoph Schug, Kaufmann*
>
> *BCG Baden-Baden Cosmetics Group AG, Baden-Baden,*
> *Jahresabschluss zum 31.12.2014*

7.6.2.2 Vergütungen von Organmitgliedern

Berichtsgegenstand und zugrunde liegende Vorschriften

> **HGB §285 Sonstige Pflichtangaben**
> *Ferner sind im Anhang anzugeben:*
> *...*
> 9. *für die Mitglieder des Geschäftsführungsorgans, eines Aufsichtsrats, eines Beirats oder einer ähnlichen Einrichtung jeweils für jede Personengruppe*
>   a) *die für die Tätigkeit im Geschäftsjahr gewährten Gesamtbezüge (Gehälter, Gewinnbeteiligungen, Bezugsrechte und sonstige aktienbasierte Vergütungen, Aufwandsentschädigungen, Versicherungsentgelte, Provisionen und Nebenleistungen jeder Art). In die Gesamtbezüge sind auch Bezüge einzurechnen, die nicht ausgezahlt, sondern in Ansprüche anderer Art umgewandelt oder zur Erhöhung anderer Ansprüche verwendet werden. Außer den Bezügen für das Geschäftsjahr sind die weiteren Bezüge anzugeben, die im Geschäftsjahr gewährt, bisher aber in keinem Jahresabschluss angegeben worden sind. Bezugsrechte und sonstige aktienbasierte Vergütungen sind mit ihrer Anzahl und dem beizulegenden Zeitwert zum Zeitpunkt ihrer Gewährung anzugeben; spätere Wertveränderungen, die auf einer Änderung der Ausübungsbedingungen beruhen, sind zu berücksichtigen.*
>   *...*

b) *die Gesamtbezüge (Abfindungen, Ruhegehälter, Hinterbliebenen-*
bezüge und Leistungen verwandter Art) der früheren Mitglieder
der bezeichneten Organe und ihrer Hinterbliebenen. Buchstabe a
Satz 2 und 3 ist entsprechend anzuwenden. Ferner ist der Betrag
der für diese Personengruppe gebildeten Rückstellungen für lau-
fende Pensionen und Anwartschaften auf Pensionen und der Be-
trag der für diese Verpflichtungen nicht gebildeten Rückstellungen
anzugeben;

c) *die gewährten Vorschüsse und Kredite unter Angabe der Zins-*
sätze, der wesentlichen Bedingungen und der gegebenenfalls im
Geschäftsjahr zurückgezahlten oder erlassenen Beträge sowie die
zugunsten dieser Personen eingegangenen Haftungsverhältnisse;

Die folgenden Ausführungen lassen die Besonderheiten der Berichterstattung von börsennotierten Gesellschaften über Sachverhalte i.S.d. § 285 Nr. 9 HGB außer Acht. Sie werden in Kapitel 7.7.3.5 dargestellt.

Erleichterungen

Die Angaben nach § 285 Nr. 9a, 9b HGB, die die Gesamtbezüge von aktiven und ehemaligen Organmitgliedern sowie die Pensionsverpflichtungen gegenüber ehemaligen Organmitgliedern betreffen, können bei kleinen Gesellschaften unterbleiben (§ 288 Abs. 1 Nr. 1 HGB). Nicht befreit sind kleine Gesellschaften indes von den Angaben zu Vorschüssen, Krediten und Haftungsverhältnissen (§ 285 Nr. 9c HGB), die sich nur auf aktive Organmitglieder beziehen.

Nach § 286 Abs. 4 HGB können die Angaben der Gesamtbezüge aktiver und ehemaliger Organmitglieder darüber hinaus wegfallen, wenn sich die persönlichen Bezüge einzelner Organmitglieder auf dieser Grundlage feststellen lassen. Mit Blick auf den Gesetzeswortlaut gilt die letztgenannte Erleichterung nicht für die nach § 285 Nr. 9b HGB ebenfalls darzustellenden Pensionsverpflichtungen gegenüber ehemaligen Organmitgliedern[509].

Die Frage der konkreten Anwendbarkeit der Schutzklausel des § 286 Abs. 4 HGB ist ein in der Literatur und in der Rechtsprechung seit Langem intensiv diskutiertes Thema. Unstrittig ist dabei, dass sie bei einköpfigen Organen generell in Anspruch genommen werden kann[510]. Vor dem Hintergrund der Entstehungsgeschichte der Norm und des Willens des Gesetzgebers geht die herrschende Meinung außerdem davon aus, dass § 286 Abs. 4 HGB auch an-

---

509 Vgl. Peters, in Scherrer/Claussen, Rechnungslegungsrecht, 2011, § 285 HGB Rz. 35.
510 So z.B. Wulf, in Baetge/Kirsch/Thiele, Bilanzrecht, § 286 HGB Rz. 63; Müller, in Bertram/Brinkmann/
Kessler/Müller, HGB Bilanz, 2016, § 286 HGB Rz. 18.

wendbar sein kann, wenn sich das Organ aus mehreren Mitgliedern zusammensetzt[511]. Nicht abschließend geklärt ist jedoch die Frage: unter welchen Voraussetzungen?

Einigkeit besteht zunächst darin, dass die Tatbestandsmerkmale der Schutzklausel erfüllt sind, wenn die typischen externen Abschlussadressaten, die keinen Zugang zu internen Informationen besitzen, Kenntnis von der Vergütungsverteilung innerhalb des Organs oder deren Bemessungsregeln haben. Dieses Wissen ist in praxi jedoch nur selten gegeben.

Die Rechtsprechung geht vor diesem Hintergrund weiter. Ihr zufolge kommt der Schutzzweck des §286 Abs. 4 HGB bereits dann zum Tragen, wenn sich im Falle einer Anhangberichterstattung das individuelle Vergütungsniveau des einzelnen Organmitglieds durch die externen Abschlussadressaten annähernd verlässlich schätzen lässt. Eine solche Situation wird unterstellt, wenn eine einfache Division der Betragsangabe durch die aus dem Anhang ebenfalls ersichtliche Anzahl an Köpfen des Organs zu einem den tatsächlichen Verhältnissen entsprechenden Schätzergebnis führt, das heißt, ein annähernd gleiches Vergütungsniveau der einzelnen Organmitglieder besteht[512].

Die externen Adressaten sind mangels konkreter Informationen in Bezug auf den jeweiligen Einzelfall regelmäßig nicht dazu in der Lage, die Qualität ihrer eigenen Schätzung zu beurteilen. Will man die Schutzklausel in Einklang mit der Rechtsprechung auf mehrköpfige Organe ausweiten, muss daher das idealtypische Schätzungsvorgehen von externen Abschlussadressaten unter Berücksichtigung der verfügbaren Informationen als Beurteilungsmaßstab gelten. Die Vergütungsinformationen müssen sich dabei nicht zwingend auf den konkreten Fall beziehen, sondern können auch allgemeiner (empirischer) Art sein.

Was bedeutet diese Schlussfolgerung für den Fall, in dem das tatsächliche Vergütungsniveau in einem mehrköpfigen Organ erhebliche Abweichungen aufweist? Die Rechtsprechung schließt die Anwendung der Schutzklausel auch in solchen Fällen nicht (kategorisch) aus, solange nur eine *annähernd verlässliche externe Schätzung* möglich ist.

---

511 So z.B. Peters, in Scherrer/Claussen, Rechnungslegungsrecht, 2011, §285 HGB Rz.37; Grottel, in Grottel/Schmidt/Schubert/Winkeljohann, Bilanz, 2016, §286 HGB Rz.43.
512 Vgl. OLG Düsseldorf, Beschluss v. 26.6.1997, 19 W 2/97 AktE, in DB 1997, S.1609. So im Ergebnis auch BMJ, Schreiben v. 6.3.1995, in DB 1995, S.639.

Geht man grundlegend davon aus, dass der Schätzmaßstab »Durchschnitt pro Kopf« den Ausgangspunkt einer idealtypischen Schätzung darstellt, kommt eine die tatsächlichen Abweichungen antizipierende Differenzierung vor allem dann in Betracht, wenn

- die anderen Anhangangaben, vor allem zur personellen Besetzung der Organe, unterschiedliche Positionen, Funktionen und/oder Qualifikationen ihrer Mitglieder erkennen lassen und
- die Einflüsse dieser Aspekte auf das Vergütungsniveau abschätzbar sind.

So kann etwa bei einem Vorsitzenden oder Sprecher des Geschäftsführungsorgans oder bei einem Gesellschafter-Geschäftsführer von einem substanziell höheren Vergütungsniveau als bei einem »einfachen« Organmitglied ausgegangen werden.

Beispiel: Schätzung der Bezüge im zweiköpfigen Organ !

Die Geschäftsführung der Zaz GmbH besteht aus zwei Personen, von denen eine zum Vorsitzenden der Geschäftsführung bestellt ist. Für die Berichtsperiode X1 entfallen von der Gesamtvergütung i.H.v. 340 TEUR rund 200 TEUR auf den Vorsitzenden der Geschäftsführung und 140 TEUR auf das zweite Organmitglied.
Bei einer Division nach Köpfen ergibt sich somit ein Durchschnittsbetrag von 170 TEUR. Das tatsächliche Vergütungsniveau weicht davon um 30 TEUR bzw. um 17,7 Prozent ab. Da hierin keine unwesentliche Ungleichverteilung zu sehen ist, wäre die Anwendbarkeit des §286 Abs. 4 HGB ohne weitere Informationen fraglich. Die Tatsache jedoch, dass die im Verhältnis zum zweiten Geschäftsführungsmitglied um 42,8 Prozent höhere Vergütung des Vorsitzenden der Geschäftsführung in einer zu erwartenden Bandbreite liegt, lässt u.E. die Anwendung der Schutzklausel zu.

Beispiel: Schätzung der Bezüge im zweiköpfigen Organ !

Die Geschäftsführung der R Metallbau GmbH besteht aus zwei Personen, von denen einer der alleinige Gesellschafter-Geschäftsführer R ist. Für die Berichtsperiode X1 entfallen von der Gesamtvergütung i.H.v. 780 TEUR rund 600 TEUR auf R und 180 TEUR auf das zweite Organmitglied.
Aus regelmäßig veröffentlichten empirischen Gehaltsstudien zur Branche Metallverarbeitung ergibt sich, dass sich die Jahresvergütung von Fremdgeschäftsführern bei Unternehmen einer vergleichbaren Größenklasse wie der R Metallbau GmbH regelmäßig in einer Bandbreite zwischen 160 TEUR und 240 TEUR bewegen.
Auch in diesem Fall ist u.E. die Anwendung der Schutzklausel des §286 Abs. 4 HGB zulässig, denn der externe Abschlussadressat kann – selbst wenn er von einer Bezahlung des Fremdgeschäftsführers am oder über dem oberen Ende der Bandbreite ausginge – feststellen bzw. abschätzen, dass der Gesellschafter-Geschäftsführer weit über diesem Vergütungsniveaus liegt.

Weitestgehend offen ist die Frage, welchen Grad an Annäherung an die tatsächlichen Verhältnisse eine *hinreichend verlässliche Schätzung* i.S.d. Rechtsprechung aufweisen muss. Diesbezüglich dürfen keine zu hohen Anforderungen gestellt werden. Eine Abweichung in Bezug auf die tatsächlichen Bezüge einer Person um bis zu 10 Prozent dürfte noch als eine hinreichende Annäherung anzusehen sein.

Unseres Erachtens nach ist die bloße Anzahl an Mitgliedern eines mehrköpfigen Organs für die Anwendung der Schutzklausel des §286 Abs. 4 HGB unbeachtlich. Das heißt: Es kann nicht als eine allgemeine Grundregel angesehen werden, dass sie in zwei- bis dreiköpfigen Organen anwendbar ist. Entscheidend ist vielmehr die adressatenbezogene Kenntnis der Vergütungsregeln, der konkreten Vergütungsverteilung oder deren verlässliche Abschätzbarkeit[513]. Es ist im Ergebnis zwar der Auffassung des HFA des IDW zuzustimmen, dass die Nichtangabe der Gesamtbezüge des Organs bei einer Mitgliederzahl von mehr als drei Personen in der Regel ausscheidet[514]. Die Ursache dafür kann mit Blick auf die beschriebene Rechtsprechung aber nur darin gesehen werden, dass mit der zunehmenden Organgröße die Wahrscheinlichkeit erheblicher Vergütungsabweichungen, die sich einer annähernd verlässlichen Schätzung entziehen, steigt. Daraus kann aber keinesfalls der Umkehrschluss gezogen werden, dass in zwei- oder dreiköpfigen Organen andere Beurteilungsmaßstäbe angesetzt werden können.

In der mittelständischen Berichtspraxis scheint gerade dieses Verständnis aber weit verbreitet zu sein. Anders sind die Ergebnisse der eigenen empirischen Auswertungen kaum zu erklären. Danach wird – wie im folgenden Praxisbeispiel – in mehr als 90 Prozent der Fälle, in denen das (Geschäftsführungs-)Organ aus zwei oder drei Mitgliedern besteht, die Angabe der Gesamtbezüge unterlassen[515].

---

513 So im Ergebnis auch Grottel, in Grottel/Schmidt/Schubert/Winkeljohann, Bilanz, 2016, §286 HGB Rz.44.
514 Vgl. HFA des IDW, in IDW-FN 2011, S.339.
515 Entgegen dem Gesetzeswortlaut wird die Schutzklausel des §286 Abs. 4 HGB im vorliegenden Praxisbeispiel offensichtlich auch auf Pensionsverpflichtungen gegenüber ehemaligen Organmitgliedern angewendet.

Praxisbeispiel

Aufsichtsrat

Dr. Dieter Schenk, Rechtsanwalt und Steuerberater, München, Vorsitzender

Dr. Rainer Runte, Rechtsanwalt, Frankfurt am Main, stellvertr. Vorsitzender

Michael Heidbreder, Rechtsanwalt, Rosenheim

Die Angabe der Bezüge der jetzigen und ehemaligen Mitglieder des Aufsichtsrats und der für sie gebildeten Pensionsrückstellungen ist nach § 286 Abs. 4 HGB unterblieben.

7. Vorstand der Gabor Shoes Aktiengesellschaft

Achim Gabor, Rosenheim, Gesamtvorstand

Martin Hofmann, München, Vorstand für Finanzen und Verwaltung

Michael Tackenberg, Bruckmühl, Vorstand für Produktion und Technik

Die Angabe der Bezüge der jetzigen und ehemaligen Mitglieder des Vorstands sowie der früheren Geschäftsführer der Gabor GmbH, Rosenheim, und der für sie gebildeten Pensionsrückstellungen ist nach § 286 Abs. 4 HGB unterblieben.

Gabor Shoes Aktiengesellschaft, Rosenheim,
Jahresabschluss zum 31.12.2015

Vor diesem Hintergrund besitzt auch die in Teilen der Literatur pauschal formulierte Feststellung, die Schutzklausel sei anwendbar, wenn zwar mehrere Organmitglieder vorliegen, aber nur die Bezüge einer Person vom Unternehmen getragen werden[516], keine Allgemeingültigkeit. Hinzukommen muss eine Kenntnis oder zumindest fundierte Schätzerwartung des idealtypischen externen Adressaten, dass sich die Bezüge auf eine bestimmte, namentlich identifizierbare Person beziehen. Das folgende Beispiel aus der Berichtspraxis stellt einen solchen Fall dar, da die personellen Angaben zu den Organmitgliedern erkennbar machen, welches Mitglied konkret betroffen ist.

Praxisbeispiel

Die Geschäftsführung wird von der Komplementärin, der LUGATO Verwaltungsgesellschaft mbH, wahrgenommen. Zu Geschäftsführern dieser Gesellschaft waren im Berichtsjahr bestellt:

Herr Dr. Peter Grahofer, Kaufmann,

---

516 So z.B. Wulf, in Baetge/Kirsch/Thiele, Bilanzrecht, § 286 HGB Rz. 63; Poelzig, in Schmidt/Ebke, HGB, Bd. 4, 2013, § 2856 HGB, Rn. 70.

Herr Diplom-Ökonom Mark Eslamlooy, Kaufmann
Der Geschäftsführer Mark Eslamlooy hat von der Gesellschaft keine Be-
züge erhalten. Insofern wird von der Befreiungsvorschrift des § 286 Abs. 4
HGB Gebrauch gemacht und die Organbezüge nicht genannt.

LUGATO GmbH & Co. KG, Barsbüttel, Jahresabschluss zum 31.12.2014

In der Praxis wird die Schutzklausel des § 286 Abs. 4 HGB bei mehrköpfigen
Organen, von denen lediglich ein Mitglied Bezüge erhält, oftmals auch in
Anspruch genommen, ohne dass die Person konkret benannt wird oder sich
anhand der sonstigen Angaben erkennen lässt. Teilweise erfolgt sogar eine
Ausweitung auf Organe, die aus drei Mitgliedern bestehen, bei denen aber
nur die Bezüge von zwei Personen von der Gesellschaft getragen werden. Die
folgenden Beispiele aus der Berichtspraxis illustrieren dieses Vorgehen.

Praxisbeispiel
Während des abgelaufenen Geschäftsjahrs wurden die Geschäfte des Un-
ternehmens durch folgende Personen geführt:
Meinrad Rein, Rust
Gregory Hancke, Stuttgart
Angaben über die Gesamtbezüge wurden gemäß § 286 Abs. 4 HGB unter-
lassen, da nur ein Organmitglied Bezüge erhält.

FTÜ Fahrzeugtransport- und Übernahme-GmbH, Kippenheim,
Jahresabschluss zum 31.12.2015

Praxisbeispiel
Als Geschäftsführer waren bei der Geberit Lichtenstein GmbH, Lichten-
stein, im Geschäftsjahr die folgenden Herren bestellt:
Dipl.-Ing. Martin Ziegler, Feusisberg/Schweiz
Dipl.-Ing. Hartmut Müller, Hartenstein
Betriebswirt (VWA) Thomas Schweikart, Glauchau

Gesamtbezüge der Geschäftsführung
Die Angabe der Gesamtbezüge der Geschäftsführung ist gemäß § 286
Abs. 4 HGB unterblieben, da nur zwei Geschäftsführer Bezüge von der Ge-
sellschaft erhalten.

Geberit Lichtenstein GmbH, Lichtenstein, Jahresabschluss zum 31.12.2015

Aus den dargestellten Rechtsprechungsgrundsätzen lässt sich schließlich ableiten, dass mit einer hinreichenden Information über den jeweiligen Vertei-

lungsschlüssel der Organvergütung die Voraussetzungen für die Inanspruchnahme der Schutzklausel des § 286 Abs. 4 HGB auch erst geschaffen werden können. Denn hierdurch wird der Abschlussadressat in die Lage versetzt, die dafür notwendige verlässliche Schätzung vorzunehmen. Es erscheint zwar auf den ersten Blick paradox, dass mit einer freiwilligen Anhanginformation eine eigentlich gesetzlich geforderte Angabepflicht über die Gesamtbezüge umgangen werden kann. Es kann aber keinen Unterschied machen, auf welchem Weg die externen Adressaten die erforderliche Kenntnis über interne Informationen (hier: die Vergütungsverteilung) erlangen.

§ 286 Abs. 4 HGB fordert im Anhang keinen Hinweis auf die Inanspruchnahme der Schutzklausel. Ein solcher Negativvermerk in Bezug auf die eigentlich geforderten Vergütungsangaben ist deshalb verzichtbar. Ungeachtet dessen findet sich in der mittelständischen Berichtspraxis in mindestens 80 bis 90 Prozent dieser Fälle eine entsprechende Darstellung, wie auch in den folgenden Praxisbeispielen.

> **Praxisbeispiel**
> *Geschäftsführer im Geschäftsjahr 2015 war*
> *Peter Sauter, Albstadt*
> *Geschäftsführer der Mikron GmbH Rottweil*
> *...*
> *Die Angabe der Bezüge der Geschäftsführung unterbleiben mit Hinweis auf § 286 Abs. 4 HGB.*
>
> *Mikron GmbH Rottweil, Rottweil, Jahresabschluss zum 31.12.2015*

> **Praxisbeispiel**
> *Geschäftsführer der Gesellschaft ist bzw. war im Geschäftsjahr:*
> *Herr Perry Soldan, Konzerngesamtgeschäftsführer, Fürth*
> *Herr Christian Klebl, Vertriebsgeschäftsführer, Wendelstein*
> *Bezüglich der Gesamtbezüge der Geschäftsführung sowie der früheren Mitglieder der Geschäftsführung wird im Geschäftsjahr 2014/2015 von der Erleichterungsbestimmung des § 286 Abs. 4 HGB Gebrauch gemacht.*
>
> *Soldan Holding + Bonbonspezialitäten GmbH, Adelsdorf,*
> *Jahresabschluss zum 30.06.2015*

Kategorisierung und Vorjahresangabe

Die Berichtspflicht, die die Vergütungen von Organmitgliedern betrifft, ist eine originäre Pflichtangabe, die ausdrücklich für den Anhang vorgesehen ist.

Deshalb sind keine Vergleichsinformationen für die vorangegangene Berichtsperiode anzugeben.

Inhaltliche Abgrenzung der Berichtspflicht

Überblick

Die Berichterstattung nach §285 Nr. 9 HGB erstreckt sich auf die folgenden Leistungen an die (ehemaligen) Mitglieder des Geschäftsführungsorgans, des Aufsichtsrats, eines Beirats und ähnlichen Organen:

- Gesamtbezüge der *aktiven* Organmitglieder des Geschäftsjahrs;
- Gesamtbezüge der *ehemaligen* Organmitglieder und deren *Hinterbliebenen* des Geschäftsjahrs sowie der Betrag der Pensionsverpflichtungen für diesen Personenkreis, unabhängig von deren bilanzieller Passivierung;
- die von der berichtenden Gesellschaft gewährten Vorschüsse, Kredite und Haftungsverhältnisse.

Die vorstehenden Vergütungsangaben sind unter entsprechender Bezeichnung jeweils getrennt für jedes Organ (Vorstandsmitglieder, Aufsichtsratsmitglieder usw.) grundsätzlich in einer Summe zu machen[517].

Grundsätzlich kein Gegenstand der Berichtspflicht sind Vergütungen, die von verbundenen Unternehmen i.S.d. §271 Abs. 2 HGB gewährt werden. Sie sind nach §314 Abs. 1 Nr. 6 HGB regelmäßig nur im Konzernanhang darzustellen, falls eine Konzernrechnungslegungspflicht besteht[518]. Ausgenommen von der Nichtangabe im Anhang sind allerdings solche Bezüge, die dem leistenden Unternehmen von der berichtenden Gesellschaft erstattet werden, bspw. über Konzernumlagen[519].

Keinen Einfluss auf die Angabepflicht des §285 Nr. 9 HGB hat dagegen die Frage, ob bzw. inwieweit ihr selbst die Organbezüge durch Dritte (z.B. ein anderes Konzernunternehmen) erstattet werden[520].

Unternehmensorgane

Mit Blick auf das Gesellschaftsrecht gelten die Regelungen des §285 Nr. 9 HGB für die folgenden *Geschäftsführungsorgane* von Kapitalgesellschaften und voll haftungsbeschränkten Personenhandelsgesellschaften:

---

517 Vgl. Grottel, in Grottel/Schmidt/Schubert/Winkeljohann, Bilanz, 2016, §285 HGB Rz.240.
518 Vgl. Poelzig, in Schmidt/Ebke, HGB, Bd. 4, 2013, §285 HGB, Rn.139.
519 Vgl. Peters, in Scherrer/Claussen, Rechnungslegungsrecht, 2011, §285 HGB Rz.106; so auch z.B. Grottel, in Grottel/Schmidt/Schubert/Winkeljohann, Bilanz, 2016, §285 HGB Rz.250.
520 Vgl. IDW, WP Handbuch, 15.Aufl. 2017, Abschn. F Rz.1059.

- Vorstand einer AG;
- persönlich haftende Gesellschafter einer KGaA;
- Geschäftsführer einer GmbH;
- Leitungsorgan des Vollhafters einer voll haftungsbeschränkten Personenhandelsgesellschaft, meist die Geschäftsführer der Komplementär-GmbH einer GmbH & Co. KG.

Zum Kreis der Mitglieder des jeweiligen Geschäftsführungsorgans gehören auch stellvertretende Mitglieder, da für solche gemäß den §§ 94 AktG, 44 GmbHG die gleichen Rechte und Pflichten gelten wie für die ordentlichen Organmitglieder.

Unternehmen in der Rechtsform der AG und der KGaA haben einen pflichtmäßigen Aufsichtsrat (§§ 95 ff. AktG), bei einer GmbH kann ein solcher nach § 52 GmbHG freiwillig eingerichtet werden. Werden bestimmte Tatbestände des Mitbestimmungsrechts erfüllt, kann aber auch eine GmbH zur Einrichtung eines Aufsichtsrats verpflichtet sein. Ersatzmitglieder des Aufsichtsrats gehören erst dann zum Aufsichtsrat, wenn ein bestelltes Aufsichtsratsmitglied vor Ablauf seiner Amtszeit zurücktritt oder wegfällt (§ 101 Abs. 3 S. 2 AktG) und sie deshalb tatsächlich in das Organ »aufrücken«[521]. Bis dahin sind sie nicht zu berücksichtigten.

Außer den genannten, gesetzlich vorgesehenen Organen gehören nach dem Gesetzeswortlaut Beiräte und ähnliche Einrichtungen zu den Organen, über deren Vergütungen im Anhang zu berichten ist. Mit dieser Erweiterung des Anwendungsbereichs der Berichtpflicht sollen Umgehungen durch eine Umbenennung von Aufsichtsorganen vermieden werden. In Anbetracht dieses Zwecks ist über die Leistungen an Mitglieder derartiger Gremien nur dann zu berichten, wenn deren typische Aufgaben denen eines Aufsichtsrats im gesetzlichen Sinne (Überwachung, ganzheitliche Beratung) weitgehend entsprechen. Dies hat zur Folge, dass die Angabepflicht des § 285 Nr. 9 HGB insoweit entfällt, als neben einem Aufsichtsrat, der dieses typische Aufgabenprofil erfüllt, *auch* ein Beirat eingerichtet ist oder (ohne Vorhandensein eines Aufsichtsrats) der ausschließlich eingerichtete Beirat im Wesentlichen nur eine beratende Funktion in Einzelfragen der Unternehmensführung ausübt[522].

---

521 Vgl. z.B. Poelzig, in Schmidt/Ebke, HGB, Bd. 4, 2013, § 285 HGB, Rn. 146; Hoffmann/Lüdenbach, Bilanzierung, 2017, § 285 HGB Rz. 46.
522 Vgl. z.B. Hoffmann/Lüdenbach, Bilanzierung, 2017, § 285 HGB Rz. 44; Grottel, in Grottel/Schmidt/Schubert/Winkeljohann, Bilanz, 2016, § 285 HGB Rz. 237.

Das folgende Beispiel aus der Berichtspraxis beinhaltet eine Angabe über eine ähnliche Einrichtung, wobei nicht beurteilt werden kann, ob es sich dabei nach den vorstehend beschriebenen Grundsätzen um eine pflichtmäßige oder eine freiwillige Angabe handelt.

Praxisbeispiel
Der Verwaltungsrat der Gesellschaft setzte sich im Geschäftsjahr 2013 wie folgt zusammen:

Dr. Thomas Diehl, Vorsitzender

Dr. Wolfgang Piller, stellvertretender Vorsitzender

Klaus Brunner

Stephanie Haas, geb. Diehl

Die für die Tätigkeit im Geschäftsjahr gewährten Gesamtbezüge betragen TEUR 80.

Apparatebau Gauting GmbH, Gauting, Jahresabschluss zum 31.12.2013

Bezüge der aktiven Organmitglieder

Organmitgliedschaft
Im Anhang anzugeben sind die Bezüge für die Dauer der Organstellung in der jeweiligen Berichtsperiode[523]. Ob die jeweilige Person dem Organ zum Abschlussstichtag noch als Mitglied angehörte, ist unbeachtlich. Der maßgebende Zeitraum der Mitgliedschaft in einem der genannten Unternehmensorgane erstreckt sich allgemein auf den Zeitraum zwischen der Bestellung und dem Ausscheiden (Abberufung, Amtsniederlegung usw.)[524]. Die deklaratorisch wirkende Handelsregistereintragung bzw. -löschung ist nicht von Bedeutung[525].

Umfang der angabepflichtigen Bezüge
Nach dem Gesetzeswortlaut des §285 Nr. 9a HGB umfassen die angabepflichtigen Bezüge im Einzelnen die folgenden Leistungen der berichtenden Gesellschaft an die aktiven Organmitglieder:

- Gehälter;
- Gewinnbeteiligungen;
- Bezugsrechte zum Anteilserwerb;

---

523 Vgl. Grottel, in Grottel/Schmidt/Schubert/Winkeljohann, Bilanz, 2016, §285 HGB Rz.246.
524 Vgl. Poelzig, in Schmidt/Ebke, HGB, Bd. 4, 2013, §285 HGB, Rn.143.
525 Vgl. Hoffmann/Lüdenbach, Bilanzierung, 2017, §285 HGB Rz.45.

- sonstige anteilsbasierte Vergütungen, bei denen die Zuwendung in der Hingabe von Aktien oder anderen Eigenkapitalinstrumenten des Unternehmens besteht oder die von der Wertentwicklung der Aktien oder anderer Eigenkapitalinstrumente abhängig sind (bspw. Wertsteigerungsrechte, Optionen auf Bezugsrechte);
- Aufwandsentschädigungen;
- Versicherungsentgelte für auf den Namen des Organmitglieds lautende Lebens-, Pensions- oder Unfallversicherungen;
- Provisionen;
- Nebenleistungen jeder Art, wie z.B. Sachvergütungen in Form der Überlassung von Dienstwagen, Wohnung, Personal und anderer geldwerter Vorteile.

Die Angabepflicht erstreckt sich ausschließlich auf Vergütungen, die als eine Gegenleistung für die Ausübung der Organtätigkeit gewährt werden. Soweit Vergütungen in keinem Zusammenhang mit der Organtätigkeit stehen, es sich also bspw. um (angemessene) Kaufpreis-, Miet- oder Darlehenszahlungen handelt, hat keine Berichterstattung zu erfolgen. Nicht angabepflichtig sind damit auch Vergütungen an Aufsichtsratsmitglieder für eindeutig außerhalb der eigentlichen Organtätigkeit liegende (freiberufliche) Beratungstätigkeiten[526]. Das Gleiche gilt für Bezüge, die Arbeitnehmervertreter im Aufsichtsrat aus ihrem regulären Arbeitnehmerverhältnis erhalten[527].

Die Angabe der Beratungsentgelte im folgenden Praxisbeispiel erscheint vor diesem Hintergrund verzichtbar und damit nur als eine freiwillige Zusatzinformation.

> **Praxisbeispiel**
> *Aufsichtsrat*
> *Herr Gerhard Enders, Bankkaufmann, Kirchzarten (Vorsitzender des Aufsichtsrats)*
> *Herr Prof. Dr. Dr. h. c. Gerhard Wittkämper, Hochschullehrer, Overath-Immekeppel (stv. Vorsitzender des Aufsichtsrats)*
> *Frau Ruth Zahoransky-Gorenflo, Ergotherapeutin, Malterdingen*
> *Herr Dr. Gerd Mayer, Rechtsanwalt, Stuttgart*
> *Herr Prof. Dr. Ing. Dr. h.c. mult. Hans-Peter Wiendahl, Hochschullehrer, Garbsen*

---

526 Vgl. Adler/Düring/Schmaltz, Rechnungslegung und Prüfung der Unternehmen, 6. Aufl. 1994 ff., § 285 HGB Rz. 175. Bei AGs oder KGaAs bedürfen solche vertraglichen Leistungsbeziehungen mit einzelnen Aufsichtsratsmitgliedern nach § 114 AktG der Zustimmung des Aufsichtsrats.
527 Vgl. DRS 17.17.

> *Herr Wolfgang Weber, Geschäftsführer, St. Georgen*
> *Die Bezüge des Aufsichtsrats beliefen sich auf TEUR 117.*
> *Daneben wurden Beratungsleistungen von Aufsichtsratsmitgliedern in Höhe von TEUR 8 erbracht.*

> *Zahoransky AG, Todtnau, Jahresabschluss zum 31.12.2014*

In negativer Abgrenzung des Tatbestandsmerkmals der *Bezüge* sind zudem die folgenden Leistungen der berichtenden Gesellschaft von der Berichtspflicht ausgeschlossen[528]:

- für Organmitglieder entrichtete gesetzliche Arbeitgeberanteile zur Sozialversicherung;
- Zuführungen zu den Rückstellungen für Pensionsverpflichtungen gegenüber den Organmitgliedern;
- Prämien, die zur Deckung von Pensionszusagen an die Organmitglieder für auf den Namen des Unternehmens lautende Rückdeckungsversicherungen gezahlt werden;
- Beiträge zu einer Directos & Officers-Versicherung (D&O-Versicherung), die für die Organmitglieder abgeschlossen ist;
- Umsatzsteuer, die den Mitgliedern des Aufsichtsrats erstattet wird.

Zeitliche Zuordnung zu einer Berichtsperiode

In zeitlicher Hinsicht sieht §285 Nr. 9a Satz 1, 3 HGB vor, dass sämtliche im Geschäftsjahr an die Organmitglieder gewährten Vergütungen anzugeben sind, soweit sie

- sich auf die Organtätigkeit der jeweiligen Berichtsperiode beziehen (Satz 1) oder
- frühere Berichtsperioden betreffen, aber bisher in keinem Jahresabschluss angegeben wurden (Satz 3).

Die grundsätzlich *tätigkeitsbezogene* Zuordnung von Organvergütungen zu den einzelnen Berichtsperioden wird somit um eine *leistungsbezogene* Zuordnungsregel für nachträglich gewährte Vergütungen ergänzt. Deren Angabe wird sozusagen in laufender Rechnung nachgeholt, wenn keine Berichterstattung in dem mit Blick auf den eigentlichen Tätigkeitsbezug maßgebenden Zeitraum erfolgt ist.

---

528 Vgl. Hoffmann/Lüdenbach, Bilanzierung, 2017, §285 HGB Rz.57 f.; IDW RH HFA 1.017, der in Tz. 14 herausstellt, dass die Umsatzsteuer auf Aufsichtsratsvergütungen auch dann nicht angabepflichtig ist, wenn die berichtende Gesellschaft diese *nicht* als Vorsteuer abziehen kann.

> **Beispiel: Angabe nachträglicher Vergütungen**   **!**
>
> Im Rahmen der Feststellung des Jahresabschlusses für das Geschäftsjahr X1 im Mai des Jahres X2 hat die Gesellschafterversammlung der A GmbH mit Blick auf dessen besondere Leistungen in der Berichtsperiode (X1) beschlossen, dem Geschäftsführer über die anstellungsvertraglichen Vereinbarungen hinaus eine Sonderprämie von 40.000 EUR zu zahlen.
>
> Dieser Betrag ist nach § 285 Nr. 9a Satz 3 HGB im Anhang der A GmbH für das Geschäftsjahr X2 anzugeben, obwohl sich die Prämie auf die Geschäftsführungstätigkeit im Jahr X1 bezieht.

Gleichermaßen sind nachträgliche Vergütungsänderungen einer Folgeperiode, die sich auf eine vorangegangene Berichtsperiode beziehen, bei der Angabe der Gesamtbezüge im Anhang für die Folgeperiode zu berücksichtigen. Dabei sind Nachzahlungen hinzuzurechnen und Kürzungen (z. B. in Form von Rückstellungsauflösungen) oder Rückzahlungen abzuziehen. Im Falle wesentlicher Sachverhalte bzw. Beträge ist diese Tatsache angemessen zu erläutern[529], damit die Abschlussadressaten etwaige starke Vergütungsabweichungen zwischen zwei Berichtsperioden ursächlich besser einordnen können.

Die Abgrenzung von tätigkeits- und leistungsbezogener Zuordnung zu zwei aufeinanderfolgenden Berichtsperioden ist insb. bedeutsam bei rechtsverbindlichen Vergütungszusagen, die erst nach dem Abschlussstichtag einer Berichtsperiode, jedoch vor dem Ende der Aufstellung des Jahresabschlusses erfolgen. Nach Auffassung von DRS 17.25 sind die Vergütungen in dem Fall bereits im Anhang dieses Jahresabschlusses anzugeben[530]. DRS 17.25 weitet diese Angabepflicht sogar auf Vergütungen aus, für die bei Aufstellungsende zwar noch keine rechtsverbindliche Zusage dem Grunde und/oder der Höhe nach vorlag, die aber die folgenden Kriterien kumulativ erfüllen:

- die zugrunde liegende Tätigkeit wurde bis zum Abschlussstichtag erbracht;
- bei Aufstellung des Jahresabschlusses ist mit der Rechtsverbindlichkeit der Zusage der Bezüge mit hoher Wahrscheinlichkeit zu rechnen;
- die Höhe der Bezüge ist verlässlich abschätzbar.

Nach diesem Verständnis könnte im obigen Beispiel bereits eine Berichterstattung im Anhang für das Geschäftsjahr X1 notwendig sein, wenn die bisherige Handhabung im Unternehmen bei der Abschlusserstellung dafür spricht, dass die Sonderprämie in der genannten Höhe gezahlt wird. Zwingend wäre danach aber die Anhangangabe im folgenden Beispielsfall.

---

529 Vgl. Grottel, in Grottel/Schmidt/Schubert/Winkeljohann, Bilanz, 2016, § 285 HGB Rz. 249.
530 DRS 17 gilt zwar unmittelbar nur für den Konzernanhang, beinhaltet aber eine Auslegung der insoweit inhaltsgleichen Regelung des § 314 Nr. 6 HGB.

> **!** **Beispiel: Angabe nachträglicher Vergütungen**
>
> Für das hervorragende Ergebnis im Geschäftsjahr X1 hat der Mehrheitsgesellschafter dem Vorstand der A AG vor Beendigung der Aufstellung des Jahresabschlusses für diese Berichtperiode eine Sonderprämie von 100.000 EUR zugesagt, über deren Gewährung allerdings formell der Aufsichtsrat in seiner Bilanzsitzung, also nach der bereits erfolgten Aufstellung des Jahresabschlusses, entscheiden muss.
>
> Lässt die Handhabung in der Vergangenheit darauf schließen, dass der Aufsichtsrat der »Empfehlung« des Mehrheitsgesellschafters folgen wird, ist die Sonderprämie bereits im Anhang für das Geschäftsjahr X1 unter den Gesamtbezügen anzugeben. Es wird im vorliegenden Fall also eine tätigkeitsbezogene Zuordnung nach § 285 Nr. 9a Satz 1 HGB statt einer an die (nachträgliche) rechtsverbindliche Leistungszusage i. S. d. § 285 Nr. 9a Satz 3 HGB geknüpften zeitlichen Zuordnung für die Berichterstattung im Anhang vorgenommen.

Für die Berichterstattung nach § 285 Nr. 9a HGB kommt es nach herrschender Meinung einzig auf den Zeitpunkt des (rechtlichen) Entstehens des Vergütungsanspruchs an, nicht dagegen auf die Auszahlung oder die GuV-Erfassung als Personalaufwand[531]. Diese Abkopplung der Anhangangabepflicht von der aufwandsbezogenen Betrachtung hat insb. die folgenden Konsequenzen:

- Erfolgt die rechtsverbindliche Vergütungszusage erst nach dem Abschlussstichtag einer Berichtsperiode, jedoch noch vor dem Ende der Aufstellung des jeweiligen Jahresabschlusses (siehe oben), muss die Berichterstattung bereits im Anhang dieser Berichtsperiode erfolgen, obwohl der Aufwand erst in der Folgeperiode berücksichtigt wird.
- Ist die Vergütung an die Erfüllung einer aufschiebenden Bedingung geknüpft, erfolgt die Vergütungsangabe im Anhang erst beim Eintritt der Bedingung, selbst wenn der Aufwand daraus schon in früheren Berichtsperioden zu berücksichtigen war. Gleiches gilt bei auflösenden Bedingungen, bei denen die Anhangangabe vom Wegfall der Bedingung abhängt[532].

Bei verbindlich zugesagten gewinnabhängigen Vergütungen, die sich auf die abgelaufene Berichtsperiode beziehen und deren rechtliches Entstehen an keine weiteren Bedingungen geknüpft ist, entstehen die nach § 285 Nr. 9a HGB angabepflichtigen Vergütungen mit Ablauf der betreffenden Berichtsperiode und sind in Höhe der gebildeten Rückstellung zu berücksichtigen[533]. Insoweit geht die aufwandsbezogene Betrachtung mit der Anhangberichterstattung einher. Bei nachträglichen Abweichungen des effektiven vom zurückgestell-

---

531 Vgl. Hoffmann/Lüdenbach, Bilanzierung, 2017, § 285 HGB Rz. 57 f.
532 Vgl. DRS 17.20 ff.; vgl. dazu auch die Beispiele bei Hoffmann/Lüdenbach, Bilanzierung, 2017, § 285 HGB Rz. 66.
533 Vgl. Hoffmann/Lüdenbach, Bilanzierung, 2017, § 285 HGB Rz. 68.

ten Vergütungsbetrag muss im Folgejahr grundsätzlich eine Korrektur nach den oben beschriebenen Grundsätzen vorgenommen werden.

Da der Zeitpunkt der Auszahlung irrelevant ist, sind bei der Angabe der Gesamtbezüge auch solche Bezüge einzubeziehen, die in der Berichtsperiode nicht ausgezahlt, sondern in Ansprüche anderer Art oder deren Erhöhung umgewandelt wurden (z.B. eine Umwandlung von Tantiemenanteilen in Altersversorgungsansprüche). Erfolgt die Auszahlung bereits vor der Erbringung der Tätigkeit, ist der Betrag in der Berichtsperiode der Auszahlung als Vorschuss anzugehen. Die Einbeziehung in die Gesamtbezüge nach §285 Nr. 9a HGB kann erst nach Erbringung der Tätigkeit erfolgen.

Bezugsrechte und sonstige anteilsbasierte Vergütungen gelten ebenfalls in der Berichtsperiode als gewährt, in der dem Begünstigten eine rechtsverbindliche Zusage erteilt wurde und nicht erst zum Zeitpunkt ihrer Ausübung[534].

Vom Gesetzgeber nicht ausdrücklich geregelt ist die Frage, ob nur die in der jeweiligen Berichtsperiode gewährten Bezugsrechte anzugeben sind oder ob sich die Berichterstattung auch auf etwaige in Vorjahren ausgegebene, noch nicht ausgeübte Bezugsrechte beziehen soll. Unseres Erachtens nach entspricht eine Angabe der in der betreffenden Berichtsperiode gewährten Bezugsrechte dem Wortlaut und dem Zweck der Vorschrift des §285 Nr. 9a HGB[535]. Es sind also weder die zu Beginn oder zum Ende der Berichtsperiode bestehenden Bezugsrechte noch die im Laufe der Berichtsperiode ausgeübten oder verfallenen Bezugsrechte anzugeben.

Bezüge und Pensionsansprüche früherer Organmitglieder und ihrer Hinterbliebenen

Umfang der angabepflichtigen Bezüge

Die angabepflichtigen (Gesamt-)Bezüge der früheren Organmitglieder umfassen nach §285 Nr. 9b HGB im Einzelnen:

- Abfindungen;
- Ruhegehälter;
- Hinterbliebenenbezüge;

---

534 Vgl. DRS 17.28.
535 So wohl auch Poelzig, in Schmidt/Ebke, HGB, Bd. 4, 2013, §285 HGB, Rn. 172.

- Leistungen verwandter Art, unabhängig davon, ob sie auf freiwilliger Basis oder aufgrund einer rechtlichen Verpflichtung erbracht werden, z.B. Ausbildungsbeihilfen für Kinder, Übernahme von Sekretariatskosten[536].

Ferner sind der Betrag der für die ehemaligen Organmitglieder gebildeten Rückstellungen für laufende Pensionen oder Pensionsanwartschaften sowie der Betrag der für Verpflichtungen dieser Art nicht angesetzten Rückstellungen (bilanzielle Unterdeckung) anzugeben. Die Angaben sind in passivierte und nicht gebildete Pensionsrückstellungen (für das jeweilige Organ) zu unterteilen. Die Angabepflicht für passivierte Pensionsrückstellungen erstreckt sich dabei auch auf solche Posten, die gem. §246 Abs. 2 Satz 2 HGB mit dem sog. Deckungsvermögen verrechnet wurden und deshalb nicht in der Bilanz ausgewiesen sind[537] (siehe dazu auch Kapitel 7.3.8).

Die Frage, welcher Personenkreis zu den Hinterbliebenen zählt, richtet sich nach den vertraglichen Vereinbarungen, die mit dem früheren Organmitglied getroffen wurden[538]. Regelmäßig werden aber die überlebenden Ehefrauen und Kinder (Witwen und Waisen) dieses Tatbestandsmerkmal erfüllen[539].

Versorgungsleistungen von selbstständigen Pensionskassen oder Versicherungsunternehmen fallen nicht unter die Angabepflicht, soweit das ehemalige Organmitglied als Zahlungsempfänger unmittelbar daraus berechtigt ist und die dafür geleisteten Versicherungsentgelte bereits der Angabepflicht unterlagen. Steht jedoch der berichtenden Gesellschaft selbst der Rechtsanspruch auf die Auszahlung zu, ist die Leistung in die Angabe aufzunehmen, soweit eine Weiterleitung der Beträge an das frühere Organmitglied erfolgt[540].

Zeitliche Zuordnung zu einer Berichtsperiode
In Bezug auf die zeitliche Zuordnung zu einer Berichtsperiode sind die obigen Ausführungen für aktive Organmitglieder entsprechend anzuwenden.

Die Berichtspflicht nach §285 Nr. 9b HGB beginnt mit dem Ausscheiden einer Person aus dem jeweiligen Organ[541]. Erbringt das ausgeschiedene Mitglied weiterhin (freiberufliche) Beratungsleistungen, liegt kein berichtspflichtiger

---

536 Vgl. Peters, in Scherrer/Claussen, Rechnungslegungsrecht, 2011, §285 HGB Rz. 131; Adler/Düring/Schmaltz, Rechnungslegung und Prüfung der Unternehmen, 6. Aufl. 1994 ff., §285 HGB Rz. 190.
537 Vgl. Grottel, in Grottel/Schmidt/Schubert/Winkeljohann, Bilanz, 2016, §285 HGB Rz. 320.
538 Vgl. Adler/Düring/Schmaltz, Rechnungslegung und Prüfung der Unternehmen, 6. Aufl. 1994 ff., §285 HGB Rz. 189.
539 Vgl. Poelzig, in Schmidt/Ebke, HGB, Bd. 4, 2013, §285 HGB, Rn. 205.
540 Vgl. IDW, WP Handbuch, 15. Aufl. 2017, Abschn. F Rz. 1066; Kupsch, in Schulze-Osterloh/Hennrichs/Wüstemann, Jahresabschluss, Abt. IV/4, 2004 Rz. 199.
541 Vgl. Peters, in Scherrer/Claussen, Rechnungslegungsrecht, 2011, §285 HGB Rz. 127.

Sachverhalt vor, soweit die zugrunde liegende Beratungsvereinbarung nicht effektiv ein – dann angabepflichtiges – verdecktes Ruhegeld darstellt[542].

Scheidet eine Person aus dem jeweiligen Gesellschaftsorgan aus, sind die Vergütungen auf den Zeitpunkt der Beendigung der Organtätigkeit abzugrenzen. Bspw. sind Tantiemen, die erst nach dem Zeitpunkt des Ausscheidens für eine Tätigkeit vor der Beendigung zugesagt wurden, den Gesamtbezügen der aktiven Organmitglieder i.S.d. §285 Nr. 9a HGB zuzurechnen. Erfolgt im Laufe der Berichtsperiode ein Organwechsel, wird also bspw. ein (vormaliges) Vorstandsmitglied in den Aufsichtsrat gewählt, sind die Vergütungen aus der ehemaligen Vorstandstätigkeit nach §285 Nr. 9b HGB und aus der aktuellen Aufsichtsratstätigkeit nach §285 Nr. 9a HGB zu trennen; die Ermittlung richtet sich nach der (zeitlichen) Organzugehörigkeit[543].

Vorschüsse, Kredite und Haftungsverhältnisse

Die Angaben zu den gewährten Vorschüssen und Krediten sowie den Haftungsverhältnissen betreffen ausschließlich aktive Organmitglieder; für ehemalige Mitglieder ist die Angabe nicht erforderlich[544]. Die grundsätzliche Angabepflicht beginnt mit der Berufung und endet mit dem Ausscheiden[545]. Maßgebend für den Anhang einer Berichtsperiode ist die Mitgliedschaft in dem betreffenden Organ am Abschlussstichtag; auf die Mitgliedschaft zum Zeitpunkt der Kreditgewährung oder des Eingehens des Haftungsverhältnisses kommt es nicht an[546].

Zu den Vorschüssen zählen Vorauszahlungen auf Vergütungsansprüche von Organmitgliedern, z.B. aus Gehältern, Tantiemen oder Gewinnbeteiligungen, die vor ihrer Fälligkeit ausgezahlt werden[547]. Vorauszahlungen auf Aufwandsentschädigungen, insb. für Reisekosten oder Auslagenersatz, gehören nicht zu den angabepflichtigen Beträgen[548], sodass die Berichterstattung im folgenden Praxisbeispiel als freiwillig einzustufen ist.

---

542 Vgl. Wulf, in Baetge/Kirsch/Thiele, Bilanzrecht, §285 HGB Rz.154.
543 Vgl. Grottel, in Grottel/Schmidt/Schubert/Winkeljohann, Bilanz, 2014, §285 HGB Rz.311 i.V.m. 246.
544 Vgl. z.B. IDW, WP Handbuch, 15.Aufl. 2017, Abschn. F Rz.1076; Adler/Düring/Schmaltz, Rechnungslegung und Prüfung der Unternehmen, 6.Aufl. 1994 ff., §285 HGB Rz.197.
545 Vgl. Grottel, in Grottel/Schmidt/Schubert/Winkeljohann, Bilanz, 2016, §285 HGB Rz.333.
546 Vgl. Poelzig, in Schmidt/Ebke, HGB, Bd. 4, 2013, §285 HGB, Rn.214.
547 Vgl. Adler/Düring/Schmaltz, Rechnungslegung und Prüfung der Unternehmen, 6.Aufl. 1994 ff., §285 HGB Rz.199.
548 Vgl. Grottel, in Grottel/Schmidt/Schubert/Winkeljohann, Bilanz, 2016, §285 HGB Rz.335.

Praxisbeispiel

Geschäftsführer der Gesellschaft ist: Herr Dietmar Axt, Hamburg, Textilbetriebswirt

Die Angabe der Vergütung der Geschäftsführung unterbleibt unter Inanspruchnahme von § 286 Abs. 4 HGB. Dem Geschäftsführer wurde ein unverzinslicher Reisekostenvorschuss von TEUR 5 gewährt.

MUSTANG GmbH, Künzelsau, Jahresabschluss zum 31.12.2014

Unter dem Begriff »Kredit« ist die befristete Bereitstellung von Geldmitteln mit einer Rückzahlungsverpflichtung, bspw. in Form einer Darlehensgewährung, zu verstehen[549]. Waren- und Stundungskredite, etwa ein Zahlungsziel bei einem Verkauf von Waren oder für Zinszahlungen aus den gewährten Darlehen, sind nur berichtspflichtig, wenn die Kreditdauer über die im Drittvergleich übliche Zeitspanne wesentlich hinausgeht[550].

Die Abgrenzung der berichtspflichtigen Haftungsverhältnisse richtet sich nach § 251 HGB. Unter die Angabepflicht fallen somit Eventualverpflichtungen aus

- der Begebung und Übertragung von Wechseln,
- Bürgschaften, Wechsel- und Scheckbürgschaften,
- Gewährleistungsverträgen und
- der Bestellung von Sicherheiten für fremde Verbindlichkeiten.

Bewertung

In Bezug auf die Bewertung der von § 285 Nr. 9 HGB geforderten Betragsangaben ist wie folgt vorzugehen:

- Geldbezüge sind mit ihrem Nominalbetrag anzusetzen.
- Sachbezüge und geldwerte Vorteile sind mit dem Zeitwert anzusetzen[551].
- Bezugsrechte und andere anteilsbasierte Vergütungen sind mit dem beizulegenden Zeitwert (§ 255 Abs. 4 HGB) zu bewerten. Wertänderungen, die in der Folgezeit auftreten und auf einer Änderung der Ausübungsbedingungen für die Bezugsrechte beruhen, sind im Jahr der Änderung bei der Angabe der Gesamtbezüge mit dem Differenzbetrag zu berücksichtigen. Spätere Änderungen des beizulegenden Zeitwerts, denen *keine* Änderung

---

549 Vgl. Wulf, in Baetge/Kirsch/Thiele, Bilanzrecht, § 285 HGB Rz. 157.
550 Vgl. Grottel, in Grottel/Schmidt/Schubert/Winkeljohann, Bilanz, 2016, § 285 HGB Rz. 336.
551 Vgl. Grottel, in Grottel/Schmidt/Schubert/Winkeljohann, Bilanz, 2016, § 285 HGB Rz. 254.

der Ausübungsbedingungen zugrunde liegt, sind im Rahmen der Angabepflicht der Gesamtbezüge der Organmitglieder *nicht* zu berücksichtigen[552].

- Pensionsverpflichtungen gegenüber ehemaligen Organmitgliedern sind mit dem Betrag zu nennen, der in der Bilanz als Rückstellung berücksichtigt wurde oder in die Anhangangabe über die Deckungslücke gemäß Art. 28 Abs. 2, 48 Abs. 6 EGHGB (siehe dazu auch die Kapitel 7.3.6.1 und 7.7.1.3) eingegangen ist.

- Kredite und Vorschüsse sind mit den Nominalbeträgen bei ihrer Gewährung anzugehen, etwaige Abwertungen sind unbeachtlich[553].

Art und Umfang der Berichterstattung

Die Angabe der Gesamtbezüge der aktiven Organmitglieder nach §285 Nr. 9a HGB verlangt eine nach den folgenden Personengruppen differenzierte Nennung einer Betrags*summe* je Gruppe:

- Geschäftsführung;
- Aufsichtsrat;
- Beirat;
- ähnliche Einrichtung (nebst konkreter Bezeichnung).

Diese Angaben müssen in Form einer zahlenmäßigen Darstellung vorgenommen werden. Rein verbale Ausführungen genügen nicht[554]. Eine weitergehende Untergliederung der Angaben ist zwar freiwillig möglich, aber nicht zwingend notwendig[555]. Beinhaltet die Berichterstattung im Geschäftsjahr gewährte Bezugsrechte und sonstige anteilsbasierte Vergütungen, sind außerdem – neben der Einbeziehung in den Gesamtbetrag – deren Gesamtanzahl je Gruppe und der beizulegende Zeitwert, den sie zum Zeitpunkt ihrer Gewährung besitzen, anzugeben[556].

Die Berichterstattung über die Gesamtbezüge der aktiven Organmitglieder kann wie im nachstehenden Praxisbeispiel erfolgen.

---

552 Vgl. Müller, in Bertram/Brinkmann/Kessler/Müller, HGB Bilanz, 2016, §285 HGB Rz.59.
553 Vgl. Adler/Düring/Schmaltz, Rechnungslegung und Prüfung der Unternehmen, 6.Aufl. 1994 ff., §285 HGB Rz.198; Grottel, in Grottel/Schmidt/Schubert/Winkeljohann, Bilanz, 2016, §285 HGB Rz.332.
554 Vgl. Poelzig, in Schmidt/Ebke, HGB, Bd. 4, 2013, §285 HGB, Rn.142.
555 So auch z.B. Grottel, in Grottel/Schmidt/Schubert/Winkeljohann, Bilanz, 2016, §285 HGB Rz.245.
556 Vgl. Grottel, in Grottel/Schmidt/Schubert/Winkeljohann, Bilanz, 2016, §285 HGB Rz.255; IDW, WP Handbuch, 15.Aufl. 2017, Abschn. F Rz.1056 f.

Praxisbeispiel/Musterformulierung

*Die Gesamtbezüge der Mitglieder der Geschäftsführung für die Wahrneh-
mung ihrer Aufgaben bei der HARTING KGaA beliefen sich im Geschäftsjahr
auf TEUR 2.333.*

...

Aufsichtsrat

...

*Die Gesamtbezüge des Aufsichtsrats betragen für das Geschäftsjahr
2012/13 EUR 12.000,00.*

HARTING KGaA, Espelkamp, Jahresabschluss zum 30.09.2013

Die Angabe der Gesamtbezüge der ehemaligen Organmitglieder nach § 285
Nr. 9b HGB hat nach der gleichen Gruppenunterteilung wie bei aktiven Personen und in Form einer zahlenmäßigen Gesamtangabe der folgenden Einzelbeträge je Gruppe zu erfolgen:
- Gesamtbezüge;
- gebildete Pensionsrückstellungen;
- nicht passivierte Pensionsverpflichtungen (siehe dazu auch die Kapitel
  7.3.6.1 und 7.7.1.3).

Rein verbale Ausführungen sind also auch für diese Berichterstattung nicht
ausreichend[557].

Die Berichterstattung über die Gesamtbezüge der früheren Organmitglieder
und die für diese Personengruppe bestehenden Pensionsverpflichtungen
kann wie im folgenden Praxisbeispiel erfolgen.

Praxisbeispiel/Musterformulierung
*Gesamtbezüge für frühere Mitglieder des Geschäftsführungsorgans und
ihre Hinterbliebenen sowie der Betrag der für diese Personengruppe
gebildeten Rückstellungen für lfd. Pensionen und Anwartschaften auf
Pensionen (§ 285 Nr. 9b HGB)*
*Früheren Mitgliedern der Geschäftsführung und ihren Hinterbliebenen
wurden EUR 72.317,05 gewährt. Diesen gewährten Bezügen stehen keine
Gegenleistungen im Geschäftsjahr gegenüber.*

---

557 Vgl. Poelzig, in Schmidt/Ebke, HGB, Bd. 4, 2013, § 285 HGB, Rn. 142.

Die für frühere Geschäftsführer sowie deren Hinterbliebenen gebildeten Rückstellungen betragen EUR 412.471,00. Der zurückgestellte Betrag betrifft laufende Pensionen.

MAJA-Maschinenfabrik Hermann Schill GmbH & Co. KG, Kehl,
Jahresabschluss zum 31.12.2014

Auch die Gruppeneinteilung der Berichterstattung nach § 285 Nr. 9c HGB, die sich auf aktive Organmitglieder beschränkt, hat der oben dargestellten Differenzierung zu folgen. Nach herrschender Meinung erstrecken sich die Angaben zu den Kreditverhältnissen auch auf Vorschüsse und Kredite, die innerhalb einer Berichtsperiode gewährt und wieder getilgt bzw. von der Gesellschaft erlassen wurden[558]. Daraus leitet sich für jede Personengruppe – soweit entsprechende Sachverhalte vorliegen – die Angabe zumindest der folgenden Einzelbeträge jeweils in einem Betrag ab:

- Stand der Vorschüsse und Kredite zum Abschlussstichtag;
- in der Berichtsperiode gewährte Vorschüsse und Kredite;
- in der Berichtsperiode getilgte oder erlassene Vorschüsse und Kredite.

Eine gesonderte Angabe der in der Berichtsperiode erlassenen Beträge ist zwar zweckmäßig, erscheint mit Blick auf den durch das BilRUG geänderten Gesetzeswortlaut u.E. jedoch nicht verpflichtend, sodass auch eine Zusammenfassung mit den Tilgungsbeträgen in Betracht kommt.

Die Beträge sind zwingend zahlenmäßig auszuweisen. Zahlenangaben sind auch bezüglich der parallel berichtspflichtigen Zinssätze der Kreditverhältnisse gefordert[559]. Daneben sind die sonstigen wesentlichen Kreditbedingungen der betreffenden Vereinbarungen zu nennen (Disagio, Laufzeit, Tilgungsmodalitäten, Sicherheiten usw.), wobei diesbezüglich weitgehend verbale Beschreibungen ausreichen werden. Die Erläuterungen müssen sich nicht notwendigerweise auf jedes einzelne Kreditverhältnis beziehen. Die Konditionen können vielmehr für die jeweilige Personengruppe angemessen zusammengefasst werden, indem z.B. die typischen Konditionen dargestellt werden oder Bandbreitenangaben zu den Zinssätzen erfolgen[560]. Nicht hinreichend

---

558 So z.B. Wulf, in Baetge/Kirsch/Thiele, Bilanzrecht, § 285 HGB Rz. 157; Peters, in Scherrer/Claussen, Rechnungslegungsrecht, 2011, § 285 HGB Rz. 142.
559 Vgl. Poelzig, in Schmidt/Ebke, HGB, Bd. 4, 2013, § 285 HGB, Rn. 142.
560 Vgl. Grottel, in Grottel/Schmidt/Schubert/Winkeljohann, Bilanz, 2016, § 285 HGB Rz. 339 f.; IDW, WP Handbuch, 15. Aufl. 2017, Abschn. F Rz. 1074.

ist ein allgemein gehaltener Hinweis auf die Marktüblichkeit der Kreditbedingungen[561].

Im folgenden Praxisbeispiel, das ansonsten wohl einen angemessenen Informationsumfang aufweist, müssten aus der Berichterstattung zumindest noch die Tilgungsmodalitäten im Allgemeinen und die Rückzahlungen der Berichtsperiode im Speziellen eindeutig hervorgehen.

Praxisbeispiel
Kredite und Vorschüsse an Mitglieder der Geschäftsführung
Gegenüber einem Geschäftsführer besteht seit 25. März 2011 ein gewährter Kontokorrentkredit in Höhe von TEUR 104 (VJ: TEUR 1.446). Das Darlehen ist zweckgebunden mit einer Laufzeit von 5 Jahren und wird mit 3,6 % p. a. verzinst.

Soldan Holding + Bonbonspezialitäten GmbH, Adelsdorf,
Jahresabschluss zum 30.06.2014

In Bezug auf die zum Abschlussstichtag bestehenden Haftungsverhältnisse i.S.d. §251 HGB verlangt die gesetzliche Regelung nicht zwingend Zahlenangaben. Somit genügen verbale Ausführungen[562], aus denen insb. die Art der Haftungsverhältnisse hervorgehen sollte.

7.6.3 Geschäfte mit Nahestehenden

Berichtsgegenstand und zugrunde liegende Vorschriften

HGB §285 Sonstige Pflichtangaben
Ferner sind im Anhang anzugeben:
...
21. *zumindest die nicht zu marktüblichen Bedingungen zustande gekommenen Geschäfte, soweit sie wesentlich sind, mit nahe stehenden Unternehmen und Personen, einschließlich Angaben zur Art der Beziehung, zum Wert der Geschäfte sowie weiterer Angaben, die für die Beurteilung der Finanzlage notwendig sind; ausgenommen sind Geschäfte mit und zwischen mittel- oder unmittelbar in 100-prozentigem Anteilsbesitz stehenden in einen Konzernabschluss einbezoge-*

---

561 Vgl. Poelzig, in Schmidt/Ebke, HGB, Bd. 4, 2013, §285 HGB, Rn. 221.
562 Vgl. Adler/Düring/Schmaltz, Rechnungslegung und Prüfung der Unternehmen, 6. Aufl. 1994 ff., §285 HGB Rz. 203; IDW, WP Handbuch, 15. Aufl. 2017, Abschn. F Rz. 1075.

*nen Unternehmen; Angaben über Geschäfte können nach Geschäfts-
arten zusammengefasst werden, sofern die getrennte Angabe für die
Beurteilung der Auswirkungen auf die Finanzlage nicht notwendig ist;*

Erleichterungen

Von der Angabepflicht des §285 Nr. 21 HGB zu Geschäften mit Nahestehenden
sind kleine Gesellschaften nach §288 Abs. 1 Nr. 1 HGB ausgenommen.

Nach §288 Abs. 2 Satz 3 HGB können mittelgroße Gesellschaften die Berichterstattung über Geschäfte mit Nahestehenden auf solche (wesentlichen)
Geschäfte beschränken, die entweder direkt oder indirekt mit einem Gesellschafter, Unternehmen, an denen die Gesellschaft selbst eine Beteiligung hält,
oder Mitgliedern des Geschäftsführungs-, Aufsichts- oder Verwaltungsorgans
abgeschlossen wurden. Nach dem Gesetzeswortlaut bezieht sich die einge-
schränkte Berichtspflicht nur auf solche (nahestehenden) Gesellschafter, die
an der berichtenden Gesellschaft unmittelbar Anteile halten, und auch nur
auf unmittelbare (nahestehende) Beteiligungsunternehmen i.S.d. §271 Abs. 1
HGB der berichtenden Gesellschaft.

Ein direktes Geschäft liegt vor, wenn der Gesellschafter, das Beteiligungsunternehmen, das Organmitglied oder eine für deren Rechnung handelnde Person
ein unmittelbarer Vertragspartner der berichtenden Gesellschaft ist. Indirekt
ist ein Geschäft, wenn der Vertragspartner der berichtenden Gesellschaft eine
Gesellschaft ist, bei der der Gesellschafter, das Beteiligungsunternehmen bzw.
das Organmitglied selbst wiederum Gesellschafter im vorstehenden Sinne ist[563].

Eine Angabe über die Inanspruchnahme der Erleichterungsregelung des §288
Abs. 2 Satz 3 HGB wird seitens des Gesetzes nicht gefordert[564].

Kategorisierung und Vorjahresangabe

Die Berichtspflicht, die die Geschäfte mit Nahestehenden betrifft, ist eine
originäre Pflichtangabe, die ausdrücklich für den Anhang vorgesehen ist. Deshalb sind keine Vergleichsinformationen für die vorangegangene Berichtsperiode anzugeben.

---

563 Vgl. IDW RS HFA 33, Tz. 26.
564 So auch Grottel, in Grottel/Schmidt/Schubert/Winkeljohann, Bilanz, 2016, §288 HGB Rz. 24.

Inhaltliche Abgrenzung der Berichtspflicht

Angabepflichtige Geschäfte

§ 285 Nr. 21 HGB verlangt im Anhang *zumindest* Angaben über wesentliche Geschäfte mit nahestehenden Unternehmen und Personen, die nicht zu marktüblichen Bedingungen zustande gekommen sind.

Durch die Verwendung des Worts »zumindest« soll es der berichtenden Gesellschaft freigestellt werden, optional nur über die (wesentlichen) marktunüblichen Geschäfte oder über alle Geschäfte mit nahestehenden Unternehmen und Personen zu berichten[565]. Zwar stellt der Gesetzgeber nicht ausdrücklich die Forderung, dass bei einer vollumfänglichen Berichterstattung auf die Marktunüblichkeit von Geschäften hinzuweisen ist. Mit Blick auf die beschriebene Wahlmöglichkeit dürfte eine sachgerechte Information indes mindestens erfordern, dass darzulegen ist, wie das Wahlrecht ausgeübt wurde bzw. auf welchen Umfang an Geschäften sich die Angaben beziehen. Falls alle Geschäfte mit Nahestehenden angegeben werden, sieht das Gesetz keine Aufschlüsselung in marktübliche und marktunübliche Geschäfte vor. Die Wesentlichkeit ist für die einzelnen Geschäfte oder Geschäftsarten zu beurteilen; eine kompensatorische Betrachtung der Auswirkungen gegenläufiger Geschäfte ist in diesem Zusammenhang unzulässig[566].

Aus dem vorstehend beschriebenen Kontext ist zu folgern, dass auf eine Angabe der Geschäfte mit Nahestehenden gänzlich verzichtet werden kann, wenn in Bezug auf die Berichtsperiode keine (wesentlichen) marktunüblichen Geschäfte vorliegen[567]. Eines Negativvermerks bedarf es insoweit zwar nicht, jedoch spricht – wie in den folgenden Praxisbeispielen – auch nichts gegen einen freiwilligen Hinweis, dass Geschäfte mit Nahestehenden nur zu marktüblichen Konditionen erfolgt sind (ggf. unter Verweis auf Wesentlichkeitsaspekte).

Praxisbeispiel

Geschäfte mit nahestehenden Unternehmen und Personen

Die Zahoransky AG finanziert sich zu wesentlichen Teilen durch Aktionärsdarlehen. Diese Finanzierungsform ist für eine Aktiengesellschaft grundsätzlich nicht üblich. Die Aktionärsdarlehen resultieren zu wesentlichen Teilen aus der Umwandlung der damaligen Anton Zahoransky GmbH & Co. KG in die Zahoransky AG. Die ungesicherten Aktionärsdarle-

---

565 Vgl. BT-Drucks. 16/10067 S. 71 f.
566 Vgl. IDW RS HFA 33, Tz. 7.
567 Vgl. Hoffmann/Lüdenbach, Bilanzierung, 2017, § 285 HGB Rz. 158.

hen sind grundsätzlich verfügungsbeschränkt und werden somit langfristig gewährt. Die Verzinsung erfolgt mit Zinssätzen von 6% p. a. Es wurden keine Geschäfte mit nahestehenden Unternehmen und Personen zu marktunüblichen Bedingungen durchgeführt.

Zahoransky AG, Todtnau, Jahresabschluss zum 31.12.2014

Praxisbeispiel
Sämtliche Geschäfte mit nahestehenden Unternehmen und Personen wurden zu marktüblichen Bedingungen durchgeführt.

Actelion Pharmaceuticals Deutschland GmbH, Freiburg,
Jahresabschluss zum 31.12.2015

Nach dem Willen des Gesetzgebers ist das Tatbestandsmerkmal des »Geschäfts« im weitesten funktionalen Sinne auszulegen. Es beinhaltet daher nicht nur Rechtsgeschäfte, sondern sämtliche Maßnahmen, die eine entgeltliche oder unentgeltliche Übertragung oder Nutzung von Vermögensgegenständen oder Schulden zum Gegenstand haben. Allerdings beschränkt sich die Angabepflicht auf effektiv erfolgte Vorgänge; unterlassene Rechtsgeschäfte und andere Maßnahmen fallen nicht unter den Anwendungsbereich von §285 Nr. 21 HGB[568].

Von der Angabepflicht ausgenommen sind außerdem Geschäfte zwischen Unternehmen, die in denselben Konzernabschluss einbezogen werden und unmittelbar oder mittelbar in 100%igem Anteilsbesitz des Mutterunternehmens stehen, das den Konzernabschluss aufstellt. Eine eventuell abweichende Stimmrechtsquote ist nach dem Gesetzeswortlaut unbeachtlich[569]. Die Befreiung gilt folglich auch für Geschäfte zwischen Schwesterunternehmen, die in einen gemeinsamen Konzernabschluss einbezogen sind, aber keine Anteilsbeziehung zueinander aufweisen[570]. Unter »Nichteinbeziehung in den Konzernabschluss« ist zum einen die Anwendung eines Vollkonsolidierungswahlrechts des §296 HGB auf ein Unternehmen zu verstehen[571]. Zum anderen fällt unter dieses Tatbestandsmerkmal auch der Fall, in dem ein Mutterunternehmen keinen Konzernabschluss aufstellt, bspw. aufgrund der größenabhängi-

---

568 Vgl. BT-Drucks. 16/10067 S.72. Damit unterscheidet sich die Berichterstattung nach §285 Nr. 21 HGB von den Angabepflichten im Abhängigkeitsbericht nach §312 AktG; vgl. IDW RS HFA 33, Tz.6.
569 Vgl. Grottel, in Grottel/Schmidt/Schubert/Winkeljohann, Bilanz, 2016, §285 HGB Rz.660.
570 Vgl. das Beispiel in IDW RS HFA 33, Tz.28.
571 Vgl. Andrejewski, in Böcking/Castan/Heymann/Pfitzer/Scheffler, Rechnungslegung, B 40 Rz.368.

gen Befreiung gem. § 293 HGB. Unseres Erachtens nach genügt – bei Erfüllen der sonstigen Tatbestandsmerkmale – eine freiwillige Konzernrechnungslegung, sofern sie auch offengelegt wird. Die Ausnahmeregelung ist auch bei einer unterjährigen Änderung der maßgebenden Anteilsquote an einer Konzerngesellschaft anwendbar, und zwar für den Zeitraum, in dem sie 100 Prozent betrug[572].

Bezüglich der vorstehenden »Konzernklausel« sind die folgenden Anwendungsfälle zu unterscheiden:

- Die berichtende Gesellschaft ist selbst oberstes Mutterunternehmen eines Konzerns: Wird ein Konzernabschluss aufgestellt, müssen alle Geschäfte nicht angegeben werden, die mit (Tochter-)Unternehmen getätigt wurden, an denen die berichtende Gesellschaft unmittelbar oder mittelbar 100 Prozent der Anteile hält und die in den Konzernabschluss einbezogen werden. Eine Nichtaufstellung des Konzernabschlusses aufgrund von § 293 HGB, ein geringerer Anteilsbesitz als 100 Prozent oder ein Verzicht auf die Konsolidierung von Unternehmen nach § 296 HGB schließen die Anwendung dieser Erleichterung also aus.
- Die berichtende Gesellschaft ist ein 100%iges Tochterunternehmen eines übergeordneten Mutterunternehmens: Erstellt das übergeordnete Mutterunternehmen einen Konzernabschluss, in den das Tochterunternehmen einbezogen wird, sind bei ihm alle Geschäfte von der Berichtspflicht des § 285 Nr. 21 HGB ausgenommen, die mit dem Mutterunternehmen selbst und mit Unternehmen getätigt werden, an denen das Mutterunternehmen direkt oder indirekt 100 Prozent der Anteile hält und die ebenfalls in den Konzernabschluss einbezogen sind.
- Die berichtende Gesellschaft ist zwar Tochterunternehmen eines übergeordneten Mutterunternehmens, der Anteilsprozentsatz liegt aber unter 100 Prozent: In diesem Fall kommt eine Anwendung der beschriebenen Ausnahmeregelung nur in Betracht, wenn das bilanzierende Tochterunternehmen selbst einen Teilkonzernabschluss aufstellt. Die nicht berichtspflichtigen Geschäfte können dann analog zu den Grundsätzen abgegrenzt werden, die zuvor für den Fall dargestellt wurden, dass die berichtende Gesellschaft das oberste Mutterunternehmen ist. Geschäfte mit Unternehmen, an denen das hierarchisch übergeordnete Mutterunternehmen 100 Prozent der Anteile hält, sind dagegen nicht von Berichtspflicht ausgenommen. In Bezug auf die höhere Konzernstufe kann aber die (größenabhängige) Befreiung des § 288 Abs. 2 Satz 3 HGB genutzt werden, soweit die Tatbestandsmerkmale dieser Norm erfüllt sind.

---

572 Vgl. Grottel, in Grottel/Schmidt/Schubert/Winkeljohann, Bilanz, 2016, § 285 HGB Rz. 661.

Auch bei einer Inanspruchnahme der »Konzernbefreiung« bedarf es keines Negativhinweises, dass insoweit von einer Berichterstattung abgesehen wurde; eine entsprechende freiwillige Angabe – wie im folgenden Praxisbeispiel – ist aber möglich.

> **Praxisbeispiel**
> **Geschäfte mit nahestehenden Personen**
> *Im Rahmen der normalen Geschäftstätigkeit unterhält die Gesellschaft Geschäftsbeziehungen zu zahlreichen Unternehmen, darunter auch verbundene Unternehmen, die als nahestehende Unternehmen gelten.*
> *Die Gesellschaft unterhält Beziehungen zu verbundenen Unternehmen in den Bereichen:*
> - *Kauf/Verkauf von Vermögensgegenständen*
> - *Bezug/Erbringung von Dienstleistungen*
> - *Nutzung/Nutzungsüberlassung von Vermögensgegenständen*
> - *Finanzierungen*
> - *Gewährung/Erhalt von Bürgschaften oder anderen Sicherheiten*
> - *Abreden im Ein- oder Verkauf*
>
> *Da alle Geschäfte mit und zwischen mittel- oder unmittelbar in hundertprozentigem Anteilsbesitz stehenden, in den Konzernabschluss der RATIONAL AG einbezogenen Unternehmen getätigt werden, entfällt gemäß § 285 Nr. 21 HGB eine weitere Angabe.*
>
> *RATIONAL AG, Landsberg a. Lech, Jahresabschluss zum 31.12.2012*

Die Marktkonformität der potenziell berichtspflichtigen Geschäfte ist im Rahmen eines Drittvergleichs zu beurteilen, also den Bedingungen, die mit einem fremden Dritten unter gleichen Umständen vereinbart worden wären[573]. Es ist davon auszugehen, dass die für gesellschafts- und steuerrechtliche Zwecke entwickelten Grundsätze und Methoden zur Prüfung der Ausgeglichenheit von Vor- und Nachteilen geschäftlicher Vorgänge und Maßnahmen grundsätzlich angewandt werden bzw. als Anhaltspunkte dienen können. In Bezug auf die Beurteilung der Marktkonformität ist jeweils die Sicht der berichtenden Gesellschaft maßgebend[574].

---

573 Vgl. BT-Drucks. 16/10067 S.72; Grottel, in Grottel/Schmidt/Schubert/Winkeljohann, Bilanz, 2016, §285 HGB Rz.621.
574 Vgl. Grottel, in Grottel/Schmidt/Schubert/Winkeljohann, Bilanz, 2016, §285 HGB Rz.623.

Abgrenzung des Kreises der Nahestehenden
Mit Blick auf die an die internationale Rechnungslegung angelehnte Konzeption der Angabepflicht des §285 Nr. 21 HGB ist der Kreis der nahestehenden Unternehmen und Personen nach dem Willen des Gesetzgebers nach IAS 24 abzugrenzen[575].

Nach dem abschließenden Katalog an Einzeltatbeständen gemäß IAS 24.9 ist ein *Unternehmen* gegenüber der berichtenden Gesellschaft grundsätzlich dann nahestehend, wenn eine der folgenden Bedingungen in Bezug auf die beiden genannten Unternehmen erfüllt ist:

a) Beide Unternehmen gehören zum selben Konzern (alle Mutter- und Tochterunternehmen i.S.d. IAS 24.12 einschließlich »Schwesterunternehmen« stehen einander nahe);

b) die Unternehmen stehen zueinander in einem Verhältnis assoziierter Unternehmen oder Gemeinschaftsunternehmen i.S.d. IAS 28.3, unabhängig davon, wer in diesem Verhältnis die »Obergesellschaft« ist;

c) beide Unternehmen sind assoziierte Unternehmen oder Gemeinschaftsunternehmen von Unternehmen eines Konzerns, dem auch das jeweils andere Unternehmen angehört;

d) beide Unternehmen sind Gemeinschaftsunternehmen desselben Dritten;

e) eines der beiden Unternehmen ist ein Gemeinschaftsunternehmen eines Dritten und das jeweils andere Unternehmen ist ein assoziiertes Unternehmen dieses Dritten;

f) das Unternehmen wird von einer nahestehenden Person (natürliche Person oder naher Familienangehöriger; siehe unten) beherrscht oder steht unter einer gemeinschaftlichen Führung, an der eine solche nahestehende Person beteiligt ist;

g) eine nahestehende Person, die das berichtende Unternehmen beherrscht oder an seiner gemeinschaftlicher Führung beteiligt ist, hat einen maßgeblichen Einfluss auf das Unternehmen oder bekleidet im Management des Unternehmens oder eines Mutterunternehmens des Unternehmens eine Schlüsselposition;

h) das Unternehmen ist ein Plan für Leistungen nach Beendigung des Arbeitsverhältnisses zugunsten der Arbeitnehmer entweder des berichtenden Unternehmens oder eines ihm nahestehenden Unternehmens (handelt es sich bei dem berichtenden Unternehmen selbst um einen solchen Plan, sind auch die in diesen Plan einzahlenden Arbeitgeber als nahestehende Unternehmen zu betrachten).

---

[575] Vgl. BT-Drucks. 16/10067 S. 72. Zum Kreis der Nahestehenden siehe auch die Beispiele bei Hoffmann/Lüdenbach, Bilanzierung, 2017, §285 HGB Rz. 149 ff.

Eine *natürliche Person* oder ein *naher Familienangehöriger* dieser Person ist gegenüber der berichtenden Gesellschaft grundsätzlich dann nahestehend, wenn sie bzw. er

a) die berichtende Gesellschaft beherrscht,

b) an der gemeinschaftlichen Führung der berichtenden Gesellschaft (*Joint Venture*) beteiligt ist,

c) einen maßgeblichen Einfluss auf die berichtende Gesellschaft hat oder

d) im Management der berichtenden Gesellschaft oder eines ihrer Mutterunternehmen eine Schlüsselposition bekleidet.

Zu den nahen Familienangehörigen einer natürlichen Person gehören vor allem dessen Kinder, Ehegatten oder Lebenspartner und abhängige Angehörige sowie die (anderen) Kinder und abhängigen Angehörigen seines Ehegatten oder Lebenspartners. Allgemein spricht IAS 24 von Familienmitgliedern, die bezüglich der Transaktionen mit dem potenziell nahestehenden Unternehmen auf die Person Einfluss nehmen oder von ihr beeinflusst werden können.

Personen sind in Schlüsselpositionen i.S.v. IAS 24, wenn sie direkt oder indirekt für die Planung, Leitung und Überwachung der Unternehmenstätigkeiten zuständig und verantwortlich sind. Dazu gehören insb. Mitglieder der Geschäftsführungs- und Aufsichtsorgane, aber i.d.R. auch Mitglieder der nächsten Führungsebene darunter.

Tochterunternehmen von assoziierten Unternehmen oder Gemeinschaftsunternehmen werden im Rahmen der obigen Abgrenzung wie das assoziierte Unternehmen oder das Gemeinschaftsunternehmen selbst betrachtet. Das Tochterunternehmen eines assoziierten Unternehmens und ein Gesellschafter mit einem maßgeblichen Einfluss auf das assoziierte Unternehmen werden also bspw. zueinander auch als Nahestehende betrachtet.

Folgende Personen bzw. Unternehmen sind nach IAS 24.11 keine nahestehenden Personen oder Unternehmen, wobei eine Beurteilung stets nur im Einzelfall erfolgen kann:

■ zwei Unternehmen im Verhältnis zueinander, die nur ein Geschäftsleitungsmitglied oder bestimmte Mitglieder des Managements in Schlüsselpositionen gemeinsam haben;

■ zwei Unternehmen im Verhältnis zueinander, bei denen ein Mitglied des Managements in einer Schlüsselposition bei einem Unternehmen einen maßgeblichen Einfluss auf das andere Unternehmen hat;

■ zwei Partnerunternehmen im Verhältnis zueinander, die nur zusammen die gemeinsame Führung eines Gemeinschaftsunternehmens ausüben;

- Kapitalgeber, Gewerkschaften, öffentliche Versorgungsunternehmen sowie Behörden und öffentliche Institutionen, die nur gewöhnliche Geschäftsbeziehungen zur berichtenden Gesellschaft aufweisen (auch wenn sie am unternehmerischen Entscheidungsprozess ggf. mitwirken können);
- Kunden, Lieferanten, Franchisegeber, Vertriebspartner oder Generalvertreter, von denen die berichtende Gesellschaft aufgrund des Geschäftsvolumens nur wirtschaftlich abhängig ist.

Der maßgebende Beurteilungszeitpunkt für ein Verhältnis nahestehender Personen und Unternehmen ist der Zeitpunkt der jeweiligen geschäftlichen Transaktion. Es ist für die Berichterstattungspflicht nach §285 Nr. 21 HGB somit nicht erforderlich, dass die berichtende Gesellschaft ihrem Geschäftspartner auch zum Abschlussstichtag noch nahesteht[576].

Verhältnis zur Berichterstattung über Vergütungen von Organmitgliedern
Hinsichtlich der Vergütungen an die Mitglieder ihrer Unternehmensorgane, die als nahestehende Personen einzustufen sind, beinhaltet §285 Nr. 9 HGB eine abschließende Sonderregelung zur Berichterstattung im Anhang (siehe dazu Kapitel 7.6.2.2). In Anbetracht dessen sind Angaben zu den durch §285 Nr. 9 HGB erfassten Sachverhalten aus dem Anwendungsbereich des §285 Nr. 21 HGB ausgenommen. Diese Ausnahme gilt selbst dann, wenn in Bezug auf die Berichterstattung nach §285 Nr. 9 HGB die Schutzklausel des §286 Abs. 4 HGB in Anspruch genommen wird[577].

Inhalt und Art der Berichterstattung
Die Angaben über die berichtspflichtigen Geschäfte mit Nahestehenden umfassen im Einzelnen die folgenden Informationen:
- Bezeichnung der nahestehenden Personen/Unternehmen;
- Art der Geschäftsbeziehungen zu den Nahestehenden;
- Art und wertmäßiger Umfang der Geschäfte;
- Sonstige Informationen, die für die Beurteilung der Finanzlage erforderlich sind.

Die anzugebenden Informationen können nach dem Gesetzeswortlaut nach Geschäftsarten zusammengefasst werden, falls die Beurteilung der Finanzlage keine getrennte Darstellung gebietet. Es ist nicht erforderlich, einzelne nahestehende Personen oder Unternehmen namentlich zu nennen oder so konkret zu bezeichnen, dass sie durch externe Dritte identifizierbar sind. Es

---

576 Vgl. IDW RS HFA 33, Tz. 10.
577 Vgl. IDW RS HFA 33, Tz. 24.

genügt vielmehr, unter Zusammenfassung zu geeigneten Gruppen die Art der Beziehung anzugeben (bspw. »Mietverträge mit Tochterunternehmen«)[578].

Als Wert der Geschäfte ist grundsätzlich das vereinbarte Entgelt anzugeben, nicht der übliche Marktpreis[579]; eine Angabe des Nettoentgelts ist dabei hinreichend. Bei Dauerschuldverhältnissen sind die für die im Geschäftsjahr erhaltenen oder erbrachten Leistungen angefallenen Entgelte nebst den voraussichtlichen Entgelten für die Restlaufzeit des Schuldverhältnisses anzugeben[580].

Die Form der Darstellung der nach § 285 Nr. 21 HGB berichtspflichtigen Informationen ist nicht vorgegeben. Eine übersichtliche Berichterstattung kann z. B. nach der in Abb. 9 illustrierten Matrixdarstellung erfolgen[581].

Art des Geschäfts / Art der Beziehung	Verkäufe in Mio. EUR	Käufe in Mio. EUR	Erbringen von Dienstleistungen in Mio. EUR	Bezug von Dienstleistungen in Mio. EUR	...
Tochterunternehmen	7	8	4	7	
Assoziierte Unternehmen	3	2	1	3	
Personen in Schlüsselpositionen	2	3	–	3,5	
Nahe Familienangehörige	5	–	–	4	
...					

Abb. 9: Tabellarische Darstellung der Geschäfte mit nahestehenden Personen und Unternehmen

Auch das nachfolgende Beispiel aus der Berichtspraxis scheint eine hinreichende Information zu beinhalten.

> **Praxisbeispiel**
> *Geschäfte mit nahestehenden Unternehmen und nahe stehenden Personen*
> *Der überwiegende Teil des Lieferungs- und Leistungsvolumens aus dem üblichen Geschäftsverkehr zwischen der LEWA GmbH und nahe stehenden Unternehmen i. S. des § 285 Nr. 21 HGB entfällt auf verbundene Unternehmen und ist für das Berichtsjahr in der folgenden Tabelle dargestellt:*

---

578 Vgl. IDW RS HFA 33, Tz. 14.
579 Vgl. Grottel, in Grottel/Schmidt/Schubert/Winkeljohann, Bilanz, 2016, § 285 HGB Rz. 640; IDW RS HFA 33, Tz. 16.
580 Vgl. IDW RS HFA 33, Tz. 16.
581 Vgl. IDW RS HFA 33, Tz. 17.

	Verbundene Unternehmen in TEUR
Erbrachte Lieferungen und Leistungen sowie sonstige Erträge	54.596
Empfangene Lieferungen und Leistungen sowie sonstige Aufwendungen	2.239
Zinserträge	43
Zinsaufwendungen	2
Forderungen zum 31.12.2012	13.387
Erhaltene Anzahlungen zum 31.12.2012	494
Verbindlichkeiten zum 31.12.2012	607

Darüber hinaus stellt das oberste Konzern-Mutterunternehmen NIKKISO Co. Ltd., Tokio, Japan, Sicherheiten und Garantien für die Bankverbindlichkeiten der LEWA GmbH. Diese belaufen sich zum Stichtag auf 51,7 Mio. EUR.

LEWA GmbH, Leonberg, Jahresabschluss zum 31.12.2014

In der mittelständischen Berichtspraxis stellen Anhangangaben i.S.v. §285 Nr. 21 HGB eher die Ausnahme dar. Erfolgt eine Berichterstattung, dann überwiegend in Form eines (freiwilligen) Negativvermerks.

7.6.4 Derivative Finanzinstrumente

Berichtsgegenstand und zugrunde liegende Vorschriften

HGB §285 Sonstige Pflichtangaben
Ferner sind im Anhang anzugeben:
...
19. *für jede Kategorie nicht zum beizulegenden Zeitwert bilanzierter derivativer Finanzinstrumente*
    a) *deren Art und Umfang,*
    b) *deren beizulegender Zeitwert, soweit er sich nach §255 Abs. 4 verlässlich ermitteln lässt, unter Angabe der angewandten Bewertungsmethode,*
    c) *deren Buchwert und der Bilanzposten, in welchem der Buchwert, soweit vorhanden, erfasst ist, sowie*
    d) *die Gründe dafür, warum der beizulegende Zeitwert nicht bestimmt werden kann;*

Erleichterungen
Gemäß § 288 Abs. 1 Nr. 1 HGB können die Angaben nach § 285 Nr. 19 HGB bei kleinen Gesellschaften wegfallen.

Kategorisierung und Vorjahresangabe
Die Berichtspflicht, die die derivativen Finanzinstrumente betrifft, ist eine originäre Pflichtangabe, die ausdrücklich für den Anhang vorgesehen ist. Deshalb sind keine Vergleichsinformationen für die vorangegangene Berichtsperiode anzugeben.

Anwendungsbereich
Nach dem ausdrücklichen Gesetzeswortlaut ist im Anhang nicht über sämtliche derivativen Finanzinstrumente zu berichten, sondern lediglich über solche, die *nicht* zum beizulegenden Zeitwert nach § 255 Abs. 4 Satz 1 oder 2 HGB bilanziert sind.

Für derivative Finanzinstrumente, die als Grundgeschäft oder Sicherungsinstrument in eine Bewertungseinheit i. S. d. § 254 HGB eingegangen sind, entfällt die Angabepflicht nach § 285 Nr. 19 HGB. Bei solchen derivativen Finanzinstrumenten sind nur die speziellen Berichtspflichten für Bewertungseinheiten zu beachten[582] (siehe dazu Kapitel 7.6.5). Ungeachtet dessen werden in der Berichtspraxis – wie im folgenden Praxisbeispiel – teilweise die Berichtspflichten beider Anhangvorschriften parallel erfüllt, sofern derivative Finanzinstrumente in Bewertungseinheiten eingehen.

> **Praxisbeispiel**
> *Derivative Finanzinstrumente*
> *Die EISENMANN AG ist im Rahmen ihrer globalen Tätigkeit Währungsrisiken ausgesetzt. Zur Absicherung dieser Risiken werden ausgewählte Derivate eingesetzt, nicht aber für Spekulationszwecke, das heißt, ohne ein entsprechendes Grundgeschäft werden keine Derivate abgeschlossen. Die schwebenden Grundgeschäfte werden mit den Sicherungsgeschäften zu Bewertungseinheiten gemäß § 254 HGB in Form von Micro Hedges zusammengefasst. Die Devisentermingeschäfte werden mit den Marktterminkursen zum Abschlussstichtag bewertet.*

---

582 Vgl. IDW RS HFA 35, Tz. 98; IDW RH HFA 1.005, Tz. 24.

Die Effektivität der Sicherungsbeziehungen wird sowohl prospektiv als auch retrospektiv beurteilt. Die Beurteilung erfolgt für unsere Währungssicherungen mittels der Critical-terms-match-Methode, da Währungen, Laufzeiten und Beträge für die geplanten Geschäftsvorfälle identisch sind. Die abgeschlossenen Sicherungen sind grundsätzlich effektiv, sodass im Jahresabschluss keine negativen Bewertungsergebnisse abzubilden sind.

	Nominal-betrag	Beizulegen-der Zeitwert	Buchwert	Bilanzposten
	31.12.21011	31.12.2011	31.12.2011	31.12.2011
	TEUR	TEUR	TEUR	
Devisentermin-geschäfte mit positi-vem Zeitwert	+ 202	+ 22	n. a.	n. a.

Bewertungseinheiten

Grundgeschäft	Höhe in TEUR	Art der Bewertungs-einheit	Abgesichertes Risiko
Schwebende Geschäfte	202	Micro Hedge	Fremdwährungsrisiko aus Intercompany Transaktionen

EISENMANN AG, Böblingen, Jahresabschluss zum 31.12.2011

Inhaltliche Abgrenzung der Berichtspflicht

Die durch §285 Nr. 19 HGB geforderten Anhangangaben sind nach Kategorien derivativer Finanzinstrumente zu differenzieren. Dafür kommt insb. eine Unterteilung in währungs-, zins- und aktien-/indexbezogene Geschäfte sowie sonstige Geschäfte infrage[583]. Zu jeder der gebildeten Kategorien verlangt das Gesetz die folgenden Einzelangaben:

- Art und Umfang der derivativen Finanzinstrumente, wobei Optionen, Swaps, Futures und Forwards zu den »Derivat-Arten« zählen und die Angabe des Umfangs die Nennung ihres Nominalwerts erfordert[584];
- beizulegender Zeitwert, soweit er in Einklang mit §255 Abs. 4 HGB verlässlich ermittelt werden kann, und die zu seiner Bestimmung angewandte

---

583 Vgl. IDW RH HFA 1.005, Tz. 26; BT-Drucks. 16/10067 S. 71.
584 Vgl. IDW RH HFA 1.005, Tz. 29 f.; BT-Drucks. 16/10067 S. 71.

Bewertungsmethode bzw. die Gründe für die etwaige Nichtbestimmbarkeit eines verlässlichen beizulegenden Zeitwerts[585];

- Buchwert, mit dem die derivativen Finanzinstrumente ggf. in der Bilanz angesetzt sind, unter Nennung des Bilanzpostens, in dem sie enthalten sind.

Der Inhalt und der Umfang des folgenden Beispiels aus der Berichtspraxis sind damit nicht hinreichend.

Praxisbeispiel
Derivate
Zum Bilanzstichtag bestanden Devisentermingeschäfte in Höhe von TUS $ 2.111 zur Begleichung späterer Einkäufe auf US $-Basis. Aufgrund geschlossener Positionen besteht kein Risiko.

Sieger GmbH, Lichtenau, Jahresabschluss zum 31.07.2015

In zeitlicher Hinsicht bezieht sich die Angabepflicht auf die schwebenden Vertragsverhältnisse am Abschlussstichtag[586].

Kann der beizulegende Zeitwert des derivativen Finanzinstruments ohne Weiteres verlässlich aus einem Preis abgeleitet werden, der auf einem aktiven Markt ermittelt wird (§ 255 Abs. 4 Satz 1 HGB), erübrigen sich detaillierte Ausführungen zu seiner Bestimmung; stattdessen ist nur kurz darauf einzugehen, wie der Marktwert ermittelt wurde (z.B. anhand von Börsen- oder Marktpreisen).

Ein aktiver Markt liegt vor, wenn der Marktpreis an einer Börse, von einem Händler oder Broker, von einer Branchengruppe, einem Preisberechnungsservice (bspw. Bloomberg) oder einer Aufsichtsbehörde leicht und regelmäßig erhältlich ist und auf aktuellen und regelmäßig auftretenden Markttransaktionen zwischen unabhängigen Dritten beruht[587]. Ist am Abschlussstichtag kein Marktpreis feststellbar, kann ggf. ein Marktpreis kurz vor oder nach dem Abschlussstichtag zugrunde gelegt werden, der bei einer zwischenzeitlichen Veränderung der Rahmendaten angemessen anzupassen ist[588].

---

585 Vgl. zur Ermittlung des beizulegenden Zeitwerts ausführlich z.B. Kessler/Leinen/Strickmann, Handbuch BilMoG, 2. Aufl. 2010, S. 259 ff.
586 Vgl. IDW RH HFA 1.005, Tz. 23.
587 Vgl. IDW RH HFA 1.005, Tz. 8.
588 Vgl. Grottel, in Grottel/Schmidt/Schubert/Winkeljohann, Bilanz, 2016, § 285 HGB Rz. 571.

Soweit kein aktiver Markt besteht, ist der beizulegende Zeitwert nach § 255 Abs. 4 Satz 2 HGB mithilfe einer anerkannten Bewertungsmethode (verlässlich) zu bestimmen. In diesem Fall sind zusätzlich die zentralen Bewertungsannahmen bzw. -parameter anzugeben, auf denen die Ermittlung beruht, z. B. das angewandte Bewertungsmodell, risikoadäquate Zinssätze usw.

Die Berichterstattung kann wie in den folgenden Beispielen aus der Berichtspraxis erfolgen.

Praxisbeispiel
Derivative Finanzinstrumente
Die Gesellschaft hat im Mai 2012 eine Zinsswapvereinbarung zur Absicherung eines Darlehensvolumens von aktuell 50 Mio. EUR mit einer Laufzeit bis zum 31. Dezember 2016 abgeschlossen. Der Marktwert zum 31. Dezember 2015 beträgt -1,6 Mio. EUR. Die Bewertung erfolgt durch Abzinsung von Zahlungsströmen unter Berücksichtigung marktgerechter Zinsstrukturkurven.
In Höhe der negativen Marktwerte der Zinsswaps erfolgte die Bildung einer Drohverlustrückstellung.

TOM TAILOR Holding AG, Hamburg, Jahresabschluss zum 31.12.2015

Praxisbeispiel
Derivative Finanzinstrumente
Derivative Finanzinstrumente werden bei RATIONAL zur Absicherung von Devisenwechselkursschwankungen bei Liquiditätsströmen in Fremdwährungen, zur Absicherung von Zinsschwankungen und zur Ausnutzung von Zinsdifferenzen zwischen verschiedenen Währungsgebieten eingesetzt. Das Volumen der Liquiditätsströme je Fremdwährung ergibt sich aus den geplanten währungsbezogenen Geldeingängen der Vertriebstochtergesellschaften nach Abzug der Kosten und sonstigen Ausgaben in gleicher Währung. RATIONAL nutzt sogenannte Natural Hedges in den Währungen, in denen Umsatzerlöse bei ausländischen Vertriebsgesellschaften erzielt werden, sofern in der jeweiligen Fremdwährung auch Zahlungen für Produktionsmaterial anfallen. Zahlungsstromschwankungen werden abgefangen indem nur ein Teil des Planvolumens abgesichert wird.
Die in nachfolgender Tabelle dargestellten Kontraktwerte stellen nicht das Marktrisiko dar, sondern geben Auskunft über das ausstehende Transaktionsvolumen zum Bilanzstichtag. Die Kategorie Devisenoptionen beinhaltet Put-Optionen mit Kontraktwerten von insgesamt TEUR 12.685 (Vorjahr:

TEUR 2.615). Zum Vorjahresabschluss bestand zudem ein Devisentermin-geschäft mit einem Kontraktwert in Höhe von 7.374 TEUR.

Derivative Finanz-instrumente	Kontraktwert	Positiver beizu-legender Zeitwert	Negativer beizu-legender Zeitwert
	TEUR	TEUR	TEUR
Devisenoptionen	12.685	9	0

In der Bilanz aktiviert RATIONAL Put-Kontrakte zu Anschaffungskosten unter den sonstigen Vermögensgegenständen. Aufgrund des strengen Niederstwertprinzips erfolgt zum Jahresende für noch offene Geschäfte mit niedrigerem beizulegendem Zeitwert zum Stichtag eine Abwertung auf insgesamt TEUR 9 (Vorjahr: TEUR 8).

RATIONAL AG, Landsberg a. Lech, Jahresabschluss zum 31.12.2015

Die quantitativen Angaben zu den derivativen Finanzinstrumenten (beizulegender Zeitwert, Buchwert, Umfang) sind nach §244 HGB grundsätzlich in Euro darzustellen. Alternativ ist auch eine Angabe in der Ursprungswährung unter Angabe des Devisenkassamittelkurses der jeweiligen Währung zum Abschlussstichtag zulässig[589].

7.6.5 Bildung von Bewertungseinheiten

Berichtsgegenstand und zugrunde liegende Vorschriften

HGB §285 Sonstige Pflichtangaben
Ferner sind im Anhang anzugeben:
...
23. bei Anwendung des §254,
   a) mit welchem Betrag jeweils Vermögensgegenstände, Schulden, schwebende Geschäfte und mit hoher Wahrscheinlichkeit erwartete Transaktionen zur Absicherung welcher Risiken in welche Arten von Bewertungseinheiten einbezogen sind sowie die Höhe der mit Bewertungseinheiten abgesicherten Risiken,
   b) für die jeweils abgesicherten Risiken, warum, in welchem Umfang und für welchen Zeitraum sich die gegenläufigen Wertänderun-

---

589 Vgl. Grottel, in Grottel/Schmidt/Schubert/Winkeljohann, Bilanz, 2016, §285 HGB Rz.560.

gen oder Zahlungsströme künftig voraussichtlich ausgleichen ein-
schließlich der Methode der Ermittlung,

c) *eine Erläuterung der mit hoher Wahrscheinlichkeit erwarteten*
Transaktionen, die in Bewertungseinheiten einbezogen wurden,
soweit die Angaben nicht im Lagebericht gemacht werden;

Erleichterungen
Es bestehen keine gesetzlich geregelten Erleichterungen.

Kategorisierung und Vorjahresangabe
Die Berichtspflicht, die etwaige von der berichtenden Gesellschaft gebildete
Bewertungseinheiten betrifft, ist eine originäre Pflichtangabe, die entweder
in den Anhang oder in den Lagebericht aufzunehmen ist. Die gesetzlich eingeräumte Möglichkeit der Verlagerung in den Lagebericht[590] beruht darauf,
dass die Bildung von Bewertungseinheiten inhaltlich ein Element der Risikoberichterstattung über Finanzinstrumente (§289 Abs. 2 Nr. 1 HGB) darstellt.
Um Doppelangaben zu vermeiden bzw. eine Bündelung aller diesbezüglichen
Angaben zu ermöglichen, hat der Gesetzgeber eine befreiende (Gesamt-)Risi-
koberichterstattung im Lagebericht zugelassen, die die Angabepflichten gem.
§285 Nr. 23 HGB mit einschließt.

Aufgrund der Einordnung als originäre Pflichtangabe sind keine Vergleichsinformationen für die vorangegangene Berichtsperiode anzugeben.

Anwendungsbereich
Sind derivative Finanzinstrumente als Grundgeschäft oder Sicherungsinstrument in eine Bewertungseinheit einbezogen, gilt die (allgemeine) Angabepflicht des §285 Nr. 19 HGB (siehe Kapitel 7.6.4) nicht; bei solchen Finanzinstrumenten ist die nachfolgend erläuterte spezielle Berichtspflicht des §285
Nr. 23 HGB zu beachten[591].

Inhaltliche Abgrenzung der Berichtspflicht
Die Berichtspflicht steht in einem unmittelbaren Zusammenhang mit §254
HGB, der die Bildung von Bewertungseinheiten im Jahresabschluss explizit
zulässt. Sie stellt eine ergänzende Konkretisierung der von §284 Abs. 2 Nr. 1,
2 HGB geforderten allgemeinen Angaben zu den Bilanzierungs- und Bewertungsmethoden dar[592] (siehe dazu auch Kapitel 7.2.1). Soweit die Möglichkeit

---

590 Die gesetzliche Pflicht zur Aufstellung eines Lageberichts (und damit auch die Verlagerungsmög-
   lichkeit) ist nach §264 Abs. 1 Satz 4 HGB auf große und mittelgroße Gesellschaften beschränkt.
591 Vgl. IDW RS HFA 35, Tz. 98; IDW RH HFA 1.005, Tz. 24.
592 Vgl. Grottel, in Grottel/Schmidt/Schubert/Winkeljohann, Bilanz, 2016, §285 HGB Rz. 701.

der Bildung von Bewertungseinheiten in Anspruch genommen wird, sind detaillierte Anhangsangaben zu machen, die die folgenden Berichtselemente beinhalten[593]:

- Art der gesicherten Grundgeschäfte;
- Art der Sicherungsinstrumente (z. B. Devisentermin- oder Swap-Geschäfte);
- Art der gebildeten Bewertungseinheiten (Mikro-, Portfolio- oder Makrosicherungsbeziehungen);

Arten von Sicherungsbeziehungen[594]   !

Beim sog. Micro Hedge wird das Risiko aus einem Grundgeschäft unmittelbar durch ein einzelnes Sicherungsinstrument abgesichert, während sich die Absicherung beim sog. Portfolio Hedge auf mehrere gleichartige Grundgeschäfte durch ein oder mehrere Sicherungsinstrumente bezieht. Beim sog. Macro Hedge wird das Nettorisiko einer zusammengefassten Gesamtgruppe sich teilweise bereits kompensierender Grundgeschäfte durch ein oder mehrere Sicherungsinstrumente abgesichert.

- abgesicherte Risikoart (bspw. Preisänderungs-, Zins-, Währungs-, Ausfall- und Liquiditätsrisiken);
- Betrag der einbezogenen Grundgeschäfte;
  Bei bilanziell ausgewiesenen Vermögensgegenständen und Schulden (z. B. Fremdwährungsforderungen) ist diesbezüglich deren Buchwert zum Abschlussstichtag anzugeben, bei schwebenden Geschäften und mit hoher Wahrscheinlichkeit vorgesehenen Transaktionen (sog. antizipative Bewertungseinheiten) der Betrag der geplanten Leistung oder Gegenleistung[595].
- Betrag der durch die Bewertungseinheiten abgesicherten Risiken;
  Die Höhe der abgesicherten Risiken hängt von der Art des Grundgeschäfts ab. Bei Vermögensgegenständen ergibt sie sich aus der unterlassenen Abwertung von Vermögensgegenständen und der unterlassenen Höherbewertung der Schulden bzw. der unterlassenen Bildung einer Drohverlustrückstellung. Bei schwebenden Geschäften ist ebenso die entfallende Drohverlustrückstellung maßgebend, bei mit hoher Wahrscheinlichkeit vorgesehenen Transaktionen die erwarteten Verluste aus dem zukünftigen Grundgeschäft[596].
- nach Risikoart differenzierte Darstellung des Umfangs und des Zeitraums der Risikoabsicherung (Ausmaß an Effektivität der Sicherungsinstrumente) nebst Angabe der Gründe für den erwarteten Ausgleich der gegenläufigen Wertänderungen oder Zahlungsströme sowie der diesbezüglich ange-

---

593 Vgl. BT-Drucks. 16/10067 S. 73; BT-Drucks. 16/12407 S. 115.
594 Vgl. Grottel, in Grottel/Schmidt/Schubert/Winkeljohann, Bilanz, 2016, § 285 HGB Rz. 705.
595 Vgl. Grottel, in Grottel/Schmidt/Schubert/Winkeljohann, Bilanz, 2016, § 285 HGB Rz. 707.
596 Vgl. Grottel, in Grottel/Schmidt/Schubert/Winkeljohann, Bilanz, 2016, § 285 HGB Rz. 708.

wandten Ermittlungsmethoden;

Die Angabe der Gründe dafür, warum von einem Risikoausgleich ausgegangen wird, erfordert Erläuterungen zur Einschätzung, dass die Risiken von Grund- und Sicherungsgeschäft vergleichbar sind, z.B. in Form eines Hinweises auf die Währungsidentität oder die Identität ihrer Basiswerte[597]. Der Umfang des Risikoausgleichs kann quantitativ in Form der Angabe absoluter Beträge oder Prozentwerte oder auch verbal erfolgen, wenn die verbale Darstellung im Einzelfall eine hinreichende Aussagekraft besitzt. So kann bspw. auf eine »im Wesentlichen vollständige« oder »überwiegende Absicherung« hingewiesen werden[598]. Die anzugebende Zeitspanne bzw. der Zeitpunkt für den Risikoausgleich bemisst sich anhand des abgesicherten Risikos und der Sicherungsabsicht der Gesellschaft[599]. Die Angabe der Methoden der Effektivitätsermittlung hängt von der Art der Bewertungseinheit ab: Während beim einfach strukturierten *Micro Hedging* ein Verweis auf eine im Wesentlichen bestehende Übereinstimmung der Bedingungen und Parameter von Grund- und Sicherungsgeschäft ausreicht, sind beim *Macro* und *Portfolio Hedging* die konkret angewandten Methoden (bspw. quantitative Sensitivitätsanalyse, Dollar-Offset-Methode) zu nennen[600].

- Erläuterung der mit hoher Wahrscheinlichkeit erwarteten Transaktionen, die in Bewertungseinheiten einbezogen worden sind.

Die ergänzenden Erläuterungen zu den mit hoher Wahrscheinlichkeit erwarteten Transaktionen müssen zunächst eine Angabe der Art der erwarteten künftigen Grundgeschäfte beinhalten, z.B. künftige Warenverkäufe oder -käufe sowie Kreditaufnahmen mit variabler Zinsvereinbarung oder in Fremdwährung. Anzugeben ist auch, ob es sich um eine einzelne erwartete Transaktion oder eine Gruppe von Transaktionen mit gleichartigen Risiken handelt. Darüber hinaus ist eine Information erforderlich, warum von einer »hohen Wahrscheinlichkeit« der Durchführung der zukünftigen Grundgeschäfte ausgegangen wird. Dies kann sich insb. daraus ergeben, dass in der Vergangenheit regelmäßig Geschäfte gleicher Art getätigt wurden oder die Vertragsverhandlungen zum Abschlussstichtag nahezu abgeschlossen sind[601].

---

597 Vgl. Poelzig, in Schmidt/Ebke, HGB, Bd. 4, 2013, § 285 Rz. 406.
598 Vgl. Gelhausen/Fey/Kämpfer, Rechnungslegung und Prüfung nach dem Bilanzrechtsmodernisierungsgesetz, 2009, Kap. O Rz. 188.
599 Vgl. BT-Drucks. 16/12407 S. 88.
600 Vgl. Pfitzer/Scharpf/Schaber, in WPg 2007, S. 727.
601 Vgl. Gelhausen/Fey/Kämpfer, Rechnungslegung und Prüfung nach dem Bilanzrechtsmodernisierungsgesetz, 2009, Kap. O Rz. 195.

Bei mehreren berichtspflichtigen Sachverhalten bietet sich eine tabellarische Nennung der gebildeten Bewertungseinheiten an, die bspw. den in Abb. 10 dargestellten Aufbau haben kann[602].

Risiko		Grundgeschäft		Sicherungsinstrument		Art der	Prospektive
Variable	Art	Art	Betrag	Risiko	Betrag	Bewertungseinheit	Effektivität
Währung	Kontrahierter Zahlungsstrom	Warenbestellung mit USD-Faktura	5 Mio. USD	USD-Terminkauf	1 Mio. USD	Micro Hedge	Laufzeit- und Volumenkongruenz
Währung	Erwarteter Zahlungsstrom	Erwartete US-Exporte	7 Mio. USD	USD-Terminverkauf	7 Mio. USD	Micro Hedge	Laufzeit- und Volumenkongruenz
Zins	Kontrahierter Zahlungsstrom	Variabel verzinstes Darlehen	2 Mio. EUR	Swap	2 Mio. EUR	Micro Hedge	Laufzeit- und Volumenkongruenz
Aktienkurs	Wertänderung	Aktien	1 Mio. EUR	Verkaufsoption	1 Mio. EUR	Micro Hedge	Volumenkongruenz

Abb. 10: Aufbau eines Bewertungseinheitenspiegels

Die Berichterstattung kann aber auch wie in den folgenden Beispielen aus der Berichtspraxis erfolgen.

Praxisbeispiel
Bewertungseinheit
Für die Währungsrisiken bei den Fremdwährungsforderungen und Fremdwährungsbankguthaben in GBP, SEK und NOK sowie bei den Fremdwährungsverbindlichkeiten in USD wurden Bewertungseinheiten nach den Grundsätzen der Einfrierungsmethode gebildet. Fremdwährungsforderungen in Höhe von GBP 649.957,99, von SEK 584.746,00 und von NOK 2.092.925,13 sowie Fremdwährungsbankguthaben in Höhe von GBP 373.919,85, von SEK 445.981,93 und von NOK 868.033,94 wurden zum Bilanzstichtag mit den Devisenterminkursen bewertet. Bei einer Bewertung der Fremdwährungsforderungen und Fremdwährungsbankguthaben zum Devisenkassamittelkurs ergibt sich im Vergleich zur Bewertung mit den Devisenterminkursen ein um EUR 70.190,24 höherer Betrag. Bei der Bewertung der Verbindlichkeiten zum Devisenkassamittelkurs ergibt sich ein um EUR 1.691.776,31 höherer Betrag. Die für die Bewertung einbezogenen Devisentermingeschäfte wurden im Januar und Februar 2016 durch die zugrunde gelegten Zahlungen in GBP, SEK und NOK planmäßig bedient. Fremdwährungsverbindlichkeiten in Höhe von USD 9.044.683,78 wurden zum Bilanzstichtag mit dem Devisenterminkurs bewertet. Die für die Bewertung eingezogenen Devisentermingeschäfte wurden planmäßig bedient. Zum Bilanzstichtag bestehen Devisentermingeschäfte von insgesamt GBP 16.650.000,00 im Zeitraum vom 01.01.2016 bis 20.02.2017,

---

602 Leicht modifiziert entnommen aus Hoffmann/Lüdenbach, Bilanzierung, 2017, § 285 HGB Rz. 173.

von SEK 31.900.000,00 im Zeitraum vom 01.01.2016 bis 30.01.2017, von NOK 54.500.000,00 im Zeitraum vom 01.01.2016 bis 20.01.2017 und USD 77.020.000,00 im Zeitraum vom 01.01.2016 bis 12.02.2018. Dadurch sollen die vorstehenden Positionen und die nach der Planung mit hoher Wahrscheinlichkeit erwarteten Transaktionen in Form von Umsatzerlösen und Materialaufwendungen zu 100 v. H. abgesichert werden. Zwischen den oben genannten Positionen sowie den erwarteten Transaktionen und den Sicherungsgeschäften besteht jeweils Währungsidentität. Die Wirksamkeit der Bewertungseinheiten wird anhand der geplanten Absatzmengen und Einkaufsvolumina sowie nach Rücksprache mit den Banken anhand der zu erwartenden Kursentwicklungen beurteilt. Unter Zugrundelegung der Bilanzstichtagskurse von EUR/GBP, EUR/SEK, EUR/NOK und EUR/USD ergeben sich ein positiver Marktwert von EUR 6.293.347,40 sowie ein negativer Marktwert von EUR 606.611,25. Die Bewertung gibt die Einschätzung der ausreichenden Banken über den Wert der betreffenden Devisentermingeschäfte unter den vorherrschenden Marktbedingungen wieder und leitet sich vom Geld- und Briefkurs ab, zu dem die Banken das Devisentermingeschäft beendet und abgeschlossen bzw. zurückgekauft und verkauft hätte, und zwar jeweils zum Geschäftsschluss am jeweils angegebenen Bewertungstag.

Gabor Shoes Aktiengesellschaft, Rosenheim,
Jahresabschluss zum 31.12.2015

Praxisbeispiel
Bewertungseinheiten
Folgende Bewertungseinheiten wurden gebildet:

Grundgeschäft/ Sicherungsinstrument	Risiko/Art Bewertungseinheit	Einbezogener Betrag	Höhe des abgesicherten Risikos
		TEUR	TUSD
Fremdwährungsüberschüsse/Devisenderivat	Währungsrisiko/Antizipative Hedges bzw. Portfolio Hedges	51.187	66.000

Für den geplanten Fremdwährungsüberschuss zwischen Januar 2013 und September 2014, der in US-Dollar abgewickelt wird, wurden Devisentermingeschäfte und -optionen zur Absicherung der Währungsrisiken abgeschlossen. Die gegenläufigen Wertänderungen von Grund- und Sicherungsgeschäft gleichen sich für die Laufzeit der Sicherungsinstrumente vollständig aus, da sie demselben Risiko ausgesetzt sind. Für diese wurden angesichts des zuverlässig planbaren Umfangs und zeitlichen Anfalls antizipative Bewertungseinheiten gebildet.

Die prospektive Beurteilung der Wirksamkeit wurde anhand der Critical Terms Match-Methode nachgewiesen. Retrospektiv wurde ein Abgleich anhand von Backtesting durchgeführt. Die hohe Eintrittswahrscheinlichkeit der erwarteten Transaktionen ist mittels Erfahrungswerten aus der Vergangenheit nachgewiesen. Bei der Bilanzierung dieser Bewertungseinheiten wurde die Einfrierungsmethode verwendet.

Apparatebau Gauting GmbH, Gauting, Jahresabschluss zum 31.12.2012

Wird die Alternative der in Bezug auf den Anhang befreienden Integration der Angaben des § 285 Nr. 23 HGB in die Risikoberichterstattung des Lageberichts in Anspruch genommen, ist im Anhang auf diese Tatsache hinzuweisen.

7.6.6 Abschlussprüferhonorare

Berichtsgegenstand und zugrunde liegende Vorschriften

HGB § 285 Sonstige Pflichtangaben
Ferner sind im Anhang anzugeben:
...
17. *das von dem Abschlussprüfer für das Geschäftsjahr berechnete Gesamthonorar, aufgeschlüsselt in das Honorar für*
    a) *die Abschlussprüfungsleistungen,*
    b) *andere Bestätigungsleistungen,*
    c) *Steuerberatungsleistungen,*
    d) *sonstige Leistungen,*
    soweit die Angaben nicht in einem das Unternehmen einbeziehenden Konzernabschluss enthalten sind;

Erleichterungen
Von der Angabepflicht des § 285 Nr. 17 HGB sind nach § 288 Abs. 1 und 2 HGB kleine und mittelgroße Gesellschaften ausgenommen[603]. Mittelgroße Gesellschaften sind im Falle eines Unterlassens der Angabe durch § 288 Abs. 2 Satz 2

---

603 Jahresabschlüsse kleiner Gesellschaften sind nach § 316 Abs. 1 HGB nicht prüfungspflichtig, sodass sich der Anwendungsbereich des § 285 Nr. 17 HGB insoweit nur auf freiwillige Abschlussprüfungen beschränken würde.

HGB aber verpflichtet, die geforderten Honorarangaben auf schriftliche Anforderung hin der Wirtschaftsprüferkammer zur Verfügung zu stellen.

Außerdem können die Angaben zu den Abschlussprüferhonoraren unterbleiben, soweit zusammenfassende Angaben aller entsprechenden, im Konzern angefallenen Honorare und Honorarbestandteile in einem Konzernabschluss erfolgen, in den die berichtende Gesellschaft einbezogen wird. Diese Befreiungsmöglichkeit setzt folglich eine aggregierte Berichterstattung auf höherer Konzernebene voraus, die die Honorare aller in den Konzernabschluss einbezogenen Unternehmen umfasst[604]. Ihre Inanspruchnahme steht ausschließlich vollkonsolidierten Tochterunternehmen (§ 290 HGB) und quotal konsolidierten Gemeinschaftsunternehmen (§ 310 HGB) offen. Tochterunternehmen, die nicht vollkonsolidiert werden, nach der Equity-Methode im Konzernabschluss abgebildete Gemeinschaftsunternehmen und (typische) assoziierte Unternehmen (§ 311 HGB) fallen dagegen nicht unter die Befreiung[605].

Wird von der konzernbezogenen Erleichterung Gebrauch gemacht, empfiehlt sich die Aufnahme eines entsprechenden Hinweises in den Anhang[606]. Obwohl nicht zwingend erforderlich, ist ein solcher Hinweis in der Berichtspraxis großer Gesellschaften – wie in den nachfolgend dargestellten Beispielen – üblich.

Praxisbeispiel
Die Abschlussprüferhonorare werden im Konzernabschluss der Actelion Ltd., Allschwil/Schweiz, angegeben. Daher wird auf die Anhangsangabe verzichtet.

Actelion Pharmaceuticals Deutschland GmbH, Freiburg, Jahresabschluss zum 31.12.2014

Praxisbeispiel
Angaben zu dem Honorar für Leistungen des Abschlussprüfers gemäß § 285 Nr. 17 HGB sind in dem Konzernabschluss der Gesellschaft, in welchen das Unternehmen einbezogen wird, enthalten.

Roto Frank AG, Leinfelden-Echterdingen, Jahresabschluss zum 31.12.2014

---

604 Vgl. BT-Drucks. 16/12407 S. 115.
605 Vgl. IDW PH 9.200.2 Tz 2; Wollmert/Oser/Graupe, in StuB 2010, S. 125.
606 Vgl. IDW RS HFA 36, Tz. 17.

Kategorisierung und Vorjahresangabe

Die Berichtspflicht zu den Abschlussprüferhonoraren ist eine originäre Pflichtangabe, die ausdrücklich für den Anhang vorgesehen ist. Deshalb sind keine Vergleichswerte für die vorangegangene Berichtsperiode anzugeben. Ungeachtet der fehlenden rechtlichen Verpflichtung nennen etwa 20 Prozent der berichtenden Gesellschaften in ihrem Anhang tatsächlich auch Vorjahresbeträge zu den Abschlussprüferhonoraren.

Inhaltliche Abgrenzung der Berichtspflicht

Sachlicher Gegenstand der Angabepflicht ist die Gesamtvergütung des nach §318 HGB bestellten Abschlussprüfers für dessen Leistungen gegenüber dem berichtenden Unternehmen, die dem jeweiligen Geschäftsjahr zuzuordnen sind. Zu den Gesamtvergütungen gehört neben dem Honorar auch der Auslagenersatz (z.B. Reisekosten, Berichts- und Schreibkosten, andere Nebenkosten), jedoch ohne die berechnete Umsatzsteuer[607]. Für die zeitliche Zuordnung zu einer Berichtsperiode ist nicht zwingend der Zeitraum maßgebend, in dem die Leistung tatsächlich erbracht wird, sondern der sachliche Bezug der Leistung zur Berichtsperiode[608]. So ist insb. das Honorar für die Prüfung des Jahresabschlusses des Geschäftsjahrs X1, die in wesentlichen Teilen im Folgejahr X2 durchgeführt wird, im Anhang der Berichtsperiode X1 anzugeben.

Für die Berichtspflicht kommt es nicht auf den Zeitpunkt der Honorarvereinbarung, Abrechnung oder Zahlung an. Es ist einzig (leistungsbezogen) auf die vom Abschlussprüfer für das jeweilige Geschäftsjahr berechneten Leistungsvergütungen abzustellen, die ihm bereits zugeflossen sind oder noch zufließen werden[609]. Die Art der Abrechnung (Vorschüsse, Teil- oder Abschlagszahlungen, Schlussrechnung) ist unbeachtlich. Ebenso ist es irrelevant, ob sich die Vergütung auf einen einmaligen Auftrag oder eine wiederkehrende Leistung aus einem Dauerauftragsverhältnis bezieht.

Dem (leistungsbezogenen) Periodisierungsgedanken der Berichtspflicht genügt eine Angabe der in der Gewinn- und Verlustrechnung der Berichtsperiode erfassten Vergütungsbeträge. Stellt sich eine dafür gebildete Rückstellung später als über- oder unterdotiert heraus, ist der Mehr- oder Minderbetrag bei der Honorarangabe der betreffenden Folgeperiode zu berücksichtigen, bei

---

607 Dies gilt unabhängig davon, ob die Umsatzsteuer beim Leistungsempfänger als Vorsteuer abzugsfähig ist; vgl. IDW RH HFA 1.017, Tz. 15.

608 Vgl. Grottel, in Grottel/Schmidt/Schubert/Winkeljohann, Bilanz, 2016, §285 HGB Rz.505; a.A. Küting/Boecker, in Küting/Pfitzer/Weber, Bilanzrecht, 2.Aufl. 2009, S.562, die auf den Zeitraum der Leistungserbringung abstellen.

609 Vgl. BT-Drucks. 16/10067 S.70.

wesentlichen Beträgen wird ein (Davon-)Vermerk dieser periodenfremden Einflüsse empfohlen[610]. Er kann beispielhaft wie folgt ausgestaltet sein:

> **! Musterformulierung**
>
> In den Leistungen für Abschlussprüfungen sind TEUR ..., in den sonstigen Bestätigungsleistungen TEUR ... enthalten, die im Vorjahr erbrachte Leistungen betreffen.

Nicht anzugeben sind Vergütungen, die für Leistungen i.S.d. § 285 Nr. 17b bis 17d HGB an verbundene Unternehmen oder andere nahestehende Unternehmen bzw. Personen des Abschlussprüfers erbracht werden. Eine entsprechende Hinzurechnung zu den Vergütungen an den bestellten Abschlussprüfer hat nicht zu erfolgen[611].

Die Gesamtvergütung ist in ihre Bestandteile für die gesetzlich genannten Tätigkeitsbereiche zu untergliedern, soweit auf diese ein Teilbetrag für die Berichtsperiode entfällt. Sofern zumindest das Gesamthonorar in Euro angegeben wird, kommt dabei auch eine Aufgliederung anhand von Prozentsätzen in Betracht[612]. Nicht ausreichend sind dagegen (verbale) Angaben, die den Honorarumfang für alle oder einzelne der gesetzlich differenzierten Leistungskategorien nicht eindeutig erkennen lassen, wie z.B. im folgenden Fall aus der Berichtspraxis in Bezug auf die sonstigen Leistungen.

Praxisbeispiel
Honorar Abschlussprüfer
Das Honorar für die Prüfung des Einzelabschlusses der Firma Roos Spedition GmbH beträgt für das aktuelle Berichtsjahr EUR 22.000,00. Das Honorar für die Steuerberatungsleistungen wird sich auf den Betrag des Vorjahresniveaus von ca. EUR 10.000,00 belaufen. Für die sonstigen Leistungen erfolgt die Abrechnung entsprechend dem jeweils angefallenen Aufwand, der jedoch von Jahr zu Jahr variiert.

Roos Spedition GmbH. Durmersheim, Jahresabschluss zum 31.12.2014

---

610 Vgl. IDW RS HFA 36, Tz. 9.
611 Vgl. Grottel, in Grottel/Schmidt/Schubert/Winkeljohann, Bilanz, 2016, § 285 HGB Rz. 513; BT-Drucks. 16/10067 S. 70; für eine freiwillige Einbeziehung jedoch insbesondere IDW RS HFA 36, Tz. 7. Unseres Erachtens nach muss dann jedoch eindeutig erkennbar sein, welche Beträge auf Nahestehende entfallen.
612 Vgl. Grottel, in Grottel/Schmidt/Schubert/Winkeljohann, Bilanz, 2016, § 285 HGB Rz. 502.

Der Berichtspflicht kann bspw. durch die folgende Musterformulierung genügt werden:

Musterformulierung   **!**

Abschlussprüferhonorare

Die Honorare des Abschlussprüfers für seine dem Geschäftsjahr ... der Gesellschaft zuzuordnenden Leistungen setzen sich wie folgt zusammen:

Art der Leistung	EUR
Abschlussprüfungen	...
Andere Bestätigungsleistungen	...
Steuerberatungsleistungen	...
Sonstige Leistungen	...
Summe	...

In der Praxis finden sich, insb. wenn nur einzelne der gesetzlich differenzierten Leistungskategorien einschlägig sind, vielfach auch verkürzte Berichtsformate der folgenden Art:

> **Praxisbeispiel**
> *Im Geschäftsjahr 2014 wurden für den Abschlussprüfer Honorare in Höhe von TEUR 44 (i. Vj. TEUR 66) als Aufwand für Abschlussprüfungsleistungen sowie TEUR 4 für Steuerberatungsleistungen erfasst.*
>
> *Poggenpohl Möbelwerke GmbH, Herford, Jahresabschluss zum 31.12.2014*

> **Praxisbeispiel**
> *Das Gesamthonorar des Abschlussprüfers beträgt im Geschäftsjahr 2014 TEUR 18. Es entfällt vollständig auf Abschlussprüfungsleistungen.*
>
> *LOGOCOS NATURKOSMETIK AG. Salzhemmendorf,*
> *Jahresabschluss zum 31.12.2014*

Unter die anzugebenden Abschlussprüfungsleistungen fallen die Jahresabschlussprüfung bei der berichtspflichtigen Gesellschaft, etwaige Nachtragsprüfungen (§316 Abs. 3 HGB) sowie andere Prüfungen, die nach den einschlägigen gesetzlichen Vorschriften ausschließlich dem Abschlussprüfer obliegen[613]. Hierzu gehören insb. die Prüfung des Abhängigkeitsberichts als Annex zur Jahresabschlussprüfung, Prüfungserweiterungen nach § 53 HGrG sowie die Prüfung nach § 29 Abs. 2 KWG. Ebenfalls sind die Vergütungen für die Durchführung der Konzernabschlussprüfung – bei Identität von Abschluss- und Konzernabschlussprüfer – sowie für die Testierung von sog. einzelgesellschaftlichen »Reporting Packages« für Zwecke der anschließenden Aggregation in der Konzernrechnungslegung unter dieser Leistungskategorie auszuweisen[614].

Die anderen Bestätigungsleistungen umfassen sämtliche anderen berufstypischen Prüfungsleistungen i.S.v. § 2 Abs. 1 WPO außerhalb der Abschlussprüfung, bspw. Gründungs-, Verschmelzungs-, Spaltungsprüfungen, MaBV-Prüfungen, Due Diligence Reviews sowie Kreditwürdigkeits- und Unterschlagungsprüfungen[615].

Steuerberatungsleistungen beinhalten Tätigkeiten im Zusammenhang mit der steuerlichen Deklarations- und Gestaltungsberatung, wie z.B. zur Abgabe der Steuererklärungen, steuerliche Aspekte der Gestaltung und Dokumentation der Konzernverrechnungspreise, die Beratung in sonstigen Steuergestaltungsfragen sowie Stellungnahmen und Gutachten zu bestimmten Steuerrechtsfragen.

Bei den sonstigen Leistungen handelt es sich um einen Sammelposten für alle weiteren Leistungen des Abschlussprüfers, z.B. Bewertungsleistungen, Beratungstätigkeiten in Buchhaltungsfragen, Hinweise und Vorschläge zur Verbesserung der Prozesse im Rechnungswesen und im Controlling u.Ä.

Ausweisort
Die Angaben zu den Honoraren des Abschlussprüfers werden in der Berichtspraxis in der Regel im Abschnitt »Sonstige Angaben« platziert (zur typischen Gliederung des Anhangs siehe Kapitel 6.4). Vereinzelt finden sich die Informationen jedoch auch in den GuV- oder Bilanzerläuterungen, bspw. als Bestandteile der Erläuterungen zu den sonstigen betrieblichen Aufwendungen oder den sonstigen Rückstellungen.

---

613 Vgl. Bischof, in WPG 2006, S. 711.
614 Vgl. IDW RS HFA 36, Tz. 12.
615 Vgl. Grottel, in Grottel/Schmidt/Schubert/Winkeljohann, Bilanz, 2016, § 285 HGB Rz. 517; zur beispielhaften Zuordnung einzelner Leistungen vgl. auch die Anlage zu IDW RS HFA 36 n. F. (anwendbar ab 2017).

7.6.7 Durchschnittliche Arbeitnehmerzahl

Berichtsgegenstand und zugrunde liegende Vorschriften

HGB § 285 Sonstige Pflichtangaben
Ferner sind im Anhang anzugeben:

...

7. *die durchschnittliche Zahl der während des Geschäftsjahrs beschäftig-ten Arbeitnehmer getrennt nach Gruppen;*

Erleichterungen
Gemäß § 288 Abs. 1 Nr. 2 HGB kann die Aufgliederung der Angabe zur durch-schnittlichen Arbeitnehmerzahl in Gruppen bei kleinen Gesellschaften unter-bleiben. Die Gesamtzahl an Arbeitnehmern ist dagegen berichtspflichtig.

Kategorisierung und Vorjahresangabe
Die Berichtspflicht, die die durchschnittliche Arbeitnehmerzahl betrifft, ist eine originäre Pflichtangabe, die ausdrücklich für den Anhang vorgesehen ist. Deshalb sind keine Vergleichswerte für die vorangegangene Berichtsperiode anzugeben. Ungeachtet dessen geben in der Berichtspraxis wohl mindestens 50 Prozent der Unternehmen in ihrem Anhang auch Vorjahreswerte zur Zahl der beschäftigten Arbeitnehmer an.

Inhaltliche Abgrenzung der Berichtspflicht

Allgemeines
Im Rahmen der Abgrenzung der Größenklassen von Unternehmen enthält § 267 Abs. 5 HGB in Bezug auf die Ermittlung der durchschnittlichen Arbeitneh-merzahl die folgende Regelung: »Als durchschnittliche Zahl der Arbeitnehmer gilt der vierte Teil der Summe aus den Zahlen der jeweils am 31. März, 30. Juni, 30. September und 31. Dezember beschäftigten Arbeitnehmer einschließlich der im Ausland beschäftigten Arbeitnehmer, jedoch ohne die zu ihrer Berufs-ausbildung Beschäftigten.«

Da der Gesetzgeber bewusst davon abgesehen hat, für die Anhangangabe-pflicht des § 285 Nr. 7 HGB eine eigenständige Ermittlungsvorschrift zu schaf-fen[616], ist davon auszugehen, dass die genannten Grundsätze des § 267 Abs. 5 HGB auch darauf anzuwenden sind.

---

616 Vgl. BT-Drucks. 10/4268 S. 110; weniger streng Peters, in Scherrer/Claussen, Rechnungslegungs-recht, 2011, § 285 HGB Rz. 76, die in der Anwendung des § 267 Abs. 5 HGB eine *Kann*-Regelung sieht.

Abgrenzung des Kreises der Arbeitnehmer

In Anbetracht des Gesetzeswortlauts umfasst die Angabe nicht alle in der berichtenden Gesellschaft beschäftigten Personen, sondern nur solche, die die Arbeitnehmereigenschaft erfüllen. Der bilanzrechtliche Begriff des Arbeitnehmers hat sich dabei an den allgemeinen arbeitsrechtlichen Grundsätzen zu orientieren[617]. Als Arbeitnehmer ist danach jede natürliche Person einzustufen, die der berichtenden Gesellschaft aufgrund eines privatrechtlichen Vertrags zur Leistung fremdbestimmter Arbeit in persönlicher Abhängigkeit verpflichtet ist[618]. Der Ort der Tätigkeit und die Staatsangehörigkeit der Person sind für die Arbeitnehmereigenschaft ohne Belang[619]. Das Gleiche gilt in Bezug auf den Umfang der geleisteten Tätigkeit für den Arbeitgeber[620].

Zur Gruppe der Arbeitnehmer zählen somit insb. auch die folgenden Personen:

- Heimarbeiter;
- im Mutterschaftsurlaub befindliche Arbeitnehmerinnen;
- Arbeitnehmer in der Probezeit;
- unselbstständige Handelsvertreter (Reisende);
- schwerbehinderte Arbeitnehmer;
- Teilzeitbeschäftigte, selbst wenn ihre Tätigkeit nur geringfügig ist;
- Aushilfskräfte[621].

In Fällen einer Mitarbeiterentsendung zwischen selbstständigen Konzernunternehmen sind die betreffenden Personen weiterhin beim entsendenden Unternehmen anzugeben, soweit sie nicht beim anderen Unternehmen organisatorisch eingegliedert sind, das andere Unternehmen nicht die Weisungsbefugnis besitzt und ihre Vergütung in wirtschaftlicher Hinsicht nicht allein auf der Grundlage einer allgemeinen Umlage trägt[622].

---

617 Vgl. Lehwald, in BB 1981, S. 2108; Geitzhaus/Delp, in BB 1987, S. 367.
618 Vgl. BAG, Urteil v. 8.6.1967, 5 AZR 461/66, in DB 1967, S. 1374; vgl. auch Adler/Düring/Schmaltz, Rechnungslegung und Prüfung der Unternehmen, 6. Aufl. 1994 ff., § 267 HGB Rz. 13.
619 Vgl. Winkeljohann/Lawall, in Grottel/Schmidt/Schubert/Winkeljohann, Bilanz, 2016, § 267 HGB Rz. 9.
620 Vgl. Hoffmann/Lüdenbach, Bilanzierung, 2017, § 267 HGB Rz. 7.
621 Vgl. Winkeljohann/Lawall, in Grottel/Schmidt/Schubert/Winkeljohann, Bilanz, 2016, § 267 HGB Rz. 10.
622 Weniger restriktiv z. B. Andrejewski, in Böcking/Castan/Heymann/Pfitzer/Scheffler, Rechnungslegung, B 40 Rz. 257; Müller, in Bertram/Brinkmann/Kessler/Müller, HGB Bilanz, 2016, § 285 HGB Rz. 37, die als Voraussetzung hierfür lediglich die Übernahme des Gehalts durch das entsendende Unternehmen ansehen.

Keine Arbeitnehmer sind dagegen insb. die folgenden Personen:

- gesetzliche Vertreter einer Kapitalgesellschaft (Vorstände, Geschäftsführer[623]);
- Mitglieder eines gesellschaftsrechtlichen Aufsichtsorgans des Unternehmens (z.B. Aufsichts-, Verwaltungs- oder Beiräte), soweit es sich nicht um Arbeitnehmervertreter handelt;
- Auszubildende i.S.d. Berufsbildungs-Gesetzes, Umschüler, Volontäre und Praktikanten;
- Personen, die nicht im Betrieb eingeordnet sind, weil sie bspw. ihre Arbeitszeit selbst bestimmen können (insb. vertraglich verpflichtete freiberufliche Berater);
- Leiharbeitnehmer i.S.d. Arbeitnehmerüberlassungsgesetzes, die als Arbeitnehmer des Verleihers einzustufen sind;
- Personen, die nicht aufgrund eines privatrechtlichen Dienstvertrags, sondern aufgrund eines Werk- oder Gesellschaftsvertrags beschäftigt sind;
- Wehrpflichtige, die den Grundwehrdienst ableisten, und Ersatzdienstleistende, auch wenn ihr Arbeitsverhältnis nicht aufgelöst wird;
- Arbeitnehmer, die aufgrund einer Vorruhestands- oder Altersteilzeitvereinbarung ausgeschieden sind und bei denen die Hauptpflichten aus dem Arbeitsverhältnis ruhen;
- Arbeitnehmer im Erziehungsurlaub, bei denen das Arbeitsverhältnis ruht[624].

Mit Blick auf die arbeitsgerichtliche Rechtsprechung[625] sind Personen, die ein Anstellungsverhältnis mit einer voll haftungsbeschränkten OHG oder KG besitzen, ebenfalls nicht als Arbeitnehmer der Gesellschaft einzustufen, soweit sie (parallel) als gesetzliche Vertreter einer zu deren Vertretung berechtigten Kapitalgesellschaft bestellt sind.

---

623 Einschränkend Hoffmann/Lüdenbach, Bilanzierung, 2017, §267 HGB Rz.9, die lediglich beherrschende Gesellschafter-Geschäftsführer ausnehmen.
624 Vgl. Winkeljohann/Lawall, in Grottel/Schmidt/Schubert/Winkeljohann, Bilanz, 2016, §267 HGB Rz.11; Marx/Dallmann, in Baetge/Kirsch/Thiele, Bilanzrecht, §267 HGB Rz.29.
625 Vgl. BAG, Beschluss v. 20.8.2003, 5 AZB 79/02, in ZIP 2003, S.1722.

> **!** **Beispiel: Arbeitnehmerstatus von Geschäftsführern der Komplementärin**
>
> Die A Verwaltungs-GmbH ist die einzige Komplementärin der A GmbH & Co. KG und laut Gesellschaftsvertrag zu deren Geschäftsführung und Vertretung berechtigt und verpflichtet. Gemeinschaftlich vertretungsberechtigte Geschäftsführer der A Verwaltungs-GmbH sind Herr G und Frau Pu. Beide haben ihren Anstellungsvertrag mit der A GmbH & Co. KG geschlossen.
>
> Bei der Berechnung der durchschnittlichen Arbeitnehmerzahl i.S.v. §285 Nr. 7 HGB sind Herr G und Frau Pu nicht zu berücksichtigen.

Eine freiwillige Angabe solcher an sich nicht berichtspflichtiger Mitarbeiter, bspw. der gesetzlichen Vertreter und/oder von Auszubildenden, ist nicht ausgeschlossen[626]. Allerdings muss bei solchen Ergänzungen eine klare Trennung zum gesetzlichen Soll erkennbar sein, wie etwa im folgenden Praxisfall.

Praxisbeispiel
Mitarbeiter

Durchschnittliche Zahl der während des Geschäftsjahres beschäftigten Mitarbeiter:

Angestellte	*147,98*
Gewerbliche Arbeitnehmer	*198,60*
Beschäftigte gemäß § 267 Abs. 5 HGB	*346,58*
Auszubildende	*37,14*
Vorstände	*2,00*
Mitarbeiter	*385,72*

ZAHORANSKY AG, Todtnau, Jahresabschluss zum 31.12.2014

Nicht gesetzeskonform ist dagegen das folgende Beispiel aus der Berichtspraxis, da darin die gebotene klare Abgrenzung der gesetzlich angabepflichtigen *Arbeitnehmer*zahl und der unternehmensintern definierten *Mitarbeiter*zahl fehlt und die genannte Gesamtzahl auch Personen umfasst, die nicht als Arbeitnehmer einzustufen sind:

---

626 So auch Müller, in Bertram/Brinkmann/Kessler/Müller, HGB Bilanz, 2016, §285 HGB Rz.37.

Praxisbeispiel
Mitarbeiter
Im Jahresdurchschnitt wurden 153 Mitarbeiter beschäftigt.

Im Einzelnen:	Anzahl
– Geschäftsführer	1
– Gewerbliche Arbeitnehmer	113
– Angestellte	24
– Auszubildende	15
	153

Sternplastic Hellstern GmbH & Co. KG, Villingen-Schwenningen,
Jahresabschluss zum 31.12.2014

Mit Blick auf die Regelung des §267 Abs. 5 HGB widerspricht auch die folgende Angabe den gesetzlichen Vorgaben, da die Zahlenangaben die Auszubildenden mit einschließen:

Praxisbeispiel
Arbeitnehmer
Im Jahresdurchschnitt waren ... beschäftigt1:

	2013/2014
Gewerbliche Arbeitnehmer	23
Angestellte	396
	419

1 Inkl. Auszubildende.
Die Ermittlung der Arbeitnehmerzahlen erfolgt auf der Basis der quotalen
Einbeziehung der Teilzeitkräfte.

Panasonic Electric Works Europe AG, Holzkirchen,
Jahres- und Konzernabschluss zum 31.03.2014

Ermittlung des Jahresdurchschnitts

Nach dem ausdrücklichen Gesetzeswortlaut des §267 Abs. 5 HGB ermittelt sich der anzugebende Jahresdurchschnittswert nach folgender Formel:

$$\text{Durchschnittliche Arbeitnehmerzahl} = \frac{\text{Zahl 31.3.} + \text{Zahl 30.6.} + \text{Zahl 30.9.} + \text{Zahl 31.12.}}{4}$$

Unter Hinweis auf die Anwendbarkeit dieser Regelung für Zwecke der Anhangangabe nach §285 Nr. 7 HGB ist eine abweichende Durchschnittsberechnung, insb. auf der Grundlage einer Zwölfteilung der Arbeitnehmerzahlen zum jeweiligen Monatsende, wie sie §1 Abs. 2 Satz 5 PublG vorsieht, nicht zulässig[627]. Auch bei starken unterjährigen Personalschwankungen, wie sie z.B. bei Saisonbetrieben die Regel sind, kommt ein solches Vorgehen grundsätzlich nicht in Betracht. Allein wenn die durch die Berechnungsmethodik bedingten Verzerrungen so stark sind, dass kein den tatsächlichen Verhältnissen entsprechendes Bild des Arbeitnehmerbestands mehr gewährleistet ist, kann die monatsbezogene Ermittlungsmethode im Rahmen der kompensatorischen Angaben gem. §264 Abs. 2 Satz 2 HGB (siehe dazu Kapitel 7.2.3) zur Anwendung kommen[628].

Nach dem dargestellten Gesetzeswortlaut ist stets – soweit möglich – von den vier aufeinanderfolgenden Endzeitpunkten des Kalendervierteljahrs auszugehen. Es stellt sich die Frage, wie die Ermittlung in Fällen von Geschäftsjahren, die vom Kalenderjahr abweichen, vorzunehmen ist. Aus unserer Sicht besteht insoweit ein faktisches Wahlrecht: Zum einen kann wortlautgetreu auf die jüngsten vier gesetzlich genannten Zeitpunkte abgestellt werden[629]. Zum anderen ist es mit Blick auf den Sinn und Zweck der Angabepflicht auch möglich, bei einem vom Kalenderjahr abweichenden Geschäftsjahr die korre-

---

627 Vgl. Marx/Dallmann, in Baetge/Kirsch/Thiele, Bilanzrecht, §267 HGB Rz.83.

628 Im Ergebnis ähnlich Grottel, in Grottel/Schmidt/Schubert/Winkeljohann, Bilanz, 2016, §285 HGB Rz.200, der die monatsbezogene Ermittlungsmethode indes nicht nur ergänzend, sondern ersatzweise für anwendbar hält, wenn nur sie die tatsächlichen Verhältnisse zutreffend wiedergibt. Weitergehend Andrejewski, in Böcking/Castan/Heymann/Pfitzer/Scheffler, Rechnungslegung, B 40 Rz.256, der von einer allgemeinen Anwendbarkeit der monatsbezogenen Ermittlungsmethode ausgeht, wenn sie zu aussagekräftigeren Ergebnissen führt. Ein generelles Methodenwahlrecht vertritt wohl Müller, in Bertram/Brinkmann/Kessler/Müller, HGB Bilanz, 2016, §285 HGB Rz.40.

629 So wohl Marx/Dallmann, in Baetge/Kirsch/Thiele, Bilanzrecht, §267 HGB Rz.72; nach denen die gleichen Grundsätze wie bei einem Rumpfgeschäftsjahr infolge einer Umstellung des Geschäftsjahrs gelten.

spondierenden Quartalsenden des tatsächlichen Geschäftsjahrs zugrunde zu legen[630].

> **Beispiel: Durchschnittliche Arbeitnehmerzahl bei abweichendem Geschäftsjahr**   **!**
>
> Das Geschäftsjahr der A GmbH endet am 31.8.X1. Für die Berechnung der Angabe der durchschnittlichen Arbeitnehmerzahl gem. §285 Nr. 7 HGB können alternativ die folgenden Stichtage herangezogen werden:
> 1. 30.6.X1, 31.3.X1, 31.12.X0, 30.9.X0
>   oder
> 2. 31.8.X1, 31.5.X1, 28.2.X1, 30.11.X0

Ungeachtet der Frage nach dem konkreten Kalenderzeitpunkt ist stets von vier Quartalsstichtagen auszugehen, gegebenenfalls geschäftsjahresübergreifend. Entsprechend diesem Grundsatz sind auch bei einem durch die Umstellung des Geschäftsjahrs entstehenden Rumpfgeschäftsjahr die fehlenden Quartalszahlen aus dem Vorjahr zu verwenden[631].

> **Beispiel: Durchschnittliche Arbeitnehmerzahl bei Rumpfgeschäftsjahr**   **!**
>
> Die A GmbH hat in X1 eine Umstellung von einem kalenderjahrgleichen Geschäftsjahr auf ein zum 30.6. endendes Geschäftsjahr vorgenommen. Der Angabe des §285 Nr. 7 HGB für das Rumpfgeschäftsjahr zum 30.6.X1 sind die folgenden Stichtage zugrunde zu legen: 30.6.X1, 31.3.X1, 31.12.X0, 30.9.X0.

Ist das erste Geschäftsjahr ein Rumpfgeschäftsjahr, sind der Durchschnittsberechnung mangels entsprechender Vergangenheitswerte lediglich die Quartalszahlen der Berichtsperiode zugrunde zu legen; der Geschäftsjahresdurchschnitt ergibt sich dabei als arithmetisches Mittel der vorliegenden Quartalszahlen. Fällt in das erste Rumpfgeschäftsjahr kein Quartalsende, ist die Arbeitnehmerzahl zum Abschlussstichtag maßgebend[632].

> **Beispiel: Durchschnittliche Arbeitnehmerzahl bei Gründung**   **!**
>
> Die A GmbH ist am 1.11.X1 mit einem kalenderjahrgleichen Geschäftsjahr gegründet worden. In Bezug auf den Anhang für das am 31.12.X1 endende Rumpfgeschäftsjahr ist die Arbeitnehmerzahl am Abschlussstichtag maßgebend.

---

630 So auch Hoffmann/Lüdenbach, Bilanzierung, 2017, §267 HGB Rz.6.
631 Vgl. Knop/Küting, in Küting/Pfitzer/Weber, Rechnungslegung, §267 HGB Rz.16, Stand 11/2016.
632 Vgl. Adler/Düring/Schmaltz, Rechnungslegung und Prüfung der Unternehmen, 6.Aufl. 1994 ff., §267 HGB Rz.15, i.V.m. Rz.20; Winkeljohann/Lawall, in Grottel/Schmidt/Schubert/Winkeljohann, Bilanz, 2016, §267 HGB Rz.13

Wie lange die Beschäftigung der Arbeitnehmer zum jeweiligen Quartalsende bereits bestanden hat und wie lange sie danach noch fortdauert, ist für die Berechnung irrelevant. Maßgebend sind allein die Verhältnisse zum jeweiligen Zeitpunkt[633].

Teilzeitbeschäftigte sind nach herrschender Meinung voll in die Berechnung einzubeziehen, nicht anteilig entsprechend ihrer Arbeitszeit im Verhältnis zu einem Vollzeitbeschäftigten[634]. Damit korrespondierend sind Krankheiten und andere (vorübergehende) Arbeitsunterbrechungen nicht zu berücksichtigen[635].

Angesichts einer insoweit fehlenden ausdrücklichen gesetzlichen Vorgabe kommt es in der Berichtspraxis jedoch vereinzelt vor, dass Teilzeitbeschäftigte nicht voll, sondern nur pro rata temporis, also umgerechnet in Vollzeitäquivalente, einbezogen werden, bspw. in den folgenden Fällen[636]:

Praxisbeispiel

Im Jahresdurchschnitt waren 65 (Vorjahr 66) gewerbliche Arbeitnehmer und 14 (Vorjahr 14) Angestellte beschäftigt sowie 18 (Vorjahr 27) in Vollzeitkräfte umgerechnete Aushilfen/Leiharbeitnehmer und 2 Auszubildende (Vorjahr 2).

VTN Fritz Düsseldorf GmbH, Freiburg, Jahresabschluss zum 31.12.2013

---

633 Vgl. Winkeljohann/Lawall, in Grottel/Schmidt/Schubert/Winkeljohann, Bilanz, 2016, §267 HGB Rz. 12.

634 So z.B. Hoffmann/Lüdenbach, Bilanzierung, 2017, §267 HGB Rz. 7; IDW, WP Handbuch, 15. Aufl. 2017, Abschn. F Rz. 1041; Knop/Küting, in Küting/Pfitzer/Weber, Rechnungslegung, §267 HGB Rz. 15, Stand 11/2016; a. A. Lehwald, in BB 1981, S. 2107 f.

635 Vgl. Winkeljohann/Lawall, in Grottel/Schmidt/Schubert/Winkeljohann, Bilanz, 2016, §267 HGB Rz. 12.

636 Siehe auch den obigen Auszug aus dem Jahres- und Konzernabschluss zum 31.3.2014 der Panasonic Electric Works Europe AG, Holzkirchen.

Praxisbeispiel
Beschäftigte

umgerechnet in Vollzeitbeschäftigte	2015		2014	
	im Jahres-durchschnitt	*am Jahresende*	*im Jahres-durchschnitt*	*am Jahresende*
Arbeitnehmer	465	474	451	457
Zugewiesene Beamte	66	63	71	71
Zwischensumme	531	537	522	528
Auszubildende	16	20	15	16
Insgesamt	547	557	537	544

Die Zahl der Mitarbeiter wird innerhalb des DB-Konzerns zur besseren Vergleichbarkeit in Vollzeit-Personen ausgewiesen. Teilzeitbeschäftigte Mitarbeiter werden demnach entsprechend ihrem Anteil an der tariflichen Jahresarbeitszeit in Vollzeitkräfte umgerechnet.

Deutsche Umschlaggesellschaft Schiene-Straße (DUSS) mbH, Bodenheim,
Jahresabschluss zum 31.12.2015

Gruppeneinteilung/-bildung

In Bezug auf die Einteilung der Arbeitnehmer in Gruppen besteht keine weitergehende gesetzliche Vorgabe. Den Unternehmen wird auf diese Weise die Möglichkeit eingeräumt, eine individuelle Gruppenbildung nach von ihnen als relevant beurteilten Merkmalen vorzunehmen. In der Praxis überwiegt wohl die arbeitsrechtlich determinierte Unterscheidung von gewerblichen Arbeitnehmern und Angestellten. In Betracht kommen aber insb. auch Abgrenzungen nach betrieblichen Funktions- oder Tätigkeitsbereichen (siehe die folgenden Beispiele aus der Berichtspraxis), nach Geschäftsbereichen, Unternehmensstandorten, dem Beschäftigungsumfang der Arbeitnehmer (z.B. Vollzeit, Teilzeit, Kurzarbeiter), der Altersstruktur der Belegschaft oder der Betriebszugehörigkeit von Arbeitnehmern[637].

---

637 Vgl. Müller, in Bertram/Brinkmann/Kessler/Müller, HGB Bilanz, 2016, §285 HGB Rz.38; Andrejewski, in Böcking/Castan/Heymann/Pfitzer/Scheffler, Rechnungslegung, B 40 Rz.258.

Praxisbeispiel

Die durchschnittliche Zahl der während des Geschäftsjahres beschäftigten Arbeitnehmer betrug:

	Anzahl
Fertigung	*361*
Einkauf, Logistik, Forschung und Entwicklung	*244*
Vertrieb, Marketing	*66*
Verwaltung	*127*
	798

Roto Frank AG, Leinfelden-Echterdingen, Jahresabschluss zum 31.12.2014

Praxisbeispiel

Durchschnittliche Zahl der während des Geschäftsjahres beschäftigten Mitarbeiter:

Außendienst	*34*
Innendienst	*27*
Gesamt	*61*

Actelion Pharmaceuticals Deutschland GmbH, Freiburg,
Jahresabschluss zum 31.12.2015

Es können auch mehrere Abgrenzungskriterien miteinander kombiniert werden. Die durchschnittliche Anzahl an Arbeitnehmern muss in diesem Fall für jede gebildete Gruppe genannt bzw. zumindest klar erkennbar sein[638].

Die Gruppierung für Zwecke der Anhangangabe des §285 Nr. 7 HGB unterliegt dem Stetigkeitsgebot und ist bei gleichbleibenden Verhältnissen im Zeitablauf grundsätzlich beizubehalten[639] (siehe dazu auch Kapitel 3.2.5).

---

638 Vgl. Müller, in Bertram/Brinkmann/Kessler/Müller, HGB Bilanz, 2016, §285 HGB Rz.39.
639 Vgl. z.B. Poelzig, in Schmidt/Ebke, HGB, Bd. 4, 2013, §285 Rz.132.

Die Aufgliederung der Gesamtzahl an durchschnittlich beschäftigten Arbeitnehmern in Gruppen kann ausnahmsweise unterbleiben, wenn die Arbeitnehmerschaft des berichtenden Unternehmens keine relevanten strukturellen Unterscheidungsmerkmale in Bezug auf ihr Tätigkeitsprofil aufweist. Dies kommt regelmäßig nur bei äußerst geringer Belegschaftsgröße in Betracht. Ein entsprechender Anwendungsfall dürfte im folgenden Beispiel aus der Berichtspraxis, das keine Gruppierung enthält, indes kaum gegeben sein. Die Berichterstattung läuft den gesetzlichen Vorgaben also voraussichtlich zuwider.

Praxisbeispiel
Die durchschnittliche Mitarbeiterzahl betrug im Geschäftsjahr 342 und im Vorjahr 321.

Dr. Theiss Naturwaren GmbH, Homburg, Jahresabschluss zum 31.12.2014

Wird die Aufgliederung in Gruppen zulässigerweise unterlassen, sind grundsätzlich diese Tatsache als solche sowie die Gründe dafür in den Anhangangaben zur Arbeitnehmerzahl darzustellen. Dies gilt nicht, wenn die Aufgliederung aufgrund der größenbezogenen Erleichterung des § 288 Abs. 1 Nr. 2 HGB unterbleibt.

Darstellung der Wertangaben
Mit Blick auf Wesentlichkeitsaspekte spricht grundsätzlich nichts gegen die in der Berichtspraxis übliche Handhabung, eine Rundung auf volle Arbeitnehmerzahlen vorzunehmen[640]. Die Angaben müssen nicht zwingend in absoluten Zahlen, sondern können alternativ auch als Bruchteil oder in Prozentangaben gemacht werden, soweit durch Angabe der Gesamtzahl an Arbeitnehmern die Werte der einzelnen Arbeitnehmergruppen daraus mathematisch eindeutig abgeleitet werden können[641].

Musterformulierung
Der Berichtspflicht kann bspw. durch die folgende Musterformulierung genügt werden.

---

640 So auch Andrejewski, in Böcking/Castan/Heymann/Pfitzer/Scheffler, Rechnungslegung, B 40 Rz. 258; Grottel, in Grottel/Schmidt/Schubert/Winkeljohann, Bilanz, 2016, § 285 HGB Rz. 206.
641 Vgl. Müller, in Bertram/Brinkmann/Kessler/Müller, HGB Bilanz, 2016, § 285 HGB Rz. 41.

> **!** **Musterformulierung**
>
> **Arbeitnehmerzahl**
>
> Die Gesellschaft hat während des Geschäftsjahrs durchschnittlich die folgende Anzahl an Arbeitnehmern beschäftigt:
>
> | | |
> |---|---|
> | Kaufmännische Arbeitnehmer | ... |
> | Gewerbliche Arbeitnehmer | ... |
> | Summe | ... |

7.6.8 Ausschüttungsgesperrte Beträge

Berichtsgegenstand und zugrunde liegende Vorschriften

> **HGB § 285 Sonstige Pflichtangaben**
> *Ferner sind im Anhang anzugeben:*
> *...*
> 28. *der Gesamtbetrag der Beträge im Sinn des § 268 Abs. 8, aufgegliedert in Beträge aus der Aktivierung selbst geschaffener immaterieller Vermögensgegenstände des Anlagevermögens, Beträge aus der Aktivierung latenter Steuern und aus der Aktivierung von Vermögensgegenständen zum beizulegenden Zeitwert*

Erleichterungen

Die Berichtspflicht nach § 285 Nr. 28 HGB steht in Zusammenhang mit der durch § 268 Abs. 8 HGB geregelten Ausschüttungssperre, dessen Anwendungsbereich auf Kapitalgesellschaften beschränkt ist[642]. Somit ist auch die Anhangangabe allein auf die Verhältnisse von Kapitalgesellschaften zugeschnitten, mit der Folge, dass voll haftungsbeschränkte Personenhandelsgesellschaften davon ausgenommen sind.

Nach § 288 Abs. 1 Nr. 1 HGB sind kleine (Kapital-)Gesellschaften von der Pflicht zur Angabe der ausschüttungsgesperrten Beträge gem. § 285 Nr. 28 HGB befreit.

---

642 Vgl. BT-Drucks. 16/10067 S. 64.

Kategorisierung und Vorjahresangabe

Die Berichtspflicht, die die ausschüttungsgesperrten Beträge betrifft, ist eine originäre Pflichtangabe, die ausdrücklich für den Anhang vorgesehen ist. Deshalb sind keine Vergleichswerte für die vorangegangene Berichtsperiode anzugeben. Ebenso bedarf es keiner Fehlanzeige in Fällen, in denen keine Sachverhalte vorliegen, die eine Ausschüttungssperre begründen[643].

Inhaltliche Abgrenzung der Berichtspflicht

§ 268 Abs. 8 HGB beinhaltet für Fälle der Aktivierung von selbst geschaffenen Vermögensgegenständen des immateriellen Anlagevermögens, aktiven latenten Steuern sowie der Aktivierung von Vermögensgegenständen aus verrechneten Altersversorgungsverpflichtungen zum beizulegenden Zeitwert eine Ausschüttungssperre. § 285 Nr. 28 HGB ergänzt diese Regelung, indem im Anhang

- der zum Abschlussstichtag ausschüttungsgesperrte Gesamtbetrag anzugeben ist und
- eine Aufgliederung dieses Betrags in die Teilbeträge aus der Aktivierung selbst geschaffener immaterieller Anlagegegenstände, aus latenten Steuern und aus der Zeitbewertung von Vermögensgegenständen i.S.d. § 246 Abs. 2 Satz 2 HGB vorzunehmen ist.

Anzugeben sind die in der Bilanz ausgewiesenen Beträge der drei genannten Bilanzposten abzüglich der jeweils zugehörigen passiven Steuerlatenzen, die den ausschüttungsgesperrten Betrag mindern. Werden z.B. Entwicklungskosten für selbst geschaffene Vermögensgegenstände des Anlagevermögens aktiviert, ergeben sich daraus passive Steuerlatenzen, da § 5 Abs. 2 EStG für steuerliche Zwecke eine sofortige aufwandswirksame Erfassung vorsieht; sie verringern den ausschüttungsgesperrten Betrag[644].

Ist mehr als ein Bilanzposten betroffen, bietet sich mit Blick auf die Übersichtlichkeit eine tabellarische Angabe in Form eines »Ausschüttungssperrspiegels« an[645]. Dieser kann bspw. die folgende Form haben:

---

643 Vgl. Grottel, in Grottel/Schmidt/Schubert/Winkeljohann, Bilanz, 2016, § 285 HGB Rz. 802.
644 Vgl. BT-Drucks. 16/10067 S. 64.
645 Vgl. Hoffmann/Lüdenbach, Bilanzierung, 2017, § 285 HGB Rz. 183.

! **Musterformulierung**

Ausschüttungsgesperrte Beträge

	Bilanzausweis (EUR)	Passive Steuer-latenz (EUR)	Sperrbetrag (EUR)
Selbst geschaffenes immaterielles Anlagevermögen	...	...	...
Aktive latente Steuern	...	...	...
Aktiver Unterschiedsbetrag aus der Vermögensverrechnung	...	...	...
Summe	...	...	...

Alternativ, insb. wenn eine Ausschüttungssperre nur aus einem Posten resultiert, kommt eine Berichterstattung in Textform in Betracht, die bspw. den folgenden Inhalt haben kann:

! **Musterformulierung**

Ausschüttungsgesperrte Beträge
Das im Rahmen von Pensionsrückstellungen bestehende Deckungsvermögen wurde mit den korrespondierenden Pensionsverpflichtungen verrechnet. Der daraus entstehende aktive Überhang i. H. v. ... EUR wird gesondert ausgewiesen. Abzüglich darauf entfallender passiver Steuerlatenzen von ... EUR sind gem. § 268 Abs. 8 HGB ... EUR zur Ausschüttung gesperrt.

Sofern im Fall eines saldierten Ausweises der latenten Steueransprüche und -verpflichtungen der Bilanzausweis nur den aktiven Überhang zeigt, der ausschüttungsgesperrte Betrag aus der Aktivierung latenter Steuern also um passive latente Steuern gemindert ist, empfiehlt sich eine Erläuterung der Zusammensetzung des Bilanzausweises[646]. Unabhängig vom Ausweis der Steuerlatenzen gem. § 274 Abs. 1 Satz 3 HGB (brutto oder netto) ist nach § 285 Nr. 28 HGB jedoch nur der Aktivüberhang angabepflichtig[647].

---

646 Vgl. IDW ERS HFA 27, FN-IDW 2009, S. 343, Tz. 38 (zwischenzeitlich aufgehoben).
647 Vgl. IDW, WP Handbuch, 15. Aufl. 2017, Abschn. F Rz. 1212; Grottel, in Grottel/Schmidt/Schubert/Winkeljohann, Bilanz, 2016, § 285 HGB Rz. 825.

Betragsangaben zu den auf die ausschüttungsgesperrten Aktivposten entfallenden passiven Steuerlatenzen sind vor dem Hintergrund der gesetzlichen Regelung somit nicht zwingend und in der Berichtspraxis, wie die folgenden Beispiele illustrieren, zumindest auch nicht die Regel.

Praxisbeispiel

Aufgrund der Aktivierung selbst geschaffener immaterieller Vermögensgegenstände des Anlagevermögens besteht nach § 268 Abs. 8 HGB eine Ausschüttungssperre in Höhe von TEUR 284.

ZAHORANSKY AG, Todtnau, Jahresabschluss zum 31.12.2014

Praxisbeispiel

Der zur Ausschüttung gesperrte Betrag im Sinn des § 268 Abs. 8 HGB beläuft sich auf 316 TEUR. Er setzt sich wie folgt zusammen:

	TEUR
Aktivierung selbst geschaffener immaterieller Vermögensgegenstände des Anlagevermögens abzüglich der hierauf entfallenden passiven latenten Steuern	542
Überhang der passiven latenten Steuern	–226
	316

Meyer Burger (Germany) AG, Hohenstein-Ernstthal, Jahresabschluss zum 31.12.2014

Ausweisort

Die Angaben zu den ausschüttungsgesperrten Beträgen werden in der Berichtspraxis i.d.R. im Abschnitt »Sonstige Angaben« platziert (zur typischen Gliederung des Anhangs siehe Kapitel 6.4). Vereinzelt finden sich die Informationen jedoch auch in den GuV- oder Bilanzerläuterungen.

7.6.9 Ergebnisverwendung

Berichtsgegenstand und zugrunde liegende Vorschriften

HGB § 285 Sonstige Pflichtangaben
Ferner sind im Anhang anzugeben:
...
34. der Vorschlag für die Verwendung des Ergebnisses oder der Beschluss über seine Verwendung.

Erleichterungen und Einschränkungen des Anwendungsbereichs
Nach § 288 Abs. 1 Nr. 1 HGB brauchen kleine Gesellschaften keine Angaben zum Vorschlag oder zum Beschluss über die Ergebnisverwendung zu machen.

Die Berichtspflicht des § 285 Nr. 34 HGB ist auf Fälle gerichtet, in denen es den Verwaltungsorganen der Gesellschaft gesetzlich vorgeschrieben ist, ihrer Gesellschafter- oder Hauptversammlung zwecks Beschlussfassung über die Ergebnisverwendung einen entsprechenden Vorschlag zu unterbreiten. Dies betrifft insb. Unternehmen in der Rechtsform der AG und der KGaA, die nach § 170 Abs. 2 AktG die Pflicht haben, einen Ergebnisverwendungsvorschlag zu unterbreiten. Muss über die Verwendung des Ergebnisses seitens der Gesellschafter nicht (mehr) beschlossen werden, da sie durch die Verwaltungsorgane bestimmt werden kann oder sich aus gesellschaftsvertraglichen oder gesetzlichen Regelungen zwangsläufig ergibt, ist die Berichterstattung somit hinfällig[648]. § 285 Nr. 34 HGB kommt danach bspw. nicht zur Anwendung, wenn
- die Gesellschaft für das Geschäftsjahr einen Bilanzverlust ausweist oder
- zur vollständigen Ergebnisabführung verpflichtet ist[649] oder
- die Ergebnisverwendung aufgrund gesetzlicher oder gesellschaftsvertraglicher Regelungen ohne weiteren Gesellschafterbeschluss feststeht, bspw. in Fällen einer voll haftungsbeschränkten Personenhandelsgesellschaft, bei der ein individueller Gewinnanspruch auf dieser Grundlage schon zum Abschlussstichtag entsteht[650].

Die Angabepflicht entfällt darüber hinaus, sofern kein zwingendes gesetzliches Erfordernis für einen Ergebnisverwendungsvorschlag durch die Verwaltung besteht, selbst wenn ein solcher Vorschlag freiwillig erfolgt, bspw.

---

648 Vgl. z.B. Rimmelspacher/Reitmeier, in WPg 2015, S. 1009.
649 Vgl. Adler/Düring/Schmaltz, Rechnungslegung und Prüfung der Unternehmen, 6. Aufl. 1994 ff., § 325 HGB Rz. 54.
650 Vgl. IDW RS HFA 18, Tz. 13.

auf rein gesellschaftsvertraglicher Grundlage[651]. Dies ist insb. bei einer GmbH ohne einen entsprechend befugten Aufsichtsrat oder ein anderes funktionsgleiches Organ der Fall[652]. Besitzt die Gesellschaft einen solchen Aufsichtsrat aber lediglich auf freiwilliger Basis, bspw. aufgrund einer gesellschaftsvertraglichen Regelung, ändert dies u. E. nichts an der Freiwilligkeit des Ergebnisverwendungsvorschlags. Eine Berichtspflicht des § 285 Nr. 34 HGB wird allein hierdurch also nicht begründet.

Kategorisierung und Vorjahresangabe

Die Berichtspflicht zur Ergebnisverwendung ist eine originäre Pflichtangabe, die ausdrücklich für den Anhang vorgesehen ist. Deshalb sind keine Vergleichswerte für die vorangegangene Berichtsperiode anzugeben.

Inhaltliche Abgrenzung der Berichtspflicht

Die Angabepflicht des § 285 Nr. 34 HGB bezieht sich auf den Vorschlag bzw. den Beschluss über die Verwendung des Ergebnisses des betreffenden Geschäftsjahres. In der Regel fehlt bei Beendigung der Aufstellung des Jahresabschlusses aber noch der Beschluss über die Ergebnisverwendung, sodass sich die ggf. gebotene Berichterstattung im Anhang auf den betreffenden Vorschlag beschränken muss. Für diesen »Normalfall« sieht § 325 Abs. 1b Satz 2 HGB eine gesonderte Offenlegung des sich später anschließenden Ergebnisverwendungsbeschlusses vor[653]. Eine »Nachholung« der Angabe über den Beschluss (der Vorperiode) im Anhang des Folgejahres ist nicht erforderlich[654].

Liegt ausnahmsweise zum Zeitpunkt der Aufstellung des Jahresabschlusses bereits der Beschluss über die Ergebnisverwendung des endgültigen Jahresergebnisses vor, muss im Anhang lediglich über den Beschluss berichtet werden[655]. Auf den Ergebnisverwendungsvorschlag ist somit nicht ergänzend einzugehen.

Der Inhalt der Berichterstattung über die Ergebnisverwendung ergibt sich aus § 170 Abs. 2 AktG, wobei eine von der gesetzlichen Vorgabe abweichende Gliederung bzw. Darstellung der Informationen möglich ist[656]. Danach sind neben

---

651 Vgl. HFA des IDW, in IDWLife 2016, S. 54.

652 Vgl. Rimmelspacher/Reitmeier, in WPg 2015, S. 1009; Adler/Düring/Schmaltz, Rechnungslegung und Prüfung der Unternehmen, 6. Aufl. 1994 ff., § 325 HGB Rz. 48.

653 Unseres Erachtens kann in allen Fällen, in denen keine Anhangberichterstattung nach § 285 Nr. 34 HGB erfolgen muss (s. o.), auch eine (gesonderte) spätere Offenlegung des Ergebnisverwendungsbeschlusses nach § 325 Abs. 1b Satz 2 HGB unterbleiben; so wohl auch Kaminski, in Bertram/Brinkmann/Kessler/Müller, HGB Bilanz, 2016, § 325 HGB Rz. 90 f.

654 Vgl. Rimmelspacher/Reitmeier, in WPg 2015, S. 1009.

655 Vgl. Rimmelspacher/Reitmeier, in WPg 2015, S. 1009; BT-Drucks. 18/4050 S. 78.

656 Vgl. Fehrenbacher, in Schmidt/Ebke, HGB, Bd. 4, 2013, § 325 HGB, Rn. 32.

dem Bilanzgewinn als insgesamt verwendungsfähiger Betrag die folgenden »Einzelposten« auszuweisen:

- Verteilung an die Gesellschafter;
- Einstellung in die Gewinnrücklagen;
- Gewinnvortrag.

In Einklang mit dem Sinn und Zweck des § 285 Nr. 34 HGB, über die künftige (voraussichtliche) Verwendung des ausgewiesenen Jahresergebnisses zu informieren, erscheint eine Berichterstattung ausschließlich über den Teil des Ergebnisses erforderlich, der nicht bereits im Rahmen der Aufstellung des Jahresabschlusses gem. § 268 Abs. 1 HGB verwendet wurde. Der Beschluss über eine Vorabausschüttung ist daher bspw. nicht berichtspflichtig, da die ausgeschütteten Beträge bereits aus dem Zahlenteil des Jahresabschlusses ersichtlich sind[657].

7.6.10 Nichteinrichtung eines Prüfungsausschusses

Berichtsgegenstand und zugrunde liegende Vorschriften

HGB § 324 Prüfungsausschuss

(1) Unternehmen, die kapitalmarktorientiert im Sinne des § 264d sind, die keinen Aufsichts- oder Verwaltungsrat haben, der die Voraussetzungen des § 100 Abs. 5 des Aktiengesetzes erfüllen muss, sind verpflichtet, einen Prüfungsausschuss im Sinn des Absatzes 2 einzurichten, der sich insb. mit den in § 107 Abs. 3 Satz 2 und 3 des Aktiengesetzes beschriebenen Aufgaben befasst. Dies gilt nicht für

1. *Kapitalgesellschaften im Sinn des Satzes 1, deren ausschließlicher Zweck in der Ausgabe von Wertpapieren im Sinn des § 2 Absatz 1 des Wertpapierhandelsgesetzes besteht, die durch Vermögensgegenstände besichert sind; im Anhang ist darzulegen, weshalb ein Prüfungsausschuss nicht eingerichtet wird;*

Erleichterungen

Die Berichtspflicht des § 324 Abs. 1 Satz 2 Nr. 1 HGB ist beschränkt auf kapitalmarktorientierte Gesellschaften (zur Definition siehe Kapitel 3.1), deren ausschließlicher Zweck die Ausgabe von durch Vermögensgegenstände besicherten Wertpapieren (Emittenten von sog. *Asset Backed Securities*) ist und die keinen Aufsichts- oder Verwaltungsrat haben, der den Anforderungen des

---

657 Vgl. Rimmelspacher/Reitmeier, in WPg 2015, S. 1010.

§100 Abs. 5 AktG genügt. Andere berichtspflichtige Gesellschaften sind davon befreit.

Kategorisierung und Vorjahresangabe

Die Berichtspflicht, die die mangelnde Einrichtung eines Prüfungsausschusses betrifft, ist eine originäre Pflichtangabe, die ausdrücklich für den Anhang vorgesehen ist. Deshalb sind keine Vergleichsinformationen für die vorangegangene Berichtsperiode anzugeben.

Inhaltliche Abgrenzung der Berichtspflicht

Die Anhangberichterstattung muss einen Hinweis auf die Tatsache enthalten, dass trotz des Fehlens eines mit einem Finanzexperten besetzten Überwachungsorgans (§100 Abs. 5 AktG) kein Prüfungsausschuss eingerichtet worden ist und welche Gründe dafür maßgebend sind.

7.6.11 Vorgänge von besonderer Bedeutung nach dem Abschlussstichtag

Berichtsgegenstand und zugrunde liegende Vorschriften

HGB §285 Sonstige Pflichtangaben

Ferner sind im Anhang anzugeben:

...

33. *Vorgänge von besonderer Bedeutung, die nach dem Schluss des Geschäftsjahrs eingetreten und weder in der Gewinn- und Verlustrechnung noch in der Bilanz berücksichtigt sind, unter Angabe ihrer Art und ihrer finanziellen Auswirkungen;*

Erleichterungen

Kleine Gesellschaften sind nach §288 Abs. 1 Nr. 1 HGB von der Berichtspflicht über besondere Vorgänge nach dem Schluss des Geschäftsjahrs befreit.

Kategorisierung und Vorjahresangabe

Der sog. Nachtragsbericht i.S.d. §285 Nr. 33 HGB ist eine originäre Pflichtangabe, die ausdrücklich für den Anhang vorgesehen ist. Deshalb sind keine Vergleichsinformationen für die vorangegangene Berichtsperiode anzugeben.

Inhaltliche Abgrenzung der Berichtspflicht

Die vormals für den Lagebericht vorgesehene Berichterstattung über Vorgänge von besonderer Bedeutung, die nach dem Schluss des Geschäftsjahrs eingetreten sind, wurde durch das BilRUG in den Anhang verlagert. Diese

Änderung hat insb. Auswirkungen auf die Frage, ob ein Negativvermerk bei Nichtvorliegen entsprechender Sachverhalte erforderlich ist. Während die Frage bislang in analoger Anwendung von DRS 20.114 bejaht wurde, ist für die nun geregelte Anhangangabe davon auszugehen, dass die in Kapitel 4 beschriebenen allgemeinen Berichtsgrundsätze greifen und eine Fehlanzeige unterbleiben kann[658]. Wird ein solcher Negativvermerk entsprechend der folgenden Musterformulierung als zweckmäßig eingeschätzt[659], kann er jedoch freiwillig in den Anhang aufgenommen werden.

> **!** **Musterformulierung**
>
> **Vorgänge von besonderer Bedeutung nach dem Schluss des Geschäftsjahres**
> Es haben sich nach Schluss des Geschäftsjahres ... keine Vorgänge ereignet, die für die Vermögens-, Finanz- und Ertragslage der Gesellschaft von besonderer Bedeutung sind.

Berichtspflichtig nach §285 Nr. 33 HGB sind zeitlich nach dem Abschlussstichtag bis zum Ende der Aufstellung der Rechnungslegung tatsächlich eingetretene Vorgänge, die geeignet sind, die Beurteilung des durch den Jahresabschluss gezeichneten Bildes der wirtschaftliche Lage und Entwicklung des Unternehmens erheblich zu beeinflussen[660]. Dabei ist es unerheblich, ob es sich um positive oder negative Vorgänge handelt. Die Berichtspflicht betrifft nach dem Gesetzeswortlaut somit nur wertbegründende und keine wertaufhellenden Sachverhalte, da sich letztere in der Bilanz und/oder der Gewinn- und Verlustrechnung für die abgeschlossene Berichtsperiode schon niedergeschlagen haben[661].

Unter den Begriff »Vorgänge« sind sowohl konkrete, nach dem Abschlussstichtag eingetretene Ereignisse als auch eingetretene Entwicklungen und Tendenzen zu subsumieren. Dabei sind jedoch nur solche Vorgänge darzustellen, die eine gravierende Tragweite für das berichtspflichtige Unternehmen haben. Beispielhaft sind folgende Sachverhalte zu nennen:

- Abschluss eines neuen Großauftrags;
- Absatzeinbruch auf einem bestimmten Markt oder bei einem bestimmten Produkt;
- kartellrechtliche Genehmigung eines Unternehmenserwerbs;

---

658 Vgl. Grottel, in Grottel/Schmidt/Schubert/Winkeljohann, Bilanz, 2016, §285 HGB Rz.947; Kolb/Roß, in WPg 2014, S.1093.
659 So z.B. Hoffmann/Lüdenbach, Bilanzierung, 2017, §285 HGB Rz.194.
660 Vgl. Kajüter, in Küting/Pfitzer/Weber, Rechnungslegung, §289 HGB a.F. Rz.115, Stand 04/2011; DRS 20.115 a. F. (04.12.2012).
661 Vgl. Rimmelspacher/Meyer, in DB 2015, Beil. 5, S.29; Fink/Theile, in DB 2015, S.757f.

- Eröffnung oder Abschluss eines bedeutsamen Gerichtsprozesses;
- Betriebsschließungen oder -verlagerungen;
- Einleitung eines Insolvenzverfahrens.

Die Berichterstattung über Nachtragssachverhalte ist in der Berichtspraxis mit circa 5 % bis 10 % der Fälle vergleichsweise selten. In den folgenden Beispielen erscheinen die beschriebenen Aspekte zudem als eher nicht angabepflichtig, wobei im Fall des beschriebenen Geschäftsführerwechsels nicht eingeschätzt werden kann, ob es sich um eine für die Unternehmensentwicklung entscheidende Schlüsselperson handelt.

Praxisbeispiel/Musterformulierung
Nachtragsbericht
Zum 31. Mai 2014 ist Herr Dr. Lechner aus der Geschäftsführung der Eaton Electric GmbH, Bonn ausgetreten.
Weitere Vorgänge von besonderer Bedeutung, die nach dem Schluss des Geschäftsjahres eingetreten sind, lagen nicht vor.

Eaton Electric GmbH, Bonn,
Jahresabschluss und Lagebericht zum 31.12.2013

Praxisbeispiel/Musterformulierung
Vorgänge von besonderer Bedeutung nach Schluss des Geschäftsjahres
Die Gesellschaft verfügt über eine gute Auftragslage und gute Auslastung.

Rendler Bauzentrum GmbH, Oberkirch,
Jahresabschluss und Lagebericht zum 31.12.2010

Praxisbeispiel/Musterformulierung
Vorgänge von besonderer Bedeutung nach Schluss des Geschäftsjahres
Über Vorgänge von besonderer Bedeutung, die nach dem Schluss des Geschäftsjahres eingetreten sind, wird nachfolgend berichtet:
Seit dem Bilanzstichtag haben sich die geschäftlichen Aktivitäten entsprechend unseren Planungen in einem guten Rahmen in einem deutlich verbesserten Gesamtumfeld weiterentwickelt.
Die Unternehmensleistung wird deutlich zunehmen und die Ertragssituation voraussichtlich die Vorjahreshöhe (bereinigt um den Sondereffekt) knapp erreichen.

Weitere Vorgänge von besonderer Bedeutung über die zu berichten wäre, traten nach Schluss des Geschäftsjahres nicht auf.

Köhl GmbH, Trier, Jahresabschluss und Lagebericht zum 31.03.2011

Die Berichterstattung muss den betreffenden Vorgang bzw. Sachverhalt darstellen und die erwarteten finanziellen Auswirkungen erläutern. Dabei muss klar erkennbar sein, dass es sich um Vorgänge handelt, die nach dem Schluss des Geschäftsjahrs eingetreten sind. Wenngleich zweckmäßig, erfordert die Erläuterung der finanziellen Auswirkungen nicht zwingend eine quantitative Darstellung. Eine verbale Beschreibung reicht vielmehr aus, sofern sie das Ausmaß des Einflusses des berichtspflichtigen Vorgangs auf die wirtschaftliche Lage und Entwicklung des Unternehmens hinreichend deutlich macht[662]. Die folgenden Beispiele aus der Berichtspraxis beziehen sich zwar voraussichtlich auf grundsätzlich angabepflichtige Sachverhalte, gehen indes nicht auf die erwarteten Auswirkungen auf die Vermögens-, Finanz- und Ertragslage ein und sind daher als nicht hinreichend anzusehen. Diese Art der Darstellung, die sich auf die bloße Nennung der »Nachtragsvorgänge« beschränkt, ist jedoch in der Berichtspraxis üblich.

Praxisbeispiel/Musterformulierung
Nachtragsbericht
Am 9. Januar 2015 erwarb die Ravensburger AG 100 % der Anteile der BRIO AB, Malmö. BRIO entwickelt seit mehr als 130 Jahren Produkte vor allem aus Holz für Kleinkinder und vertreibt diese weltweit. Diese schwedische Traditionsfirma ergänzt das Portfolio der Ravensburger Gruppe in idealer Weise.
Sonstige Vorgänge, besonders solche, die für den Jahresabschluss der Ravensburger AG wesentlich gewesen wären, lagen nach dem Bilanzstichtag nicht vor.

Ravensburger AG, Ravensburg,
Jahresabschluss und Lagebericht zum 31.12.2014

---

662 Vgl. Rimmelspacher/Reitmeier, in WPg 2015, S. 1008.

Praxisbeispiel/Musterformulierung
Ereignisse nach dem Bilanzstichtag
Es wurden weitere Beteiligungen an Immobiliengesellschaften per Saldo in
Höhe von 15.600 TEUR eingegangen.
Im Mai 2015 wurden die Anteile der beiden Minderheitsgesellschafter von
je 1,11% gegen Zahlung einer Abfindung eingezogen.
Sonstige Ereignisse von besonderer Bedeutung nach dem Bilanzstichtag
lagen nicht vor.

think-cell Software GmbH, Berlin,
Jahresabschluss und Lagebericht zum 31.12.2014

7.7 Rechtsformbezogene Zusatzangaben

7.7.1 Voll haftungsbeschränkte Personenhandelsgesellschaften

7.7.1.1 Ansprüche zwischen Gesellschaft und Gesellschaftern

Berichtsgegenstand und zugrunde liegende Vorschriften

> **HGB § 264c Besondere Bestimmungen für offene Handelsgesellschaf-**
> **ten und Kommanditgesellschaften im Sinne des § 264a**
> *(1) Ausleihungen, Forderungen und Verbindlichkeiten gegenüber Gesell-*
> *schaftern sind in der Regel als solche jeweils gesondert auszuweisen oder*
> *im Anhang anzugeben. Werden sie unter anderen Posten ausgewiesen, so*
> *muss diese Eigenschaft vermerkt werden.*

Erleichterungen
Nach § 264c Abs. 5 HGB kann die gesonderte Angabe zu den Ausleihungen,
Forderungen und Verbindlichkeiten gegenüber Gesellschaftern bei voll haftungsbeschränkten OHGs und KGs entfallen, die klein i.S.d. § 267 HGB sind
und in Einklang mit § 266 Abs. 1 Satz 3 HGB nur eine verkürzte Bilanz aufstellen[663]. Die Ebene des Bilanzgliederungsschemas, die die berichtspflichtigen
Posten mit beinhaltet, wird in diesem Fall nicht ausgewiesen.

---

663 Vgl. Schmidt/Hoffmann, in Grottel/Schmidt/Schubert/Winkeljohann, Bilanz, 2016, § 264c HGB
Rz. 12.

Kategorisierung und Vorjahresangabe

Die Berichtspflicht, die die zwischen der Gesellschaft und ihren Gesellschaftern bestehenden Ansprüche betrifft, ist eine Wahlpflichtangabe. Deshalb müssen auch die Vergleichswerte der vorangegangenen Berichtsperiode mit angegeben werden.

Anwendungsbereich und inhaltliche Abgrenzung der Berichtspflicht

Unter den Berichtsgegenstand fallen Ansprüche und Verbindlichkeiten sowohl gegenüber vollhaftenden Gesellschaftern als auch gegenüber Kommanditisten. Mittelbar an der berichtenden Gesellschaft beteiligte Unternehmen und Personen sind dagegen von der Regelung nicht erfasst, auch wenn sie bspw. als verbundene Unternehmen i.S.d. §271 Abs. 2 HGB einzustufen sind[664].

> **!** **Beispiel: Gesellschafterforderungen bei mittelbaren Beteiligungsverhältnissen**
>
> Die nach den §§290 ff. HGB konzernrechnungslegungspflichtige A AG hält an der B GmbH eine unmittelbare Beteiligung von 100 Prozent, die wiederum an der C GmbH & Co. KG eine Beteiligung von 90 Prozent besitzt. Die B GmbH und die C GmbH & Co. KG sind Tochterunternehmen der A AG i.S.d. §290 HGB.
>
>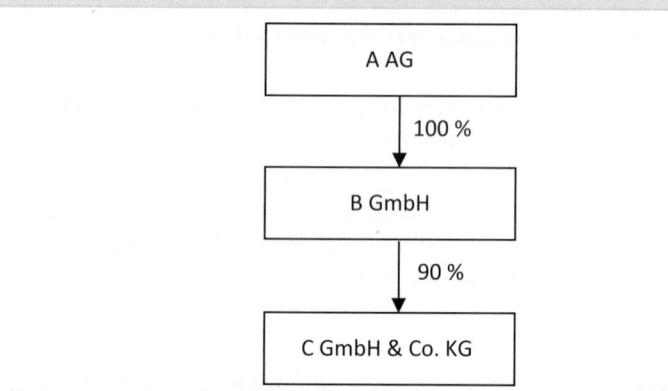
>
> Die A AG hat zum Abschlussstichtag gegenüber der C GmbH & Co. KG eine Forderung aus einer Lieferung i.H.v. 100 TEUR.
> Im Jahresabschluss der C GmbH & Co. KG ist diese Forderung der A AG in der Bilanz unter den »Verbindlichkeiten gegenüber verbundenen Unternehmen« auszuweisen. Parallel ist nach §265 Abs. 3 HGB die Mitzugehörigkeit zu den »Verbindlichkeiten aus Lieferungen und Leistungen« bei dem Bilanzposten zu vermerken oder im Anhang anzugeben (siehe dazu Kapitel 7.3.1.1). Eine gesonderte Information nach §264c Abs. 1 HGB über eine gesellschafterbezogene Verbindlichkeit ist dagegen nicht erforderlich.

---

664 Vgl. Müller/Weller, in Bertram/Brinkmann/Kessler/Müller, HGB Bilanz, 2016, §264c HGB Rz. 7.

Gesellschafter ist, wer *zum Abschlussstichtag* mindestens über einen Geschäftsanteil der berichtenden Gesellschaft verfügt. Der Umfang der Beteiligung ist unbeachtlich[665]. Die Verpflichtung zur gesonderten Angabe besteht auch dann, wenn der Gesellschafter nicht am Kapital und Ergebnis der Gesellschaft beteiligt ist, wie z.B. in vielen Fällen der typischen Komplementär-GmbH[666].

Nicht unter den Gesellschafterbegriff der Vorschrift fallen stille Gesellschafter, soweit sie nicht zugleich auch die Position eines Vollhafters oder Kommanditisten innehaben[667]. Dagegen sind Ansprüche und Verbindlichkeiten von und gegenüber Treuhändern, die für Gesellschafter auftreten, unter die Berichtspflicht des §264c Abs. 1 HGB zu subsumieren[668]. Es dürfte weiterhin dem Sinn der Regelung entsprechen, daneben auch die Treugeber in den Anwendungskreis der Berichtspflicht über die schuldrechtlichen Beziehungen mit Gesellschaftern einzubeziehen[669].

Unter Ausleihungen, Forderungen und Verbindlichkeiten sind die Sachverhalte zu verstehen, die den in §266 Abs. 2 A. III, B. II und Abs. 3 C HGB entsprechend bezeichneten Posten zugeordnet wurden bzw. zuzuordnen sind.

Ausweisalternativen

Die Angabepflicht des §264c Abs. 1 HGB kann grundsätzlich alternativ durch
- einen Ausweis in einem gesonderten Bilanzposten oder
- einen Davon-Vermerk über die Mitzugehörigkeit bei dem anderen Bilanzposten, in dem der Sachverhalt enthalten ist, oder
- eine Anhangangabe

erfüllt werden. Eine Trennung der Betragsangaben nach unterschiedlichen Gesellschaftergruppen ist nicht erforderlich[670].

Die Ausübung des Darstellungswahlrechts unterliegt dem Stetigkeitsgrundsatz des §265 Abs. 1 HGB (siehe dazu auch Kapitel 3.2.5).

---

665 Vgl. Claussen, in Scherrer/Claussen, Rechnungslegungsrecht, 2011, §264c HGB Rz.7 f.
666 Vgl. Schmidt/Hoffmann, in Grottel/Schmidt/Schubert/Winkeljohann, Bilanz, 2016, §264c HGB Rz.5.
667 Vgl. Müller/Weller, in Bertram/Brinkmann/Kessler/Müller, HGB Bilanz, 2016, §264c HGB Rz.7.
668 Vgl. Claussen, in Scherrer/Claussen, Rechnungslegungsrecht, 2011, §264c HGB Rz.8.
669 Vgl. Schmidt/Hoffmann, in Grottel/Schmidt/Schubert/Winkeljohann, Bilanz, 2016, §264c HGB Rz.7.
670 Vgl. Theile, in BB 2000, S.556.

Es ist zu beachten, dass die besonderen Vorgaben in Bezug auf den bilanziellen Ausweis von Forderungen auf eingeforderte Einlagen nach §272 Abs. 1 Satz 3 HGB und die Einzahlungsverpflichtungen von Gesellschaftern nach §264 c Abs. 2 Satz 4 HGB durch §264c Abs. 1 HGB nicht berührt werden.

In der mittelständischen Berichtspraxis sind die Angaben zu zwischen der berichtenden Gesellschaft und ihren Gesellschaftern bestehenden Ansprüchen in jeweils ca. der Hälfte der Fälle im Anhang und in der Bilanz enthalten. Bei einer Darstellung im Anhang liegt eine Mitzugehörigkeitsangabe i.S.d. §265 Abs. 3 HGB vor (siehe dazu auch Kapitel 7.3.1.1). Es sind dabei nur die Bilanzposten anzugeben, denen die berichtpflichtigen Sachverhalte ebenfalls zuzuordnen sind, wie im folgenden Beispiel aus der Berichtspraxis.

> **Praxisbeispiel/Musterformulierung**[671]
> *Mitzugehörigkeit zu anderen Posten*
> *Es bestehen Forderungen gegen Gesellschafter in Höhe von TEUR 104 (Vorjahr: TEUR 1.446). Diese sind in den sonstigen Vermögensgegenständen enthalten.*
>
> *Soldan Holding + Bonbonspezialitäten GmbH, Adelsdorf,*
> *Jahresabschluss zum 30.06.2014*

Die konkreten Einzelursachen der jeweiligen Sachverhalte wie im folgenden Praxisbeispiel darzulegen, ist dagegen nicht notwendig, wenngleich freiwillig zulässig.

> **Praxisbeispiel**
> *Die Verbindlichkeiten gegenüber verbundenen Unternehmen enthalten Verbindlichkeiten gegenüber Gesellschafter in Höhe von TEUR 12.126 (Vorjahr: TEUR 10.724). Sie beinhalten im Wesentlichen ein Darlehen TEUR 9.000 (Vorjahr: TEUR 7.500) sowie einen Rahmenkredit TEUR 3.100 (Vorjahr: TEUR 3.200).*
>
> *Mikron GmbH Rottweil, Rottweil, Jahresabschluss zum 31.12.2015*

Die Nichtangabe der Einzelursachen kann bei einer kleinen Gesellschaft, die von der Möglichkeit der Verkürzung der Bilanzgliederung nach §266 Abs. 1 Satz 3 HGB Gebrauch macht, dazu führen, dass der inhaltliche Charakter der genann-

---

[671] Das Beispiel, ebenso wie das darauffolgende, bezieht sich zwar auf eine GmbH, angesichts der mit §264c Abs. 1 HGB übereinstimmenden Berichtpflicht des §42 Abs. 3 GmbHG (siehe dazu Kapitel 7.7.2.1) ist diese Tatsache aber unbeachtlich.

ten Ansprüche durch die (Anhang-)Angaben nicht erkennbar wird, da die mit römischen Ziffern ausgewiesenen Posten nicht weiter untergliedert werden. Somit genügt – wie im folgenden Praxisbeispiel – der bloße Hinweis, dass in der Gesamtsumme an Finanzanlagen, Forderungen und/oder Verbindlichkeiten bestimmte Beträge enthalten sind, die sich auf Gesellschafter beziehen.

Praxisbeispiel
In den Forderungen sind Forderungen gegen Gesellschafter in Höhe von EUR 153.784,24 (Vorjahr: EUR 210.840,38) aufgrund einer kurzfristigen Überziehung der Gesellschafterverrechnungskonten enthalten. In den Verbindlichkeiten sind Verbindlichkeiten gegenüber Gesellschaftern in Höhe von insgesamt EUR 601.152,97 (Vorjahr: EUR 579.878,94) enthalten.

Anton Hettich GmbH & Co. KG, Kirchlengern,
Jahresabschluss zum 31.12.2011

Ausdehnung der Berichtspflicht auf sonstige finanzielle Verpflichtungen
Im Schrifttum wird teilweise die Ansicht vertreten, dass die Regelung des §264c Abs. 1 HGB auch die sonstigen finanziellen Verpflichtungen i.S.d. §285 Nr. 3a HGB betrifft und somit entsprechende Verpflichtungen des berichtenden Unternehmens gegenüber Gesellschaftern – wie solche gegenüber verbundenen Unternehmen – ebenfalls gesondert im Anhang anzugeben sind[672] (siehe dazu auch Kapitel 7.3.11). Dieser Auffassung kann schon mit Blick auf den Gesetzeswortlaut, der ausdrücklich von »Verbindlichkeiten« spricht und nicht den weiter gefassten Begriff der »Verpflichtungen«[673] verwendet, nicht gefolgt werden. Zwar wäre eine entsprechende Ausdehnung der Berichtspflicht des §264c Abs. 1 HGB auf die Anhangangabe der sonstigen finanziellen Verpflichtungen aus Informationsaspekten empfehlenswert, ein gesetzlicher Zwang kann darin aber nicht gesehen werden[674].

---

672 So z.B. Poelzig, in Schmidt/Ebke, HGB, Bd. 4, 2013, §285 HGB, Rn.63.
673 Zum Verhältnis der beiden Begriffe vgl. Poelzig, in Schmidt/Ebke, HGB, Bd. 4, 2013, §285 HGB, Rn.53.
674 Vgl. Grottel, in Grottel/Schmidt/Schubert/Winkeljohann, Bilanz, 2016, §285 HGB Rz.120.

7.7.1.2 Nicht geleistete Hafteinlagen

Berichtsgegenstand und zugrunde liegende Vorschriften

HGB §264c Besondere Bestimmungen für offene Handelsgesellschaften und Kommanditgesellschaften im Sinne des §264a
(2) ... Im Anhang ist der Betrag der im Handelsregister gemäß §172 Abs. 1 eingetragenen Einlagen anzugeben, soweit diese nicht geleistet sind.

Erleichterungen
Nach §288 Abs. 1 Nr. 1 HGB sind kleine Gesellschaften von der Angabepflicht des §264c Abs. 2 Satz 9 HGB befreit.

Kategorisierung und Vorjahresangabe
Die Berichtspflicht, die die (noch) nicht geleisteten Hafteinlagen von Kommanditisten betrifft, ist eine originäre Pflichtangabe, die ausdrücklich für den Anhang vorgesehen ist. Deshalb sind keine Vergleichswerte für die vorangegangene Berichtsperiode anzugeben.

Anwendungsbereich
Die Berichtspflicht des §264c Abs. 2 Satz 9 HGB betrifft ausschließlich Unternehmen in der Rechtsform der KG.

Inhaltliche Abgrenzung der Berichtspflicht
Angabepflichtig ist die Differenz zwischen den im Handelsregister eingetragenen Hafteinlagen der Kommanditisten und den tatsächlich erbrachten Einlagen, also das zusätzlich zum bilanziell ausgewiesenen Eigenkapital bestehende Haftungspotenzial der Kommanditisten. Eine angabepflichtige Differenz kann entstehen, wenn

- im Ausnahmefall die Pflichteinlage niedriger vereinbart wird als die Hafteinlage,
- die Haft- und die Pflichteinlage zwar identisch sind, aber die bedungene Einlageverpflichtung laut Gesellschaftsvertrag noch nicht vollständig erfüllt worden ist oder
- der Kommanditist unberechtigt Entnahmen tätigt, wodurch die geleistete Hafteinlage gemindert wird und die persönliche Haftung nach §172 Abs. 4 HGB wieder auflebt (sog. Einlagenrückgewähr)[675].

---

[675] Vgl. Hoffmann/Lüdenbach, Bilanzierung, 2017, §264c HGB Rz.44. Zum Wiederaufleben der Haftung nach §172 Abs. 4 HGB vgl. IDW RS HFA 7, Tz.36 f.

Stimmen die geleisteten Einlagen mit den Hafteinlagen überein, ist entsprechend den allgemeinen Berichtsgrundsätzen (siehe Kapitel 4.2) keine Fehlanzeige bzw. Negativangabe erforderlich. Dies gilt analog, wenn die gesellschaftsvertraglich geregelten Pflichteinlagen die Hafteinlagen übersteigen, aber noch nicht in voller Höhe geleistet worden sind[676].

Die Angaben gem. §264c Abs. 2 Satz 9 HGB können für alle Kommanditisten zusammengefasst werden[677].

Zur Ermittlung der gegebenenfalls berichtspflichtigen Differenz sind von der bestehenden Hafteinlage gem. §172 Abs. 4 Satz 3 HGB solche Beträge abzuziehen, die beim Vorliegen einer Kapitalgesellschaft nach §268 Abs. 8 HGB zu einer Ausschüttungssperre führen würden[678] (siehe dazu auch Kapitel 7.6.8).

Die für die Berechnung maßgebende Hafteinlage richtet sich nach den Verhältnissen am Abschlussstichtag gemäß Handelsregistereintrag[679].

Die Berichterstattung nach §264c Abs. 2 Satz 9 HGB kann wie folgt ausgestaltet sein:

Musterformulierung   **!**

Ausstehende Hafteinlagen
Über die bilanziell ausgewiesenen Kommanditeinlagen hinaus standen zum Abschlussstichtag Hafteinlagen der Kommanditisten i.H.v. … EUR aus.

---

676 Vgl. Theile, in BB 2000, S.560.
677 Vgl. IDW, WP Handbuch, 14.Aufl. 2012, Bd. I, Abschn. F Rz.1049.
678 Vgl. IDW RS HFA 7, Tz.38. Da §172 Abs. 4 Satz 2, 3 HGB der Regelung des §268 Abs. 8 HGB vorgeht, kommt die Berichtspflicht des §285 Nr. 28 HGB bei voll haftungsbeschränkten OHGs/KGs nicht zum Tragen; siehe dazu auch Kapitel 7.6.8.
679 Vgl. Schmidt/Hoffmann, in Grottel/Schmidt/Schubert/Winkeljohann, Bilanz, 2016, §264c HGB Rz.61.

7.7.1.3 Unter- und Überdeckung von Pensionsrückstellungen

Berichtsgegenstand und zugrunde liegende Vorschriften

EGHGB Art 48

(6) Personenhandelsgesellschaften im Sinne des § 264a des Handelsgesetzbuchs haben bei Anwendung des Artikels 28 Abs. 1 die in Artikel 28 Abs. 2 vorgeschriebenen Angaben erstmals für das nach dem 31. Dezember 1999 beginnende Geschäftsjahr zu machen.

EGHGB Art 28

(1) Für eine laufende Pension oder eine Anwartschaft auf eine Pension aufgrund einer unmittelbaren Zusage braucht eine Rückstellung nach § 249 Abs. 1 Satz 1 des Handelsgesetzbuchs nicht gebildet zu werden, wenn der Pensionsberechtigte seinen Rechtsanspruch vor dem 1. Januar 1987 erworben hat oder sich ein vor diesem Zeitpunkt erworbener Rechtsanspruch nach dem 31. Dezember 1986 erhöht. Für eine mittelbare Verpflichtung aus einer Zusage für eine laufende Pension oder eine Anwartschaft auf eine Pension sowie für eine ähnliche unmittelbare oder mittelbare Verpflichtung braucht eine Rückstellung in keinem Fall gebildet zu werden.
(2) Bei Anwendung des Absatzes 1 müssen Kapitalgesellschaften die in der Bilanz nicht ausgewiesenen Rückstellungen für laufende Pensionen, Anwartschaften auf Pensionen und ähnliche Verpflichtungen jeweils im Anhang und im Konzernanhang in einem Betrag angeben.

EGHGB Art 67

(1) Soweit aufgrund der geänderten Bewertung der laufenden Pensionen oder Anwartschaften auf Pensionen eine Zuführung zu den Rückstellungen erforderlich ist, ist dieser Betrag bis spätestens zum 31. Dezember 2024 in jedem Geschäftsjahr zu mindestens einem Fünfzehntel anzusammeln. Ist aufgrund der geänderten Bewertung von Verpflichtungen, die die Bildung einer Rückstellung erfordern, eine Auflösung der Rückstellungen erforderlich, dürfen diese beibehalten werden, soweit der aufzulösende Betrag bis spätestens zum 31. Dezember 2024 wieder zugeführt werden müsste. Wird von dem Wahlrecht nach Satz 2 kein Gebrauch gemacht, sind die aus der Auflösung resultierenden Beträge unmittelbar in die Gewinnrücklagen einzustellen. Wird von dem Wahlrecht nach Satz 2 Gebrauch gemacht, ist der Betrag der Überdeckung jeweils im Anhang und im Konzernanhang anzugeben.
(2) Bei Anwendung des Absatzes 1 müssen Kapitalgesellschaften, Kreditinstitute und Finanzdienstleistungsinstitute im Sinn des § 340 des Handelsgesetzbuchs, Versicherungsunternehmen und Pensionsfonds im Sinn des

§ 341 des Handelsgesetzbuchs, eingetragene Genossenschaften und Personenhandelsgesellschaften im Sinn des § 264a des Handelsgesetzbuchs die in der Bilanz nicht ausgewiesenen Rückstellungen für laufende Pensionen, Anwartschaften auf Pensionen und ähnliche Verpflichtungen jeweils im Anhang und im Konzernanhang angeben.

Erleichterungen
Es bestehen keine gesetzlich geregelten Erleichterungen.

Kategorisierung der Angaben
Die Berichtspflichten in Bezug auf die Unter- und/oder Überdeckung von Pensionsrückstellungen sind originäre Pflichtangaben, die ausdrücklich für den Anhang vorgesehen sind. Deshalb sind keine Vergleichswerte der vorangegangenen Berichtsperiode anzugeben.

Anwendungsbereich und inhaltliche Abgrenzung der Berichtspflicht
Nach Art. 48 Abs. 6 EGHGB gelten die für Kapitalgesellschaften anwendbaren Regelungen des Art. 28 EGHGB auch für voll haftungsbeschränkte Personenhandelsgesellschaften. Art. 67 EGHGB gilt dagegen unmittelbar für beide Rechtsformgruppen.

Inhaltlich sind die in Kapitel 7.3.6.1 beschriebenen Berichtsanforderungen vollumfänglich auch für etwaige Unter- oder Überdeckungen der Pensionsrückstellungen von voll haftungsbeschränkten Personenhandelsgesellschaften gültig, weshalb an dieser Stelle darauf verwiesen wird.

7.7.1.4 Persönlich haftende Gesellschafter

Berichtsgegenstand und zugrunde liegende Vorschriften

HGB § 285 Sonstige Pflichtangaben
Ferner sind im Anhang anzugeben:
...
15. *soweit es sich um den Anhang des Jahresabschlusses einer Personenhandelsgesellschaft im Sinne des § 264a Abs. 1 handelt, Name und Sitz der Gesellschaften, die persönlich haftende Gesellschafter sind, sowie deren gezeichnetes Kapital;*

Erleichterungen
Nach § 288 Abs. 1 Nr. 1 HGB können die Angaben zu den persönlich haftenden Gesellschaftern bei kleinen Gesellschaften entfallen.

Kategorisierung und Vorjahresangabe

Die Berichtspflicht, die die persönlich haftenden Gesellschafter betrifft, ist eine originäre Pflichtangabe, die ausdrücklich für den Anhang vorgesehen ist. Deshalb sind keine Vergleichsinformationen der vorangegangenen Berichtsperiode anzugeben.

Inhaltliche Abgrenzung der Berichtspflicht

Ungeachtet des Gesetzeswortlauts, der nur auf »Gesellschaften« Bezug nimmt, umfasst der Kreis der anzugebenden Gesellschafter alle persönlich haftenden Gesellschafter, die keine natürlichen Personen sind[680]. Dabei kommt es weder auf deren Anteilsquote noch auf deren Sitz an, das heißt, dass auch persönlich haftende Gesellschafter mit Sitz im Ausland genannt werden müssen[681].

Die Berichtspflicht verlangt, ohne dass dieser Umstand ausdrücklich aus dem Gesetz hervorgeht, eine rein (abschluss-)stichtagsbezogene Information. Etwaige Veränderungen innerhalb der Berichtsperiode gegenüber dem Vorjahr müssen nicht angegeben werden[682].

Zu den persönlich haftenden Gesellschaftern sind die folgenden Angaben zu machen:

- Name;
- Sitz;
- gezeichnetes Kapital.

Zu den Angaben des Namens und des Sitzes wird auf Kapitel 7.6.1.1 verwiesen.

Als gezeichnetes Kapital ist bei Kapitalgesellschaften das am Abschlussstichtag im Handelsregister eingetragene Grund- oder Stammkapital zu verstehen[683]. Bei anderen Rechtsformen ist darauf abzustellen, welche Haftungssumme der Gesellschaft zur Verfügung steht[684]. Handelt es sich bei dem persönlich haftenden Gesellschafter um eine Personengesellschaft, sind die Kapitalanteile ihrer Gesellschafter zu nennen[685]. Im Fall einer Personenhandelsgesellschaft sind die zusammengefassten Kapitalanteile der Voll- und der Teilhafter unter Berücksichtigung der Regelungen des §264c Abs. 2 Satz 3, 5, 6

---

680 Vgl. Krawitz, in Hofbauer/Kupsch, Rechnungslegung, §285 HGB Rz.239.
681 Vgl. Grottel, in Grottel/Schmidt/Schubert/Winkeljohann, Bilanz, 2016, §285 HGB Rz.471; Krawitz, in Hofbauer/Kupsch, Rechnungslegung, §285 HGB Rz.240.
682 Vgl. Krawitz, in Hofbauer/Kupsch, Rechnungslegung, §285 HGB Rz.241.
683 Vgl. Müller, in Bertram/Brinkmann/Kessler/Müller, HGB Bilanz, 2016, §285 HGB Rz.110.
684 Vgl. Kusterer/Kirnberger/Fleischmann, in DStR 2000, S.612.
685 Vgl. Müller, in Bertram/Brinkmann/Kessler/Müller, HGB Bilanz, 2016, §285 HGB Rz.110.

HGB jeweils gesondert anzugeben[686]. Ist der persönlich haftende Gesellschafter eine Stiftung, ist deren Grundstockvermögen zu nennen[687].

Die Berichterstattung kann beispielhaft wie folgt ausgestaltet sein:

Praxisbeispiel/Musterformulierung
Die persönlich haftende Gesellschafterin der Berichtsgesellschaft ist die Klocke GmbH mit Sitz in Porta Westfalica. Das gezeichnete Kapital beträgt EUR 26.000,00.

Friedrich Klocke GmbH & Co. KG, Porta Westfalica, Jahresabschluss zum 31.05.2015

Im Fall einer mehrstöckigen Kapitalgesellschaften & Co.-Konstruktion ist die Berichterstattung nach § 285 Nr. 15 HGB nach Ansicht von Teilen der Literatur nicht auf den unmittelbar persönlich haftenden Gesellschafter beschränkt. Vielmehr seien der Name und der Sitz aller persönlich haftenden Gesellschafter der einzelnen Stufen sowie (zumindest) das gezeichnete Kapital der unbeschränkt haftenden Kapitalgesellschaft der obersten Stufe anzugeben[688]. Der Gesetzeswortlaut lässt diese Auffassung aber nicht zwingend erscheinen. Eine solche mehrstufige Angabe unter Nennung der gezeichneten Kapitalbeträge sämtlicher Stufen kann wie im folgenden Beispiel aus der Berichtspraxis ausgestaltet sein.

Praxisbeispiel
Persönlich haftende Gesellschafterin der EUROGATE GmbH & Co. KGaA, KG, ist die EUROGATE Geschäftsführungs-GmbH & Co. KGaA, Bremen. Persönlich haftende Gesellschafterin der EUROGATE Geschäftsführungs-GmbH & Co. KGaA ist die EUROGATE Beteiligungs-GmbH, Bremen. Das gezeichnete Kapital der EUROGATE Geschäftsführungs-GmbH & Co. KGaA, Bremen, beträgt EUR 50.000,00, das der EUROGATE Beteiligungs-GmbH, Bremen, EUR 25.000,00.

Eurogate GmbH & Co. KGaA, KG, Bremen, Jahresabschluss zum 31.12.2015

---

686 Vgl. Poelzig, in Schmidt/Ebke, HGB, Bd. 4, 2013, § 285 HGB Rz. 298.
687 Vgl. Hüttemann/Meyer, in Canaris/Habersack/Schäfer, HGB, Bd. 5, 2014, § 285 HGB Rz. 101.
688 Vgl. Adler/Düring/Schmaltz, Rechnungslegung und Prüfung der Unternehmen, 6. Aufl. 1994 ff., § 285 HGB n. F. Rz. 56.

Hält die berichtende Gesellschaft selbst Anteile an ihrer Komplementärin, kann es zu einer Doppelangabe nach § 285 Nr. 15 HGB und nach § 285 Nr. 11 HGB (Anteilsbesitz) kommen, wenn die beiden einschlägigen Tatbestandsvoraussetzungen erfüllt sind. Die Angabepflicht entfällt unter diesen Umständen zwar nicht[689], jedoch ist eine Zusammenfassung der beiden Angaben wünschenswert[690].

7.7.2 GmbH

7.7.2.1 Ansprüche zwischen Gesellschaft und Gesellschaftern

Berichtsgegenstand und zugrunde liegende Vorschriften

GmbHG § 42 Bilanz
(3) Ausleihungen, Forderungen und Verbindlichkeiten gegenüber Gesellschaftern sind in der Regel als solche jeweils gesondert auszuweisen oder im Anhang anzugeben; werden sie unter anderen Posten ausgewiesen, so muss diese Eigenschaft vermerkt werden.

Erleichterungen
Es bestehen keine gesetzlich geregelten Erleichterungen.

Kategorisierung und Vorjahresangabe
Die Berichtspflicht, die die zwischen der GmbH und ihren Gesellschaftern bestehenden Ansprüche betrifft, ist eine Wahlpflichtangabe. Deshalb müssen auch die Vergleichswerte der vorangegangenen Berichtsperiode mit angegeben werden.

Anwendungsbereich und inhaltliche Abgrenzung der Berichtspflicht
Aufgrund des identischen Wortlauts der korrespondierenden, für voll haftungsbeschränkte Personenhandelsgesellschaften geltenden Gesetzesnorm des § 264c Abs. 1 HGB wird auf die Erläuterungen in Kapitel 7.7.1.1 sinngemäß verwiesen.

---

689 Vgl. Grottel, in Grottel/Schmidt/Schubert/Winkeljohann, Bilanz, 2016, § 285 HGB Rz. 473.
690 Vgl. Theile, in BB 2000, S. 560; so auch Peters, in Scherrer/Claussen, Rechnungslegungsrecht, 2011, § 285 HGB Rz. 180.

Ausweisalternativen

Die Angabepflicht des §42 Abs. 3 GmbHG kann grundsätzlich alternativ durch

- einen Ausweis in einem gesonderten Bilanzposten oder
- einen Davon-Vermerk über die Mitzugehörigkeit zu dem anderen Bilanzposten, in dem der Sachverhalt enthalten ist, oder
- eine Anhangangabe

erfüllt werden.

Die Ausübung des Darstellungswahlrechts unterliegt dem Stetigkeitsgrundsatz des §265 Abs. 1 HGB.

In der mittelständischen Berichtspraxis sind die Angaben zu zwischen der berichtenden Gesellschaft und ihren Gesellschaftern bestehenden Ansprüchen in jeweils ca. der Hälfte der Fälle im Anhang und in der Bilanz enthalten. Für Musterformulierungen und Praxisbeispiele wird auf Kapitel 7.7.1.1 zu voll haftungsbeschränkten Personenhandelsgesellschaften verwiesen, für die eine identische Berichtspflicht wie für die GmbH gilt.

Ausdehnung der Berichtspflicht auf sonstige finanzielle Verpflichtungen

Im Schrifttum wird teilweise die Ansicht vertreten, dass die Regelung des §42 Abs. 3 GmbHG auch die sonstigen finanziellen Verpflichtungen i.S.d. §285 Nr. 3a HGB betrifft und somit entsprechende Verpflichtungen des berichtenden Unternehmens gegenüber Gesellschaftern – wie solche gegenüber verbundenen Unternehmen – ebenfalls gesondert im Anhang anzugeben sind[691] (siehe dazu auch Kapitel 7.3.11). Dieser Auffassung kann schon mit Blick auf den Gesetzeswortlaut, der ausdrücklich von »Verbindlichkeiten« spricht und nicht den weiter gefassten Begriff der »Verpflichtungen«[692] verwendet, nicht gefolgt werden. Zwar wäre eine entsprechende Ausdehnung der Berichtspflicht des §42 Abs. 3 GmbHG auf die Anhangangabe der sonstigen finanziellen Verpflichtungen aus Informationsaspekten empfehlenswert. Ein gesetzlicher Zwang kann darin aber nicht gesehen werden[693].

---

691 So z.B. Poelzig, in Schmidt/Ebke, HGB, Bd. 4, 2013, §285 HGB, Rn.63.
692 Zum Verhältnis der beiden Begriffe vgl. Poelzig, in Schmidt/Ebke, HGB, Bd. 4, 2013, §285 HGB, Rn.53.
693 Vgl. Grottel, in Grottel/Schmidt/Schubert/Winkeljohann, Bilanz, 2016, §285 HGB Rz.120.

7.7.2.2 Ausstehende Umstellung des Stammkapitals auf Euro

Berichtsgegenstand und zugrunde liegende Vorschriften

EGHGB Art 42

(3) Stellen Unternehmen vor Umstellung ihres gezeichneten Kapitals auf Euro den Jahres- und Konzernabschluss in Euro auf, darf das gezeichnete Kapital in der Vorspalte der Bilanz weiterhin in Deutscher Mark ausgewiesen werden, sofern der sich in Euro ergebende Betrag in der Hauptspalte ausgewiesen wird ... Statt des Ausweises in der Vorspalte darf das gezeichnete Kapital auch im Anhang angegeben werden.

Erleichterungen
Es bestehen keine gesetzlich geregelten Erleichterungen.

Kategorisierung und Vorjahresangabe
Der Berichtstatbestand, der die Angabe eines möglichen noch in Deutscher Mark geführten Stammkapitals betrifft, ist eine Wahlpflichtangabe. Deshalb ist grundsätzlich der Betrag der vorangegangenen Berichtsperiode mit anzugeben. In diesem Zusammenhang ist aber zu beachten, dass jedwede Stammkapitaländerung mit einer Euroumstellung einhergehen muss und damit die Angabe des Art. 42 Abs. 3 Satz 3 EGHGB ohnehin entfällt. Angesichts der Tatsache, dass die periodenübergreifende Gültigkeit des genannten Betrags anhand des unveränderten gezeichneten Kapitals unmittelbar ersichtlich ist, kann u.E. in diesem Fall auch ausnahmsweise von der ausdrücklichen Darstellung des Vorperiodenwerts abgesehen werden.

Inhaltliche Abgrenzung der Berichtspflicht
Es ist der gesellschaftsrechtlich maßgebende (glatte) Stammkapitalbetrag in DM anzugeben, wenn die berichtende Gesellschaft noch keine Kapitalumstellung auf Euro vollzogen hat. Die Angabe kann dabei entweder in einer Vorspalte der Bilanz beim Eigenkapitalposten »gezeichnetes Kapital« (§266 Abs. 3 A. I HGB) erfolgen oder – wie im folgenden Beispiel aus der Berichtspraxis – im Anhang.

Praxisbeispiel/Musterformulierung
Das gezeichnete Kapital (Stammkapital) der Gesellschaft beträgt DM 1.300.000,00.

Dalim Software GmbH, Kehl, Jahresabschluss zum 31.12.2015

7.7.2.3 Wertaufholungsrücklage

Berichtsgegenstand und zugrunde liegende Vorschriften

> **GmbHG §29 Ergebnisverwendung**
> *(4) Unbeschadet der Absätze 1 und 2 und abweichender Gewinnver-*
> *teilungsabreden nach Absatz 3 Satz 2 können die Geschäftsführer mit*
> *Zustimmung des Aufsichtsrats oder der Gesellschafter den Eigenkapital-*
> *anteil von Wertaufholungen bei Vermögensgegenständen des Anlage-*
> *und Umlaufvermögens in andere Gewinnrücklagen einstellen. Der Betrag*
> *dieser Rücklagen ist in der Bilanz gesondert auszuweisen; er kann auch im*
> *Anhang angegeben werden.*

Erleichterungen
Es bestehen keine gesetzlich geregelten Erleichterungen.

Kategorisierung und Vorjahresangabe
Die Berichtspflicht, die die von einer GmbH gebildeten Gewinnrücklagen aus
Wertaufholungen betrifft, ist eine Wahlpflichtangabe. Deshalb sind auch die
Vergleichswerte der vorangegangenen Berichtsperiode mit anzugeben.

Inhaltliche Abgrenzung der Berichtspflicht
Unternehmen in der Rechtsform der GmbH können den Eigenkapitalanteil von
Zuschreibungen auf Vermögensgegenstände i.S.v. §280 Abs. 1 HGB in (andere)
Gewinnrücklagen einstellen[694]. Nach herrschender Meinung betrifft die Berichtspflicht des §29 Abs. 4 Satz 2 GmbHG zur sog. »Wertaufholungsrücklage«
nicht die in der Berichtsperiode (erfolgswirksam) vorgenommenen Zuschreibungen, sondern den Gesamtbestand der Rücklage zum Abschlussstichtag[695].
Mangels einer ausdrücklichen gesetzlichen Festlegung lässt sich jedoch wohl
auch eine Beschränkung auf etwaige Neuzuführungen der Berichtsperiode
rechtfertigen[696].

Wird die Möglichkeit der Bildung einer Wertaufholungsrücklage in Anspruch
genommen, hat das Unternehmen die betreffenden Beträge im Jahresabschluss alternativ durch

- einen Ausweis in einem gesonderten bilanziellen Gewinnrücklagenposten
  oder

---

694 Zu den gesellschaftsrechtlichen Voraussetzungen der Rücklagenbildung vgl. z.B. Salje, in Michal-
    ski, GmbHG, 2010, §29 GmbHG Rz.123 ff.
695 So z.B. Grottel, in Grottel/Schmidt/Schubert/Winkeljohann, Bilanz, 2016, §284 HGB Rz.75.
696 So IDW, WP Handbuch, 14.Aufl. 2012, Bd. I, Abschn. F Rz.400.

- einen Davon-Vermerk bei den in der Bilanz ausgewiesenen anderen Gewinnrücklagen oder
- eine Anhangangabe

darzustellen.

Der Eigenkapitalanteil der Wertaufholungen ermittelt sich dabei aus dem Nominalbetrag der Zuschreibungen abzüglich der darauf entfallenden Ertragsteuerbelastung der GmbH mit Körperschaft- und Gewerbesteuer[697].

7.7.3 AG und KGaA

7.7.3.1 Eigenkapital

7.7.3.1.1 Vorbemerkungen

§ 160 Abs. 2 AktG schreibt für die in § 160 Abs. 1 AktG geregelten Zusatzangaben ebenso wie § 286 Abs. 1 HGB für die handelsrechtlich geforderten Anhangangaben vor, dass die Berichterstattung unterbleiben muss, soweit »es für das Wohl der Bundesrepublik Deutschland oder eines ihrer Länder erforderlich ist«.

Hinsichtlich der inhaltlichen Abgrenzung dieser allgemeinen Schutzklausel wird auf Kapitel 4.3 verwiesen. Mit Blick auf den Zweck der Schutzklausel darf deren Anwendung im Anhang nicht genannt oder durch die Berichterstattung erkennbar werden.

Angesichts des sachverhaltsübergreifenden Verbotscharakters des § 160 Abs. 2 AktG wird hierauf bei der Darstellung der »Erleichterungen« zu den im Folgenden dargestellten einzelnen Berichtsgegenständen nicht nochmals Bezug genommen.

Über die in § 160 AktG bezeichneten Tatbestände ist für jedes Geschäftsjahr zu berichten, unabhängig davon, ob sich in dem betreffenden Geschäftsjahr Veränderungen ergeben haben und welcher Größenklasse die berichtende Gesellschaft angehört[698]. Die Angaben können jedoch insoweit entfallen,

---

697 Vgl. Salje, in Michalski, GmbHG, 2010, § 29 GmbHG Rz. 132, der allerdings ausdrücklich nur auf die Körperschaftsteuerbelastung Bezug nimmt.
698 Vgl. Claussen/Korth, in Zöllner, AktG, Bd. 4, 1991, § 160 AktG Rz. 143.

als entsprechende Sachverhalte nicht vorliegen[699]. Eine Fehlanzeige ist dann nicht erforderlich[700].

7.7.3.1.2 Aktiengattungen

Berichtsgegenstand und zugrunde liegende Vorschriften

AktG §152 Vorschriften zur Bilanz

(1) Das Grundkapital ist in der Bilanz als gezeichnetes Kapital auszuweisen. Dabei ist der auf jede Aktiengattung entfallende Betrag des Grundkapitals gesondert anzugeben. Bedingtes Kapital ist mit dem Nennbetrag zu vermerken. Bestehen Mehrstimmrechtsaktien, so sind beim gezeichneten Kapital die Gesamtstimmenzahl der Mehrstimmrechtsaktien und die der übrigen Aktien zu vermerken.

AktG §160 Vorschriften zum Anhang

(1) In jedem Anhang sind auch Angaben zu machen über

...

3. die Zahl der Aktien jeder Gattung, wobei zu Nennbetragsaktien der Nennbetrag und zu Stückaktien der rechnerische Wert für jede von ihnen anzugeben ist, sofern sich diese Angaben nicht aus der Bilanz ergeben; davon sind Aktien, die bei einer bedingten Kapitalerhöhung oder einem genehmigten Kapital im Geschäftsjahr gezeichnet wurden, jeweils gesondert anzugeben;

Erleichterungen

Die durch §160 Abs. 1 Nr. 3 AktG geforderten Angaben können nach §160 Abs. 3 Satz 1 AktG bei kleinen Gesellschaft entfallen. Die Angabepflicht gem. §152 Abs. 1 AktG bleibt durch eine Inanspruchnahme dieser Befreiungsregelung unberührt.

Kategorisierung und Vorjahresangabe

Die Berichtspflicht, die die Aktiengattungen einer AG oder KGaA betrifft, ist eine Wahlpflichtangabe. Deshalb sind grundsätzlich die Beträge der vorangegangenen Berichtsperiode anzugeben. Angesichts der Tatsache, dass bei unverändertem gezeichnetem Kapital die periodenübergreifende Gültigkeit

---

699 So z.B. IDW, WP Handbuch, 15.Aufl. 2017, Abschn. F Rz.1251; Claussen/Korth, in Zöllner, AktG, Bd. 4, 1991, §160 AktG Rz.143.

700 Vgl. Adler/Düring/Schmaltz, Rechnungslegung und Prüfung der Unternehmen, 6.Aufl. 1994 ff., §160 AktG Rz.6.

der Angaben unmittelbar erkennbar ist, kann nach hier vertretener Ansicht auch ausnahmsweise von der ausdrücklichen Nennung der Vorperiodenwerte abgesehen werden.

Inhaltliche Abgrenzung der Berichtspflicht

Der Gesetzeswortlaut des §152 Abs. 1 AktG sieht eigentlich einen Bilanzvermerk der auf jede Aktiengattung entfallenden Grundkapitalbeträge vor. Ungeachtet dessen kann nach herrschender Meinung in analoger Anwendung des §265 Abs. 7 Nr. 2 HGB (siehe dazu Kapitel 7.3.1.2) eine Zusammenfassung mit den nach §160 Abs. 1 Nr. 3 AktG geforderten Angaben zu den Aktiengattungen im Anhang erfolgen, da eine solche Zusammenfassung der Klarheit der Informationsvermittlung dient[701]. Die Verlagerung der Informationen über die aktiengattungsbezogenen Grundkapitalbeträge in den Anhang erscheint dabei auch bei kleinen Gesellschaften zulässig, die in Anwendung von §160 Abs. 3 Satz 1 AktG auf die Angaben nach §160 Abs. 1 Nr. 3 AktG verzichten.

Unter einer Aktiengattung versteht §11 Satz 2 AktG solche Aktien, die gleiche Rechte beinhalten. Verschiedene Aktiengattungen liegen daher insb. bei stimmrechtsgewährenden Stamm- und stimmrechtslosen Vorzugsaktien vor. Dagegen bewirken eine unterschiedliche Ausgestaltung der Wertpapiere (Inhaber- und Namensaktien) und abweichende Aktiennennbeträge keinen Gattungsunterschied[702].

Die folgenden Angaben sind nach §160 Abs. 1 Nr. 3 AktG in Bezug auf die einzelnen Aktiengattungen darzustellen:

- die Zahl und der rechnerische Wert (wenn Stückaktien ausgegeben sind) oder die Zahl und der Nennbetrag (wenn Nennbetragsaktien ausgegeben sind) der Aktien jeder Gattung;
- Davon-Angabe der im Rahmen einer bedingten Kapitalerhöhung oder aufgrund eines genehmigten Kapitals im Geschäftsjahr gezeichneten Aktien. Für jeden dieser Fälle sind ebenfalls die Zahl und der rechnerische Wert bzw. die Zahl und der Nennbetrag der Aktien, getrennt nach jeder Gattung, zu nennen[703].

---

701 So z.B. Grottel, in Grottel/Schmidt/Schubert/Winkeljohann, Bilanz, 2016, §284 HGB Rz.89; Adler/Düring/Schmaltz, Rechnungslegung und Prüfung der Unternehmen, 6.Aufl. 1994 ff., §160 AktG Rz.41; mit Blick auf den reinen Gesetzeswortlaut a.A. Hüffer/Koch, AktG, 2016, §160 AktG Rz.10.
702 Vgl. Hüffer/Koch, AktG, 2016, §11 AktG Rz.7.
703 Vgl. IDW, WP Handbuch, 15.Aufl. 2017, Abschn. F Rz.1257.

Die vorstehenden Angaben sind selbst dann zu machen, wenn die berichtende Gesellschaft nur eine einzige Aktiengattung ausgegeben hat[704]. Auch in diesem Fall ist – wie im folgenden Beispiel aus der Berichtspraxis – bei einer strengen Auslegung des Gesetzeswortlauts die explizite Darstellung der Gattungsart erforderlich.

Praxisbeispiel/Musterformulierung
Das Grundkapital der Roth & Rau AG betrug zum 31. Dezember 2014 16.207.045,00 EUR (2013: 16.207.045,00 EUR) und ist unverändert in 16.207.045 auf den Inhaber lautende Stückaktien eingeteilt. Jede Aktie ist rechnerisch mit 1,00 EUR am Grundkapital beteiligt und gewährt eine Stimme in der Hauptversammlung. Mit allen Aktien sind die gleichen Rechte und Pflichten verbunden.

*Meyer Burger (Germany) AG (vormals: Roth & Rau AG),
Hohenstein-Ernsttahl, Jahresabschluss zum 31.12.2014*

Insofern ist das folgende – in seiner Darstellung gängige – Praxisbeispiel als nicht vollständig einzustufen, da die Angaben nicht ausdrücklich herausstellen, dass es sich um stimmrechtsgewährende Stammaktien handelt.

Praxisbeispiel
Das Grundkapital der Gesellschaft beträgt EUR 1.000.000,00. Es ist eingeteilt in 1.000.000 Aktien im Nennbetrag von je EUR 1,00. Die Aktien lauten auf den Namen der Aktionäre.

Himmer AG Druckerei, Augsburg, Jahresabschluss zum 31.12.2013

Bei unterschiedlichen Aktiengattungen kann der Berichtspflicht wie im folgenden Beispiel aus der Berichtspraxis genügt werden.

Praxisbeispiel/Musterformulierung
Das Grundkapital der Westfalen AG von 20.000 TEUR ist in 585.000 Vorzugsaktien und 19.415.000 Stammaktien im Nennbetrag von je 1,00 Euro eingeteilt.

*Westfalen Aktiengesellschaft, Münster,
Jahres- und Konzernabschluss zum 31.12.2013*

---

704 Vgl. Grottel, in Grottel/Schmidt/Schubert/Winkeljohann, Bilanz, 2016, §284 HGB Rz.89.

Der maßgebende Zeitpunkt für die gattungsbezogenen Angaben sind die Verhältnisse am Abschlussstichtag gemäß Handelsregistereintragung[705]. Die Davon-Angabe richtet sich bei einer bedingten Kapitalerhöhung nach der Bezugserklärung (§198 AktG) und bei einem genehmigten Kapital nach der Handelsregistereintragung ihrer Durchführung (§§203 Abs. 1, 189 AktG)[706].

7.7.3.1.3 Vorratsaktien

Berichtsgegenstand und zugrunde liegende Vorschriften

> **AktG §160 Vorschriften zum Anhang**
> *(1) In jedem Anhang sind auch Angaben zu machen über*
> 1. *den Bestand und den Zugang an Aktien, die ein Aktionär für Rechnung der Gesellschaft oder eines abhängigen oder eines im Mehrheitsbesitz der Gesellschaft stehenden Unternehmens oder ein abhängiges oder im Mehrheitsbesitz der Gesellschaft stehendes Unternehmen als Gründer oder Zeichner oder in Ausübung eines bei einer bedingten Kapitalerhöhung eingeräumten Umtausch- oder Bezugsrechts übernommen hat; sind solche Aktien im Geschäftsjahr verwertet worden, so ist auch über die Verwertung unter Angabe des Erlöses und die Verwendung des Erlöses zu berichten;*

Erleichterungen
Kleine Gesellschaften sind nach §160 Abs. 3 Satz 1 AktG von der Berichtspflicht betreffend die Vorratsaktien befreit.

Kategorisierung und Vorjahresangabe
Die Berichtspflicht, die etwaige sog. Vorratsaktien betrifft, ist eine originäre Pflichtangabe, die ausdrücklich für den Anhang vorgesehen ist. Deshalb sind keine Vergleichsinformationen für die vorangegangene Berichtsperiode anzugeben.

Inhaltliche Abgrenzung der Berichtspflicht
Vor dem Hintergrund der gesellschaftsrechtlichen Regelungen des §56 AktG fasst der Gesetzeswortlaut des §160 Abs. 1 Nr. 1 AktG unter Vorratsaktien solche Aktien, die ein

---

705 So z.B. Grottel, in Grottel/Schmidt/Schubert/Winkeljohann, Bilanz, 2016, §284 HGB Rz.89; Adler/Düring/Schmaltz, Rechnungslegung und Prüfung der Unternehmen, 6.Aufl. 1994 ff., §160 AktG Rz.42.
706 Vgl. Poll, in Küting/Pfitzer/Weber, Rechnungslegung, §160 AktG a.F. Rz.11, Stand 10/2013.

- Dritter für Rechnung der berichtenden Gesellschaft,
- Dritter für Rechnung eines abhängigen Unternehmens (§ 17 AktG) der berichtenden Gesellschaft,
- Dritter für Rechnung eines in Mehrheitsbesitz (§ 16 AktG) der berichtenden Gesellschaft stehenden Unternehmens,
- von der berichtenden Gesellschaft abhängiges Unternehmen (§ 17 AktG) oder
- in Mehrheitsbesitz (§ 16 AktG) der berichtenden Gesellschaft stehendes Unternehmen

als Gründer, Zeichner oder in Ausübung eines Bezugsrechts im Rahmen einer bedingten Kapitalerhöhung übernommen hat.

Dabei werden die folgenden Angaben zum Bestand und zum Zugang an Vorratsaktien verlangt[707]:

- Zahl der Aktien;
- Gesamtnennbetrag (bei Nennbetragsaktien);
- Aktiengattung;
- Zugänge der Berichtsperiode.

Der Name des Aktienübernehmers ist grundsätzlich nicht anzugeben[708]. Ebenso verzichtbar sind Angaben zum Anlass der Aktienausgabe und zum Verwendungszweck sowie Angaben dazu, welcher der genannten Übernahmefälle vorliegt[709].

Über die oben dargestellten Angaben hinaus sieht § 160 Abs. 1 Nr. 1 AktG eine Berichtspflicht bei einer (späteren) Verwertung der Vorratsaktien vor. So sind bei einer Verwertung in der Berichtsperiode die folgenden zusätzlichen Angaben zu machen:

- Hinweis auf die Verwertung;
- Höhe des Verwertungserlöses;
- bilanzielle Behandlung des Verwertungserlöses.

---

707 Vgl. Adler/Düring/Schmaltz, Rechnungslegung und Prüfung der Unternehmen, 6. Aufl. 1994 ff., § 160 AktG Rz. 19; Hüffer/Koch, AktG, 2016, § 160 AktG Rz. 5.

708 So z. B. auch Adler/Düring/Schmaltz, Rechnungslegung und Prüfung der Unternehmen, 6. Aufl. 1994 ff., § 160 AktG Rz. 19; Hüffer/Koch, AktG, 2016, § 160 AktG Rz. 5; a. A. z. B. Poll, in Küting/Pfitzer/ Weber, Rechnungslegung, § 160 AktG Rz. 4, Stand 10/2013.

709 So wohl auch IDW, WP Handbuch, 15. Aufl. 2017, Abschn. F Rz. 1253; a. A. Adler/Düring/Schmaltz, Rechnungslegung und Prüfung der Unternehmen, 6. Aufl. 1994 ff., § 160 AktG Rz. 19; Poll, in Küting/Pfitzer/Weber, Rechnungslegung, § 160 AktG Rz. 4, Stand 10/2013.

Als Verwertungsvorgänge sind dabei insb. ein Verkauf oder Tausch, bspw. im Rahmen von Verschmelzungen, und eine Übernahme für eigene Rechnung durch den Zeichner anzusehen[710].

7.7.3.1.4 Eigene Aktien

Berichtsgegenstand und zugrunde liegende Vorschriften

AktG § 160 Vorschriften zum Anhang

(1) In jedem Anhang sind auch Angaben zu machen über

...

2. *den Bestand an eigenen Aktien der Gesellschaft, die sie, ein abhängiges oder im Mehrheitsbesitz der Gesellschaft stehendes Unternehmen oder ein anderer für Rechnung der Gesellschaft oder eines abhängigen oder eines im Mehrheitsbesitz der Gesellschaft stehenden Unternehmens erworben oder als Pfand genommen hat; dabei sind die Zahl dieser Aktien und der auf sie entfallende Betrag des Grundkapitals sowie deren Anteil am Grundkapital, für erworbene Aktien ferner der Zeitpunkt des Erwerbs und die Gründe für den Erwerb anzugeben. Sind solche Aktien im Geschäftsjahr erworben oder veräußert worden, so ist auch über den Erwerb oder die Veräußerung unter Angabe der Zahl dieser Aktien, des auf sie entfallenden Betrags des Grundkapitals, des Anteils am Grundkapital und des Erwerbs- oder Veräußerungspreises, sowie über die Verwendung des Erlöses zu berichten;*

Erleichterungen

Nach § 160 Abs. 3 Satz 2 AktG müssen kleine Gesellschaften

- die geforderten Angaben nur zu eigenen Aktien machen, die von ihnen selbst oder für ihre Rechnung von Dritten erworben wurden und gehalten werden, und
- nicht über die Verwendung der Erlöse aus der Veräußerung eigener Aktien berichten.

Kategorisierung und Vorjahresangabe

Die Berichtspflicht, die eigene Aktien von AGs und KGaAs betrifft, ist eine originäre Pflichtangabe, die ausdrücklich für den Anhang vorgesehen ist. Des-

---

710 Vgl. Adler/Düring/Schmaltz, Rechnungslegung und Prüfung der Unternehmen, 6. Aufl. 1994 ff., § 160 AktG Rz. 20 f.

halb sind keine Vergleichsinformationen für die vorangegangene Berichtsperiode anzugeben.

Inhaltliche Abgrenzung der Berichtspflicht

§ 160 Abs. 1 Nr. 2 AktG fordert bestimmte Angaben zum Bestand eigener Aktien zum Abschlussstichtag gemäß den §§ 71 ff. AktG, die von

- der berichtenden Gesellschaft selbst,
- einem von der berichtenden Gesellschaft abhängigen Unternehmen (§ 17 AktG),
- einem in Mehrheitsbesitz (§ 16 AktG) der berichtenden Gesellschaft stehenden Unternehmen oder
- einem Dritten für Rechnung der berichtenden Gesellschaft, eines von ihr abhängigen Unternehmens (§ 17 AktG) oder eines in ihrem Mehrheitsbesitz (§ 16 AktG) stehenden Unternehmens

erworben oder als Pfand genommen wurden.

Dabei sind nach § 160 Abs. 1 Nr. 2 Satz 1 AktG im Einzelnen im Anhang anzugeben:

- Zahl der eigenen Aktien;
- Betrag des Grundkapitals, der auf sie entfällt;
- Anteil am Grundkapital (in Prozent);
- Zeitpunkt des Erwerbs, auch bei einer früheren Berichtsperiode, wobei die Nennung von Monat und Jahr regelmäßig genügt;
- Gründe für den Erwerb[711].

Die folgenden Beispiele aus der Berichtspraxis sind vor dem Hintergrund der gesetzlichen Anforderungen als nicht vollständig anzusehen.

> **Praxisbeispiel**
>
> *Das gezeichnete Kapital der Gesellschaft beträgt 20.000 TEUR. Es ist eingeteilt in 6.666.668 auf den Inhaber lautenden Stückaktien mit einem rechnerischen Wert von 3 EUR/Stück. Die Gesellschaft hält 343.644 von diesen Stückaktien als eigene Anteile. Die eigenen Anteile belaufen sich auf 1.031 TEUR (Vorjahr: 1.031 TEUR) und werden offen vom gezeichneten Kapital abgesetzt.*
>
> *Herrenknecht AG, Schwanau, Jahresabschluss zum 31.12.2015*

---

711 Vgl. IDW, WP Handbuch, 15. Aufl. 2017, Abschn. F Rz. 1254. Bei mehreren Erwerbsvorgängen in Bezug auf die im Bestand befindlichen eigenen Aktien sind die Erwerbszeitpunkte chronologisch aufzulisten; vgl. Grottel, in Grottel/Schmidt/Schubert/Winkeljohann, Bilanz, 2016, § 284 HGB Rz. 52.

Praxisbeispiel

Mit dem Eigenkapital verrechnet wurden 484 Stückaktien (eigene Anteile)
der AG mit einem Nominalwert von 12.100 EUR bzw. 0,864 % des Stamm-
kapitals. Die Differenz zwischen Nominalwert und Anschaffungskosten in
Höhe von 8.966 EUR ist in der Kapitalrücklage ausgewiesen.

Schulte-Schlagbaum Aktiengesellschaft, Velbert,
Jahres- und Konzernabschluss zum 31.12.2015

Eine vollumfängliche Darstellung in Einklang mit § 160 Abs. 1 Nr. 2 Satz 1 AktG
könnte wie in der folgenden Musterformulierung ausgestaltet sein.

! **Musterformulierung**

Die Gesellschaft hielt zum Abschlussstichtag insgesamt … eigene Stückaktien,
die am … erworben wurden und auf die ein Betrag von … EUR des Grundkapitals
(… %) entfällt. Der Erwerb der eigenen Anteile dient zum einen der Erfüllung von
Bezugsrechten, die von Vorstandsmitgliedern und Arbeitnehmern gehalten werden.
Zum anderen sollen sie zum Zwecke des Erwerbs von anderen Unternehmen oder
Beteiligungen daran eingesetzt werden.

Die Berichterstattung im Anhang hat unabhängig davon zu erfolgen, bei welchem der oben genannten Unternehmen die eigenen Aktien bilanziert sind[712].
Unseres Erachtens nach muss im Rahmen der Berichterstattung keine Aufgliederung des Besitzes an eigenen Aktien nach den genannten Unternehmens-
gruppen erfolgen. Andererseits ist eine Trennung in erworbene und in Pfand
genommene eigene Aktien geboten.

Beim Erwerb und/oder bei der Veräußerung von eigenen Aktien in der Be-
richtsperiode – unabhängig davon, ob zum Ende der Berichtsperiode noch ein
Bestand gehalten wird[713] – sind die folgenden (ergänzenden) Angaben, jeweils
getrennt nach Erwerbs- und Veräußerungsvorgängen[714], zu machen:
- Zahl der betreffenden Aktien;
- Betrag des Grundkapitals, der auf die betreffenden Aktien entfällt;
- Anteil am Grundkapital (in Prozent);
- Erwerbs- oder Veräußerungspreis;
- Verwendung des Erlöses.

---

712 Vgl. Grottel, in Grottel/Schmidt/Schubert/Winkeljohann, Bilanz, 2016, § 284 HGB Rz. 52.
713 Vgl. Adler/Düring/Schmaltz, Rechnungslegung und Prüfung der Unternehmen, 6. Aufl. 1994 ff.,
§ 160 AktG Rz. 33.
714 Vgl. Grottel, in Grottel/Schmidt/Schubert/Winkeljohann, Bilanz, 2016, § 284 HGB Rz. 52.

Über den Zugang und Abgang als Pfand genommener eigener Aktien während der Berichtsperiode ist dagegen nach dem Gesetzeswortlaut nicht zwingend zu berichten[715].

Nach den gesetzlichen Vorschriften ist nur über den bereits erfolgten Erwerb eigener Anteile zu berichten, nicht darüber, dass eine entsprechende Ermächtigung des Vorstands besteht. Gegen eine freiwillige Berichterstattung – wie in den folgenden Praxisbeispielen – spricht jedoch nichts.

Praxisbeispiel
Durch Beschluss der Hauptversammlung vom 20. Mai 2010 ist der Vorstand ermächtigt worden, bis zum 19. Mai 2015 Vorzugsaktien der Gesellschaft mit einem auf diese entfallenden anteiligen Betrag am Grundkapital von insgesamt bis zu TEUR 2.496 unter der Maßgabe weiterer Bedingungen (maximal bis zu 10 % des Grundkapitals) zu erwerben und diese wieder zu veräußern oder einzuziehen.

Berentzen-Gruppe Aktiengesellschaft, Haselünne,
Jahresabschluss zum 31.12.2013

Praxisbeispiel
Die in der Hauptversammlung vom 19. Juli 2007 erteilte Ermächtigung des Vorstandes, mit Zustimmung des Aufsichtsrates Aktien der PRIMAG AG zu erwerben, wurde in der Hauptversammlung vom 18. November 2009 aufgehoben und durch eine bis zum 17. November 2014 befristete Ermächtigung ersetzt. Der Zweck des Erwerbs eigener Anteile muss in der Erfüllung von Bezugsrechten an Vorstandsmitglieder und Arbeitnehmern liegen. Weiterhin können eigene Aktien erworben werden, um andere Unternehmen oder Beteiligungen zu erwerben bzw. sich mit diesen zusammenzuschließen, um die Aktien zu einem Preis wieder zu veräußern, der den Börsenpreis der Aktien der Gesellschaft zum Zeitpunkt der Veräußerung nicht wesentlich unterschreitet oder um die Aktien einzuziehen. Die Ermächtigung ist auf den Erwerb von Aktien mit einem auf diese Aktien entfallenden anteiligen Betrag des Grundkapitals von EUR 430.000,00 beschränkt (10 % des am 18. November 2010 bestehenden Grundkapitals). Der Erwerb kann über die Börse oder mittels eines an die Aktionäre der Gesellschaft gerichteten öffentlichen Kaufangebotes oder einer öffentlichen

---

715 Vgl. Adler/Düring/Schmaltz, Rechnungslegung und Prüfung der Unternehmen, 6. Aufl. 1994 ff., § 160 AktG Rz. 31.

Aufforderung zur Abgabe von Verkaufsangeboten vorgenommen werden. Dabei darf der Kaufpreis den Eröffnungskurs an den drei Börsentagen vor Eingehen der Verpflichtung zum Erwerb eigener Aktien um nicht mehr als 10 % über- oder unterschreiten.

Die eigenen Aktien sind mit einer Stückzahl von 30.475 unverändert gegenüber dem Vorjahr. Aus dem Vorjahresbestand wurden keine Aktien veräußert. Ihr Nennwert zum Bilanzstichtag beträgt TEUR 30 und macht somit 0,7 % des Grundkapitals (TEUR 4.300) aus.

PRIMAG AG, Düsseldorf, Jahresabschluss zum 31.03.2014

7.7.3.1.5 Genehmigtes Kapital

Berichtsgegenstand und zugrunde liegende Vorschriften

AktG § 160 Vorschriften zum Anhang
(1) In jedem Anhang sind auch Angaben zu machen über
...
4. das genehmigte Kapital;

Erleichterungen
Kleine Gesellschaften sind nach § 160 Abs. 3 Satz 1 AktG von der Berichtspflicht betreffend das genehmigte Kapital befreit.

Kategorisierung und Vorjahresangabe
Die Berichtspflicht, die ein etwaiges genehmigtes Kapital betrifft, ist eine originäre Pflichtangabe, die ausdrücklich für den Anhang vorgesehen ist. Deshalb sind keine Vergleichsinformationen für die vorangegangene Berichtsperiode anzugeben.

Inhaltliche Abgrenzung der Berichtspflicht
Der Inhalt der Berichtspflicht zum genehmigten Kapital ist gesetzlich nicht im Einzelnen geregelt. Nach herrschender Meinung beschränkt sich die Berichterstattung jedoch nicht nur auf den Betrag, um den das Grundkapital erhöht werden darf, sondern umfasst die folgenden Informationen[716]:

---

716 Vgl. z.B. Adler/Düring/Schmaltz, Rechnungslegung und Prüfung der Unternehmen, 6. Aufl. 1994 ff., § 160 AktG Rz. 49 f. Weitergehend z.B. Oser/Holzwarth, in Küting/Pfitzer/Weber, Rechnungslegung, §§ 284–288 HGB Rz. 940, Stand 07/2016, die ergänzend eine Angabe des Zwecks des genehmigten Kapitals fordern.

- Nennbetrag der genehmigten Kapitalien zum Abschlussstichtag, um die das Grundkapital (noch) erhöht werden kann;
- Inhalt und Datum der jeweiligen Ermächtigungsbeschlüsse;
- Bedingungen der (genehmigten) Aktienausgabe.

Sachgerechte Informationen über das genehmigte Kapital enthalten die folgenden Beispiele aus der Berichtspraxis.

Praxisbeispiel/Musterformulierung

Mit Hauptversammlungsbeschluss vom 19.06.2008 wurde befristet bis zum 18.06.2013 die Erhöhung des Grundkapitals einmalig oder mehrmals um bis zu insgesamt höchstens TEUR 2.490 durch Ausgabe neuer auf den Inhaber lautender Stückaktien gegen Bar- und/oder Sacheinlagen beschlossen (genehmigtes Kapital 2008). Der Vorstand ist ermächtigt, mit Zustimmung des Aufsichtsrates die weiteren Einzelheiten der Kapitalerhöhung aus dem genehmigten Kapital 2008, insb. den weiteren Inhalt der Aktienrechte und die Bedingungen der Aktienausgabe festzulegen. Der Vorstand machte von dieser Ermächtigung am 13.11.2008 Gebrauch und beschloss eine Kapitalerhöhung in Höhe von TEUR 1.500. Dies wurde vom Aufsichtsrat am 13.11.2008 genehmigt und durchgeführt. Das genehmigte Kapital 2008 betrug nach der teilweisen Verwendung für die vorgenommene Kapitalerhöhung zum 31.12.2008 und unverändert zum 31.12.2012 noch TEUR 990.

Comarch Software und Beratung Aktiengesellschaft, München, Jahresabschluss zum 31.12.2012

Praxisbeispiel/Musterformulierung

Mit Beschluss der ordentlichen Hauptversammlung vom 31. August 2012 wurde der Vorstand ermächtigt, das Grundkapital mit Zustimmung des Aufsichtsrats bis zum 31. August 2017 durch Ausgabe neuer, auf den Inhaber lautender Stückaktien gegen Bar- oder Sacheinlagen einmal oder mehrmals, insgesamt um bis zu EUR 2.046.976,00 zu erhöhen (genehmigtes Kapital). Der Vorstand wurde ermächtigt, mit Zustimmung des Aufsichtsrats das Bezugsrecht der Aktionäre in folgenden Fällen auszuschließen:

a) für Spitzenbeträge;

b) für einen Anteil am genehmigten Kapital in Höhe von bis zu insgesamt EUR 409.395,00, sofern die neuen Aktien gegen Bareinlage zu einem Ausgabebetrag ausgegeben werden, welcher den Börsenpreis nicht wesentlich unterschreitet (§ 186 Absatz 3 Satz 4 Aktiengesetz);

c) *für einen Anteil am genehmigten Kapital in Höhe von bis zu insgesamt EUR 2.046.976,00, sofern die neuen Aktien gegen Sacheinlage ausgegeben werden, um Unternehmen oder Beteiligungen an Unternehmen zu erwerben.*

Über den Inhalt der jeweiligen Aktienrechte und die sonstigen Bedingungen der Aktienausgabe entscheidet der Vorstand mit Zustimmung des Aufsichtsrates.

CPU Softwarehouse AG, Augsburg, Jahresabschluss zum 31.12.2013

Hat die berichtende Gesellschaft in der Berichtsperiode die Ermächtigung ausgeübt, sollen nach herrschender Meinung die folgenden (ergänzenden) Angaben dargestellt werden[717]:

- Hinweis auf die Ausübung der Ermächtigung;
- Anlass der Kapitalerhöhung;
- Art der Kapitalerhöhung (gegen Bar- oder Sacheinlagen);
- Gesamtnennbetrag der Kapitalerhöhung;
- Ausgabebetrag der Aktien;
- ausgegebene Aktiengattungen;
- Bezugsrecht bzw. Bezugsverhältnis;
- bilanzielle Behandlung des Vorgangs[718].

In Anbetracht des allgemein gehaltenen Gesetzeswortlauts dürfte aber auch eine Berichterstattung wie im folgenden Praxisbeispiel den gesetzlichen Anforderungen genügen.

Praxisbeispiel

Die Hauptversammlung vom 19. Juli 2011 hat ein genehmigtes Kapital geschaffen (genehmigtes Kapital 2011), um den Handlungsspielraum der Gesellschaft bezüglich etwaiger Kapitalerhöhungen zu erweitern. Der Vorstand ist ermächtigt, mit Zustimmung des Aufsichtsrats bis zum 18. Juli 2016 das Grundkapital um bis zu insgesamt 15 Mio. EUR durch Ausgabe neuer Aktien gegen Bar- und/oder Sacheinlage zu erhöhen und dabei das Bezugsrecht der Aktionäre in bestimmten Fällen auszuschließen. Von der Ermächtigung zur Ausübung des genehmigten Kapitals 2011 wurde durch eine Sachkapitalerhöhung im Umfang von 2.250.000 EUR, entsprechend

---

717 In diesem Fall überschneidet sich der Berichtsinhalt teilweise mit den Angaben zu den Aktiengattungen nach §160 Abs. 1 Nr. 3 AktG (siehe dazu Kapitel 7.7.3.1.2); vgl. IDW, WP Handbuch, 15. Aufl. 2017, Abschn. F Rz.1258.

718 Vgl. Grottel, in Grottel/Schmidt/Schubert/Winkeljohann, Bilanz, 2016, §284 HGB Rz.54; Adler/Düring/Schmaltz, Rechnungslegung und Prüfung der Unternehmen, 6.Aufl. 1994 ff., §160 AktG Rz.50.

2.250.000 neuen Aktien, im Juli 2013 Gebrauch gemacht. Hierdurch redu-zierte sich das verbleibende genehmigte Kapital auf 12.750.000 EUR.

CropEnergies AG, Mannheim, Jahresabschluss zum 28.02.2014

7.7.3.1.6 Wechselseitige Beteiligungen

Berichtsgegenstand und zugrunde liegende Vorschriften

AktG § 160 Vorschriften zum Anhang
(1) In jedem Anhang sind auch Angaben zu machen über

...

7.   das Bestehen einer wechselseitigen Beteiligung unter Angabe des Un-ternehmens;

Erleichterungen
Kleine Gesellschaften sind nach § 160 Abs. 3 Satz 1 AktG von der Berichts-pflicht betreffend etwaige wechselseitige Beteiligungen befreit.

Kategorisierung und Vorjahresangabe
Die Berichtspflicht zu etwaigen wechselseitigen Beteiligungen der berichten-den Gesellschaft ist eine originäre Pflichtangabe, die ausdrücklich für den Anhang vorgesehen ist. Deshalb sind keine Vergleichsinformationen für die vorangegangene Berichtsperiode anzugeben.

Anwendungsbereich
Da der Gesetzgeber in § 160 Abs. 1 Nr. 7 AktG von einer eigenständigen Defini-tion des Begriffs der »wechselseitigen Beteiligung« abgesehen hat, ist davon auszugehen, dass diesbezüglich die Legaldefinition des § 19 Abs. 1 AktG zur Anwendung kommt. Danach ist der Tatbestand einer wechselseitigen Betei-ligung auf inländische Unternehmen in der Rechtsform einer Kapitalgesell-schaft beschränkt. Somit entfällt die Angabepflicht, wenn das aus Sicht der berichtenden Gesellschaft andere Unternehmen keine Kapitalgesellschaft mit Sitz im Inland ist.

Nach § 19 Abs. 1 AktG liegt eine wechselseitige Beteiligung vor, wenn jede der beiden Gesellschaften mehr als 25 Prozent der (Kapital-)Anteile der jeweils anderen Gesellschaft hält. Für die Berechnung der Anteilsquote gilt § 16 Abs. 2 Satz 1 und Abs. 4 AktG (siehe dazu auch Kapitel 7.6.1.1).

Inhaltliche Abgrenzung der Berichtspflicht

Die Berichtspflicht umfasst einen Hinweis auf das Bestehen einer wechselseitigen Beteiligung am Abschlussstichtag und die Nennung des Namens der anderen (Kapital-)Gesellschaft[719]. Die Angabe der gegenseitigen Anteilshöhe und etwaiger diesbezüglicher Veränderungen in der Berichtsperiode ist nicht erforderlich[720]. Da die Verhältnisse zum Abschlussstichtag maßgebend sind, müssen Veränderungen bei den wechselseitigen Beteiligungen während der Berichtsperiode nicht gesondert angegeben werden[721].

Im Fall von Überschneidungen mit der Berichtspflicht des §160 Abs. 1 Nr. 8 AktG über die Anteilsmitteilungen (siehe dazu Kapitel 7.7.3.1.7) können die beiden Angaben in der Darstellung zusammengefasst werden[722].

Die Angabepflichten des §285 Nr. 11 HGB (siehe dazu Kapitel 7.6.1.1) bleiben durch §160 Abs. 1 Nr. 8 AktG unberührt[723].

7.7.3.1.7 Anteilsmitteilungen

Berichtsgegenstand und zugrunde liegende Vorschriften

AktG §160 Vorschriften zum Anhang

(1) In jedem Anhang sind auch Angaben zu machen über

...

8. *das Bestehen einer Beteiligung, die nach §20 Abs. 1 oder Abs. 4 dieses Gesetzes oder nach §21 Abs. 1 oder Abs. 1a des Wertpapierhandelsgesetzes mitgeteilt worden ist; dabei ist der nach §20 Abs. 6 dieses Gesetzes oder der nach §26 Abs. 1 des Wertpapierhandelsgesetzes veröffentlichte Inhalt der Mitteilung anzugeben.*

Erleichterungen

Kleine Gesellschaften sind nach §160 Abs. 3 Satz 1 AktG von der Berichtspflicht betreffend etwaige Beteiligungsmitteilungen befreit.

---

719 Vgl. Poll, in Küting/Pfitzer/Weber, Rechnungslegung, §160 AktG Rz. 21, Stand 10/2013.
720 Vgl. Adler/Düring/Schmaltz, Rechnungslegung und Prüfung der Unternehmen, 6. Aufl. 1994 ff., §160 AktG Rz. 64; Claussen/Korth, in Zöllner, AktG, Bd. 4, 1991, §160 AktG Rz. 165.
721 Vgl. Poll, in Küting/Pfitzer/Weber, Rechnungslegung, §160 AktG Rz. 21, Stand 10/2013.
722 Vgl. z.B. Adler/Düring/Schmaltz, Rechnungslegung und Prüfung der Unternehmen, 6. Aufl. 1994 ff., §160 AktG Rz. 66; Hüffer/Koch, AktG, 2016, §160 AktG Rz. 14.
723 Vgl. Grottel, in Grottel/Schmidt/Schubert/Winkeljohann, Bilanz, 2016, §284 HGB Rz. 58.

Kategorisierung und Vorjahresangabe

Die Berichtspflicht, die etwaige Beteiligungsmitteilungen betrifft, ist eine originäre Pflichtangabe, die ausdrücklich für den Anhang vorgesehen ist. Deshalb sind keine Vergleichsinformationen für die vorangegangene Berichtsperiode anzugeben.

Inhaltliche Abgrenzung der Berichtspflicht

Die §§ 20 Abs. 1, 4 AktG und 21 Abs. 1, 1a WpHG sehen vor, dass beim Erreichen bestimmter Anteils-/Stimmrechtsschwellen eine schriftliche Mitteilung des Aktionärs an die Gesellschaft erfolgen muss. Auf diese Mitteilungen bezieht sich die Berichtspflicht des § 160 Abs. 1 Nr. 8 AktG. Ist keine solche Benachrichtigung erfolgt, besteht nach herrschender Meinung auch keine Berichtspflicht im Anhang, selbst wenn die berichtende Gesellschaft aus anderen Quellen definitiv davon Kenntnis erlangt hat, dass die Tatbestandsmerkmale von Mitteilungspflichten erfüllt sind[724]. Umgekehrt ist davon auszugehen, dass die Berichtspflicht auch dann nicht zum Tragen kommt, wenn die berichtende Gesellschaft zwar definitiv Kenntnis darüber besitzt, dass keine mitteilungspflichtige Anteils- bzw. Stimmrechtsquote mehr vorliegt, diese Tatsache aber noch nicht durch eine schriftliche Mitteilung angezeigt wurde[725]. Unter diesen Umständen ist eine entsprechende (freiwillige) Information über den Sachverhalt nebst Hinweis auf die (noch) ausstehende förmliche Mitteilung jedoch in jedem Fall zweckmäßig[726].

Ist die berichtende Gesellschaft börsennotiert, umfasst der Inhalt der Anhangangabe – bezogen auf den Stimmrechtsanteil (§ 21 Abs. 1, 1a WpHG) – die folgenden Informationen[727]:

- vollständiger Name/Firma des Aktionärs;
- Wohnort/Sitz des Aktionärs, ggf. mit Angabe des ausländischen Staates (nicht anzugeben bei Privatpersonen);
- Tatsache des Erreichens, Überschreitens oder Unterschreitens der jeweiligen Stimmrechtsschwellen;
- Datum der Stimmanteilsveränderung;

---

724 So z.B. Hüffer/Koch, AktG, 2016, Rz. 14 m. w. N.; zweifelnd IDW, WP Handbuch, 15. Aufl. 2017, Abschn. F Rz. 1266.

725 So z.B. Adler/Düring/Schmaltz, Rechnungslegung und Prüfung der Unternehmen, 6. Aufl. 1994 ff., § 160 AktG Rz. 69; IDW, WP Handbuch, 15. Aufl. 2017, Abschn. F Rz. 1265; Hüffer/Koch, AktG, 2016, § 160 Rz. 14.

726 Vgl. Adler/Düring/Schmaltz, Rechnungslegung und Prüfung der Unternehmen, 6. Aufl. 1994 ff., § 160 AktG Rz. 70.

727 Vgl. Grottel, in Grottel/Schmidt/Schubert/Winkeljohann, Bilanz, 2016, § 284 HGB Rz. 58; Dehlinger/Zimmermann, in Fuchs, WpHG, 2009, § 26 WpHG Rz. 8 i. V. m. § 21 WpHG Rz. 61.

- Höhe des aktuellen Stimmrechtsanteils in Prozent in Bezug auf die Gesamtmenge der Stimmrechte sowie alle mit Stimmrechten versehenen Aktien verschiedener Aktiengattungen;
- absolute Zahl der gehaltenen Stimmrechte.

Für Zwecke der Berichterstattung über solche Mitteilungen (für nicht börsennotierte Unternehmen) sind die folgenden Angaben – bezogen auf den Kapitalanteil – erforderlich[728]:
- Bestehen einer mitteilungspflichtigen Anteilsquote;
- vollständiger Name/Firma des Aktionärs;
- Bezeichnung des Schwellenwerts, der erreicht wurde (Anteilsquote > 25 Prozent oder eine Mehrheitsbeteiligung).

Eine Berichtspflicht über den genauen Umfang der gehaltenen Anteile oder Stimmrechte ist nicht gefordert[729]. Die im folgenden Praxisbeispiel insoweit enthaltenen Angaben sind daher als freiwillige Zusatzangaben zu betrachten.

> **Praxisbeispiel/Musterformulierung**
> *Das Grundkapital ist eingeteilt in 48.000.000 Stückaktien. Diese lauten auf den Inhaber und sind voll stimmberechtigt.*
> *Die RWE Beteiligungsgesellschaft mbH, Essen, teilte uns im November 2009 gemäß § 20 Abs. 4 AktG mit, dass ihr unmittelbar und damit der RWE AG, Essen, kraft Zurechnung gemäß §§ 20 Abs. 1, 16 Abs. 4 AktG mittelbar eine Mehrheitsbeteiligung an der Süwag Energie AG gehört.*
> *Dementsprechend beträgt der Stimmrechtsanteil der RWE Beteiligungsgesellschaft mbH an der Süwag Energie AG insgesamt 77,583 %. Des Weiteren sind mit 22,297 % kommunale Anteilseigner beteiligt, 0,120 % der Aktien befinden sich im Streubesitz.*
>
> *Süwag Energie AG, Frankfurt a. M., Jahresabschluss zum 31.12.2015*

Eine sehr kurze Berichterstattung wie im folgenden Praxisbeispiel erfüllt die gesetzlichen Anforderungen gleichermaßen.

---

728 Vgl. IDW, WP Handbuch, 15. Aufl. 2017, Abschn. F Rz. 1263; Grottel, in Grottel/Schmidt/Schubert/Winkeljohann, Bilanz, 2014, § 284 HGB Rz. 58.
729 Vgl. Poll, in Küting/Pfitzer/Weber, Rechnungslegung, § 160 AktG Rz. 23, Stand 10/2013.

Praxisbeispiel/Musterformulierung

An der Gesellschaft sind mit mehr als 25 % beteiligt (§ 160 Abs. 1 Nr. 8 i. V. m. § 20 AktG):
Evocati GmbH (mehr als 50 %).

Ventara Aktiengesellschaft, Harsewinkel,
Jahresabschluss zum 31.08.2015

Maßgebend für die Berichterstattung nach § 160 Abs. 1 Nr. 8 AktG sind die Verhältnisse am Abschlussstichtag. Etwaige Veränderungen bis zur Beendigung der Aufstellung des Jahresabschlusses können freiwillig aufgenommen werden[730]. Die Angaben sind so lange zu machen, bis eine gegenteilige Mitteilung zugegangen ist, die veränderte Verhältnisse anzeigt[731]. Im Falle eines sukzessiven Anteilserwerbs, bei dem innerhalb einer Berichtsperiode mehrere Anteilsmitteilungen eingegangen sind, ist nur über die zeitlich letzte Mitteilung zu berichten[732].

7.7.3.1.8 Aktienbezugsrechte

Berichtsgegenstand und zugrunde liegende Vorschriften

AktG § 160 Vorschriften zum Anhang
(1) In jedem Anhang sind auch Angaben zu machen über
…
5. die Zahl der Bezugsrechte gemäß § 192 Absatz 2 Nummer 3;

Erleichterungen
Kleine Gesellschaften sind nach § 160 Abs. 3 Satz 1 AktG von der Berichtspflicht betreffend Aktienbezugsrechte i.S.d. § 192 Abs. 2 Nr. 3 AktG befreit.

Kategorisierung und Vorjahresangabe
Die Berichtspflicht über Aktienbezugsrechte i.S.d. § 192 Abs. 2 Nr. 3 AktG ist eine originäre Pflichtangabe, die ausdrücklich für den Anhang vorgesehen ist. Deshalb sind keine Vergleichsinformationen für die vorangegangene Berichtsperiode anzugeben.

---

730 So z.B. Grottel, in Grottel/Schmidt/Schubert/Winkeljohann, Bilanz, 2016, § 284 HGB Rz. 58; weitergehend IDW, WP Handbuch, 15. Aufl. 2017, Abschn. F Rz. 1264, das die Berichterstattung über bis zum Ende der Aufstellung des Jahresabschlusses zugegangene Mitteilungen empfiehlt.
731 Vgl. Grottel, in Grottel/Schmidt/Schubert/Winkeljohann, Bilanz, 2016, § 284 HGB Rz. 58.
732 Vgl. IDW, WP Handbuch, 15. Aufl. 2017, Abschn. F Rz. 1266.

Inhaltliche Abgrenzung der Berichtspflicht

Nach § 160 Abs. 1 Nr. 5 AktG ist über Bezugsrechte, die Arbeitnehmern oder Vorstandsmitgliedern der berichtenden Gesellschaft oder eines mit diesem verbundenen Unternehmens (§§ 15 ff. AktG) im Rahmen von Aktienoptionsplänen nach § 192 Abs. 2 Nr. 3 AktG gewährt wurden zu berichten.

Nach herrschender Meinung verlangt die Berichtspflicht im Einzelnen die folgenden Angaben über die bestehenden Bezugsrechte von Arbeitnehmern und Vorstandsmitgliedern sowie die damit verbundenen Bedingungen:

- Zahl der zum Abschlussstichtag noch nicht ausgeübten Bezugsrechte;
- Aufteilung auf Vorstandsmitglieder und Arbeitnehmer;
- Erwerbszeiträume;
- Kursziele;
- Wartezeit für die erstmalige Ausübung;
- Ausübungszeiträume[733].

Die Angaben im folgenden Praxisbeispiel erscheinen dabei nicht hinreichend, da sie insb. weder die Zahl der Bezugsrechte noch die wesentlichen Bedingungen der Optionsausübung erkennen lassen.

> **Praxisbeispiel**
>
> *Das Grundkapital der Gesellschaft beträgt TEUR 8.000 und wurde mit Beschluss der Hauptversammlung vom 9. Juni 2006 um bis zu TEUR 4.000 bedingt erhöht.*
>
> *Die in 2006 begebene Optionsanleihe ist verbunden mit einem Optionsrecht auf Neuzeichnung von Aktien zu je nominal EUR 1,00 an der Kristensen Germany AG. Die ausgegebenen Optionsscheine können jeweils im Dezember 2013 bis 2015 oder zum Zeitpunkt der Endfälligkeit am 31. Dezember 2015 ausgeübt werden (vgl. Abschnitt III., Anlagevermögen und Verbindlichkeiten).*
>
> ...
>
> *Die ausgewiesene Anleihe in Höhe von TEUR 75.503 (VJ TEUR 77.181) resultiert aus der Begebung von 5.000 Stück auf den Inhaber lautende Anleihen zu nominal DKK 100.000 für insgesamt TDKK 500.000 (entspricht TEUR 67.114) im Geschäftsjahr 2006. Die Restlaufzeit beträgt 2 Jahre. Im Geschäftsjahr wurden insgesamt 2,5 % des Nominalwertes in Höhe von TEUR 1.678 von der Anleihe an die Anleger zurückbezahlt. Der ausgewiesene Betrag enthält ein Agio von TEUR 10.067 (vgl. aktiver Rechnungsabgrenzungsposten aktivistisch abgegrenzte Zinsen). Dabei handelt es sich*

---

733 Vgl. Grottel, in Grottel/Schmidt/Schubert/Winkeljohann, Bilanz, 2016, § 284 HGB Rz. 55.

um einen Aufschlag von 15 % auf den Gesamtausgabebetrag, der zusammen mit der Anleihe am 31. Dezember 2015 fällig wird.

Kristensen Germany AG, Berlin, Jahresabschluss zum 31.12.2013

Über Wertpapiere, die die nach §160 Abs. 1 Nr. 5 AktG angabepflichtige Bezugsrechte verbriefen, ist infolge der Änderungen durch das BilRUG nunmehr nach §285 Nr. 15a HGB zu berichten (siehe dazu Kapitel 7.3.5).

7.7.3.1.9 Kapitalrücklage

Berichtsgegenstand und zugrunde liegende Vorschriften

AktG §152 Vorschriften zur Bilanz
(2) Zu dem Posten ›Kapitalrücklage‹ sind in der Bilanz oder im Anhang gesondert anzugeben
1. der Betrag, der während des Geschäftsjahrs eingestellt wurde;
2. der Betrag, der für das Geschäftsjahr entnommen wird.

Erleichterungen
Es bestehen keine gesetzlich geregelten Erleichterungen. §152 Abs. 4 Satz 2 AktG sieht allerdings vor, dass kleine Gesellschaften die geforderten Angaben zur Kapitalrücklage zwingend in der Bilanz machen müssen, sodass eine Anhangberichterstattung ausscheidet.

Kategorisierung und Vorjahresangabe
Die Berichtspflicht, die die Veränderungen der Kapitalrücklage in der Berichtsperiode betrifft, ist grundsätzlich als Wahlpflichtangabe ausgestaltet, sofern nicht kleine Gesellschaften betroffen sind (siehe oben). Ungeachtet der Einordnung als Wahlpflichtangabe sind in Anbetracht des Wortlauts des §152 Abs. 2 AktG, der sich ausdrücklich nur auf Vorgänge des Geschäftsjahrs bezieht, jedoch keine Vergleichswerte für die vorangegangene Berichtsperiode anzugeben[734]. Inhaltliche Abgrenzung der Berichtspflicht

---

734 So offenkundig auch Poll, in Küting/Pfitzer/Weber, Rechnungslegung, §152 AktG Rz.16, Stand 10/2013.

In Bezug auf die im Bilanzposten des § 266 Abs. 3 A. II HGB ausgewiesene Kapitalrücklage hat die berichtende Gesellschaft alle Einstellungen und Entnahmen der Berichtsperiode ohne gegenseitige Aufrechnung jeweils in einem Betrag gesondert anzugeben. Eine Erläuterung der Ursachen der Rücklagenveränderungen oder eine daran orientierte Aufgliederung mehrerer Vorgänge der Berichtsperiode hat nicht zu erfolgen[735]. Auch eine Nennung desjenigen, der eine Leistung in die Kapitalrücklage eingebracht hat, ist nicht notwendig. Mit Blick auf den Zweck der gesetzlichen Vorschrift sind außerdem auch sonstige Veränderungen der Kapitalrücklage während der Berichtsperiode bei sachgerechter Bezeichnung unsaldiert darzustellen[736].

Die folgenden Beispiele aus der Berichtspraxis gehen über das gesetzliche Muss hinaus, indem sie ergänzend auf die Ursachen bzw. den Leistungserbringer eingehen.

Praxisbeispiel

Da das gezeichnete Kapital der Himmer AG Druckerei bei der formwechselnden Umwandlung höher war als das Vermögen der J. P. Himmer GmbH & Co. KG Druckerei und Verlag zu Buchwerten, ist auf der Passivseite ein Ausgleichsposten aus dem Formwechsel i. H. v. EUR 499.978,22 in analoger Anwendung des § 20 Abs. 2 S. 2 UmwStG ausgewiesen. Gemäß dem Bericht über die Gründungsprüfung der Himmer AG Druckerei erreicht der Zeitwert der Sacheinlagen den Nennbetrag der dafür zu gewährenden Aktien.

Das bei der formwechselnden Umwandlung der J. P. Himmer GmbH & Co. KG Druckerei und Verlag bestehende Sonderbetriebsvermögen wurde in die Kapitalrücklage (§ 272 Abs. 2 Nr. 4 HGB) eingelegt. Diese besteht seitdem unverändert.

Himmer AG Druckerei, Augsburg, Jahresabschluss zum 31.12.2013

Praxisbeispiel

Die Muttergesellschaft hat im Juni 2013 eine Einlage von TEUR 700 in die Kapitalrücklage geleistet. Die Kapitalrücklage ist somit von TEUR 97 im Vorjahr auf TEUR 797 gestiegen.

Kristensen Germany AG, Berlin, Jahresabschluss zum 31.12.2013

---

735 Vgl. Grottel, in Grottel/Schmidt/Schubert/Winkeljohann, Bilanz, 2016, § 284 HGB Rz. 86.
736 Vgl. Grottel, in Grottel/Schmidt/Schubert/Winkeljohann, Bilanz, 2016, § 284 HGB Rz. 86.

7.7.3.1.10 Gewinnrücklagen

Berichtsgegenstand und zugrunde liegende Vorschriften

AktG § 152 Vorschriften zur Bilanz

(3) Zu den einzelnen Posten der Gewinnrücklagen sind in der Bilanz oder im Anhang jeweils gesondert anzugeben

1. *die Beträge, die die Hauptversammlung aus dem Bilanzgewinn des Vorjahrs eingestellt hat;*
2. *die Beträge, die aus dem Jahresüberschuss des Geschäftsjahrs eingestellt werden;*
3. *die Beträge, die für das Geschäftsjahr entnommen werden.*

Erleichterungen

Es sind keine unmittelbaren Erleichterungen gesetzlich geregelt. § 152 Abs. 4 Satz 2 AktG sieht allerdings vor, dass kleine Gesellschaften die geforderten Angaben zu den Gewinnrücklagen zwingend in der Bilanz machen müssen, sodass eine Anhangberichterstattung ausscheidet.

Des Weiteren dürfen kleine AGs und KGaAs bei der Aufstellung der Bilanz die verkürzte Gliederung gem. § 266 Abs. 1 Satz 3 HGB wählen, derzufolge die Gewinnrücklagen ohne Untergliederung ausgewiesen werden können. In diesem Fall beschränkt sich auch die Berichtspflicht nach § 152 AktG auf den Gesamtbetrag der Gewinnrücklagen; eine Postenaufgliederung kann insoweit entfallen[737].

Kategorisierung und Vorjahresangabe

Die Berichtspflicht, die die Veränderungen der Gewinnrücklagen in der Berichtsperiode betrifft, ist grundsätzlich als Wahlpflichtangabe ausgestaltet, sofern nicht kleine Gesellschaften betroffen sind (siehe oben). Ungeachtet der Einordnung als Wahlpflichtangabe sind in Anbetracht des Wortlauts des § 152 Abs. 3 AktG, der sich ausdrücklich nur auf Vorgänge des Geschäftsjahrs bezieht, jedoch keine Vergleichswerte der vorangegangenen Berichtsperiode anzugeben[738].

---

737 Vgl. Grottel, in Grottel/Schmidt/Schubert/Winkeljohann, Bilanz, 2016, § 284 HGB Rz. 87.
738 So offenkundig auch Poll, in Küting/Pfitzer/Weber, Rechnungslegung, § 152 AktG Rz. 16, Stand 10/2013.

Inhaltliche Abgrenzung der Berichtspflicht

Mit Blick auf den Zweck der Regelung sind über den Gesetzeswortlaut hinaus zu allen Einzelposten der in der Bilanz ausgewiesenen Gewinnrücklagen (§ 266 Abs. 3 A. III HGB) die

- Beträge, die die Hauptversammlung aus dem Bilanzgewinn des Vorjahrs eingestellt hat,
- Beträge, die aus dem Jahresüberschuss des Geschäftsjahrs eingestellt werden,
- Beträge, die für das Geschäftsjahr entnommen werden und
- übrigen Veränderungen (mit sachgerechter Bezeichnung)

anzugeben. Die genannten Arten an Zu- und Abgängen von Gewinnrücklagen sind unsaldiert und jeweils in einem zusammenfassenden Betrag anzugeben[739]. Die folgenden Beispiele aus der Berichtspraxis beinhalten von daher eine sachgerechte Berichterstattung.

> **Praxisbeispiel**
>
> *Gemäß § 150 Abs. 2 AktG wurde im Geschäftsjahr in die gesetzliche Rücklage der zwanzigste Teil des Jahresüberschusses (TEUR 28,6) eingestellt.*
>
> *BCG Baden-Baden Cosmetics Group AG, Baden-Baden,*
> *Jahresabschluss zum 31.12.2012*

> **Praxisbeispiel**
>
> *Im Rahmen der Aufstellung des Jahresabschlusses zum 31. Dezember 2013 wurden TEUR 4.238 aus den anderen Gewinnrücklagen entnommen.*
>
> *Carl Schlenk Aktiengesellschaft, Roth-Barnsdorf,*
> *Jahresabschluss zum 31.12.2013*

> **Praxisbeispiel**
>
> *Die gesetzliche Gewinnrücklage und die anderen Gewinnrücklagen zum 31. Dezember 2011 von TEUR 765 bzw. TEUR 17.294 wurden zur Reduzierung des Bilanzverlustes im Berichtsjahr aufgelöst. Zum 31. Dezember 2012 wurde die gesetzliche Rücklage gemäß § 150 Abs. 2 AktG dotiert.*
>
> *metabo Aktiengesellschaft, Nürtingen, Jahresabschluss zum 31.12.2012*

---

739 Vgl. Grottel, in Grottel/Schmidt/Schubert/Winkeljohann, Bilanz, 2016, § 284 HGB Rz. 87; Poll, in Küting/Pfitzer/Weber, Rechnungslegung, § 152 AktG Rz. 16, Stand 10/2013.

7.7.3.1.11 Wertaufholungsrücklage

Berichtsgegenstand und zugrunde liegende Vorschriften

AktG §58 Verwendung des Jahresüberschusses

(2a) Unbeschadet der Absätze 1 und 2 können Vorstand und Aufsichtsrat den Eigenkapitalanteil von Wertaufholungen bei Vermögensgegenständen des Anlage- und Umlaufvermögens in andere Gewinnrücklagen einstellen. Der Betrag dieser Rücklagen ist in der Bilanz gesondert auszuweisen; er kann auch im Anhang angegeben werden.

Erleichterungen
Es bestehen keine gesetzlich geregelten Erleichterungen.

Kategorisierung und Vorjahresangabe
Der Berichtstatbestand, der die von einer AG oder KGaA gebildeten Gewinnrücklagen aus Wertaufholungen betrifft, ist eine Wahlpflichtangabe. Deshalb sind auch die Vergleichswerte für die vorangegangene Berichtsperiode anzugeben.

Inhaltliche Abgrenzung der Berichtspflicht
Da die Berichtspflicht der für Unternehmen in der Rechtsform einer GmbH geltenden Regelung des §29 Abs. 4 Satz 2 GmbHG entspricht, wird auf die Erläuterungen in Kapitel 7.7.2.3 verwiesen.

7.7.3.1.12 Verwendung von Beträgen aus Kapitalherabsetzungen und Auflösungen von Gewinnrücklagen

Berichtsgegenstand und zugrunde liegende Vorschriften

AktG §240

Der aus der Kapitalherabsetzung gewonnene Betrag ist in der Gewinn- und Verlustrechnung als ›Ertrag aus der Kapitalherabsetzung‹ gesondert, und zwar hinter dem Posten ›Entnahmen aus Gewinnrücklagen‹, auszuweisen. Eine Einstellung in die Kapitalrücklage nach §229 Abs. 1 und §232 ist als ›Einstellung in die Kapitalrücklage nach den Vorschriften über die vereinfachte Kapitalherabsetzung‹ gesondert auszuweisen. Im Anhang ist zu erläutern, ob und in welcher Höhe die aus der Kapitalherabsetzung und aus der Auflösung von Gewinnrücklagen gewonnenen Beträge

1. *zum Ausgleich von Wertminderungen,*
2. *zur Deckung von sonstigen Verlusten oder*
3. *zur Einstellung in die Kapitalrücklage*

verwandt werden.

Erleichterungen

Kleine Gesellschaften sind nach § 240 Satz 4 AktG von der Berichtspflicht befreit.

Kategorisierung und Vorjahresangabe

Die Berichtspflicht zur Verwendung von Beträgen, die sich bei der berichtenden Gesellschaft aus einer Kapitalherabsetzung und aus Auflösungen von Gewinnrücklagen ergeben, ist eine originäre Pflichtangabe, die ausdrücklich für den Anhang vorgesehen ist. Deshalb sind keine Vergleichsinformationen für die vorangegangene Berichtsperiode anzugeben.

Anwendungsbereich

Obwohl die Gesetzesformulierung des § 240 AktG nur auf die in § 229 Abs. 1 AktG genannten Zwecke der vereinfachten Kapitalherabsetzung Bezug nimmt, gilt sie übergreifend für alle Arten der Kapitalherabsetzung durch die berichtende AG oder KGaA[740].

Inhaltliche Abgrenzung der Berichtspflicht

Nach § 240 Satz 1, 2 AktG ist in Fällen einer Kapitalherabsetzung die Ergebnisverwendungsrechnung gem. § 158 AktG (siehe dazu Kapitel 7.7.3.2) um bestimmte Posten zu erweitern. In Ergänzung dazu fordert § 240 Satz 3 AktG im Anhang eine Erläuterung, für welche(n) der genannten Zwecke (Ausgleich von Wertminderungen, Deckung sonstiger Verluste, Einstellung in die Kapitalrücklage) die Kapitalherabsetzungsbeträge und außerdem etwaige Beträge aus der Auflösung von Gewinnrücklagen verwendet wurden. Liegt eine Verwendung für mehr als einen Zweck vor, sind die Beträge entsprechend aufzugliedern[741]. Das folgende Beispiel aus der Berichtspraxis beinhaltet eine sachgerechte Darstellung.

---

740 Vgl. Wahlers, in Küting/Pfitzer/Weber, Rechnungslegung, § 240 AktG a. F. Rz. 10 i. V. m. Rz. 1, Stand 10/2013.

741 Vgl. Grottel, in Grottel/Schmidt/Schubert/Winkeljohann, Bilanz, 2016, § 284 HGB Rz. 59.

Praxisbeispiel

Die im Rahmen der Kapitalherabsetzung durch Einziehung von Aktien gemäß § 237 AktG entstandene Kapitalrücklage gemäß § 237 Abs. 5 AktG in Höhe von 37,1 Mio. EUR wurde zur Reduzierung des Bilanzverlustes in voller Höhe entnommen.

metabo Aktiengesellschaft, Nürtingen, Jahresabschluss zum 31.12.2012

Werden Verluste in Einklang mit § 150 Abs. 3, 4 AktG aus der *Auflösung* einer bestehenden Kapitalrücklage gedeckt, ist darüber nach dem Wortlaut des § 240 Satz 3 AktG im Anhang nicht zwingend zu berichten[742].

7.7.3.1.13 Veränderte Verhältnisse nach einer Sonderprüfung wegen unzulässiger Unterbewertung

Berichtsgegenstand und zugrunde liegende Vorschriften

AktG § 261 Entscheidung über den Ertrag aufgrund höherer Bewertung
(1) Haben die Sonderprüfer in ihrer abschließenden Feststellung erklärt, dass Posten unterbewertet sind, und ist gegen diese Feststellung nicht innerhalb der in § 260 Abs. 1 bestimmten Frist der Antrag auf gerichtliche Entscheidung gestellt worden, so sind die Posten in dem ersten Jahresabschluss, der nach Ablauf dieser Frist aufgestellt wird, mit den von den Sonderprüfern festgestellten Werten oder Beträgen anzusetzen. Dies gilt nicht, soweit aufgrund veränderter Verhältnisse, namentlich bei Gegenständen, die der Abnutzung unterliegen, aufgrund der Abnutzung, nach §§ 253 bis 256a des Handelsgesetzbuchs oder nach den Grundsätzen ordnungsmäßiger Buchführung für Aktivposten ein niedrigerer Wert oder für Passivposten ein höherer Betrag anzusetzen ist. In diesem Fall sind im Anhang die Gründe anzugeben und in einer Sonderrechnung die Entwicklung des von den Sonderprüfern festgestellten Wertes oder Betrags auf den nach Satz 2 angesetzten Wert oder Betrag darzustellen. Sind die Gegenstände nicht mehr vorhanden, so ist darüber und über die Verwendung des Ertrags aus dem Abgang der Gegenstände im Anhang zu berichten. Bei den einzelnen Posten der Jahresbilanz sind die Unterschiedsbeträge zu vermerken, um die aufgrund von Satz 1 und 2 Aktivposten zu einem höheren Wert oder Passivposten mit einem niedrigeren Betrag angesetzt worden sind. Die Summe der Unterschiedsbeträge ist auf der Passivseite

---

742 Vgl. Grottel, in Grottel/Schmidt/Schubert/Winkeljohann, Bilanz, 2016, § 284 HGB Rz. 59.

der Bilanz und in der Gewinn- und Verlustrechnung als ›Ertrag aufgrund höherer Bewertung gemäß dem Ergebnis der Sonderprüfung‹ gesondert auszuweisen...

(2) Hat das gemäß § 260 angerufene Gericht festgestellt, dass Posten unterbewertet sind, so gilt für den Ansatz der Posten in dem ersten Jahresabschluss, der nach Rechtskraft der gerichtlichen Entscheidung aufgestellt wird, Absatz 1 sinngemäß. Die Summe der Unterschiedsbeträge ist als ›Ertrag aufgrund höherer Bewertung gemäß gerichtlicher Entscheidung‹ gesondert auszuweisen.

Erleichterungen

Kleine Gesellschaften müssen die Angaben zu etwaigen, vom Sonderprüfer festgestellten unzulässigen Unterbewertungen nach § 261 Abs. 1 Satz 7 AktG nur machen, wenn der betreffende Jahresabschluss unter Berücksichtigung der Ergebnisse der Sonderprüfung die Tatbestandsmerkmale des § 264 Abs. 2 Satz 2 HGB erfüllt (siehe dazu Kapitel 7.2.2).

Kategorisierung und Vorjahresangabe

Die Berichtspflicht bei der Feststellung einer unzulässigen Unterbewertung ist eine originäre Pflichtangabe, die ausdrücklich für den Anhang vorgesehen ist. Deshalb sind keine Vergleichsinformationen für die vorangegangene Berichtsperiode anzugeben.

Inhaltliche Abgrenzung der Berichtspflicht

Hat eine Sonderprüfung nach § 258 AktG eine unzulässige Unterbewertung von Bilanzposten ergeben, sind die vom Sonderprüfer festgestellten zutreffenden Posten- oder Sachverhaltswerte grundsätzlich im nächsten Jahresabschluss anzusetzen. Ist von den prüferisch festgestellten Werten jedoch abzuweichen, da für Aktivposten ein niedrigerer Wert oder für Passivposten ein höherer Betrag anzusetzen ist, sind nach § 261 Abs. 1 Satz 3 AktG die *Gründe*, die zu diesen Abweichungen geführt haben, im Anhang anzugeben[743]. Ein solcher Fall ist bspw. bei planmäßigen Abschreibungen eines abnutzbaren Vermögensgegenstands nach dem Zeitpunkt, auf den der Wert im Wege der Sonderprüfung festgestellt wurde, gegeben. Die Darstellung beinhaltet auch eine Überleitung der im Rahmen der Sonderprüfung festgestellten Wertansätze auf die tatsächlichen Postenwerte in Form einer sog. »Sonderrechnung«[744].

Sind die ursprünglich unterbewerteten Aktiva oder Passiva zum Ende der Berichtsperiode nicht mehr vorhanden, ist nach § 261 Abs. 1 Satz 4 AktG im An-

---

743 Vgl. Grottel, in Grottel/Schmidt/Schubert/Winkeljohann, Bilanz, 2016, § 284 HGB Rz. 60.
744 Zu einem Beispiel einer Sonderrechnung vgl. Adler/Düring/Schmaltz, Rechnungslegung und Prüfung der Unternehmen, 6. Aufl. 1994 ff., § 261 AktG Rz. 11.

hang auf den Abgang hinzuweisen und die Verwendung des daraus resultierenden Ertrags darzustellen. Einer Sonderrechnung bedarf es insoweit nicht. Dabei genügt in der Regel die Feststellung, dass der Ertrag (Buchgewinn aus der Veräußerung) in das Jahresergebnis bzw. den Bilanzgewinn eingegangen ist[745]. Nur wenn dem Abgangsertrag ausnahmsweise konkrete Ausgaben zugerechnet werden können, bspw. bei der Reinvestition einer Versicherungsleistung, ist darüber konkret zu berichten[746].

§ 261 Abs. 2 Satz 1 AktG stellt heraus, dass die vorstehenden Berichtspflichten auch gelten, wenn der Feststellung der Unterbewertung von Bilanzposten eine gerichtliche Entscheidung zugrunde liegt.

7.7.3.2 Ergebnisverwendung

Berichtsgegenstand und zugrunde liegende Vorschriften

AktG § 158 Vorschriften zur Gewinn- und Verlustrechnung
(1) Die Gewinn- und Verlustrechnung ist nach dem Posten ›Jahresüberschuss/Jahresfehlbetrag‹ in Fortführung der Nummerierung um die folgenden Posten zu ergänzen:
1. *Gewinnvortrag/Verlustvortrag aus dem Vorjahr*
2. *Entnahmen aus der Kapitalrücklage*
3. *Entnahmen aus Gewinnrücklagen*
    a) *aus der gesetzlichen Rücklage*
    b) *aus der Rücklage für Anteile an einem herrschenden oder mehrheitlich beteiligten Unternehmen*
    c) *aus satzungsmäßigen Rücklagen*
    d) *aus anderen Gewinnrücklagen*
4. *Einstellungen in Gewinnrücklagen*
    a) *in die gesetzliche Rücklage*
    b) *in die Rücklage für Anteile an einem herrschenden oder mehrheitlich beteiligten Unternehmen*
    c) *in satzungsmäßige Rücklagen*
    d) *in andere Gewinnrücklagen*
5. *Bilanzgewinn/Bilanzverlust.*

Die Angaben nach Satz 1 können auch im Anhang gemacht werden.

---

745 Vgl. Adler/Düring/Schmaltz, Rechnungslegung und Prüfung der Unternehmen, 6. Aufl. 1994 ff., § 261 AktG Rz. 13; Hüffer/Koch, AktG, 2016, § 261 AktG Rz. 5.
746 Vgl. IDW, WP Handbuch, 15. Aufl. 2017, Abschn. F Rz. 1268; Hüffer/Koch, AktG, 2016, § 261 AktG Rz. 5.

Erleichterungen

Es bestehen keine gesetzlich geregelten Erleichterungen.

Kategorisierung und Vorjahresangabe

Der Berichtsgegenstand, der die Darstellung der Ergebnisverwendung betrifft, ist eine Wahlpflichtangabe. Deshalb sind auch die Vergleichswerte für die vorangegangene Berichtsperiode anzugeben.

Inhaltliche Abgrenzung der Berichtspflicht

Die nach § 158 Abs. 1 Satz 1 AktG vorgesehene Ergänzung des Gliederungsschemas des § 275 HGB um Posten der Ergebnisverwendung kann alternativ auch in den Anhang aufgenommen werden. Das Wahlrecht kann nur einheitlich ausgeübt werden. Es ist nicht zulässig, einen Teil der zusätzlichen Posten in der Gewinn- und Verlustrechnung darzustellen und den anderen Teil im Anhang anzugeben[747].

Verrechnungen zwischen einzelnen Ergebnisverwendungsposten dürfen nicht erfolgen. Sind die bilanziell ausgewiesenen (Gewinn-)Rücklagen der berichtenden Gesellschaft weiter untergliedert als das im gesetzlichen Gliederungsschema des § 266 Abs. 3 A. III HGB vorgesehen ist, ist die Ergebnisverwendungsrechnung des § 158 Abs. 1 Satz 1 AktG um die entsprechenden Posten zu erweitern[748].

7.7.3.3 Anteilsbesitz an anderen Unternehmen

Berichtsgegenstand und zugrunde liegende Vorschriften

> **HGB § 285 Sonstige Pflichtangaben**
> *Ferner sind im Anhang anzugeben:*
> *...*
> *11b. von börsennotierten Kapitalgesellschaften sind alle Beteiligungen an großen Kapitalgesellschaften anzugeben, die 5 Prozent der Stimmrechte überschreiten;*

Die folgenden Ausführungen beschränken sich auf die durch § 285 Nr. 11b HGB für börsennotierte Gesellschaften vorgesehenen Zusatzangaben.

---

747 Vgl. Hüffer/Koch, AktG, 2016, § 158 AktG Rz. 7.
748 Vgl. Grottel, in Grottel/Schmidt/Schubert/Winkeljohann, Bilanz, 2016, § 284 HGB Rz. 88 i. V. m. Rz. 87.

Erleichterungen

Börsennotierte Gesellschaften können die von §285 Nr. 11b HGB geforderten Zusatzangaben nach §286 Abs. 3 Satz 1 Nr. 1 HGB unterlassen, soweit diese Angaben unwesentlich sind. Auf die Inanspruchnahme dieser Erleichterungsvorschrift muss im Anhang nicht hingewiesen werden[749].

Nach §286 Abs. 3 Satz 2 HGB kann die Angabe des Eigenkapitals und des Ergebnisses des letzten Geschäftsjahrs außerdem grundsätzlich unterbleiben, soweit die berichtende börsennotierte Gesellschaft Beteiligungen an nicht offenlegungspflichtigen Unternehmen hält und darüber hinaus auf das betreffende Unternehmen keinen beherrschenden Einfluss ausüben kann. Da sich die Zusatzangaben nach §285 Nr. 11b HGB auf große und damit offenlegungspflichtige Kapitalgesellschaften (AG, KGaA, GmbH) i.S.d. §267 Abs. 3 HGB beschränken, kommt diese Erleichterung effektiv nicht zum Tragen.

Keine Anwendung findet die Schutzklausel des §286 Abs. 3 Satz 1 Nr. 2 HGB, die es nur nicht kapitalmarktorientierten Unternehmen erlaubt, Angaben zum Anteilsbesitz aufgrund erwarteter erheblicher Nachteile zu unterlassen (siehe dazu Kapitel 7.6.1.1).

Kategorisierung und Vorjahresangabe

Die Berichtspflicht des §285 Nr. 11b HGB, die bestimmte Beteiligungen der berichtenden börsennotierten Gesellschaft betrifft, ist eine originäre Pflichtangabe, die ausdrücklich für den Anhang vorgesehen ist. Deshalb sind keine Vergleichsinformationen für die vorangegangene Berichtsperiode anzugeben.

Inhaltliche Abgrenzung der Berichtspflicht

Über die allgemein geforderten Angaben zum Beteiligungsbesitz i.S.d. §271 Abs. 1 HGB hinaus haben börsennotierte Gesellschaften alle am Abschlussstichtag gehaltenen *Beteiligungen* an *großen Kapitalgesellschaften* anzugeben, die der berichtenden Gesellschaft mehr als 5 Prozent der *Stimmrechte* gewähren. Anders als nach §285 Nr. 11 HGB sind die Größe und die Rechtsform des Unternehmens, an dem die Anteile gehalten werden, somit pflichtbegründende Kriterien. Für die Berichtspflicht des §285 Nr. 11b kommt es aber nicht auf den Kapital-, sondern auf den Stimmrechtsanteil an. Daraus folgt z.B., dass beim Halten stimmrechtsloser Anteile die Tatbestandsmerkmale der ergänzenden Angaben für börsennotierte Gesellschaften nicht erfüllt sein können.

---

749 Vgl. Peters, in Scherrer/Claussen, Rechnungslegungsrecht, 2011, §285 HGB Rz. 153.

In analoger Anwendung der Regelungen zur Ermittlung des Kapitalanteils (siehe dazu Kapitel 7.6.1.1) ermittelt sich die maßgebende Stimmrechtsquote auf der Grundlage von § 16 Abs. 3, 4 AktG nach der folgenden Formel[750]:

$$\frac{\text{Der berichtenden Gesellschaft zustehende (ausübungsfähige) Stimmrechte}}{\text{Gesamtzahl aller Stimmrechte}}$$

Die Anzahl der Stimmrechte, die der berichtenden Gesellschaft zustehen, ist nicht auf solche Stimmrechte beschränkt, die sie aus von ihr unmittelbar gehaltenen Anteilen ausüben kann. Vielmehr werden ihr die folgenden mittelbar zustehenden Stimmrechte in voller Höhe, d.h. additiv, zugerechnet:

- Stimmrechte aus Anteilen, die von einem Dritten für Rechnung der berichtenden Gesellschaft (treuhänderisch) gehalten werden;
- Stimmrechte aus Anteilen, die von einem Unternehmen gehalten werden, das von der berichtenden Gesellschaft abhängig i.S.d. § 17 AktG ist;
- Stimmrechte aus Anteilen, die von einem Dritten für Rechnung eines Unternehmens (treuhänderisch) gehalten werden, das von der berichtenden Gesellschaft abhängig i.S.d. § 17 AktG ist.

Bei der Ermittlung der ausübungsfähigen Stimmrechte sind solche Stimmrechte nicht anzusetzen, für die gesetzliche oder satzungsmäßige/gesellschaftsvertragliche Ausübungssperren gelten (z.B. nach §§ 20 Abs. 7, 21 Abs. 4 AktG, 28 WpHG, 59 WpÜG). Rein schuldrechtliche Beschränkungen, etwa aus Stimmbindungsverträgen, vermindern die Stimmrechtsquote dagegen nicht[751].

Die Gesamtzahl aller Stimmrechte, also der Nenner des oben dargestellten Bruchs, ist um Stimmrechte aus (eigenen) Anteilen zu kürzen, die dem anderen Unternehmen selbst oder einem Dritten (Treuhänder) für Rechnung des anderen Unternehmens gehören.

Inhaltlich beschränken sich die zusätzlichen Angaben nach § 285 Nr. 11b HGB auf den Namen und den Sitz der Kapitalgesellschaft sowie auf die Tatsache als solche, dass die Stimmrechtsquote 5 Prozent überschreitet. Eine konkrete Nennung des Stimmrechtsanteils oder der Anzahl an gehaltenen Stimmrechten ist nicht erforderlich[752].

---

750 Vgl. dazu sowie zu den im Folgenden beschriebenen Hinzurechnungen und Kürzungen Grottel, in Grottel/Schmidt/Schubert/Winkeljohann, Bilanz, 2016, § 285 HGB Rz. 423.
751 Vgl. Adler/Düring/Schmaltz, Rechnungslegung und Prüfung der Unternehmen, 6. Aufl. 1994 ff., § 16 AktG Rz. 20.
752 Vgl. Grottel, in Grottel/Schmidt/Schubert/Winkeljohann, Bilanz, 2016, § 285 HGB Rz. 424.

Da sich die Anwendungsbereiche der Beteiligungsliste gem. § 285 Nr. 11 HGB und der Beteiligungen an großen Kapitalgesellschaften mit einer Stimmrechtsquote von mehr als 5 Prozent gem. § 285 Nr. 11b HGB überschneiden, ist eine vollumfängliche doppelte Auflistung verzichtbar. Es genügt vielmehr, eine Kennzeichnung aller großen Kapitalgesellschaften in der »allgemeinen« Beteiligungsliste nebst einem ergänzenden Hinweis auf das Überschreiten der maßgebenden 5-Prozent-Schwelle.

> **Musterformulierung**   !
>
> **Beteiligungsbesitz**
>
> ...
> Bei allen in der Beteiligungsliste genannten (großen) Kapitalgesellschaften hält die
> ... AG einen Stimmrechtsanteil von mehr als 5 Prozent.

Unseres Erachtens ist ausnahmsweise auch eine bloße Nennung des jeweils einschlägigen Sachverhalts hinreichend, ohne die betreffenden *großen* Gesellschaften dabei gesondert zu vermerken, wenn

- die Anteils- und die Stimmrechtsquote bei allen Kapitalgesellschaften der Beteiligungsliste identisch sind oder
- zwar keine vollumfängliche Quotenidentität besteht, jedoch bei allen in der Beteiligungsliste genannten Kapitalgesellschaften die 5-Prozent-Schwelle überschritten ist.

7.7.3.4 Organmitglieder

Berichtsgegenstand und zugrunde liegende Vorschriften

HGB § 285 Sonstige Pflichtangaben
Ferner sind im Anhang anzugeben:

...

10. *alle Mitglieder des Geschäftsführungsorgans und eines Aufsichtsrats, auch wenn sie im Geschäftsjahr oder später ausgeschieden sind, mit dem Familiennamen und mindestens einem ausgeschriebenen Vornamen, einschließlich des ausgeübten Berufs und bei börsennotierten Gesellschaften auch der Mitgliedschaft in Aufsichtsräten und anderen Kontrollgremien im Sinne des § 125 Abs. 1 Satz 5 des Aktiengesetzes. Der Vorsitzende eines Aufsichtsrats, seine Stellvertreter und ein etwaiger Vorsitzender des Geschäftsführungsorgans sind als solche zu bezeichnen;*

Die folgenden Ausführungen beschränken sich auf die durch § 285 Nr. 10 HGB für börsennotierte Gesellschaften vorgesehenen Zusatzangaben.

Erleichterungen

Es bestehen keine gesetzlich geregelten Erleichterungen.

Kategorisierung und Vorjahresangabe

Die Berichtspflicht, die die personelle Zusammensetzung der Organe der berichtenden börsennotierten Gesellschaft betrifft, ist eine originäre Pflichtangabe, die ausdrücklich für den Anhang vorgesehen ist. Deshalb sind keine Vergleichsinformationen für die vorangegangene Berichtsperiode anzugeben.

Inhaltliche Abgrenzung der erweiterten Berichtspflicht

Über die allgemein erforderlichen Angaben zu den Organmitgliedern (siehe dazu Kapitel 7.6.2.1) hinaus haben börsennotierte Gesellschaften bei allen Vorstands- und Aufsichtsratsmitgliedern deren (weitere) Mitgliedschaften in anderen gesetzlichen Aufsichtsräten oder anderen vergleichbaren in- und ausländischen Kontrollgremien von Wirtschaftsunternehmen (§ 125 Abs. 1 Satz 5 AktG) anzugeben. Dazu gehören z. B. mit entsprechenden (Überwachungs-) Aufgaben ausgestattete Verwaltungsräte oder Gesellschafterausschüsse[753].

Diese erweiterte Berichterstattung nach § 285 Nr. 10 HGB kann wie im folgenden Praxisbeispiel ausgestaltet sein.

Praxisbeispiel

Dem Aufsichtsrat gehörten folgende Personen an:

Dr. Karl-Josef Stöhr (Vorsitzender)	*ausgeübter Beruf:*	*Rechtsanwalt*
Michael Kremer (stellv. Vorsitzender) (bis 22.10.2012)	*ausgeübter Beruf:*	*Berater*

Weitere Positionen in vergleichbaren in- und ausländischen Kontrollgremien: Vorsitzender des Aufsichtsrats der Deutschen Operating Leasing AG, Frankfurt.

Rolf Elgeti (stellv. Vorsitzender)	*ausgeübter Beruf:*	*Kaufmann*

Weitere Positionen in vergleichbaren in- und ausländischen Kontrollgremien: Vorstandsvorsitzender der TAG Immobilien AG, Hamburg; Mitglied des Aufsichtsrates der Sirius Real Estate Limited, Guernsey

---

753 So im Ergebnis auch Kupsch, Schulze-Osterloh/Hennrichs/Wüstemann, Jahresabschluss, Abt. IV/4, 2004 Rz. 231.

Torsten Cejka (vom 23.10.12 bis 25.03.13)   *ausgeübter   Rechtsanwalt
Beruf:*

*Weitere Positionen in vergleichbaren in- und ausländischen Kontrollgremien:
Mitglied des Aufsichtsrates der Colonia Real Estate AG, Hamburg (bis 02.04.2013)*

Dr. Philipp K. Wagner (seit 23.04.2013)   *ausgeübter   Rechtsanwalt
Beruf:*

*Weitere Positionen in vergleichbaren in- und ausländischen Kontrollgremien:
Mitglied des Aufsichtsrates der TAG Immobilien AG, Hamburg*

ESTAVIS AG, Berlin, Jahresabschluss zum 30.6.2013

7.7.3.5 Vergütungen von Organmitgliedern

Berichtsgegenstand und zugrunde liegende Vorschriften

HGB §285 Sonstige Pflichtangaben
Ferner sind im Anhang anzugeben:
...
9. *für die Mitglieder des Geschäftsführungsorgans, eines Aufsichtsrats,
    eines Beirats oder einer ähnlichen Einrichtung jeweils für jede Perso-
    nengruppe*
    a) *die für die Tätigkeit im Geschäftsjahr gewährten Gesamtbezüge
        (Gehälter, Gewinnbeteiligungen, Bezugsrechte und sonstige
        aktienbasierte Vergütungen, Aufwandsentschädigungen, Versi-
        cherungsentgelte, Provisionen und Nebenleistungen jeder Art). In
        die Gesamtbezüge sind auch Bezüge einzurechnen, die nicht aus-
        gezahlt, sondern in Ansprüche anderer Art umgewandelt oder zur
        Erhöhung anderer Ansprüche verwendet werden. Außer den Bezü-
        gen für das Geschäftsjahr sind die weiteren Bezüge anzugeben, die
        im Geschäftsjahr gewährt, bisher aber in keinem Jahresabschluss
        angegeben worden sind. Bezugsrechte und sonstige aktienba-
        sierte Vergütungen sind mit ihrer Anzahl und dem beizulegenden
        Zeitwert zum Zeitpunkt ihrer Gewährung anzugeben; spätere
        Wertveränderungen, die auf einer Änderung der Ausübungsbe-
        dingungen beruhen, sind zu berücksichtigen. Bei einer börsenno-
        tierten Aktiengesellschaft sind zusätzlich unter Namensnennung
        die Bezüge jedes einzelnen Vorstandsmitglieds, aufgeteilt nach
        erfolgsunabhängigen und erfolgsbezogenen Komponenten sowie*

Komponenten mit langfristiger Anreizwirkung, gesondert anzuge-
ben. Dies gilt auch für:

    aa) Leistungen, die dem Vorstandsmitglied für den Fall einer
    vorzeitigen Beendigung seiner Tätigkeit zugesagt worden
    sind;

    bb) Leistungen, die dem Vorstandsmitglied für den Fall der
    regulären Beendigung seiner Tätigkeit zugesagt worden
    sind, mit ihrem Barwert, sowie den von der Gesellschaft
    während des Geschäftsjahrs hierfür aufgewandten oder
    zurückgestellten Betrag;

    cc) während des Geschäftsjahrs vereinbarte Änderungen die-
    ser Zusagen;

    dd) Leistungen, die einem früheren Vorstandsmitglied,
    das seine Tätigkeit im Laufe des Geschäftsjahrs be-
    endet hat, in diesem Zusammenhang zugesagt und
    im Laufe des Geschäftsjahrs gewährt worden sind.
    Leistungen, die dem einzelnen Vorstandsmitglied von ei-
    nem Dritten im Hinblick auf seine Tätigkeit als Vorstands-
    mitglied zugesagt oder im Geschäftsjahr gewährt worden
    sind, sind ebenfalls anzugeben. Enthält der Jahresab-
    schluss weitergehende Angaben zu bestimmten Bezügen,
    sind auch diese zusätzlich einzeln anzugeben;

b) die Gesamtbezüge (Abfindungen, Ruhegehälter, Hinterbliebenen-
bezüge und Leistungen verwandter Art) der früheren Mitglieder
der bezeichneten Organe und ihrer Hinterbliebenen. Buchstabe a
Satz 2 und 3 ist entsprechend anzuwenden. Ferner ist der Betrag
der für diese Personengruppe gebildeten Rückstellungen für lau-
fende Pensionen und Anwartschaften auf Pensionen und der Be-
trag der für diese Verpflichtungen nicht gebildeten Rückstellungen
anzugeben;

c) die gewährten Vorschüsse und Kredite unter Angabe der Zins-
sätze, der wesentlichen Bedingungen und der gegebenenfalls im
Geschäftsjahr zurückgezahlten oder erlassenen Beträge sowie die
zugunsten dieser Personen eingegangenen Haftungsverhältnisse;

Die folgenden Ausführungen beschränken sich auf die durch § 285 Nr. 9a Satz 5 bis 8 HGB für börsennotierte AGs vorgesehenen Zusatzangaben.

Erleichterungen

Gemäß § 286 Abs. 5 HGB können die durch § 285 Nr. 9a Satz 5 bis 8 HGB geforderten Angaben unterbleiben, wenn die Hauptversammlung einen entsprechenden Beschluss gefasst hat[754].

Nach § 289 Abs. 2 Nr. 4 HGB sind im Lagebericht börsennotierter Gesellschaften die Grundzüge des Vergütungssystems für die Organmitglieder darzulegen. Dabei können die oben genannten Zusatzangaben des § 285 Nr. 9a Satz 5 bis 8 HGB auch in den Lagebericht aufgenommen und damit in einem zusammengefassten »Vergütungsbericht« gebündelt werden. In diesem Fall muss keine (nochmalige) Angabe im Anhang erfolgen. Eine Befreiung von der Angabepflicht erwächst aus diesem Darstellungswahlrecht aber nicht.

Die Schutzklausel des § 286 Abs. 4 HGB, derzufolge Angaben über die Gesamtbezüge der in § 285 Nr. 9a, 9b HGB bezeichneten Organmitglieder unterbleiben können, wenn sich daraus die individuellen Bezüge einzelner Personen feststellen lassen, finden auf börsennotierte AGs *keine* Anwendung.

Kategorisierung und Vorjahresangabe

Die Berichtspflicht, die die Zusatzangaben börsennotierter AGs in Bezug auf die Vergütungen von Organmitgliedern betrifft, ist eine originäre Pflichtangabe, die ausdrücklich für den Anhang vorgesehen ist. Deshalb sind keine Vergleichsinformationen für die vorangegangene Berichtsperiode anzugeben.

Anwendungsbereich

Obwohl der Gesetzeswortlaut des § 285 Nr. 9a Satz 5 bis 8 HGB ausschließlich auf börsennotierte AGs Bezug nimmt, geht die herrschende Meinung von einer analogen Anwendung auf Unternehmen in der Rechtsform der KGaA aus[755].

---

754 Der Beschluss, der sich auf einen Zeitraum von höchstens fünf Jahren erstrecken darf, bedarf nach § 286 Abs. 5 Satz 2, 3 HGB einer Dreiviertelmehrheit des bei der Beschlussfassung vertretenen Grundkapitals.

755 So z. B. m. w. N. Poelzig, in Schmidt/Ebke, HGB, Bd. 4, 2013, § 285 HGB, Rn. 141.

Individualisierte Aufgliederung der Gesamtbezüge aktiver Vorstandsmitglieder

Nach §285 Nr. 9a Satz 5 HGB sind zunächst die auch von nicht börsennotierten Unternehmen anzugebenden Gesamtbezüge der aktiven Vorstandsmitglieder i.S.d. §285 Nr. 9a Satz 1 bis 4 HGB betragsmäßig weiter aufzugliedern: Sie sind unter Namensnennung individuell für jedes einzelne Vorstandsmitglied (einschließlich der stellvertretenden Mitglieder) anzugeben und dabei zu unterteilen in darin enthaltene

- erfolgsunabhängige Komponenten,
- erfolgsbezogene Komponenten und
- Komponenten mit langfristiger Anreizwirkung.

Die Summe der individuellen Vorstandsbezüge muss mit der Angabe der Gesamtbezüge nach §285 Nr. 9a Satz 1 bis 4 HGB übereinstimmen.

Als erfolgsunabhängig sind sämtliche dem Grunde und der Höhe nach feststehenden Bezüge des Vorstandsmitglieds anzusehen, bspw. monatliche Fixgehälter, feste Weihnachts- und Urlaubsgeldzahlungen, Versicherungsprämien für auf den Namen des Vorstandsmitglieds lautende Lebens- oder Unfallversicherungen. Die erfolgsbezogenen Bezüge umfassen variable Vergütungsbestandteile, bspw. Tantiemen, Boni oder Prämien, deren Gewährung und/oder Höhe sich auf das Erreichen von Erfolgszielen für ein bestimmtes Geschäftsjahr bezieht. Zu den Bezügen mit einer langfristigen Anreizwirkung gehören in erster Linie aktienbasierte Vergütungen, die vorrangig in Form einer unentgeltlichen oder verbilligten Überlassung von Aktien, Aktienoptionen oder Wandelschuldverschreibungen erbracht werden. Sie sind darauf jedoch nicht beschränkt. Es können auch nicht aktienbasierte Vergütungen als Bezüge mit langfristiger Anreizwirkung einzustufen sein, sofern eine variable Vergütung vorliegt, deren Höhe an das Erreichen von Zielen gekoppelt ist, die sich über mehrere Geschäftsjahre erstrecken, wie z.B. Marktanteils- oder Renditeziele über einen mehrjährigen Zeithorizont hinweg[756].

Sachbezüge und Nebenleistungen sind je nach ihrem Charakter einer der drei genannten Komponenten zuzuordnen.

Der Berichtspflicht gem. §285 Nr. 9a Satz 5 HGB kann bspw. durch die folgende Musterformulierung entsprochen werden:

---

[756] So im Ergebnis auch Deutscher Corporate Governance Kodex (DCGK), Tz.4.2.3 Abs. 2 Satz 3.

Musterformulierung !

Vorstandsbezüge

Die Bezüge des Vorstands für das Geschäftsjahr ... betragen insgesamt ... EUR. Dieser Gesamtbetrag verteilt sich wie folgt auf die einzelnen Vorstandsmitglieder:

Name des Vorstandsmitglieds	Festgehalt (EUR)	Kurzfristige variable Vergütung (EUR)[1]	Sach- und sonstige Bezüge (EUR)[2]	Langfristige variable Vergütung (EUR)[3]
...	...	...	...	...
...	...	...	...	...
...	...	...	...	...
Summen	...	...	...	...

[1] Variable Vergütung (Tantieme) für das Geschäftsjahr ..., die erst im folgenden Geschäftsjahr ...zur Auszahlung kam, nachdem die Bestimmungsgrundlage feststand.
[2] Sach- und sonstige Bezüge beinhalten vorwiegend geldwerte Vorteile aus der Nutzung von Dienstwagen sowie Zuschüsse zu Versicherungen.
[3] Umwandlung von variablen Vergütungsansprüchen in virtuelle Aktien zum XETRA-Durchschnittkurs von jeweils 30 Tagen vor und nach dem 31.12. des maßgebenden Geschäftsjahrs. Der Gegenwert der sich daraus errechnenden Aktienanzahl wird zum XETRA-Durchschnittkurs von jeweils 30 Tagen vor und nach dem 31.12.... (Sperrfrist) umgerechnet und bar ausbezahlt.

Leistungen bei Beendigung der Vorstandstätigkeit

Vorbemerkungen
§ 285 Nr. 9a Satz 6 HGB enthält Sonderregelungen für Leistungen, die Vorstandsmitgliedern für den Fall oder im Zusammenhang mit der regulären oder außerplanmäßigen Beendigung ihrer Vorstandstätigkeit zugesagt werden. Danach sind auch Angaben zu den folgenden Leistungen zu machen:

- Leistungen, die aktiven Vorstandsmitgliedern für den Fall einer *vorzeitigen* Beendigung ihrer Vorstandstätigkeit zugesagt worden sind (aa);
- Leistungen, die aktiven Vorstandsmitgliedern für den Fall der *regulären* Beendigung ihrer Vorstandstätigkeit zugesagt worden sind, wobei zusätzlich zu den Angaben bei einer vorzeitigen Beendigung der Barwert der Zusage anzugeben ist sowie wahlweise der Aufwand des Geschäftsjahrs oder der dafür gebildete Rückstellungsbetrag (bb);
- während des Geschäftsjahrs vereinbarte Änderungen dieser Leistungszusagen (cc);
- Leistungen, die einem in der Berichtsperiode ausgeschiedenen Vorstandsmitglied im Zusammenhang mit dem Ausscheiden zugesagt und im Geschäftsjahr gewährt worden sind (dd).

Die von § 285 Nr. 9a Satz 6 aa) bis cc) HGB geforderten Angaben beziehen sich auf Zusagen *künftiger Leistungen* an weiterhin aktive Vorstandsmitglieder, die im Geschäftsjahr der Zusage i.S.v. § 285 Nr. 9a Satz 1, 3 HGB noch nicht als gewährt gelten und somit (noch) keine *Bezüge* darstellen. Damit geht die Berichtspflicht des § 285 Nr. 9a Satz 6 HGB über die allgemein geforderten Vergütungsangaben (§ 285 Nr. 9a Satz 1 HGB = *Bezüge*) hinaus.

> **! Beispiel: Leistungen an Vorstandsmitglieder, die keine Bezüge sind**
>
> Die börsennotierte A AG hat ihren aktiven Vorstandsmitgliedern unmittelbare Pensionszusagen erteilt, die diesen ab Erreichen einer Altersgrenze von 65 Jahren eine lebenslange monatliche Altersversorgungszahlung zusichern.
> Der Aufwand aus der für die Altersversorgungsverpflichtungen erforderlichen Bildung von Pensionsrückstellungen gehört nicht zu den angabepflichtigen *Bezügen* der Vorstandsmitglieder nach § 285 Nr. 9a Satz 1, 5 HGB. Aufgrund der erweiterten Berichtspflicht des § 285 Nr. 9a Satz 6 HGB sind diese Zusagen aber im Anhang der A AG gesondert berichtspflichtig[757].

Die Angabe gem. § 285 Nr. 9a Satz 6 dd) HGB betrifft dagegen regelmäßig Leistungen, die in der Berichtsperiode gewährt wurden und folglich als *Bezüge* i.S.d. § 285 Nr. 9a Satz 1, 3 HGB anzusehen sind (zur Frage, wann Leistungen als gewährt gelten, siehe Kapitel 7.6.2.2). Dabei ist allerdings zu beachten, dass solche in der Berichtsperiode gewährten »Beendigungsvergütungen« nicht in die Angabe der Bezüge gem. § 285 Nr. 9a Satz 5 HGB einzubeziehen sind, sondern – wie in der folgenden Musterformulierung – einer davon getrennten Angabe unterliegen[758].

> **! Musterformulierung**
>
> **Vorstandsbezüge**
> Die Bezüge des Vorstands für das Geschäftsjahr ... betrugen insgesamt ... EUR. Dieser Gesamtbetrag verteilt sich wie folgt auf die einzelnen Vorstandsmitglieder:
> ...
> Daneben erhielt Herr/Frau ..., der/die im Geschäftsjahr aus dem Vorstand der Gesellschaft ausgeschieden ist, eine einmalige, feste Abfindungszahlung i.H.v. ... EUR.

Ursächlich hierfür ist insb. auch, dass mit der Beendigung der Vorstandstätigkeit der Status des bisherigen Vorstandsmitglieds wechselt: Aus einem aktiven wird ein ehemaliges Vorstandsmitglied. Aufgrund dessen ergibt sich aus § 285

---

757 Vgl. z.B. Grottel, in Grottel/Schmidt/Schubert/Winkeljohann, Bilanz, 2016, § 285 HGB Rz. 247, 277.
758 Vgl. DRS 17.61.

Nr. 9a Satz 6 dd) HGB auch eine Doppelangabe, denn diese Vorschrift beinhaltet eine (ergänzende) Berichtspflicht für aktive Organmitglieder. Die gewährten Bezüge sind jedoch zugleich als Bezüge ehemaliger Organmitglieder i. S. d. § 285 Nr. 9b HGB anzusehen und in die diesbezügliche Angabe der Gesamtbezüge mit einzubeziehen[759]. Eine weitergehende Differenzierung oder Individualisierung der Angaben nach § 285 Nr. 9b HGB bspw. dergestalt, dass die »Beendigungsvergütung« im Rahmen eines Davon-Vermerks gesondert herausgestellt wird, ist dabei zwar (freiwillig) zulässig, aber keinesfalls zwingend.

Beendigungsursachen und berichtspflichtige Leistungen

Die Berichtspflichten des § 285 Nr. 9a Satz 6 HGB beziehen sich sowohl auf die reguläre (planmäßige) als auch die vorzeitige (außerplanmäßige) Beendigung der Vorstandstätigkeit. Als Fälle, die zu einer *vorzeitigen Beendigung* der Organstellung führen, kommen insb. eine Amtsniederlegung, Abberufung oder Dienstunfähigkeit sowie eine Beendigung der Vorstandstätigkeit als Folge eines Wechsels des Mehrheitsaktionärs *(Change of Control)* oder einer umwandlungsrechtlichen Maßnahme (Verschmelzung, Spaltung usw.) in Betracht[760]. Zu den Fällen der *regulären Beendigung* der Vorstandstätigkeit gehören primär die fehlende Wiederbestellung nach Ablauf des aktuellen Bestellungszeitraums oder das Erreichen einer vorgesehenen bzw. vereinbarten Altersgrenze.

Angabepflichtig sind sowohl einmalige als auch wiederkehrende Leistungszusagen, wie z. B. Regelungen zur Weiterzahlung der Tätigkeitsvergütung und Tantiemen sowie Versorgungs- und Abfindungszahlungen im Falle einer vorzeitigen Beendigung der Vorstandstätigkeit[761]. In Bezug auf die reguläre Beendigung der Vorstandstätigkeit kommen vorwiegend Abfindungs- oder Altersversorgungszusagen, Übergangs- oder Überbrückungsgelder bis zum Erreichen der vereinbarten Altersgrenze, Karenzentschädigungen für ein dienstvertragliches Wettbewerbsverbot u. Ä. in Betracht. Auch andere (Sach-) Leistungen, wie z. B. die Weiterbenutzung von Dienstwagen, Büros oder Sekretariat gehören dazu[762].

Art und Umfang der Berichterstattung

Die Angaben nach § 285 Nr. 9a Satz 6 HGB sind aufgrund des Gesetzeswortlauts ebenfalls – wie auch die Berichterstattung über die Bezüge der aktiven Vorstandsmitglieder gem. § 285 Nr. 9a Satz 5 HGB – in individualisierter Form darzustellen. Auch muss eine Differenzierung in erfolgsunabhängige und er-

---

759 Vgl. BT-Drucks. 16/12278 S. 7.
760 Vgl. Grottel, in Grottel/Schmidt/Schubert/Winkeljohann, Bilanz, 2016, § 285 HGB Rz. 275.
761 Vgl. Poelzig, in Schmidt/Ebke, HGB, Bd. 4, 2013, § 285 HGB Rz. 185.
762 Vgl. z. B. Grottel, in Grottel/Schmidt/Schubert/Winkeljohann, Bilanz, 2016, § 285 HGB Rz. 247, 277.

folgsbezogene Leistungen sowie Leistungen mit langfristiger Anreizwirkung erfolgen[763].

Für sämtliche Fälle des §285 Nr. 9a Satz 6 HGB sind die *Basisdaten* der Leistungszusagen für eine Beendigung der Vorstandstätigkeit berichtpflichtig. Haben die Basisdaten im Laufe der Berichtsperiode erhebliche rechtsverbindlich vereinbarte Änderungen erfahren, sind diese geänderten Basisdaten nach §285 Nr. 9a Satz 6 cc) HGB als solche darzustellen[764]. Gemäß §285 Nr. 9a Satz 6 dd) HGB sind schließlich die Basisdaten für solche Leistungen anzugeben, die nicht bereits vorab vereinbart waren (dann waren sie schon nach §285 Nr. 9a Satz 6 aa) bis cc) HGB anzugeben), sondern erst im Zusammenhang mit dem Ausscheiden gewährt wurden.

Zu den Basisdaten einer Leistungszusage werden sämtliche wesentlichen Merkmale der getroffenen Vereinbarung gerechnet, die die Höhe und die zeitliche Verteilung der betreffenden Leistungen beeinflussen. Sind feste – turnusmäßig wiederkehrende oder einmalige – Beträge zugesagt worden, sind sie mit ihren Nominalwerten anzugeben. Bei variablen oder bedingten Leistungen umfasst die Berichtpflicht insb. die Bemessungsgrundlage, den Leistungsprozentsatz, etwaige Dynamisierungsfaktoren, die Bedingungen für den Leistungseintritt usw.[765]. Sachleistungen sind mit ihren Vollkosten zu bewerten[766].

Das folgende Beispiel enthält eine Musterformulierung der wesentlichen Basisdaten für den Fall eines außerplanmäßigen Ausscheidens von Vorstandsmitgliedern, ergänzt um eine individualisierte Angabe der effektiven finanziellen Auswirkungen des Ausscheidens eines Vorstandsmitglieds in der Berichtsperiode.

! Musterformulierung

Leistungszusagen an Vorstandsmitglieder

...

Die Mitglieder des Vorstands unterliegen im Fall ihres vorzeitigen Ausscheidens aus dem Vorstand jeweils einem einjährigen Wettbewerbsverbot, das mit einer nicht erfolgsabhängigen Karenzentschädigung verbunden ist. Die Karenzentschädigung ermittelt sich auf der Grundlage von 50 Prozent der im Durchschnitt der letzten drei vollen Jahre vor dem Ausscheiden bezogenen Jahresgesamtbezüge.

---

763 Vgl. Grottel, in Grottel/Schmidt/Schubert/Winkeljohann, Bilanz, 2016, §285 HGB Rz. 273.
764 Vgl. Grottel, in Grottel/Schmidt/Schubert/Winkeljohann, Bilanz, 2016, §285 HGB Rz. 279.
765 Vgl. Hoffmann/Lüdenbach, Bilanzierung, 2017, §285 HGB Rz. 77; DRS 17.53.
766 Vgl. Grottel, in Grottel/Schmidt/Schubert/Winkeljohann, Bilanz, 2016, §285 HGB Rz. 277.

> Das Vorstandsmitglied … hat mit Wirkung zum Ablauf des Geschäftsjahrs … sein Amt vorzeitig niedergelegt. Nach dem Ausscheiden steht ihm die vereinbarte Karenzentschädigung zu. Nach endgültiger Ermittlung der variablen Vergütung für die Berichtsperiode ergibt sich nach den dargestellten Regeln ein Anspruch auf eine Karenzentschädigung i.H.v. insgesamt … EUR.

Neben der Angabe der (wesentlichen) Leistungsparameter verlangt das Gesetz ausschließlich in Bezug auf Leistungszusagen, die sich auf die *reguläre* Beendigung der Vorstandstätigkeit beziehen, die folgenden gesonderten Angaben:

- *Barwert* der den einzelnen (aktiven) Vorstandsmitgliedern zum Abschlussstichtag insgesamt zugesagten Leistungen. Eine Aufgliederung nach einzelnen Leistungen bzw. Leistungsarten ist dabei nicht erforderlich[767].
- Gesamtbetrag, der in der Berichtsperiode für die dem einzelnen (aktiven) Vorstandsmitglied zugesagten Leistungen als *Personalaufwand* – also ohne einen etwaigen Aufwand aus einer Rückstellungsaufzinsung – erfasst wurde oder sich in einer *Veränderung der Rückstellung* niedergeschlagen hat. Versicherungsprämien, die die berichtende Gesellschaft für auf den Namen des Vorstandsmitglieds lautende Lebens-, Pensions- und Unfallversicherungen geleistet hat, sind an dieser Stelle nicht (erneut) angabepflichtig, da sie Teil der nach §285 Nr. 9a Satz 5 HGB anzugebenden Bezüge sind[768].

Die folgende Musterformulierung geht zwar sachgerecht auf den Barwert und die Rückstellungszuführung der Berichtsperiode ein, sie ist aber dennoch nicht hinreichend, da sie die Basisdaten der Altersversorgungszusage an die beiden Vorstandsmitglieder außer Acht lässt.

Musterformulierung   **!**

Leistungszusagen an Vorstandsmitglieder

…

Aufgrund entsprechender Pensionszusagen an die beiden Vorstandsmitglieder sind zum Abschlussstichtag Pensionsrückstellungen i.H.v. … EUR für Frau … und i.H.v. … EUR für Herrn … in der Bilanz ausgewiesen. Der im Geschäftsjahr … zugeführte Rückstellungsbetrag beläuft sich bei Frau … auf … EUR und bei Herrn … auf … EUR.

Es müssten folglich noch Erläuterungen der folgenden Art hinzukommen.

---

767 Vgl. Grottel, in Grottel/Schmidt/Schubert/Winkeljohann, Bilanz, 2016, §285 HGB Rz.277.
768 Vgl. DRS 17.55.

> **! Musterformulierung**
>
> **Leistungszusagen an Vorstandsmitglieder**
>
> ...
>
> Aufgrund entsprechender Altersversorgungszusagen erwerben die beiden Mitglieder des Vorstands mit Erreichen einer fünfjährigen Vorstandtätigkeit einen erfolgsunabhängigen Anspruch auf die Zahlung eines jährlichen Ruhegehalts im Versorgungsfall, das heißt, bei Erreichen eines Ruhealters von ... Jahren oder bei dauerhafter Berufsunfähigkeit. Die Höhe des Ruhegehalts bemisst sich an der Höhe des zuletzt bezogenen festen Jahresgehalts sowie nach der Dauer der Vorstandstätigkeit. Ein Prozentwert von ... Prozent des festen Jahresgehalts wird als Sockelbetrag definiert und mit einem jährlichen Steigerungsbetrag von ... Prozent pro Dienstjahr angepasst.
> Für diese Verpflichtungen der Gesellschaft sind zum Abschlussstichtag Pensionsrückstellungen i.H.v. ... EUR für Frau ... und i.H.v. ... EUR für Herrn ... in der Bilanz ausgewiesen. Der im Geschäftsjahr ... zugeführte Rückstellungsbetrag beläuft sich bei Frau ... auf ... EUR und bei Herrn ... auf ... EUR.

Bei der Ermittlung des Barwerts sind die folgenden Aspekte zu beachten[769]:

- Es ist grundsätzlich auf das Ende des aktuellen Bestellungszeitraums des Vorstandsmitglieds bzw. das Erreichen des vorgesehenen Mindestbestellungszeitraums abzustellen.
- Der Barwert ist nur anzugeben, soweit er verlässlich bestimmbar ist; dabei ist grundsätzlich auf die gleichen Annahmen zurückzugreifen, die auch den Pensions- und anderen (Alters-)Versorgungszusagen zugrunde gelegt wurden.
- Für Pensions- und andere (Alters-)Versorgungszusagen ist grundsätzlich der für Jahresabschlusszwecke (Rückstellungsbildung, Anhangangabe einer Unterdeckung; siehe dazu Kapitel 7.3.6.1) ermittelte Barwert der Verpflichtung maßgebend.
- Bei wertpapiergebundenen Altersversorgungszusagen ist anstelle des Barwerts der tatsächliche Rückstellungsbetrag (beizulegender Zeitwert der Wertpapiere nach § 253 Abs. 1 Satz 3 HGB) zu berücksichtigen.

Die Angabepflichten nach § 285 Nr. 9a Satz 6 HGB betreffen alle zum Abschlussstichtag bestehenden bzw. bis zu diesem Zeitpunkt zugesagten Leistungsverpflichtungen, unabhängig davon, ob die Zusage im abgelaufenen oder in einem früheren Geschäftsjahr erteilt wurde[770]. Negativvermerke wie z.B. »Die Gesellschaft hat Leistungen für oder aus Anlass der Beendigung der Tätigkeit

---

769 Vgl. DRS 17.57.
770 Vgl. DRS 17.58, 17.62.

von Vorstandsmitgliedern zum Abschlussstichtag weder zugesagt noch erbracht« sind nicht erforderlich, aber freiwillig zulässig.

Leistungen von Dritten

Nach §285 Nr. 9a Satz 7 HGB haben börsennotierte Gesellschaften auch Leistungen für Vorstandsmitglieder anzugeben, die von Dritten im Hinblick auf die Vorstandstätigkeit zugesagt oder im Geschäftsjahr gewährt worden sind. Diese Angabepflicht bezieht sich auf alle aus Sicht der berichtenden Gesellschaft externen Personen und Unternehmen, also z.B. Gesellschafter, Tochterunternehmen oder Beteiligungsunternehmen.

Die Drittleistungen sind nicht in die Gesamtbezüge des einzelnen Vorstandsmitglieds einzubeziehen, sondern getrennt anzugeben, da sie *nicht* die berichtende Gesellschaft belasten. Bei der Angabe muss hinreichend deutlich ersichtlich sein, dass es sich um Drittleistungen handelt, ohne dass der Dritte jedoch identifizierbar sein muss[771]. Es genügen also bspw. Hinweise auf Leistungen von Gesellschaftern, Tochterunternehmen usw.

Um eine Berichtspflicht auszulösen, muss die Leistung des Dritten in einem unmittelbaren oder mittelbaren Zusammenhang mit dem Aufgabenbereich der Vorstandstätigkeit stehen. Nicht angabepflichtig sind daher Leistungen, die auf privater oder verwandtschaftlicher Grundlage erfolgen sowie Bezüge für Tätigkeiten in einem anderen Unternehmen[772]. Allerdings ist der Begriff der »Leistung« in diesem Zusammenhang weit auszulegen; nach dem Willen des Gesetzgebers ist darunter – unabhängig von der rechtlichen Zulässigkeit solcher Leistungen – jede Vorteilsgewährung von Dritten zu verstehen, die auf die Stellung als Vorstandsmitglied zurückgeführt werden kann.

Auch die berichtspflichtigen Drittleistungen sind in individualisierter Form für jedes einzelne Vorstandsmitglied und unter Aufgliederung in erfolgsunabhängige und erfolgsbezogene Leistungen sowie Leistungen mit langfristiger Anreizwirkung darzustellen[773].

Individualisierung weitergehender Angaben

§285 Nr. 9a Satz 8 HGB regelt, dass auch etwaige weitergehende Angaben zu bestimmten Vorstandsbezügen im Jahresabschluss individualisiert vorzunehmen sind. Eine Differenzierung in erfolgsunabhängige und erfolgsbezogene

---

771 Vgl. Poelzig, in Schmidt/Ebke, HGB, Bd. 4, 2013, §285 HGB Rz.191.
772 Vgl. Hohenstatt/Wagner, in ZIP 2008, S.951.
773 Vgl. DRS 17.69.

Leistungen sowie Leistungen mit langfristiger Anreizwirkung muss nach dem Gesetzeswortlaut dagegen nicht erfolgen.

Mit Blick auf den Gesetzeswortlaut betreffen diese Zusatzangaben zudem nur *Bezüge* i.S.d. §285 Nr. 9a Satz 1 bis 5 HGB und somit nicht Leistungen nach §285 Nr. 9a Satz 6 und 7 HGB.

Bspw. hat eine börsennotierte Gesellschaft, die nach §325 Abs. 2a Satz 1 HGB einen Jahresabschluss nach IFRS für Zwecke der Offenlegung aufstellt, umfangreiche Anhangangaben zu etwaigen Aktienoptionsplänen *individualisiert* darzustellen[774].

7.7.3.6 Erklärung zum Corporate-Governance-Kodex

Berichtsgegenstand und zugrunde liegende Vorschriften

> **HGB §285 Sonstige Pflichtangaben**
> *Ferner sind im Anhang anzugeben:*
> ...
> 16. *dass die nach §161 des Aktiengesetzes vorgeschriebene Erklärung abgegeben und wo sie öffentlich zugänglich gemacht worden ist;*

Erleichterungen
Es bestehen keine gesetzlich geregelten Erleichterungen.

Kategorisierung und Vorjahresangabe
Die Berichtspflicht, die die nach §161 AktG vorgeschriebene sog. Entsprechenserklärung zum Corporate-Governance-Kodex betrifft, ist eine originäre Pflichtangabe, die ausdrücklich für den Anhang vorgesehen ist. Deshalb sind keine entsprechenden Informationen für die vorangegangene Berichtsperiode anzugeben. §285 Nr. 16 HGB bezieht sich somit nur auf die Abgabe der aktuellen Entsprechenserklärung.

Eingeschränkter Anwendungsbereich
Die Angabepflicht des §285 Nr. 16 HGB betrifft nur solche Gesellschaften, die nach §161 AktG zur Abgabe einer Entsprechenserklärung zum Deutschen Corporate-Governance-Kodex verpflichtet sind.

---

774 Vgl. BT-Drucks. 15/5577 S. 7.

Der Anwendungsbereich des §161 AktG erstreckt sich auf börsennotierte Gesellschaften[775] sowie auf Gesellschaften, die lediglich andere Wertpapiere als Aktien (insb. Schuldverschreibungen) zum Handel an einem organisierten (Kapital-)Markt i.S.d. §2 Abs. 5 WpHG ausgegeben haben *und* deren Aktien auf eigene Veranlassung über ein multilaterales Handelssystem i.S.d. §2 Abs. 3 Satz 1 Nr. 8 WpHG (in Deutschland grundsätzlich der Freiverkehr) gehandelt werden. Eine ausschließliche Inanspruchnahme des Aktienhandels im Freiverkehr löst die Erklärungspflicht nach §161 AktG dagegen nicht aus[776].

Inhaltliche Abgrenzung der Berichtspflicht

§285 Nr. 16 HGB umfasst lediglich die Angabe der Tatsache, dass die Entsprechenserklärung abgegeben wurde, sowie die Angabe dazu, wo sie der Allgemeinheit öffentlich zugänglich gemacht worden ist. Der Inhalt der Entsprechenserklärung selbst ist dagegen nicht in den Anhang aufzunehmen.

Nach §161 Abs. 2 AktG ist die Entsprechenserklärung dauerhaft auf der Website der Gesellschaft zugänglich zu machen. Die Anhangangabe muss mindestens eine genaue Bezeichnung der Website der Gesellschaft umfassen[777]. Wird die Entsprechenserklärung mit einem (Abgabe-)Datum versehen, empfiehlt es sich, dieses Datum mit in die Anhangangabe aufzunehmen.

Der Berichtspflicht gem. §285 Nr. 16 HGB kann bspw. durch die folgende Musterformulierung entsprochen werden:

Musterformulierung !

Erklärung gem. §161 AktG zum Deutschen Corporate-Governance-Kodex
Die ... hat die nach §161 AktG vorgeschriebene Erklärung für das Jahr ... am ... abgegeben und sie den Aktionären auf der Internetseite der Gesellschaft (www...) dauerhaft zugänglich gemacht.

In der Berichtspraxis wird auf die Angabe des Datums der Entsprechenserklärung allerdings oftmals verzichtet, wie z.B. im folgenden Beispielsfall.

---

775 Zum Begriff der Börsennotierung siehe Kapitel 3.1.
776 Vgl. Gelhausen/Fey/Kämpfer, Rechnungslegung und Prüfung nach dem Bilanzrechtsmodernisierungsgesetz, 2009, Kap. Y Rz.89 i.V.m. 91.
777 Vgl. Gelhausen/Fey/Kämpfer, Rechnungslegung und Prüfung nach dem Bilanzrechtsmodernisierungsgesetz, 2009, Kap. O Rz.68.

Praxisbeispiel

Erklärung gem. § 161 AktG zum Corporate Governance-Kodex

Die Bechtle AG hat für 2015 die nach § 161 AktG vorgeschriebene Erklärung abgegeben. Die Erklärung wurde den Aktionären auf der Unternehmens-Website www.bechtle.com zugänglich gemacht.

Bechtle AG, Neckarsulm, Jahresabschluss zum 31.12.2015

8 Inhalt des offenzulegenden Anhangs

8.1 Zugrunde liegende Vorschriften

HGB § 326 Größenabhängige Erleichterungen für kleine Kapitalgesellschaften und Kleinstkapitalgesellschaften bei der Offenlegung
(1) Auf kleine Kapitalgesellschaften (§ 267 Abs. 1) ist § 325 Abs. 1 mit der Maßgabe anzuwenden, dass die gesetzlichen Vertreter nur die Bilanz und den Anhang einzureichen haben. Der Anhang braucht die die Gewinn- und Verlustrechnung betreffenden Angaben nicht zu enthalten.

HGB § 327 Größenabhängige Erleichterungen für mittelgroße Kapitalgesellschaften bei der Offenlegung
Auf mittelgroße Kapitalgesellschaften (§ 267 Abs. 2) ist § 325 Abs. 1 mit der Maßgabe anzuwenden, dass die gesetzlichen Vertreter
1. *die Bilanz nur in der für kleine Kapitalgesellschaften nach § 266 Abs. 1 Satz 3 vorgeschriebenen Form beim Betreiber des Bundesanzeigers einreichen müssen. In der Bilanz oder im Anhang sind jedoch die folgenden Posten des § 266 Abs. 2 und 3 zusätzlich gesondert anzugeben:*
   Auf der Aktivseite
   A I 1 Selbst geschaffene gewerbliche Schutzrechte und ähnliche Rechte und Werte;
   A I 2 Geschäfts- oder Firmenwert;
   A II 1 Grundstücke, grundstücksgleiche Rechte und Bauten einschließlich der Bauten auf fremden Grundstücken;
   A II 2 technische Anlagen und Maschinen;
   A II 3 andere Anlagen, Betriebs- und Geschäftsausstattung;
   A II 4 geleistete Anzahlungen und Anlagen im Bau;
   A III 1 Anteile an verbundenen Unternehmen;
   A III 2 Ausleihungen an verbundene Unternehmen;
   A III 3 Beteiligungen;
   A III 4 Ausleihungen an Unternehmen, mit denen ein Beteiligungsverhältnis besteht;
   B II 2 Forderungen gegen verbundene Unternehmen;
   B II 3 Forderungen gegen Unternehmen, mit denen ein Beteiligungsverhältnis besteht;
   B III 1 Anteile an verbundenen Unternehmen.
   Auf der Passivseite
   C 1 Anleihen,

davon konvertibel;

C 2 Verbindlichkeiten gegenüber Kreditinstituten;

C 6 Verbindlichkeiten gegenüber verbundenen Unternehmen;

C 7 Verbindlichkeiten gegenüber Unternehmen, mit denen ein Beteiligungsverhältnis besteht;

2. *den Anhang ohne die Angaben nach § 285 Nr. 2 und 8 Buchstabe a, Nr. 12 beim Betreiber des Bundesanzeigers einreichen dürfen.*

8.2 Verhältnis zu den Aufstellungserleichterungen

Über die in Kapitel 7 im Einzelnen beschriebenen, schon bei der Aufstellung des Jahresabschlusses bestehenden Erleichterungen hinaus eröffnen die §§ 326 und 327 HGB kleinen und mittelgroßen Gesellschaften bestimmte Möglichkeiten, den Inhalt des im elektronischen Bundesanzeiger publizierten Anhangs (weiter) zu verkürzen. Zusätzliche rechtsformbezogene Offenlegungserleichterungen können sich aus den einschlägigen spezialgesetzlichen Normen, vor allem des AktG und des GmbHG, ergeben. Für große Gesellschaften sehen die gesetzlichen Vorschriften keine korrespondierenden Erleichterungen vor, die sich ausschließlich auf die Offenlegung beziehen.

Die inhaltlichen Offenlegungserleichterungen *müssen nicht* in Anspruch genommen werden, ihre Anwendung für zeitlich aufeinanderfolgende Jahresabschlüsse ist *nicht* durch den Stetigkeitsgrundsatz eingeschränkt. Zugleich lässt sich aus den Erleichterungen für die Offenlegung keine befreiende (Rück-) Wirkung auf die Aufstellung ableiten[778], das heißt: Es kann nicht schon im aufgestellten Jahresabschluss auf bestimmte Angaben mit dem Argument verzichtet werden, für die Offenlegung seien diese Angaben ohnehin verzichtbar.

Aus den Regelungen der §§ 326, 327 HGB ist nicht zu ersehen, ob der Jahresabschluss so offenzulegen ist, wie er tatsächlich aufgestellt wurde oder wie er hätte aufgestellt werden dürfen[779]. Konkret betrifft dies die Frage, ob bei der Offenlegung die in Kapitel 7 beschriebenen Aufstellungserleichterungen auch »nachträglich« wahrgenommen werden dürfen. Die herrschende Meinung geht davon aus und folgert, dass die gesetzlich eingeräumten Aufstellungserleichterungen in beliebigem Umfang auch ausschließlich für Offenlegungszwecke ausgenutzt werden können[780].

---

778 Vgl. Kreipl, in Bertram/Brinkmann/Kessler/Müller, HGB Bilanz, 2016, § 326 HGB Rz. 4.

779 Vgl. Grottel, in Grottel/Schmidt/Schubert/Winkeljohann, Bilanz, 2016, § 326 HGB Rz. 15.

780 So z. B. Grottel, in Grottel/Schmidt/Schubert/Winkeljohann, Bilanz, 2016, § 326 HGB Rz. 15, § 327 HGB Rz. 13.

Umgekehrt kann bei der Offenlegung auch auf Erleichterungen verzichtet werden, die bei der Aufstellung des Jahresabschlusses in Anspruch genommen wurden[781]. Dieser Fall wird im Weiteren aber vernachlässigt.

Soweit dahin gehend keine (anderen) Offenlegungserleichterungen greifen, gilt die Möglichkeit zur Nachholung von Aufstellungserleichterungen nicht für Wahlpflichtangaben, für die eine Darstellung im Anhang gewählt wurde. Dies gilt analog für zusammengefasste Bilanz- und GuV-Posten, die unter Anwendung von § 265 Abs. 7 Nr. 2 HGB in den Anhang verlagert wurden, da es sich insoweit nicht um eine Aufstellungs*erleichterung* handelt[782], sondern um eine bloße Darstellungsalternative.

Nach herrschender Meinung dürfen freiwillige Zusatzangaben, die bei der Aufstellung des Jahresabschlusses in den Anhang aufgenommen wurden, für Zwecke der Offenlegung nur insoweit weggelassen werden, als sie sich auf Informationen beziehen, die aufgrund der bestehenden Aufstellungs- oder Offenlegungserleichterungen entfallen können[783]. Andernfalls müssten auch sie im offengelegten Anhang enthalten sein. Enthält der aufgestellte Anhang bspw. freiwillig einen Rückstellungsspiegel (siehe dazu Kapitel 7.3.6.2), könnte diese Erweiterung nach herrschender Meinung also nur dann entfallen – womit bloß eine Erläuterung der sonstigen Rückstellungen offenzulegen wäre –, wenn alternativ die Rückstellungserläuterung auch ganz weggelassen werden könnte. Dies ist jedoch nur bei kleinen Gesellschaften der Fall, sodass mittelgroße und große Gesellschaften bei der Offenlegung an die bei der Aufstellung tatsächlich erfolgte Ergänzung des Rückstellungsspiegels gebunden wären. Unseres Erachtens ist die beschriebene Auffassung aus dem Gesetzeszusammenhang nicht zwingend zu folgern. Daher können alle Berichtsgegenstände, die eindeutig als freiwillige Zusatzangaben des Anhangs zu werten sind, im offengelegten Anhang entfallen. Grundvoraussetzung dafür ist jedoch, dass durch das Weglassen solcher Berichtselemente nicht die Verständlichkeit der pflichtmäßigen Angaben in irgendeiner Form erheblich beeinträchtigt wird.

Wenn im Folgenden mögliche Verkürzungen des Anhangs bei der Offenlegung dargestellt werden, beziehen sich diese Ausführungen sowohl auf originäre Aufstellungs- als auch auf originäre Offenlegungserleichterungen.

---

781 So z. B. Grottel, in Grottel/Schmidt/Schubert/Winkeljohann, Bilanz, 2016, § 326 HGB Rz. 16; Fehrenbacher, in Schmidt/Ebke, HGB, Bd. 4, 2013, § 326 HGB Rz. 11 f.; a. A. Zetzsche, in Scherrer/Claussen, Rechnungslegungsrecht, 2011, § 326 HGB Rz. 11, der seine Ablehnung mit der fehlenden Feststellung des erweiterten Anhangs/Jahresabschlusses begründet.
782 Vgl. Grottel, in Grottel/Schmidt/Schubert/Winkeljohann, Bilanz, 2016, § 326 HGB Rz. 19.
783 So z. B. Kreipl, in Bertram/Brinkmann/Kessler/Müller, HGB Bilanz, 2016, § 326 HGB Rz. 21; Grottel, in Grottel/Schmidt/Schubert/Winkeljohann, Bilanz, 2016, § 326 HGB Rz. 28.

8.3 Mögliche Verkürzungen des Anhangs bei der Offenlegung

8.3.1 Rechtsformübergreifende Verkürzungen

8.3.1.1 Kleine Gesellschaften

Nach § 326 Abs. 1 Satz 2 HGB können im Anhang kleiner Gesellschaften alle Angaben entfallen, die sich auf die zugehörige Gewinn- und Verlustrechnung beziehen, da diese aufgrund der Befreiungsvorschrift des § 326 Abs. 1 Satz 1 HGB selbst nicht Gegenstand der Offenlegung gem. § 325 HGB sein muss. Wird von der Möglichkeit, die Gewinn- und Verlustrechnung nicht offenzulegen, kein Gebrauch gemacht, können auch die betreffenden Anhangangaben nicht weggelassen werden[784]. Unter den Begriff der *GuV-Angaben* fallen dabei alle Informationen, die sich aus § 265 HGB oder aus einer GuV-bezogenen Einzelvorschrift ergeben[785].

Unter ergänzender Berücksichtigung der gesetzlich eingeräumten Aufstellungserleichterungen ergeben sich daher für kleine Gesellschaften – unabhängig von ihrer Rechtsform – die in Tab. 11 dargestellten Möglichkeiten zur Verkürzung des Anhangs für Zwecke der Offenlegung.

Welche Angaben können wegfallen?	Vorschrift[787]
Bewertungsgrundlagen der Pensionsverpflichtungen	§ 285 Nr. 24
Erläuterungen zur zusammengefügten Gliederung von Bilanz und GuV nach für mehrere Geschäftszweige geltenden Schemata	§ 265 Abs. 4 Satz 2
Unterschiedsbetrag aus der Anwendung von Gruppen- oder Verbrauchsfolgebewertung	§ 284 Abs. 2 Nr. 3
Anlagengitter	§ 284 Abs. 3
Betrag der im Geschäftsjahr im Anlagevermögen aktivierten Fremdkapitalzinsen	§ 284 Abs. 3
Angaben zu Finanzinstrumenten des Anlagevermögens, die über ihrem Stichtagswert ausgewiesen werden	§ 285 Nr. 18
Forderungen, die nach dem Abschlussstichtag rechtlich entstehen	§ 268 Abs. 4 Satz 2

---

784 Vgl. Haller/Hütten/Groß, in Küting/Pfitzer/Weber, Rechnungslegung, § 326 HGB Rz. 18, Stand 05/2014.
785 Vgl. Grottel, in Grottel/Schmidt/Schubert/Winkeljohann, Bilanz, 2016, § 326 HGB Rz. 24.

Welche Angaben können wegfallen?	Vorschrift[787]
Aktivierte Disagiobeträge	§ 268 Abs. 6
Angabe von Genussscheinen/-rechten, Wandelschuldver-schreibungen, Optionsscheinen, Optionen, Besserungs-scheinen und vergleichbaren Wertpapieren oder Rechten	§ 285 Nr. 15a
Erläuterungen zu wesentlichen sonstige Rückstellungen	§ 285 Nr. 12
Verbindlichkeiten, die nach dem Abschlussstichtag rechtlich entstehen	§ 268 Abs. 5 Satz 3
Aufgliederung der Verbindlichkeiten mit einer Restlaufzeit > 5 Jahre und gesicherte Verbindlichkeiten für jeden Einzel-posten	§ 285 Nr. 2
Gründe für die Einschätzung des Risikos der Inanspruch-nahme von Haftungsverhältnissen	§ 285 Nr. 27
Außerbilanzielle Geschäfte	§ 285 Nr. 3
Angaben über die gewählte GuV-Gliederungssystematik	§ 284 Abs. 2 Nr. 1
Zusätzliche Angaben zur Vermittlung eines den tatsäch-lichen Verhältnissen entsprechenden Bildes der Ertragslage	§ 264 Abs. 2 Satz 2
Darstellungsabweichungen der GuV im Vergleich zur Vorperiode	§ 265 Abs. 1 Satz 2
Nicht vergleichbare oder angepasste GuV-Werte im Vergleich zur Vorperiode	§ 265 Abs. 2 Satz 2, 3
Zusammengefasste GuV-Posten	§ 265 Abs. 7 Nr. 2
Erträge/Aufwendungen aus der Abzinsung	§ 277 Abs. 5
Währungsumrechnungsgewinne/-verluste	§ 277 Abs. 5
Erträge/Aufwendungen aus latenten Steuern	§ 274 Abs. 2 Satz 3
Aufgliederung der Umsatzerlöse	§ 285 Nr. 4
Forschungs- und Entwicklungskosten	§ 285 Nr. 22
Materialaufwand bei Anwendung des Umsatzkosten-verfahrens	§ 285 Nr. 8a
Personalaufwand bei Anwendung des Umsatzkosten-verfahrens	§ 285 Nr. 8b
Außerplanmäßige Abschreibungen auf Anlagevermögen	§ 277 Abs. 3 Satz 1
Periodenfremde Erträge und Aufwendungen	§ 285 Nr. 32
Freiwillige ergänzende GuV-Erläuterungen	
Angaben zu Ansatz und Bewertung latenter Steuern	§ 285 Nr. 29

Welche Angaben können wegfallen?	Vorschrift[787]
Angaben zu Salden und Bewegungen latenter Steuerschulden	§ 285 Nr. 30
Beteiligungen an anderen Unternehmen	§ 285 Nr. 11
Unbeschränkte persönliche Haftung bei anderen Unternehmen	§ 285 Nr. 11a
Anteile an Investmentvermögen	§ 285 Nr. 26
Mutterunternehmen, das den Konzernabschluss für den größten Kreis von Unternehmen aufstellt	§ 285 Nr. 14
Ort der Offenlegung des Konzernabschlusses für das Mutterunternehmen, das den Konzernabschluss für den kleinsten Kreis von Unternehmen aufstellt	§ 285 Nr. 14a
Angaben zu Organmitgliedern	§ 285 Nr. 10
Gesamtbezüge und Verpflichtungen betreffend aktive und ehemalige Organmitglieder	§ 285 Nr. 9a, b
Geschäfte mit Nahestehenden	§ 285 Nr. 21
Derivative Finanzinstrumente	§ 285 Nr. 19
Abschlussprüferhonorare	§ 285 Nr. 17
Trennung der durchschnittlichen Arbeitnehmerzahl nach Gruppen	§ 285 Nr. 7
Ausschüttungsgesperrte Beträge	§ 285 Nr. 28
Vorschlag/Beschluss über die Ergebnisverwendung	§ 285 Nr. 34
Vorgänge von besonderer Bedeutung nach Schluss des Geschäftsjahrs	§ 285 Nr. 33

Tab. 11: Mögliche Verkürzungen bei der Offenlegung des Anhangs kleiner Gesellschaften

Im Schrifttum wird teilweise die Auffassung vertreten, die vorgesehenen Verkürzungen *müssten* im aufgestellten Anhang in einem gesonderten Abschnitt enthalten sein[787]. Diese vorbereitende Darstellungsmaßnahme mag sich aus Vereinfachungsgründen zwar empfehlen[788], eine entsprechende Pflicht als Grundvoraussetzung für die Inanspruchnahme der bestehenden Erleichte-

---

786 In dieser und den folgenden Abbildungen ist die gesetzliche Regelung genannt, die der Angabepflicht zugrunde liegt, nicht die betreffende Erleichterungsvorschrift. Die genannten Vorschriften beziehen sich auf das HGB, soweit nicht anders gekennzeichnet.

787 So Grottel, in Grottel/Schmidt/Schubert/Winkeljohann, Bilanz, 2016, § 326 HGB Rz. 25.

788 So z. B. Adler/Düring/Schmaltz, Rechnungslegung und Prüfung der Unternehmen, 6. Aufl. 1994 ff., § 326 HGB Rz. 31.

rungen anzunehmen, geht u.E. jedoch zu weit[789]. Es muss darstellungs- und formulierungstechnisch lediglich sichergestellt sein, dass durch den zulässigen Wegfall von Angaben im Rahmen der Offenlegung nicht zugleich auch Informationen mit entfallen, die im offengelegten Anhang zwingend enthalten sein müssen. Die Informationsverkürzung kann insb. in der Art erfolgen, dass die betroffenen Angaben (durch Schwärzen) unkenntlich gemacht werden, oder durch das Erstellen einer gesonderten Offenlegungsfassung des Anhangs, die bis auf die (zulässigerweise) weggelassenen Informationen mit dem Original übereinstimmt[790].

Ungeachtet der gesetzlich – ggf. »nachträglich« – möglichen Verkürzung der Bilanzgliederung gem. §266 Abs. 1 Satz 3 HGB dürfen bei der Offenlegung die folgenden Wahlpflichtangaben nicht entfallen, unabhängig davon, wo sie im aufgestellten Jahresabschluss dargestellt wurden:

- Angabe des Gewinn- oder Verlustvortrags bei der Aufstellung des Jahresabschlusses nach Ergebnisverwendung (§268 Abs. 1 HGB);
- Vermerk der Forderungen mit einer Restlaufzeit von mehr als einem Jahr (§268 Abs. 4 Satz 1 HGB);
- Vermerk der Verbindlichkeiten mit einer Restlaufzeit von bis zu einem Jahr und mehr als einem Jahr (§268 Abs. 5 Satz 1 HGB);
- Angabe der Haftungsverhältnisse i.S.d. §251 HGB (§268 Abs. 7 HGB)[791].

8.3.1.2 Mittelgroße Gesellschaften

Nach §327 Nr. 1 HGB dürfen mittelgroße Gesellschaften ihre Bilanz in der verkürzten Form offenlegen, die §266 Abs. 1 Satz 3 HGB für die Bilanzaufstellung durch kleine Gesellschaften zulässt. Allerdings sind in diesem Fall zusätzlich bestimmte Einzelposten des gesetzlichen Bilanzgliederungsschemas gesondert im offengelegten Jahresabschluss (in der Bilanz oder im Anhang) zu nennen. Eine Angabe dieser Einzelposten im Anhang erfordert dabei eine entsprechende Ergänzung des aufgestellten Anhangs[792].

---

789 So auch Haller/Hütten/Groß, in Küting/Pfitzer/Weber, Rechnungslegung, §326 HGB Rz.19, Stand 05/2014.
790 Vgl. Haller/Hütten/Groß, in Küting/Pfitzer/Weber, Rechnungslegung, §326 HGB Rz.19, Stand 05/2014.
791 Vgl. Grottel, in Grottel/Schmidt/Schubert/Winkeljohann, Bilanz, 2016, §326 HGB Rz.20.
792 Zur Umsetzung der möglichen Verkürzung der aufgestellten Bilanz für Offenlegungszwecke vgl. Grottel, in Grottel/Schmidt/Schubert/Winkeljohann, Bilanz, 2016, §327 HGB Rz.8 ff.

Daneben kann der Anhang für Zwecke der Offenlegung unter (»nachträglicher«) Wahrnehmung der bestehenden Aufstellungserleichterungen und der durch § 327 Nr. 2 HGB zusätzlich eingeräumten Erleichterungen um die in Tab. 12 dargestellten Angaben verkürzt werden.

Welche Angaben können wegfallen?	Vorschrift
Erläuterungen zu wesentlichen sonstigen Rückstellungen	§ 285 Nr. 12
Aufgliederung der Verbindlichkeiten mit einer Restlaufzeit > 5 Jahre und gesicherte Verbindlichkeiten für jeden Einzelposten	§ 285 Nr. 2
Aufgliederung der Umsatzerlöse	§ 285 Nr. 4
Periodenfremde Erträge und Aufwendungen	§ 285 Nr. 32
Materialaufwand bei Anwendung des Umsatzkostenverfahrens	§ 285 Nr. 8a
Angaben zu Ansatz und Bewertung latenter Steuern	§ 285 Nr. 29
Geschäfte, die *nicht* direkt oder indirekt mit einem Gesellschafter, direkten Beteiligungsunternehmen oder Mitgliedern des Geschäftsführungs-, Aufsichts- oder Verwaltungsorgans abgeschlossen wurden	§ 285 Nr. 21

Beteiligungen an anderen Unternehmen:
• Vollständige Befreiung, soweit
  – durch die Berichterstattung erhebliche Nachteile entstehen können oder
  – die Angaben unwesentlich sind.
• Befreiung betreffend die Angaben zum Eigenkapital und letztem Jahresergebnis bei Beteiligungen an nicht offenlegungspflichtigen Unternehmen, die keinen beherrschenden Einfluss ermöglichen.
	§ 285 Nr. 11

Mutterunternehmen, soweit durch die Berichterstattung erhebliche Nachteile entstehen können	§ 285 Nr. 14, 14a
Gesamtbezüge aktiver und ehemaliger Organmitglieder, wenn die persönlichen Bezüge einzelner Personen feststellbar sind	§ 285 Nr. 9a, b
Abschlussprüferhonorare	§ 285 Nr. 17

Tab. 12: Mögliche Verkürzungen bei der Offenlegung des Anhangs mittelgroßer Gesellschaften

Grundsätzlich nicht wegfallen können ungeachtet einer etwaigen Zusammenfassung von Bilanzposten nach §266 Abs. 1 Satz 3 HGB solche Angaben, die sich auf durch die Gliederungsverkürzung »untergegangene« Posten beziehen. Dies gilt bspw. für die Angabe der Abschreibungsdauer von Geschäftsoder Firmenwerten (§285 Nr. 13 HGB) oder des Gewinn- oder Verlustvortrags aus dem Vorjahr bei einer Aufstellung des Jahresabschlusses nach Ergebnisverwendung (§268 Abs. 1 HGB). Nach diesem Verständnis sind z.B. auch die Angaben zu den Gewinnrücklagen nach §152 Abs. 3 AktG bei mittelgroßen AGs oder KGaAs, die bei der Offenlegung die Bilanzverkürzung in Anspruch nehmen, zwingend, das allerdings nur für den Gesamtbetrag der Gewinnrücklagen. Angaben zu zusammengefassten Bilanzposten können also nur unterbleiben, soweit ausdrückliche Aufstellungs- oder Offenlegungserleichterungen bestehen[793].

8.3.1.3 Große Gesellschaften

Für große Gesellschaften sehen die gesetzlichen Regelungen keine größenbezogenen Aufstellungs- oder Offenlegungserleichterungen vor. Es kann sich jedoch aus den verschiedenen größen*un*abhängigen Aufstellungserleichterungen die Möglichkeit einer Verkürzung des offenzulegenden Anhangs ergeben, soweit die berichtende Gesellschaft bei der Aufstellung die diesbezüglichen Erleichterungen (freiwillig) nicht in Anspruch genommen hat. Tab. 13 fasst diese Möglichkeiten zusammen.

Welche Angaben können wegfallen?	Vorschrift
Aufgliederung der Umsatzerlöse, soweit der berichtenden Gesellschaft durch die Berichterstattung erhebliche Nachteile entstehen können	§285 Nr. 4

Beteiligungen an anderen Unternehmen:
• Vollständige Befreiung, soweit
  – durch die Berichterstattung erhebliche Nachteile entstehen können oder
  – die Angaben unwesentlich sind.
• Befreiung betreffend die Angaben zum Eigenkapital und letztem Jahresergebnis bei Beteiligungen an nicht offenlegungspflichtigen Unternehmen, die keinen beherrschenden Einfluss ermöglichen.
	§285 Nr. 11

---

793 So wohl auch Kreipl, in Bertram/Brinkmann/Kessler/Müller, HGB Bilanz, 2016, §327 HGB Rz. 16, der allerdings ausdrücklich nur auf Aufstellungserleichterungen Bezug nimmt.

Welche Angaben können wegfallen?	Vorschrift
Mutterunternehmen, soweit durch die Berichterstattung erhebliche Nachteile entstehen können	§ 285 Nr. 14, 14a
Gesamtbezüge aktiver und ehemaliger Organmitglieder, wenn die persönlichen Bezüge einzelner Personen feststellbar sind	§ 285 Nr. 9a, b
Abschlussprüferhonorare, soweit eine zusammenfassende Angabe in einem Konzernabschluss erfolgt	§ 285 Nr. 17

Tab. 13: Mögliche Verkürzungen bei der Offenlegung des Anhangs großer Gesellschaften

8.3.2 Rechtsformbezogene Verkürzungen

8.3.2.1 Voll haftungsbeschränkte Personenhandelsgesellschaften

Voll haftungsbeschränkte OHGs und KGs können – zum Teil größenabhängig – über die dargestellten allgemeinen Erleichterungen hinaus ihren Anhang für Offenlegungszwecke um die in Tab. 14 genannten Angaben verkürzen.

Welche Angaben können zusätzlich wegfallen?	Vorschrift
Betrag der im Handelsregister gemäß § 172 Abs. 1 eingetragenen Einlagen, soweit diese nicht geleistet sind, sofern die Personenhandelsgesellschaft klein ist	§ 264c Abs. 2 Satz 9
Ausschüttungsgesperrte Beträge	§ 285 Nr. 28
Vorschlag/Beschluss über die Ergebnisverwendung, wenn diese durch die Gesellschafter nicht mehr beschlossen werden muss oder keine gesetzliche Vorschlagspflicht für die Verwaltung besteht	§ 285 Nr. 34

Tab. 14: Mögliche zusätzliche Verkürzungen bei der Offenlegung des Anhangs einer voll haftungsbeschränkten Personenhandelsgesellschaft (§ 264a HGB)

8.3.2.2 GmbH

Unternehmen in der Rechtsform der GmbH können – zum Teil größenabhängig – über die dargestellten allgemeinen Erleichterungen hinaus ihren Anhang für Offenlegungszwecke um die in Tab. 15 genannten Angaben verkürzen.

Welche Angaben können zusätzlich wegfallen?	Vorschrift
Vorschlag/Beschluss über die Ergebnisverwendung, wenn diese durch die Gesellschafter nicht mehr beschlossen werden muss oder keine gesetzliche Vorschlagspflicht für die Verwaltung besteht	§ 285 Nr. 34

Tab. 15: Mögliche zusätzliche Verkürzungen bei der Offenlegung des Anhangs einer GmbH

8.3.2.3 AG und KGaA

Unternehmen in der Rechtsform der AG oder der KGaA können – zum Teil größenabhängig – über die dargestellten allgemeinen Erleichterungen hinaus ihren Anhang für Offenlegungszwecke um die in Tab. 16 genannten Angaben verkürzen.

Welche Angaben können zusätzlich wegfallen?	Vorschrift
Angaben zu Aktiengattungen, falls die AG/KGaA klein ist	§ 160 Abs. 1 Nr. 3 AktG
Angaben zu Vorratsaktien, falls die AG/KGaA klein ist	§ 160 Abs. 1 Nr. 1 AktG
Angaben zu genehmigtem Kapital, falls die AG/KGaA klein ist	§ 160 Abs. 1 Nr. 4 AktG
Wechselseitige Beteiligungen, falls die AG/KGaA klein ist	§ 160 Abs. 1 Nr. 7 AktG
Veröffentlichte Anteilsmitteilungen, falls die AG/KGaA klein ist	§ 160 Abs. 1 Nr. 8 AktG
Nicht ausgeübte Aktienbezugsrechte von Arbeitnehmern oder Vorstandsmitgliedern, falls die AG/KGaA klein ist	§ 160 Abs. 1 Nr. 5 AktG
Ergebnisverwendungsrechnung, wenn eine kleine AG/KGaA vorliegt und die GuV nicht offengelegt wird	§ 158 Abs. 1 AktG
Verwendung der aus vereinfachter Kapitalherabsetzung oder einer Auflösung von Gewinnrücklagen erzielten Beträge, falls die AG/KGaA klein ist	§ 240 Satz 3 AktG

Tab. 16: Mögliche zusätzliche Verkürzungen bei der Offenlegung des Anhangs einer AG und KGaA

8.4 Offenlegungshinweis

Führt die Inanspruchnahme der vorstehend beschriebenen Verkürzungsmöglichkeiten in Bezug auf den Anhang dazu, dass die offengelegte Fassung des Jahresabschlusses von der aufgestellten Fassung abweicht, ist bei der Offenlegung gem. §328 Abs. 1a Satz 2 Halbsatz 2 HGB darauf hinzuweisen, dass sich der Bestätigungsvermerk aus einer gesetzlichen Abschlussprüfung auf den *vollständigen* Jahresabschluss bezieht. Dies gilt entsprechend insb. im Fall einer Veröffentlichung des Bestätigungsvermerks bei einer freiwilligen Jahresabschlussprüfung von nicht prüfungspflichtigen kleinen Gesellschaften[794] (siehe dazu §316 Abs. 1 HGB[795]).

Den offenzulegenden Unterlagen kann z.B. die folgende Musterformulierung vorangestellt werden:

> **! Musterformulierung**
>
> **Hinweise zur Offenlegung des Jahresabschlusses**
> Bei dem nachstehenden Jahresabschluss der ... für das Geschäftsjahr vom ... bis zum ... handelt es sich um die in Einklang mit §326 [§327] HGB für Offenlegungszwecke verkürzte Fassung des Jahresabschlusses. Ferner wurden für Zwecke der Offenlegung die Erleichterungen für kleine [mittelgroße] Gesellschaften im Sinne des §267 HGB in Anspruch genommen, auf deren Inanspruchnahme bei der Aufstellung des Jahresabschlusses teilweise verzichtet wurde.
> Der dargestellte Bestätigungsvermerk des Abschlussprüfers wurde zum vollständigen Jahresabschluss [und Lagebericht] erteilt und betrifft nicht die vorliegende, unter Inanspruchnahme der genannten Offenlegungserleichterungen verkürzte Fassung des Jahresabschlusses.

Die Hinweispflicht des §328 Abs. 1a Satz 2 Halbsatz 2 HGB ist nach dem Gesetzeswortlaut auf die gesetzliche Offenlegung beschränkt. Sie erstreckt sich somit nicht auf »sonstige«, insb. satzungsmäßig vorgesehene Veröffentlichungen und Vervielfältigungen. Bei solchen freiwilligen Publikationen kann der genannte Hinweis aber fakultativ aufgenommen werden[796], was zweifelsohne zweckmäßig erscheint.

---

794 Vgl. Haller/Hütten/Groß, in Küting/Pfitzer/Weber, Rechnungslegung, §326 HGB Rz.29, Stand 05/2014.
795 Bei freiwilligen Abschlussprüfungen besteht keine Pflicht zur Offenlegung des Bestätigungsvermerks. Falls die Offenlegung aber erfolgt, gelten die allgemeinen Pflichten des §328 HGB entsprechend; vgl. Haller/Hütten/Froschhammer, in Küting/Pfitzer/Weber, Rechnungslegung, §328 HGB Rz.43 f., Stand 05/2014.
796 Vgl. Grottel, in Grottel/Schmidt/Schubert/Winkeljohann, Bilanz, 2016, §328 HGB Rz.14.

Keine gesetzliche Hinweispflicht betreffend deren Verkürzung besteht auch in Fällen der Offenlegung von nicht geprüften Jahresabschlüssen. Der oben erläuterte Hinweis kann indes den offenzulegenden Unterlagen ebenfalls freiwillig beigefügt werden, allerdings ohne den in der Musterformulierung enthaltenen Verweis zwischen Bestätigungsvermerk und vollständigem Jahresabschluss.

Stichwortverzeichnis

Exklusiv für Buchkäufer!

Ihre Arbeitshilfen zum Download:

▶ http://mybook.haufe.de/

▶ Buchcode: BAM-7488